北大社"十三五"职业教育规划教材

高职高专土建专业"互联网+"创新规划教材

建筑水电安装工程计量与计价

第三版

主　编　陈连姝

副主编　倪　乐　常　慧　吴　迪

参　编　宋　宁　贺翔鑫

主　审　柴润照

北京大学出版社

PEKING UNIVERSITY PRESS

内 容 简 介

本书是在《建筑水电安装工程计量与计价》（第二版）的基础上，主要是根据《建设工程工程量清单计价规范》（GB 50500—2013）、《通用安装工程工程量计算规范》（GB 50856—2013）、《河南省通用安装工程预算定额》（HA 02－31—2016）等规范，根据教育部关于高等职业教育的相关文件规定，针对职业教育的专业教育标准、专业培养方案和“建筑水电安装工程计量与计价”课程的指导性教学大纲编写而成。

本书主要内容包括基本建设概述、建筑安装工程定额、建筑工程造价的费用、建设工程工程量清单综合单价、工程量清单计价表格及预算编制步骤、给排水安装工程施工图预算编制、采暖工程施工图预算编制、电气照明工程施工图预算编制、通风空调工程施工图预算编制、建筑水电工程施工图预算书编制案例、广联达 BIM 安装计量 GQI2018。本书可作为高等职业院校工程造价、建筑工程技术、建筑装饰施工、建筑设备工程等专业的教学用书，同时也可作为工程建设相关专业人员培训或参考用书。

图书在版编目(CIP)数据

建筑水电安装工程计量与计价/陈连姝主编．—3 版．—北京:北京大学出版社，2020.6

北大版·高职高专土建专业 “互联网+”创新规划教材

ISBN 978－7－301－30942－1

Ⅰ.①建…　Ⅱ.①陈…　Ⅲ.①给排水系统—建筑安装—工程造价—高等职业教育—教材 ②电气设备—建筑安装—工程造价—高等职业教育—教材　Ⅳ.①TU723.32

中国版本图书馆 CIP 数据核字(2019)第 264854 号

书　　名　建筑水电安装工程计量与计价（第三版）
　　　　　JIANZHU SHUIDIAN ANZHUANG GONGCHENG JILIANG YU JIJIA（DI－SAN BAN）
著作责任者　陈连姝　主编
策 划 编 辑　杨星璐
责 任 编 辑　刘健军
数 字 编 辑　蒙俞材
标 准 书 号　ISBN 978－7－301－30942－1
出 版 发 行　北京大学出版社
地　　址　北京市海淀区成府路 205 号　100871
网　　址　http://www.pup.cn　新浪微博：@北京大学出版社
电 子 邮 箱　编辑部 pup6@pup.cn　总编室 zpup@pup.cn
电　　话　邮购部 010－62752015　发行部 010－62750672　编辑部 010－62750667
印 刷 者　三河市北燕印装有限公司
经 销 者　新华书店
　　　　　787 毫米×1092 毫米　16 开本　27.75 印张　666 千字
　　　　　2012 年 9 月第 1 版　2016 年 1 月第 2 版
　　　　　2020 年 6 月第 3 版　2024 年 1 月第 6 次印刷（总第 14 次印刷）
定　　价　62.00 元

第三版前言

本书是在《建筑水电安装工程计量与计价》（第二版）的基础上进行修订编写而成，本次修订增加了广联达 BIM 安装计量 GQI2018 计算机软件算量的操作内容。“建筑水电安装工程计量与计价”是高职高专工程造价和工程管理专业的核心课程，也是建筑工程技术、建筑设备和暖通专业的主要专业课程，是从事建筑给排水、采暖、通风空调和建筑电气等工程的施工安装技术人员与管理人员必须掌握的专业知识和技能。本课程的主要任务是通过对相关理论与工程实例的学习，学生可以熟悉全国统一安装工程工程量计算规则和工程量清单计价规范中的有关规定，掌握安装工程工程量清单计价的方法，掌握采暖工程、通风空调工程和建筑电气工程的工程量计算规则，理解施工预算和施工图预（结）算编制与审查方法，具有编制一般建筑安装工程工程量清单计价的能力，为今后从事建筑设备工程的管理和计价奠定基础。

本书以《建设工程工程量清单计价规范》（GB 50500—2013）、《通用安装工程工程量计算规范》（GB 50856—2013）和《河南省通用安装工程预算定额》（HA 02－31—2016）为依据，结合河南省工程造价的相关文件，同时根据教育部对高等职业教育的相关文件规定，体现党的二十大精神，依据专业教育标准、专业培养方案和“建筑水电安装工程计量与计价”课程指导性教学大纲编写而成。

本书建议在教学中安排 90 学时，共分三个学习情境。学习情境一为安装工程计价相关知识的学习，主要内容包括基本建设概述、建筑安装工程定额、建筑工程造价的费用、建设工程工程量清单综合单价、工程量清单计价表格及预算编制步骤。学习情境二为建筑安装工程工程量计算规则与工程造价实例，主要内容包括给排水安装工程施工图预算编制、采暖工程施工图预算编制、电气照明工程施工图预算编制、通风空调工程施工图预算编制、建筑水电工程施工图预算书编制案例。学习情境三为安装工程计量与计价软件的学习。

本书在符合专业教育标准、满足专业培养方案和教学大纲中规定的知识点及能力点要求的前提下，内容上尽量删繁就简，适应专业实践需要，围绕工程量清单综合单价（预算

定额)、工程量计算规则、工程量清单计价规范的应用，突出重点和造价实例，注重学生动手能力的培养。

本书由河南建筑职业技术学院陈连姝任主编，河南建筑职业技术学院倪乐、常慧和吴迪任副主编，河南建筑职业技术学院柴润照任主审，河南建筑职业技术学院宋宁、广联达科技股份有限公司贺翔鑫参编。具体编写分工如下：宋宁编写模块1和模块2；陈连姝编写模块3～5、模块6的6.3～6.4节、模块7的7.3～7.4节、模块8的8.3～8.4节及模块9的9.3～9.4节；常慧编写模块6的6.1～6.2节、模块7的7.1～7.2节、模块9的9.1～9.2节；吴迪编写模块8的8.1～8.2节；倪乐编写模块10；倪乐、贺翔鑫编写模块11。柴润照对本书进行了审读并提出很多建设性的意见，在此表示感谢。

《建筑水电安装工程计量与计价》(第二版)由河南建筑职业技术学院陈连姝主编，倪乐、常慧和吴迪担任副主编，柴润照担任主审，广联达科技股份有限公司贺翔鑫参编。具体分工为：陈连姝编写模块1～5、模块6的6.3～6.4节、模块7的7.3～7.4节、模块8的8.3～8.4节及模块9的9.3～9.4节；常慧编写模块6的6.1～6.2节、模块7的7.1～7.2节、模块9的9.1～9.2节；吴迪编写模块8的8.1～8.2节；倪乐编写模块10；倪乐、贺翔鑫编写模块11。

《建筑水电安装工程计量与计价》(第一版)由河南建筑职业技术学院陈连姝主编，倪乐、常慧和吴迪担任副主编。

本书的出版得到河南建筑职业技术学院工程管理系王辉主任的大力支持，在此表示感谢。由于编者水平和时间所限，书中疏漏之处在所难免，恳请读者批评指正。

编　者

【资源索引】

目录

学习情境一　安装工程计价相关知识的学习

学习情境二　建筑安装工程工程量计算规则与工程造价实例

学习情境三 安装工程计量与计价软件的学习

学习情境一

安装工程计价相关知识的学习

定额产生于19世纪末资本主义企业管理科学的发展时期。当时工业发展迅速，而当时的管理经验远远不能满足资本主义生产的需要，致使劳动生产率低下，而工人的劳动强度很大。在这种矛盾背景下，著名的美国工程师泰勒（F. W. Taylor，1856—1915年）从1880年开始进行了各种试验，努力把当时科学技术的最新成就应用于企业管理，他着重从工人的操作方法上研究工时的科学利用，制定出工时定额，以提高工人的劳动效率。为了减少工时消耗，他研究改进工具与设备，提出一整套科学管理方法。泰勒在1911年出版了著名的《科学管理原理》一书，从此开创了科学管理的先河，这就是著名的"泰勒制"。后人称他为"科学管理之父"。

继泰勒制以后，资本主义企业管理又有了新的发展，对定额的制定也有了多方面的研究，并充分利用现代自然科学的最新成果——运筹学、电子计算机等科学技术手段进行科学管理，还出现了行为科学、系统管理理论、信息论、控制论等。西方管理科学的发展对我国定额管理及管理科学的发展与实践产生了重要影响。

从第一个五年计划（1953—1957年）开始到党的十一届三中全会（1978年）之前，我国的定额和国民经济建设一样，走过了曲折而又艰难的发展道路。1979年重新颁发了《建筑安装工程统一劳动定额》。改革开放以来，国民经济有了飞速发展，基本建设日新月异。特别是加入WTO（世界贸易组织）以后，在与国际接轨的同时，我国的工程造价计价方法也发生了变化，由定额计价发展为清单计价法（2003年以后），量价分离，统一"量"、指导"价"、竞争"费"，这有利于发挥企业自主报价的竞争能力，为投标者提供一个公开、公平、公正的竞争环境。

通过本学习情境的学习，读者可对定额的性质、作用有一个正确的认识，对工程量清单计价方法有一个全面的了解。

模块1 基本建设概述

教学目标

本模块主要介绍了基本建设的含义；基本建设程序的划分；基本建设工程项目的划分。学生通过学习，应达到以下目的。

① 掌握基本建设的含义。

② 掌握基本建设工程项目中各项目之间的关系，能正确进行基本建设工程项目的划分。

教学要求

知识要点	能力要求	相关知识
基本建设的相关知识	掌握基本建设的含义、程序的划分、工程项目的划分	1. 基本建设、固定资产； 2. 基本建设程序； 3. 基本建设工程项目的划分

1.1 基本建设的含义

基本建设是实现固定资产再生产的一种经济活动。基本建设活动形成的固定资产分为三部分：①建筑安装，如建设各种房屋、构筑物，安装各种机械设备等；②购置设备工（器）具，如购置各种机械设备、生产工具和仪器等；③其他建设工作，如与固定资产扩大再生产相联系的勘察设计、征用土地、青苗补偿和安置补助费等。

基本建设是全社会固定资产的扩大再生产，而各建设项目的经济活动则是全社会固定资产扩大再生产的有机组成部分。它能从根本上改变国民经济的重大比例关系、部门结构和生产布局，对生产发展的远期速度及人民物质、文化生活水平的提高有重大影响，在国民经济计划中占有十分重要的地位。基本建设是进行固定资产生产的一种工业生产活动，而不是消费活动，基本建设产品具有商品属性。基本建设是按照一定的程序进行固定资产投资的一种经营方式。

所谓固定资产，是指在生产和消费领域中实际发挥效能并长期使用的劳动资料和消费资料，即使用年限在一年以上，且单位价值在规定限额以上的一种物质财富。

1.2 基本建设程序

基本建设程序是指基本建设过程中各项工作必须遵循的先后顺序。

我国工程项目基本建设程序分3个时期、4个阶段、8项程序内容（由表1-1中11项合并）。3个时期是投资前期、投资期、生产期。4个阶段是规划与研究阶段、工程设计阶段、工程建设阶段、生产阶段。

基本建设程序内容及其与工程计量计价的关系见表1-1。

（1）项目建议书

项目建议书是为了说明投资项目实施的必要性、可行性和经济性，并以必要性为主。

（2）可行性研究

可行性研究是在投资之前对拟议中的建设项目进行全面的综合技术经济分析和论证，从而为项目投资决策提供可靠依据的一种科学方法。在这一阶段可得出投资估算指标。

表 1－1　基本建设程序内容及其与工程计量计价关系表

时期	阶段	程　序	内　容	计量与计价
投资前期	规划与研究阶段	1. 项目建议书	1. 编制项目建议书	投资估算
		2. 可行性研究	2. 办理项目选址规划意见书	
		3. 可行性研究的评审	3. 办理项目规划许可证和工程规划许可证	
			4. 办理土地使用审批手续	
		4. 设计任务书[①]	5. 办理环保审批手续	
			6. 编制可行性研究报告	
			7. 可行性研究报告论证	
			8. 可行性研究报告报批	
			9. 办理土地使用证	
			10. 办理征地、青苗补偿、拆迁安置等手续	
			11. 地勘	
			12. 报审供水、供气、排水市政配套方案	
投资期	工程设计阶段	5. 初步设计	13. 办理消防手续	总概算
		6. 技术设计		修正概算
		7. 施工图设计		施工图设计预算
	工程建设阶段	8. 施工准备	14. 编制施工图预算	
			15. 建设工程项目招标、投标、签订合同	合同价
			16. 征地拆迁和场地平整，三通一平，施工图纸	
			17. 办理工程质量监督	
			18. 办理施工许可证	
			19. 项目开工前审计	
			20. 报批开工	
			21. 编制施工预算、施工组织设计（施工单位）	
		9. 组织施工	22. 施工安装	按合同实施、结算价
生产期	生产阶段	10. 生产准备	23. 人员培训，原材料、水电准备，规章制度的建立	
		11. 竣工验收、交付使用	24. 交工验收	竣工决算
			25. 竣工验收	
			26. 投产	

注：① 内容与可行性研究报告有相似处，可代替可行性报告。

（3）可行性研究的评审

可行性研究的评审是指有关投资管理机构，根据可行性研究报告，进行详细的调查研究，对投资项目的组织机构、工艺技术和经济效益做出全面细致的定性分析和定量分析，从而判断其建设的必要性、技术的可靠性和经济的合理性，最后对项目是否可行、是否应动工兴建做出总评价的全过程。评审一经通过，项目正式成立，可进入下一阶段工作，否则项目取消。

（4）设计任务书

设计任务书是申请确定建设项目时报批的基本文件，其主要内容是对可行性研究推荐的最佳方案予以确认（如征地、设计哪些内容等）。

（5）设计阶段

设计阶段包括初步设计阶段、技术设计阶段和施工图设计阶段。设计任务书批准后，建设单位或建设主管单位可以委托具有相应等级设计许可证的设计单位编制设计文件。在初步设计阶段可给出设计概算，技术设计阶段可进行修正概算，施工图设计阶段可进行施工图预算。

（6）施工安装

施工安装包括施工准备和组织施工。施工准备是正式开工前对施工的总体计划和统筹部署工作，是建设实施阶段的重要环节。建设单位的准备工作主要包括：按生产或使用要求与资金可能，确定年度建设计划；资金准备；设备与主要材料订货；征用土地和迁民拆迁；“三通一平”申请建筑许可证；招标；选择适当的施工单位；签订建筑安装施工合同。在这一阶段施工单位投标签订合同；建立现场机构，编制施工组织设计和技术措施，进行企业内部经济核算，做出施工预算；报批开工报告。

组织施工就是把工程项目设计建成建筑物和构筑物，同时把机器设备安装好，成为可供生产和生活使用的固定资产的过程。

（7）生产准备

生产准备一般由建设单位根据进度、工程项目的生产供给技术特点，组织专门的班子和机构进行。主要内容包括人员准备，如生产、管理和技术人员的配备培训；外部供应、协作配合条件的准备，如原材料、燃料、水电等的准备；组织工艺装备、备品、备件的制造和订货；建立生产系统和职能机构；制定各种规章制度和生产技术文件；确定试车运转、投产方案。

（8）竣工验收、交付生产

竣工验收时全面考核建设成果，检查设计和施工质量的重要环节。根据国家规定，由建设单位、施工单位、工程质检监督部门和环境保护部门等共同进行验收。对不符合规定的建设项目，不能办理验收和移交手续。对合格项目，进行竣工决算。竣工验收后进入生产期。

基本建设程序按照本身固有的规律，互相衔接循序渐进。前一阶段的工作是进行后一阶段工作的依据；后一阶段的工作是前一阶段工作的继续。固定资产和生产能力的建造和形成过程的规律性，决定了进行基本建设都应遵循先计划后建设、先勘察后设计、先设计后施工、先验收后使用的程序。基本建设程序反映了客观规律的要求，是关系基本建设工作全局性的一个重大问题，违反了它就会受到惩罚。

国家对一些重大建设项目在竣工验收若干年后进行后评价。这主要是为了总结项目建设成功和失败的经验教训，供以后项目决策借鉴。

1.3 基本建设工程项目的划分

基本建设工程项目一般可划分为建设项目、单项工程、单位工程、分部工程和分项工程。

1. 建设项目

建设项目是指在一个总体设计范围内，由一个或几个单项工程组成的，在经济上独立核算，行政上实行统一管理的工程建设单位。在工业建设中，一般是以一个工厂为一个建设项目；在民用建设中，一般是以一个事业单位（如一个学校、一个医院）为一个建设项目。

2. 单项工程

单项工程也称工程项目，是指具有独立的设计文件，建成后可以独立发挥生产能力或工程效益并具有独立存在意义的工程。它是建设项目的组成部分，如工业企业建设中的各个车间、办公楼等，民用工程中的教学楼、图书馆或学生宿舍等均属于单项工程。

3. 单位工程

单位工程是单项工程的组成部分，是指具有独立的施工图设计，可以独立组织施工的工程，但完工后不能独立发挥生产能力和体现投资效益的工程。在一个单项工程中按其构成可分为建筑工程和设备安装工程两类单位工程，其中设备安装工程是设备的购置及其安装，因两者联系密切，预算上把两者并为一体，组成设备安装工程预算。而建筑工程按其组成部分的性质和作用，又可分成以下几类单位工程。

① 一般工业与民用建筑工程中应包括建筑物及构筑物的各种结构工程。

② 暖卫工程中应包括给排水、采暖、通风、民用煤气管道敷设等。

③ 电气照明工程中应包括室内外照明设备安装、线路敷设等。

4. 分部工程

分部工程是单位工程的组成部分。一般按照工程部位、专业结构特点等将一个单位工程分解成若干个分部工程。例如，暖卫工程中管道安装、栓类阀门安装、卫生器具安装、供暖器具安装等部分，每项都为一个分部工程。

5. 分项工程

分项工程是分部工程的组成部分。每个分部工程可按不同的施工方法、不同种类材料等因素进一步划分成易计算工程量和工料、资金消耗的若干个分项工程。例如，栓类阀门安装为一个分部工程，它由消火栓安装、螺纹阀门安装、法兰阀门安装等分项工程组成。

建设项目组成如图 1.1 所示。

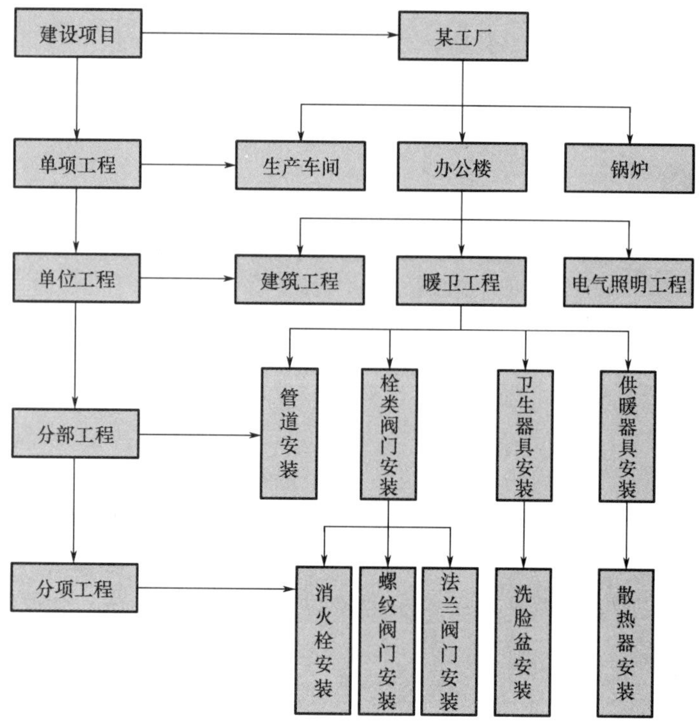

图 1.1　建设项目组成

模块小结

本模块主要介绍了基本建设的含义，基本建设程序的划分，基本建设工程项目的划分。

复习思考题

1. 在一个建设项目中，具有独立的设计文件，竣工后可独立发挥生产能力或工程效益的工程项目被称为（　　）。

A. 分部工程　　B. 分项工程　　C. 单位工程　　D. 单项工程

2. 简述什么是基本建设程序。

【模块1在线答题】

模块 2 建筑安装工程定额

教学目标

本模块主要介绍了定额的概念和性质及分类。学生通过学习，了解建筑工程预算的概念与作用。

教学要求

知识要点	能力要求	相关知识
定额的性质和分类	了解定额的概念、性质、分类	劳动消耗定额、材料消耗定额、机械台班使用定额
建筑工程预算的概念、分类与作用	了解建筑工程预算的作用	施工图预算的主要作用

2.1 定额的概念和性质及分类

2.1.1 定额的概念和性质

建设工程定额是指在正常的施工条件下，完成单位建筑安装合格产品所必须消耗的人工、材料、机械台班的数量标准或资金数量的标准额度。建设工程定额具有以下性质。

1. 定额的法令性与灵活性

定额是国家授权的主管部门组织制定、颁发的法令性文件。定额的法令性决定了从事工程建设的所有建设和施工企业、设计部门及负责划拨工程价款的银行等，都必须严格执行并接受颁发部门的监督，不准任意变更定额内容和数量标准。由于全国各地区情况差别较大，国家允许省（自治区、直辖市）级工程建设主管部门，根据本地区的实际情况，在全国统一定额的基础上，制定地方定额，并在本地区执行。随着生产力水平的提高，允许企业编制补充定额，但需经建设主管部门批准。

2. 定额的先进性与合理性

定额的先进性表现在定额项目的确定，体现了已成熟推广的新工艺、新材料、新技术。定额规定的人工、材料及施工机械台班消耗量，是在正常施工条件下，大多数施工企业可以达到或超过的平均先进水平，因而定额具有合理性。这样才能更好地调动企业与工人的积极性，不断改善经营管理，改进施工方法，提高劳动生产率，降低成本，从而取得更好的经济效益。

3. 定额的科学性与群众性

定额是吸取现代科学管理的新成果，应用科学的、严密的方法，在认真研究市场经济和价值规律等基础上，通过长期观察和测定、总结生产实践经验而制定的。

定额的制定来源于广大工人群众的生产实践活动，群众是编制定额的参与者，也是定额的执行者。定额的水平高低取决于工人所创造的生产力水平。定额反映了国家利益和工人群众利益的一致性，因而具有广泛的群众基础。

4. 定额的稳定性与时效性

定额反映了在一定时期内社会生产技术、机械化程度和新材料与新工艺的应用水平，但定额不是长期不变的，随着科学技术的提高，社会生产力水平也必然提高。这就需要对原定额进行修改和补充，制定和颁发新定额。因此定额在执行期内具有时效性和相对的稳定性。

2.1.2 定额的分类

1. 按生产要素分类

定额按生产要素可分为劳动消耗定额、材料消耗定额和机械台班使用定额。它们是各类产品生产定额中最基本的定额，反映了产品生产过程中三大要素消耗的数量标准。

(1) 劳动消耗定额

该定额即人工消耗定额，是指完成一定合格产品所消耗的人工数量标准（即工人的劳动时间)。劳动定额按照用途不同，可以分为时间定额和产量定额两种形式。

① 时间定额是指在正常作业条件（正常施工水平和合理劳动组织）下，工人为完成单位合格产品（单位工程量）所需要的劳动时间，包括准备与结束时间、基本生产时间、辅助生产时间、不可避免的中断时间及工人必要的休息时间，以“工日”加以计量。每一工日按 8 小时计算。

时间定额=班组成员劳动时间总和(工日)/班组完成的产品总数　　(即工日数/产品数)

【例 2-1】 安装一台设备，需要基本工作时间 60 分钟，辅助工作时间占工作班延续时间的 2%，准备与结束时间占 2%，中断时间占 1%，休息时间占 20%，求安装这台设备所需工日。

解： 所需工作时间为 x 分钟

$$x=60+x(2\%+2\%+1\%+20\%)$$

$$x=80\text{ 分钟}$$

$$\text{工日数}=\frac{80\text{ 分钟}/(60\text{ 分钟}/\text{小时})}{8\text{ 小时}/\text{工日}}=0.17\text{ 工日}$$

② 产量定额是指在正常作业条件下，工人在单位时间（工日）内完成单位合格产品（工程量）的数量，以产品（工程量）计量单位表示，如台、套、个、m、m^2、m^3 等。

产量定额=班组完成的产品总数/班组成员劳动时间总和（工日）　(即产品数/工日数)

时间定额与产量定额的关系为

$$\text{时间定额}\times\text{产量定额}=1$$

特别提示

两种定额中，无论知道哪一种定额，便可以轻易得到另一种定额。时间定额和产量定额是同一个劳动定额的不同表示方法，但又有各自不同的用处。时间定额便于综合，便于计算总工日数，便于核算工资，所以劳动定额一般均采用时间定额的形式。产量定额便于施工班组分配任务，便于编制施工作业计划。

如例 2-1 所示，安装一台设备需 0.17 工日，则

$$\text{每工日产量}=\frac{1\text{ 工日}}{0.17\text{ 工日}/\text{台}}=5.88\text{ 台}$$

反之，每工日可安装5.88台设备（产量定额），则安装一台设备需要1台/5.88台/工日＝0.17工日（时间定额）。

（2）材料消耗定额

材料消耗定额是指在合理的施工条件及节约合理使用材料的条件下，完成单位合格产品（单位工程量）所必须消耗的材料的数量标准，也称材料定额。它包括主要材料、辅助材料和其他材料的消耗数量标准。

材料消耗定额指标＝材料净用量＋材料损耗量＝材料净用量×(1＋材料损耗率)

材料损耗率＝材料损耗量/材料净用量×100%

（3）机械台班使用定额

机械台班使用定额又称机械消耗定额，是指在正常施工条件及合理的劳动组织与合理使用机械条件下，完成单位合格产品所必需的施工机械消耗的数量标准，其主要表现形式是机械时间定额及机械产量定额。

① 机械时间定额是指施工机械在正常运转和合理使用条件下，完成单位合格产品（工程量）所消耗的机械作业时间，以“台班”或“台时”表示。

$$\text{机械时间定额}=\frac{\text{机械消耗的台班量总数}}{\text{机械完成的产品总数(工程量)}}\qquad\text{(即台班数/产品数)}$$

② 机械产量定额是指施工机械在正常运转和合理使用条件下，单位作业时间内完成的合格产品（工程量）的数量标准。

$$\text{机械产量定额}=\frac{\text{机械完成的产品总数}}{\text{机械消耗的台班量总数}}\qquad\text{(即产品数/台班数)}$$

2. 按用途分类

定额按用途可分为施工定额、预算定额、概算定额、估算指标、工期定额和费用定额等。

3. 按编制单位和执行范围分类

定额按编制单位和执行范围可分为全国统一定额、行业统一定额、地方定额、企业定额。

（1）全国统一定额

该定额是由国家建设行政主管部门综合全国工程建设中技术和施工组织管理的情况编制，并在全国范围内执行的定额。

（2）行业统一定额

该定额是考虑到各行业部门专业工程技术特点，以及施工生产的管理水平，参照全国统一定额的水平编制的。一般只在本行业和相同专业性质的范围内执行，属专业性定额。

（3）地方定额

该定额是国家授权各地区主管部门，根据本地区自然气候、物质技术、地方资源和交通运输等条件，并参照全国统一定额水平编制的。

（4）企业定额

该定额是由施工企业考虑本企业具体情况，参照国家、主管部门或地区定额的水平制定的定额。它只能在本企业内部使用，是一个企业综合素质的标志。企业定额水平一般应高于国家现行定额。

4. 按技术专业分类

定额按技术专业可分为土建工程定额和安装工程定额两大类。

2.2 建筑工程预算的概念、分类与作用

1. 建筑工程预算的概念

为满足生产、生活需要而建造的房屋及其附属工程称为建筑工程。人们在拟建房屋及其附属工程建造前，会对其所需要的物化劳动和活劳动的消耗事先加以计算，以衡量自己有没有能力去建造它。根据拟建建筑工程的设计图纸、建筑工程预算定额、费用定额（即间接费定额）、建筑材料预算价格及与其配套使用的有关规定等，预先计算和确定每个新建、扩建、改建项目所需全部费用的技术经济文件，称为建筑工程预算。

2. 建筑工程预算的分类

建筑工程预算按设计阶段划分为初步设计概算、施工图设计预算。

建筑工程预算按专业划分为如下几项。

① 土建工程。包括一般土建工程预算、构筑物工程预算。

② 给排水工程。包括室内工程预算、室外工程预算。

③ 采暖、通风空调工程。包括室内采暖、通风空调工程预算、室外工程预算。

④ 电气工程。包括室内照明预算、动力配线预算、外部线路工程预算、防雷接地预算。

建筑工程预算按费用内容划分为单位工程预算、单项工程预算、总概预算。

3. 建筑工程预算的作用

建筑工程预算是设计概算和施工图预算的统称，因此，建筑工程预算在不同的设计或施工阶段，其编制的依据与其所起的作用都是不同的。但是，它们之间也存在共同点，即都是确定和控制拟建项目建筑工程费用的文件。

施工图预算的主要作用有以下几点。

（1）施工图预算是确定单位建筑工程造价的依据

建筑工程由于体积庞大、结构复杂、形态多样、用途各异、地点固定、生产周期长、材料消耗庞杂，不能像其他工业产品那样由国家制订统一的出厂价格，而必须依据各自的施工设计图纸、预算定额单价、取费标准等分别计算各个建筑工程的预算造价。因此，建筑工程预算起到为建筑产品定价的作用。实行招标的工程，预算也是确定“标底价”的依据。

（2）施工图预算是编制年度建设项目计划的依据

按照国家工程建设管理制度的要求，年度基本建设计划必须根据审定后的建设预算进行编制。凡没有编制好建设预算的工程项目，必须在开工前编制出建设预算，否则不能列入年度基本建设计划。

（3）施工图预算是签订施工合同的依据

凡是承发包工程，建设单位与施工单位都必须以经审查后的施工图预算为依据签订施

工合同。因为施工图预算所确定的工程造价是建筑产品的出厂价格，双方为了各自的经济利益，应以施工图预算为准，明确责任，分工协作，互相制约，共同保证完成国家基本建设计划。

(4) 施工图预算是建设银行办理工程贷（拨）款、结（决）算和实行财政监督的依据一个建设项目的各项工程用款，建设银行都是已经审查后的预算为依据进行贷（拨）款、结（决）算的，并监督建设单位和施工单位按工程的施工进度合理使用建设资金。

(5) 施工图预算是衡量设计标准和考核工程建设成本的依据

单位建筑工程施工图预算是以货币形式，综合反映工程项目设计标准和设计质量的经济价值数量。设计上的浪费或节约，通过计算工程数量和各项费用，可以全部反映到预算文件中。因此，建设项目施工图预算编制完毕后，就可以利用预算中的有关指标（如单位建筑面积造价指标、主要材料耗用指标、单位生产能力造价指标等）对设计标准和质量进行经济分析和评价，从而达到衡量设计是否技术先进、经济合理。

经过审查批准的建筑工程预算是施工企业承担建设项目施工任务的经济收入凭证，又是考核企业经营管理水平的依据。施工企业以其工程价款收入抵补其施工活动中的资源消耗后还有盈余的，说明这个企业经济管理水平高；反之，则是经营管理水平低。施工企业为了增加盈余，就必须在预算造价范围内，努力改善经营管理，提高劳动生产率，降低各种消耗。因此，建筑工程预算是施工企业加强经济核算、节支增收、考核工程建设成本的依据。

(6) 施工图预算是施工企业编制施工计划和统计完成工作量的依据

施工企业对所承担的建设项目施工准备的各项计划（包括施工进度计划、材料供应计划、劳动力安排计划、机具调配计划、财务计划等）的编制，都是以批准的施工图预算为依据的。

模块小结

本模块主要介绍了以下几方面内容。

定额的概念、性质和分类。

建筑工程预算的概念、分类与作用。

复习思考题

1. 什么是劳动消耗定额、时间定额与产量定额？

2. 什么是材料消耗定额？

【模块2在线答题】

建筑工程造价的费用

本模块主要介绍了建筑安装工程费项目的组成，工程量清单招投标造价计价标准程序表。学生通过本模块的学习，应掌握建筑安装工程费项目的组成，正确运用工程造价计价标准程序表计价。

教学要求

知识要点	能力要求	相关知识
1. 建筑安装工程费项目组成； 2. 工程造价计价标准程序表（河南省）	1. 掌握工程造价费用组成； 2. 正确运用工程造价计价标准程序表	直接费、间接费、利润、税金、分部分项工程费、措施项目费、规费、其他项目费

3.1 建筑工程造价的构成

3.1.1 我国现行工程造价的构成

工程造价是工程项目按照确定的建设内容、建设规模、建设标准、功能要求和使用要求等全部建成并验收合格交付使用所需的全部费用。

工程造价主要划分为设备及工器具购置费、建筑安装工程费、建设工程其他费、预备费、建设期贷款利息和固定资产投资方向调节税（暂停征收）等几项。

1. 设备及工器具购置费

设备及工器具购置费是指按照建设项目设计文件要求，建设单位（或委托单位）购置或自制达到固定资产标准的设备和新建、扩建项目配制的首套工具及生产家具所需的费用；由设备原价、设备运杂费组成。

2. 建筑安装工程费

建筑安装工程费是指建设单位支付给从事建筑、安装工程施工单位的全部生产费用，包括用于建筑的建造及有关的准备、清理等工程的投资，用于需要安装设备的安置、装配工程的投资；由直接费、间接费、利润、税金组成。

3. 建设工程其他费

建设工程其他费是指未纳入以上两项的、由项目投资支付的、为保证工程建设顺利完成和交付使用后能够正常发挥效用而发生的各项费用的总和；由土地使用费、与项目建设有关的其他费、与未来企业生产经营有关的其他费组成。

4. 预备费

预备费包括基本预备费和工程造价调整预备费。基本预备费是指初步设计及概算内难以预料的工程和费用。工程造价调整预备费是指建设项目在建设期内由人工、设备、材料、施工机械价格，以及费率、利率、汇率的变化引起工程造价变化的预测预留费用。

5. 建设期贷款利息

建设期贷款利息是指建设项目使用投资贷款，在建设期内应归还的贷款利息。

6. 固定资产投资方向调节税（暂停征收）

固定资产投资方向调节税是指按照《中华人民共和国固定资产投资方向调节税暂行条例》的规定，应缴纳的固定资产投资方向调节税。

3.1.2 建筑安装工程费

1. 建筑安装工程费概述

建筑安装工程费由建筑工程费和安装工程费两部分组成。

（1）建筑工程费

① 各类房屋建筑工程和列入房屋建筑工程造价的供水、供暖、供电、卫生、通风、空调、煤气等设备费用及其装设、油饰工程的费用，列入建筑工程造价的各种管道、电力、电信和电缆导线敷设工程的费用。

② 设备基础、支柱、工作台、烟囱、水塔、水池等建筑工程，以及各种窑炉的砌筑工程和金属结构工程的费用。

③ 为施工而进行的场地平整，工程和水文地质勘察，原有建筑物和障碍物的拆除，以及施工临时用水、电、气、路和完工后的场地清理，环境绿化、美化等工作的费用。

④ 矿井开凿、井巷延伸、露天矿剥离、石油及天然气钻井，以及修建铁路、公路、桥梁、水库、堤坝、灌渠及防洪等工程的费用。

（2）安装工程费

① 生产、动力、起重、运输、传动、医疗和试验等各种需要安装的机械设备的装配费用，与设备相连的工作台、梯子、栏杆等装设工程，以及附设于被安装的管线敷设工程和被安装设备的绝缘、防腐、保温、油漆等工作的材料费和安装费。

② 为测定安装工程质量，对单个设备进行单机试运转和对系统设备进行系统联动无负荷试运转工作的调试费。

《建筑工程施工发包与承包计价管理办法》（住建部第 16 号令）自 2014 年 2 月 1 日起执行。依据该办法规定，建筑工程是指房屋建筑和市政基础设施工程；房屋建筑工程是指各类房屋建筑、附属设施及与其配套的线路、管道、设备安装工程和室内外装饰装修工程；市政基础设施工程是指城市道路、公共交通、供水、排水、燃气、热力、园林、环卫、污水处理、垃圾处理、防洪、地下公共设施，以及附属设施的土建、管道、设备安装工程。工程发承包计价包括编制工程量清单、最高投标限价、招标标底、投标报价、工程结算及签订和调整合同价款等活动。

2. 建筑安装工程费项目组成

《建筑安装工程费用项目组成》（建标〔2013〕44 号）文件规定，按费用构成要素划分，建筑安装工程费由人工费、材料费（包含工程设备费）、施工机具使用费、企业管理费、利润、规费和税金组成。其中人工费、材料费、施工机具使用费、企业管理费和利润包含在分部分项工程费、措施项目费、其他项目费中。建筑安装工程费项目组成（按费用构成要素划分）如图 3.1 所示。按工程造价形成划分，建筑工程安装工程费由分部分项工程费、措施项目费、其他项目费、规费、税金组成。其中分部分项工程费、措施项目费、其他项目费包含人工费、材料费、施工机具使用费、企业管理费和利润。建筑安装工程费项目组成（按造价形成划分）如图 3.2 所示。

根据财税〔2016〕36 号文，建标造〔2016〕49 号文精神，税金改为增值税。城市维护建设税、教育费附加、地方教育附加纳入企业管理费项。

3.1.3 工程量清单计价的建筑安装工程造价组成

工程量清单计价的建筑安装工程造价由分部分项工程费、措施项目费、其他项目费、规费、税金组成，具体组成如图 3.2 所示。

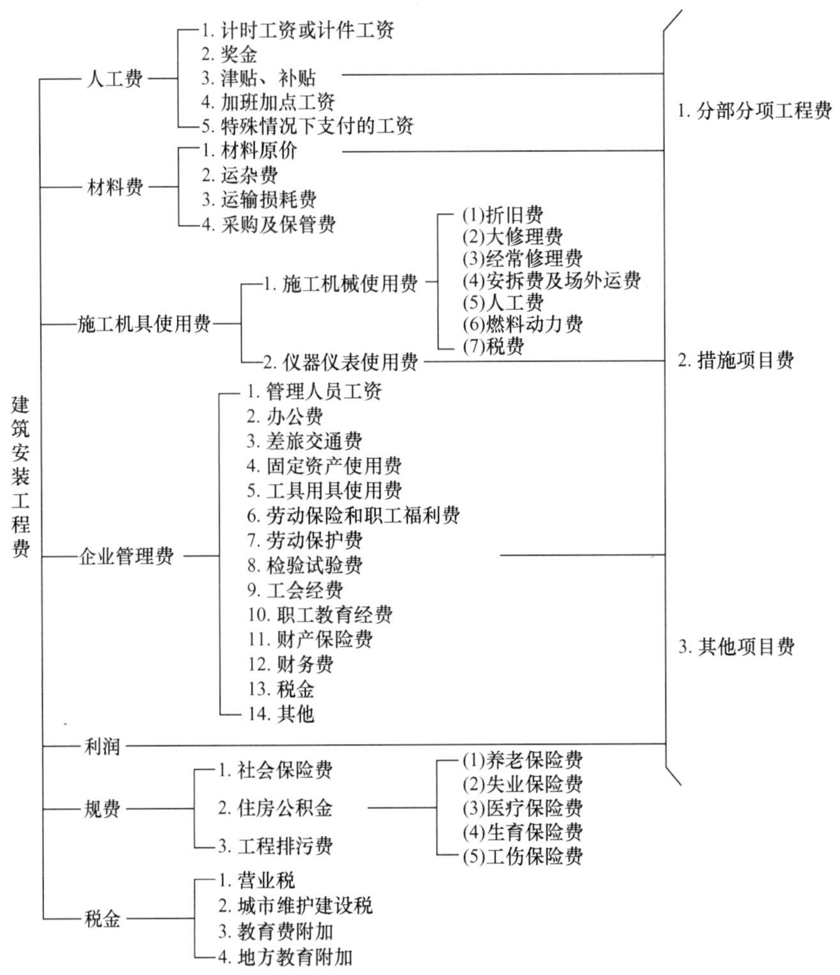

图 3.1 建筑安装工程费项目组成（按费用构成要素划分）

工程量清单是指建设工程的分部分项工程项目、措施项目、其他项目、规费项目和税金项目的名称和相应数量等的明细清单。

1. 分部分项工程费

分部分项工程费是指各专业工程的分部分项工程应予列支的各项费用。

专业工程是指按现行国家计量规范划分的房屋建筑与装饰工程、仿古建筑工程、通用安装工程、市政工程、园林绿化工程、矿山工程、构筑物工程、城市轨道交通工程、爆破工程等各类工程。

2. 措施项目费

措施项目费是指为完成建设工程施工，发生于该工程施工前和施工过程中的技术、生活、安全、环境保护等方面的费用。具体内容包括以下几项。

(1) 安全文明施工费

① 环境保护费，指施工现场为达到环境保护部门要求所需要的各项费用。

② 文明施工费，指施工现场文明施工所需要的各项费用。

③ 安全施工费，指施工现场安全施工所需要的各项费用。

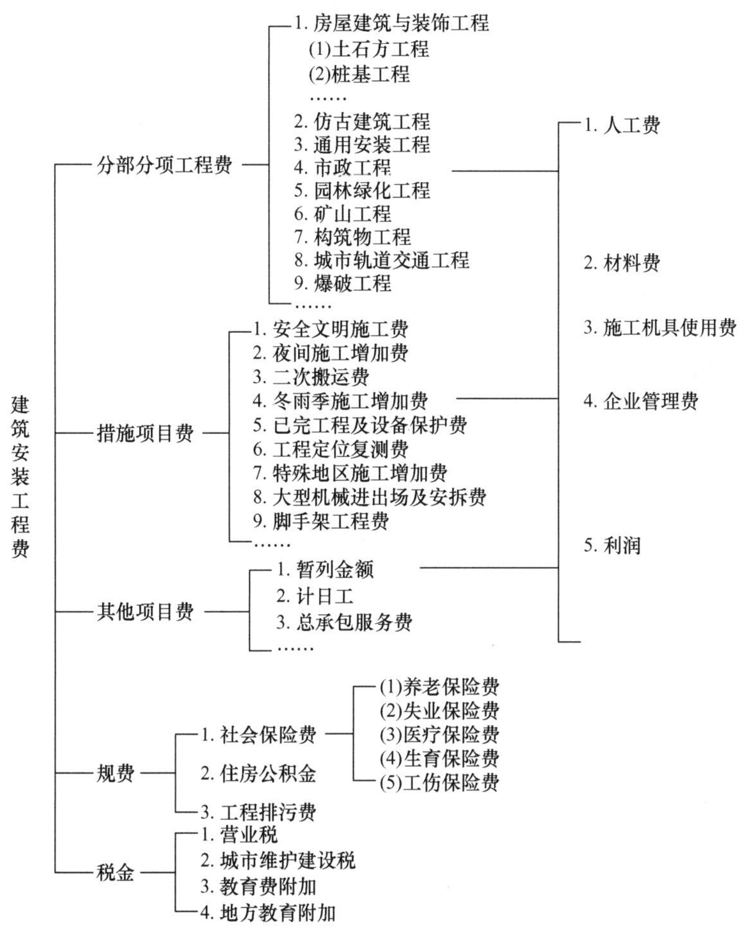

图 3.2 建筑安装工程费项目组成（按造价形成划分）

④ 临时设施费，指施工企业为进行建设工程施工所必须搭设的生活和生产用的临时建筑物、构筑物和其他临时设施费用，包括临时设施的搭设、维修、拆除、清理费或摊销费等。

⑤ 扬尘污染防治增加费，是根据河南省实际情况，施工现场扬尘污染防治标准提高所需增加的费用。

（2）夜间施工增加费

夜间施工增加费是指因夜间施工所发生的夜班补助费、夜间施工降效、夜间施工照明设备摊销及照明用电等费用。

（3）二次搬运费

二次搬运费是指因施工场地条件限制而发生的材料、构配件、半成品等一次运输不能到达堆放地点，必须进行二次或多次搬运所发生的费用。

（4）冬雨季施工增加费

冬雨季施工增加费是指在冬季或雨季施工需增加的临时设施、防滑、排除雨雪，人工及施工机械效率降低等费用。

（5）已完工程及设备保护费

已完工程及设备保护费是指竣工验收前，对已完工程及设备采取的必要保护措施所发生的费用。

(6) 工程定位复测费

工程定位复测费是指工程施工过程中进行全部施工测量放线和复测工作的费用。

(7) 特殊地区施工增加费

特殊地区施工增加费是指工程在沙漠或其边缘地区、高海拔、高寒、原始森林等特殊地区施工增加的费用。

(8) 大型机械设备进出场及安拆费

大型机械设备进出场及安拆费是指机械整体或分体自停放场地运至施工现场或由一个施工地点运至另一个施工地点，所发生的机械进出场运输、转移费用及机械在施工现场进行安装、拆卸所需的人工费、材料费、机械费、试运转费和安装所需辅助设施的费用。

(9) 脚手架工程费

脚手架工程费是指施工需要的各种脚手架搭、拆、运输费用及脚手架购置费的摊销(或租赁) 费用。

总之措施项目费包括施工组织措施费和施工技术措施费，清单编码按 GB 50856—2013 附录 N“措施项目”执行。

3. 其他项目费

① 暂列金额。暂列金额是指建设单位在工程量清单中暂定并包括在工程合同价款中的一笔款项。用于施工合同签订时尚未确定或者不可预见的所需材料、工程设备、服务的采购，施工中可能发生的工程变更、合同约定调整因素出现时的工程价款调整，以及发生的索赔、现场签证确认等的费用。

② 计日工。计日工是指在施工过程中，施工企业完成建设单位提出的施工图纸以外的零星项目或工作所需的费用。

③ 总承包服务费。总承包服务费是指总承包人为配合、协调建设单位进行的专业工程发包，对建设单位自行采购的材料、工程设备等进行报关，以及施工现场管理、竣工资料汇总整理等服务所需的费用。

4. 规费

规费是指按国家法律、法规规定，由省级政府和省级有关权力部门规定必须缴纳或计取的费用，包括社会保险费、住房公积金和工程排污费。

(1) 社会保险费

① 养老保险费，是指企业按照规定标准为职工缴纳的基本养老保险。

② 失业保险费，是指企业按照规定标准为职工缴纳的失业保险费。

③ 医疗保险费，是指企业按照规定标准为职工缴纳的基本医疗保险费。

④ 生育保险费，是指企业按照规定标准为职工缴纳的生育保险费。

⑤ 工伤保险费，是指企业按照规定标准为职工缴纳的工伤保险费。

(2) 住房公积金

住房公积金是指企业按照规定标准为职工缴纳的住房公积金。

(3) 工程排污费

根据《财政部、国家发展和改革委员会、环境保护部、国家海洋局关于停征排污费等行政事业性收费有关事项的通知》(财税〔2018〕4号),原列入规费的工程排污费已经于2018年1月1日停止征收。

5. 税金

税金是指国家税法规定的应计入建筑安装工程造价内的增值税。根据财税〔2016〕36号、建标造〔2016〕49号文精神,营业税改为增值税。城市维护建设税、教育费附加、地方教育附加纳入企业管理费项。

知识链接

工程招投标中的常用术语解释

暂估价:招标人在工程量清单中提供的用于支付必然发生但暂时不能确定价格的材料的单价及专业工程的金额。

现场签证:发包人现场代表与承包人现场代表就施工过程中涉及的责任事件所做的签认证明。

发包人:具有工程主体资格和支付工程价款能力的当事人及取得当事人资格的合法继承人。

承包人:被发包人接受的具有工程施工承包主体资格的当事人及取得该当事人资格的合法继承人。

投标价:投标人投标时响应招标文件要求所报出的对已标价工程量清单汇总后标明的总价。

招标控制价:招标人根据国家或省级、行业建设主管部门颁发的有关计价依据和办法,以及拟定的招标文件和招标工程量清单,结合工程具体情况编制的招标工程的最高投标限价。

合同价:发包和承包双方在工程合同中约定的工程造价。

竣工结算价:发包和承包双方依据国家有关法律、法规和标准规定,按照合同约定确定的发包人应付给承包人的合同总金额。

单价项目:工程量清单中以单价计价的项目,即根据合同工程图纸(含设计变更)和相关工程现行国家计量规范规定的工程量计算规则进行计量,与已标价工程量清单相应综合单价进行价款计算的项目。

已标价工程量清单:构成合同文件组成部分的投标文件中已标明价格,经算术性错误修正(如有)且承包人已确认的工程量清单,包括其说明和表格。

总价项目:工程量清单中以总价计价的项目,即此类项目在相关工程现行国家计量规范中无工程量计算规则,以总价(或计算基础乘费率)计算的项目。

不可抗力:发承包双方在工程合同签订时不能预见的,对其发生的后果不能避免,并且不能克服的自然灾害和社会性突发事件。

工程设备:构成或计划构成永久工程一部分的机电设备、金属结构设备、仪器装置及其他类似的设备和装置。通用安装工程设备材料划分见表3-1。

工程量偏差:承包人按照合同工程的图纸(含经发包人批准由承包人提供的图纸)实施,按照现行国家计量规范规定的工程量计算规则计算得到的完成合同工程项目应予计量的工程量,与相应的招标工程量清单项目列出的工程量之间出现的量差。

根据GB 50500—2013的规定,工程量偏差超过15%时调整的原则为:当工程量增加

15%以上时，其增加部分的工程量的综合单价应予调低；当工程量减少15%以上时，减少后剩余部分的工程量的综合单价应予调高。具体计算公式参见GB 50500—2013。

表3-1　通用安装工程设备材料划分（GB/T 50531—2009）

类　别	设　备	材　料
机械设备工程	机加工设备、延压成型设备、起重设备、输送设备、搬运设备、装载设备、给料和取料设备、电梯、风机、泵、压缩机、气体站设备、煤气发生设备、工业炉设备、热处理设备、矿山采掘及钻探设备、破碎筛分设备、洗选设备、污染防治设备、冲灰渣设备、液压润滑系统设备、建筑工程机械、衡器、其他机械设备、附属设备等及其全套附属零部件	设备本体以外的行车轨道、滑触线、电梯的滑轨、金属构件等；设备本体进、出口第一个法兰阀门以外的配管、管件、密封件等
电气设备工程	发电机、电动机、变频调速装置； 变压器、互感器、调压器、移相器、电抗器、高压断路器、高压熔断器、稳压器、电源调整器、高压隔离开关、油开关； 装置式（万能式）空气开关、电容器、接触器、继电器、蓄电池、主令（鼓形）控制器、磁力启动器、电磁铁、电阻器、变阻器、快速自动开关、交直流报警器、避雷器； 成套供应高低压、直流、动力控制柜、屏、箱、盘及其随设备带来的母线、支持瓷瓶； 太阳能光伏，封闭母线，35kV及以上输电线路工程电缆； 舞台灯光、专业灯具等特殊照明装置	电缆、电线、母线、管材、型钢、桥架、立柱、托臂、线槽、灯具、开关、插座、按钮、电扇、铁壳开关、电笛、电铃、电表； 刀形开关、保险器、杆上避雷针、绝缘子、金具、电线杆、铁塔、锚固件、支架等金属构件； 照明配电箱、电能表箱、插座箱、户内端子箱的壳体； 防雷及接地导线； 一般建筑、装饰照明装置和灯具、景观亮化饰灯
热力设备工程	成套或散装到货的锅炉及其附属设备、汽轮发电机及其附属设备、热交换设备； 热力系统的除氧器水箱和疏水箱、工业水系统的工业水箱、油冷却系统的油箱、酸碱系统的酸碱储存槽； 循环水系统的旋转滤网、启闭装置的启闭机械、水处理设备	钢板闸门及拦污栅、启闭装置的启闭架等； 随锅炉墙砌筑时埋置的铸铁块、预埋件、挂钩、支架及金属构件等
炉窑砌筑工程	依附于炉窑本体的金属铸件、锻件、加工件及测温装置、仪器仪表、消烟、回收、除尘装置； 安置在炉窑中的成品炉管、电机、鼓风机、推动炉体的拖轮、齿轮等传动装置和提升装置； 与炉窑配套的燃料供应和燃烧设备； 随炉窑供应的金具、耐火衬里、炉体金属预埋件	现场砌筑、制作与安装用的耐火、耐酸、保温、防腐、捣打料、绝热纤维、白云石、玄武岩、金具、炉管、预埋件、填料等
静置设备及工艺金属结构制作工程	制造厂以成品或半成品形式供货的各种容器、反应器、热交换器、塔器、电解槽等非标设备； 工艺设备在试车时必须填充的一次性填充材料、药品、油脂等	由施工企业现场制作的容器、平台、梯子、栏杆及其他金属结构件等

续表

类　别	设　备	材　料
管道工程	压力≥10MPa，且直径≥600mm的高压阀门； 直径≥600mm的各类阀门、膨胀节、伸缩器； 距离≥25km金属管道及其管段、管件（弯头、三通、冷弯管、绝缘接头）、清管器、收发球筒、机泵、加热炉、金属容器； 各类电动阀门，工艺有特殊要求的合金阀、真空阀及衬特别耐磨、耐腐蚀材料的专用阀门	一般管道、管件、阀门、法兰、配件及金属结构等
电子信息工程	雷达设备、导航设备、计算机信息设备、通信设备、音频视频设备、监视监控和调度设备、消防及报警设备、建筑智能设备、遥控遥测设备、电源控制及配套设备、防雷接地装置、电子生产工艺设备、成套供应的附属设备； 通信线路工程光缆	铁塔、电线、电缆、光缆、机柜、插头、插座、接头、支架、桥架、立杆、底座、灯具、管道、管件等； 现场制作安装的探测器、模块、控制器、水泵结合器等
给排水、燃气、采暖工程	加氯机、水射器、管式混合器、搅拌器等投药、消毒处理设备； 曝气器、生物转盘、压力滤池、压力容器罐、布水器、射流器、离子交换器、离心机、萃取设备、碱洗塔等水处理设备； 除污机、清污机、捞毛机等拦污设备； 吸泥机、撇渣机、刮泥机等排泥、撇渣、除砂设备，脱水机、压榨机、压滤机、过滤机等污泥收集、脱水设备； 开水炉、电热水器、容积式热交换器、蒸汽-水加热器、冷热水混合器、太阳能集热器、消毒器（锅）、饮水器、采暖炉、膨胀水箱； 燃气加热设备、成品凝水缸、燃气调压装置	设备本体以外的各种滤网、钢板闸门、栅板及启闭装置的启闭架等； 管道、阀门、法兰、卫生洁具、水表、自制容器、支架、金属构件等； 散热器具，燃气表、气嘴、燃气灶具、燃气管道和附件等
通风空调工程	通风设备、除尘设备、空调设备、风机盘管、热冷空气幕、暖风机、制冷设备； 订制的过滤器、消声器、工作台、风淋室、静压箱	调节阀、风管、风口、风帽、散流器、百叶窗、罩类法兰及其配件，支吊架、加固框等； 现场制作的过滤器、消声器、工作台、风淋室、静压箱等
自动化控制仪表工程	成套供应的盘、箱、柜、屏及随主机配套供应的仪表； 工业计算机、过程检测、过程控制仪表，集中检测、集中监视与控制装置及仪表； 金属温度计、热电阻、热电偶	随管、线同时组合安装的一次部件、元件、配件等； 电缆、电线、桥架、立柱、托臂、支架、管道、管件、阀门等

3.2 工程量清单招投标造价计价标准程序表

工程量清单计价应采用综合单价法。不论分部分项工程项目、措施项目、其他项目，还是以单价或总价形式表现的项目，其综合单价的组成包括人、材、机、管理费、利润及规费。

工程造价计价标准程序表［《河南省通用安装工程预算定额》(HA02-31—2016)］见表3-2。

表3-2　工程造价计价标准程序表（一般计税方法）

序号	费用名称	计算公式	备注
1	分部分项工程费	[1.2]+[1.3]+[1.4]+[1.5]+[1.6]+[1.7]	
1.1	其中：综合工日	定额基价分析	
1.2	定额人工费	定额基价分析	
1.3	定额材料费	定额基价分析	
1.4	定额机械费	定额基价分析	
1.5	定额企业管理费	定额基价分析	
1.6	定额利润	定额基价分析	
1.7	调差	[1.7.1]+[1.7.2]+[1.7.3]+[1.7.4]	
1.7.1	人工费差价		
1.7.2	材料费差价		不含税价调差
1.7.3	机械费差价		
1.7.4	管理费差价		按规定调差
2	措施项目费	[2.2]+[2.3]+[2.4]	
2.1	其中：综合工日	定额基价分析	
2.2	安全文明施工费	定额基价分析	不可竞争费
2.3	单价类措施费	[2.3.1]+[2.3.2]+[2.3.3]+[2.3.4]+[2.3.5]+[2.3.6]	
2.3.1	定额人工费	定额基价分析	
2.3.2	定额材料费	定额基价分析	
2.3.3	定额机械费	定额基价分析	
2.3.4	定额管理费	定额基价分析	
2.3.5	定额利润	定额基价分析	
2.3.6	调差	[2.3.6.1]+[2.3.6.2]+[2.3.6.3]+[2.3.6.4]	

续表

序号	费用名称	计算公式	备注
2.3.6.1	人工费调差		
2.3.6.2	材料费调差		不含税价调差
2.3.6.3	机械费调差		
2.3.6.4	管理费调差		按规定调差
2.4	其他措施费（费率类）	[2.4.1]+[2.4.2]	
2.4.1	其他措施费（费率类）	定额基价分析	
2.4.2	其他（费率类）		按约定
3	其他项目	[3.1]+[3.2]+[3.3]+[3.4]+[3.5]	
3.1	暂列金额		按约定
3.2	专业工程暂估价		按约定
3.3	计日工		按约定
3.4	总承包服务费	业主分包专业工程造价×费率	按约定
3.5	其他		按约定
4	规费	[4.1]+[4.2]+[4.3]	不可竞争费
4.1	定额规费	定额基价分析	
4.2	工程排污费		据实计取
4.3	其他		
5	不含税工程造价		
6	增值税	[5]×9%	一般计税方法
7	含税工程造价	[5]+[6]	

夜间施工增加费、二次搬运费、冬雨季施工增加费费率见表3-3。

表3-3 其他措施费费率表

序号	费率名称	所占比例（占定额其他措施费比例）
1	夜间施工增加费	25%
2	二次搬运费	50%
3	冬雨季施工增加费	25%

相关问题说明

(1) 关于工程量清单招投标造价计价标准程序表

建设单位在编制招标控制价时，应按照各专业工程的计量规范、计价定额及工程造价信息编制。施工企业在使用计价定额时除不可竞争费（如安全文明施工费、规费）外，其余仅做参考，由施工企业投标自主报价。

（2）措施项目费

① 安全文明施工费。

② 单价类措施费。

③ 其他措施费（费率类）。

（3）总承包服务费

由业主承担，其费用可约定，或按单独发包专业工程含税工程造价的1.5%计价（不含工程设备）。

服务内容：配合协调发包人进行的专业工程发包，对发包人自行采购的材料、工程设备等进行保管，以及对施工现场竣工验收资料进行整理。

（4）施工配合费

施工配合费是指专业分包单位要求总承包单位为其提供脚手架、垂直运输和水电设施等所发生的费用。发生是当事方可约定，或按分包工程造价的1.5%～3.5%计价（不含工程设备）。

模块小结

本模块主要介绍了我国现行工程造价的构成，建筑安装工程费项目构成，工程量清单计价的建筑安装工程造价组成和工程量清单招投标造价计价标准程序表。

复习思考题

1. 建设项目工程造价在量上和（　　）相等。

A. 固定资产投资与流动资产投资

B. 工程费用与工程建设其他费用之和

C. 固定资产投资与固定资产投资方向调节税之和

D. 项目自筹建到全部建成并验收合格交付使用所需的费用之和

2. 根据《建筑安装工程费用项目组成》（建标〔2013〕44号）文件的规定，规费包括（　　）。

A. 工程排污费　　　　B. 工程定额测定费

C. 文明施工费　　　　D. 住房公积金

3. 根据《建筑安装工程费用项目组成》（建标〔2013〕44号）文件的规定，大型机械设备进出场及安拆费中的辅助设施应计入（　　）。

A. 规费　　　　B. 企业管理费

C. 施工机械使用费　　　　D. 措施项目费

【模块3在线答题】

模块4 建设工程工程量清单综合单价

教学目标

本模块主要介绍《河南省通用安装工程预算定额》（HA 02－31—2016）的分类；建筑安装工程人工费、材料费、施工机具使用费的概念；安装定额中各种系数的计算方法及原则。学生通过本模块学习，应明确工程量清单综合单价中人工费、材料费、施工机具使用费的含义；掌握安装定额中各种系数的计算方法。

教学要求

知识要点	能力要求	相关知识
河南省工程量清单综合单价的内容	掌握工程量清单综合单价中人工费、材料费、施工机具使用费的含义	人工费、材料费、施工机具使用费、企业管理费
安装定额中各种系数的使用原则	正确使用安装定额中各种系数	操作高度增加费、管廊间施工增加费、建筑物超高增加费、脚手架搭拆费等

4.1 《河南省通用安装工程预算定额》(HA 02-31—2016)基价的内容

4.1.1 《河南省通用安装工程预算定额》的分类

《河南省通用安装工程预算定额》由12个分册组成。

(1) 第一册《机械设备安装工程》

适用范围:新建、扩建及技术改造项目的切削设备、锻压设备、铸造设备、起重设备、起重机轨道、输送设备、风机、泵、压缩机、工业炉、煤气发生设备及其他机械设备等的安装工程。总之,其适用于设备本体的安装。

(2) 第二册《热力设备安装》

适用范围:新建、扩建和改建项目中25MW以下汽轮发电机组及130t/h以下锅炉设备安装工程,及其配套的辅机、燃料、除灰和水处理设备安装工程。

(3) 第三册《静置设备与工艺金属结构》

适用范围:建筑安装企业在加工厂或施工现场制作容器、塔器、换热器等设备制作工程。它仅适用于常压Ⅰ类和Ⅱ类压力容器、塔器、换热器的制作,不适用于高压设备的制作。

(4) 第四册《电气设备安装工程》

适用范围:工业与民用新建、扩建和改建工程中10kV以下变配电设备,以及线路安装工程、车间动力电气设备、电气照明器具、防雷接地装置安装、配管配线、电气调整试验等的安装工程。

(5) 第五册《建筑智能化工程》

适用范围:新建、扩建项目中的智能化系统设备的安装调试。

(6) 第六册《自动化控制仪表安装工程》

适用范围:工业新建和扩建项目中的自动化控制装置及仪表的安装调试工程,不适用于民用高层建筑工程。

(7) 第七册《通风空调工程》

适用范围:工业与民用建筑的新建和扩建项目中的通风(空调)设备及部件、通风管道及部件的制作安装工程。

(8) 第八册《工业管道工程》

适用范围:新建、扩建和改建项目中,厂区范围内的车间、装置、站、灌渠及其相互之间,各种生产用介质输送管道和厂区第一个连接点以内的生产用(包括生产与生活共用)给水、排水、蒸汽、煤气输送管道的安装工程。其中给水以入口水表井为界;排水以场区围墙外第一个污水井为界；蒸汽和煤气以入口第一个计量表（阀门）为界；锅炉房、水泵房以墙皮为界。

（9）第九册《消防工程》

适用范围：工业与民用建筑中的新建、扩建和整体更新改造的消防安装工程。

（10）第十册《给排水、采暖、燃气工程》

适用范围：新建和扩建项目中的生活给水、排水、燃气、采暖热源管道及附件配件安装，小型容器制作安装。

（11）第十一册《通信设备及线路工程》

适用范围：新建和扩建项目中的通信设备及线路安装调试工程。

（12）第十二册《刷油、防腐蚀、绝热工程》

适用范围：新建和扩建项目中的设备、管道、金属结构等的刷油、防腐蚀、绝热工程。

4.1.2 《河南省通用安装工程预算定额》的组成

每册均由目录、总说明、费用组成说明及工程造价计价标准程序表、专业说明、册说明、章说明、定额基价项目表组成。

（1）目录

主要列出定额组成项目名称和页次，以便查找、检索定额项目。

（2）总说明

主要说明定额的适用范围，定额的编制依据，定额的作用，定额费用的组成。

（3）费用组成说明及工程造价计价标准程序表

建设工程费用的组成、定额各项费用的组成，关于人工材料施工机械标准的确定及取费标准。

（4）专业说明

主要列出《河南省通用安装工程预算定额》，共分十二册，说明定额编号的组成。

（5）册说明

主要说明定额编制的依据、适用范围，脚手架搭拆费及高层建筑增加费、超高增加费等的计取方法和定额系数的规定。

（6）章说明

主要说明分部工程定额包括的主要工作内容和不包括的工作内容；定额的适用范围；分部工程的工程量计算规则。

（7）定额基价项目表

定额基价项目表是预算定额的主要组成部分，主要包括以下内容。

① 分项工程的工作内容，一般列入项目表的表头。

② 定额编号和分项工程子目，在表的上部。

③ 一个计量单位的分项工程人工消耗量、材料消耗量和机械台班消耗量的种类和数量（实物量）。

④ 预算定额基价、人工费、材料费、机械费、管理费和利润、其他措施费、安全文明施工费和规费。

⑤ 工日、材料、机械台班单价。

⑥ 附注在项目表的下方，解释一些定额说明中未尽的问题。

4.1.3 预算定额单价的确定

1. 预算定额

预算定额是指在合理的施工组织设计、正常施工条件下，生产一个规定计量单位合格构件和分项工程所需的人工、材料、机械台班的社会平均消耗量的数量标准。

2. 定额基价

定额基价是指完成一个规定计量单位的分部分项工程量清单项目或措施清单项目所需的人工费、材料费、施工机具使用费和企业管理费与利润，安全文明施工费、规费、其他措施费及一定范围内的风险费用。

3. 定额的内容

《河南省通用安装工程预算定额》规定定额基价由人工费、材料费、施工机具使用费、企业管理费、安全文明施工费、规费、其他措施费和利润组成。

《建筑安装工程费用项目组成》（建标〔2013〕44 号文）按费用要素组成划分为人工费、材料费、施工机具使用费、企业管理费、利润、规费和税金。根据建标〔2013〕44 号文及《河南省通用安装工程预算定额》得出以下费用的解释。

(1) 人工费

人工费是指按工资总额构成规定支付给从事建筑安装工程施工的生产工人和附属生产单位工人的各项费用。人工费内容包括：计时工资或计件工资、奖金、津贴、补贴、加班加点工资、特殊情况下支付的工资。

① 人工。人工分为基本用工和其他用工。基本用工即完成一定计量单位的分项工程或结构构件的各项工作过程的施工任务所必须消耗的技术工种用工。其他用工是辅助基本用工消耗的工日，包括以下内容。

A. 超运距用工，即材料的运距超过劳动定额规定的运距用工。

B. 人工幅度差。包括以下几方面。

a. 工序交叉、搭接停歇的时间损失；

b. 机械临时维修、小修、移动等不可避免的时间损失；

c. 工程检验影响的时间损失；

d. 施工用水、用电的管、线移动影响的时间损失；

e. 工程完工、工作面转移造成的时间损失。

C. 辅助用工。辅助用工是指技术工种劳动定额内不包括而在预算定额内又必须考虑的用工，如筛砂、洗石、电焊点火用工。

② 人工工日消耗量。区分普工、一般技工和高级技工，以综合工日表示（包含机上人工费）。

③ 工日。一个工人工作 8 小时，称一个“工日”。

④ 人工单价。基期工日单价：普工 87.1 元/工日，一般技工 134 元/工日，高级技工 201 元/工日。

人工费＝综合工日数×人工单价

随着时间的推移，人工费与定额给定的费用会有差异，可根据豫建标定〔2016〕40号文进行调整。即人工费实行指数法动态管理人工费指导价作为计算人工费差价的依据。只计税金不计费用，人工费指导价属于政府指导价，不应列入计价风险范围。

费用调差公式

调整后人工费＝基期人工费＋指数调差

式中

指数调差＝基期费用×调差系数×K_n

调差系数＝(发布其价格指数÷基期价格指数)－1

调整人工费时 $K_n=1$，调整机械费时 $K_n=1$，调整管理费时 $K_n=6\%$。

(2) 材料费

材料费是指施工过程中消耗的原材料、辅助材料、构配件、零件、半成品或成品、工程设备的费用。

① 材料消耗量。材料消耗量可分为净用量和损耗量。

净用量指半成品、主要材料和其他材料（辅助材料和零星材料）所用量。

损耗量指从工地仓库、现场集中堆放地点或现场加工地点到操作或安装地点的运输损耗、施工操作损耗、施工现场堆放损耗。

② 材料按计价方式可分为已计价方式和未计价方式。已计价方式定额中已有材料价格的；未计价方式定额中用“（　　）”表示，里面的数表示定额含量。如第十册定额《给排水、采暖、燃气工程》第一章第一个子目中镀锌钢管（10.20）表示安装10m镀锌钢管考虑损耗率共需管材10.20m。

③ 材料的预算单价。材料由交货地点送达工地仓库（或现场堆放地点）的预算价格如图4.1所示，包括原价（或供应价）、运输损耗费、运杂费和采购及保管费，见表4－1。

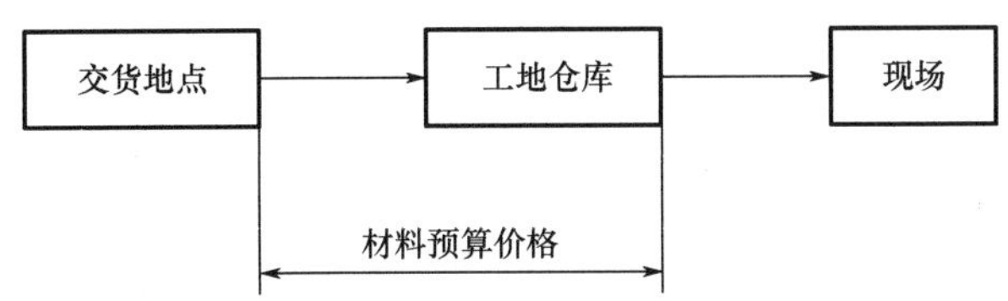

图4.1　材料预算单价组成

表4－1　材料运输损耗率、采购及保管费费率（除税价格）

序号	材料类别名称	运输损耗率（%）		采购及保管费费率（%）	
		承包方提运	现场交货	承包方提运	现场交货
1	砖、瓦、砌块	1.74	—	2.41	1.69
2	石灰、砂、石子	2.26	—	3.01	2.11
3	水泥、陶粒、耐火土	1.16	—	1.81	1.27
4	饰面材料、玻璃	2.33	—	2.41	1.69
5	卫生洁具	1.17	—	1.21	0.84

续表

序号	材料类别名称	运输损耗率（%）		采购及保管费费率（%）	
		承包方提运	现场交货	承包方提运	现场交货
6	灯具、开关、插座	1.17	—	1.21	0.84
7	电缆、配电箱（屏、柜）	—	—	0.84	0.60
8	金属材料、管材	—	—	0.96	0.66
9	其他材料	1.16	—	1.81	1.27

注：材料从工地仓库至施工现场的水平运输、垂直运输及其操作损耗，均已按合理的方式考虑在定额中，不得另计。

A. 原价。原价是指材料、工程设备的出厂价格或商家供应价格。

B. 运杂费。运杂费是指材料、工程设备自来源地运至工地仓库或指定堆放地点所发生的全部费用，包括运费和杂费（进站费、暂堆费、装卸费、清扫费、入库码堆费）。

C. 运输损耗费。运输损耗费是指材料在运输装卸过程中不可避免的损耗。

运输损耗费=(材料原价+材料运杂费)×运输损耗率

D. 采购及保管费。采购及保管费是指为组织采购、供应和保管材料、工程设备的过程中所需的各项费用，包括采购费、仓储费、工地保管费、仓储损耗费。

采购及保管费=(材料原价+材料运杂费)×采购及保管费费率(承包方采购、提运)

承包方现场保管费=供应到现场的材料价格×现场交货费费率（甲供材料到现场，该费用可在税后返还甲供材料费内抵扣）

材料单价=原价+运杂费+运输损耗费+采购及保管费

=(原价+运杂费)×(1+运输损耗率+采购及保管费费率)

或　　材料单价=材料供应到现场的价格×(1+采购及保管费费率)

工程设备是指构成或计划构成永久工程一部分的机电设备、金属结构设备、仪器装置及其他类似的设备和装置。

工程设备的预算价格指设备由交货地点运至施工现场操作地点的价格，包括原价和运杂费、采购及保管费。原价指供应价，运杂费指设备供销部门的手续费、运输费、装卸费。

$$工程设备费 = \sum(工程设备量 \times 工程设备单价)$$

$$工程设备单价 = (设备原价 + 运杂费) \times (1 + 采购及保管费费率)$$

豫建标〔2014〕29号文规定，凡合同约定由承包方采购的“工程设备”均列入税前造价。材料费的风险由承发包双方分担，5%以内的风险由承包方承担，超过5%的部分由发包方承担。由政府定价管理的水、电、燃料应据实调整，其价格的风险由发包方承担。

【例4-1】 某材料预算价格为700.02元，供应价为653.97元，假设材料由建设单位采购，由施工单位装卸堆放，试计算施工单位可计取的运杂费和采购及保管费各是多少（提示：建设单位采购及保管费取40%；施工单位采购及保管费取60%）。

解： 预算单价=原价+运杂费+运输损耗费+采购及保管费

=(原价+运杂费)×(1+运输损耗率+采购及保管费费率)

700.02 元=(653.97 元+运杂费)×(1+1.16%+1.81%)(查表 4-1 中其他材料)

运杂费=25.86 元

采购及保管费=(材料原价+材料运杂费)×采购及保管费费率

=(653.97 元+25.86 元)×1.81%=12.30 元

施工单位的采购及保管费=12.30 元×60%=7.38 元

建设单位的采购及保管费=10.30 元×40%=4.12 元

(3) 施工机具使用费

施工机具使用费是指施工作业所发生的施工机械使用费、仪器仪表使用费或其租赁费。

① 施工机械使用费。施工机械使用费以施工机械台班耗用量乘以施工机械台班单价表示。

A. 台班。一台机械工作 8 小时，称一个台班。

B. 台班单价。台班单价由以下几项组成。

a. 折旧费。折旧费指施工机械在规定的使用年限内，陆续收回其原值的费用。

b. 大修理费。大修理费指施工机械按规定的大修理间隔台班进行必要的大修理，以恢复其正常功能所需的费用。

c. 经常修理费。经常修理费指施工机械除大修理以外的各级保养和临时故障排除所需的费用。包括为保障机械正常运转所需替换设备与随即配备工具附具的摊销和维护费用，机械运转中日常保养所需润滑与擦拭的材料费用及机械停滞期间的维护和保养费用等。

d. 安拆费及场外运费。安拆费指施工机械（大型机械除外）在现场进行安装与拆卸所需的人工、材料、机械和试运转费用，以及机械辅助设施的折旧、搭设、拆除等费用；场外运费是指施工机械整体或分体自停放地点至施工现场或由一施工地点至另一施工地点的运输、装卸、辅助材料及架线等费用。

大型设备进出场安拆费是指机械整体或分体自停放场地运至施工现场或由一个施工地点运至另一个施工地点，所发生的机械进出场运输费及转移费用，以及机械在施工现场进行安装和拆卸所需的人工费、材料费、机械费、试运转费和安装所需的辅助设施的费用。列入措施费项目。

e. 人工费。人工费指机上司机（司炉）和其他操作人员的人工费。

f. 燃料动力费。燃料动力费指施工机械在运转作业中所消耗的各种燃料及水、电费用等。

g. 税费。税费指施工机械按照国家规定应缴纳的车船使用税、保险费及年检费等。

施工机械使用费=施工机械台班消耗量×机械台班单价

② 仪器仪表使用费。仪器仪表使用费是指工程施工所需使用的仪器仪表的摊销及维修费。

仪器仪表使用费=工程使用的仪器仪表摊销费+维修费

施工机具使用费=施工机械使用费+仪器仪表使用费

机械费实行动态管理，其中台班组成中的人工费实行指数法动态调整，调整公式如下。

调整后机械费=基期机械费+指数调差+单价调差

指数调差公式见前文人工费中所讲。

(4) 企业管理费

企业管理费是指建筑安装企业组织施工生产和经营管理所需要的费用。包括：管理人员工资、办公费、差旅交通费、固定资产使用费、工具用具使用费、劳动保险和职工福利费、劳动保护费、检验试验费、工会经费、职工教育经费、财产保险费、财务费、税金。

① 检验试验费。检验试验费指施工企业按照有关标准规定，对建筑及材料、构件和建筑安装物进行一般鉴定、检查所发生的费用，包括自设实验室进行试验所耗用的材料等费用。不包括新结构、新材料的试验费，对构件做破坏性试验及其他特殊要求检验试验的费用和建设单位委托检测机构进行检测的费用，对此类检测发生的费用，由建设单位在工程建设其他费用中列支。但对施工企业提供的具有合格证明的材料进行检测不合格的，该检测费用由施工企业支付。

企业管理费实行指数法动态管理，调差公式如下。

调差后管理费=基期管理费+指数调差

指数调差公式见前文人工费中所讲。

② 税金。税金指企业按规定交纳的房产税、车船使用税、土地使用税、印花税等。

(5) 利润

利润是指施工企业完成所承包工程获得的盈利。

综上所述得出以下公式。

基价=人工费+材料费+施工机具使用费+企业管理费+利润+其他措施费+安全文明施工费+规费

4.1.4 注意事项

① 在综合单价中注有“×××”以内或以下者，包括其本身；“×××”以外或以上者，则不包括其本身。如 10－1－2 公称直径为 20mm 以内，则包括 DN20mm 的管子。

② 基价中带有“(　　)”，系不完整价格，在使用时应补充缺项价格。

③ 定额编号。

A. 定额编号由三部分组成，分册号、章节号、章节序号，中间以“-”分隔。如“10－1－1”指第十册定额，第一章第一个子目，室外镀锌钢管(螺纹连接)，公称直径 DN15 的管道安装。

B. 依据国家计价规范，将施工措施费从工程实体子目中分离，设置为非工程实体的独立分部，执行现行国家统一项目编码。

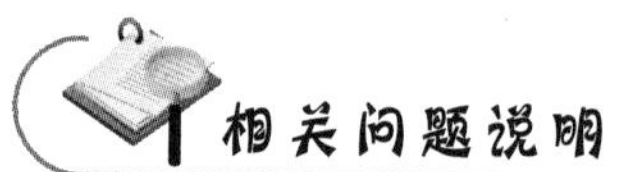

相关问题说明

(1) 建标〔2013〕44 号文，按照国家统计局《关于工资总额组成的规定》合理调整人工费构成及内容（表4－2）。

表4－2 建标〔2013〕44号文关于人工费构成及内容

人工费构成	内　容
计时工资或计件工资	按计时工资标准和工作时间或对已做工作按计件单价支付给个人的劳动报酬
奖金	对超额劳动和增收节支支付给个人的劳动报酬，如节约奖、劳动竞赛奖等
津贴补贴	为补偿职工特殊或额外的劳动消耗和因其他特殊原因支付给个人的津贴，以及为保证职工工资水平不受物价影响支付给个人的物价补贴，如流动施工津贴、特殊地区施工津贴、高温（寒）作业临时津贴、高空津贴等
加班加点工资	按规定支付的在法定节假日工作的加班工资和在法定工作时间外延时工作的加点工资
特殊情况下支付的工资	根据国家法律、法规和政策规定，因病、工伤、产假、计划生育假、婚丧假、事假、探亲假、定期休假、停工学习、执行国家或社会义务等原因按计时工资标准或计时工资标准的一定比例支付的工资

(2) 建标〔2013〕44号文将工程设备费列入材料费；原材料费中的检验试验费列入企业管理费。

(3) 建标〔2013〕44号文将仪器仪表使用费列入施工机具使用费。

(4) 建标〔2013〕44号文取消原规费中危险作业意外伤害保险费；增加工伤保险费、生育保险费。

(5) 建标〔2013〕44号文将原企业管理费中劳动保险费中的职工死亡丧葬补助费、抚恤费列入规费中的养老保险费；企业管理费中的财务费和其他中增加担保费、投标费、保险费。

4.1.5 定额的作用及适用范围

河南省通用安装工程预算定额是编制投资估算指标、设计概算、施工图预算、工程招标标底价、拦标价、竣工结算的政府指导价；是建设工程实行工程量清单招标投标计价的基础；是企业编制内部定额、考核工程成本、进行投标报价、选择经济合理的设计与施工方案的参考价。

河南省通用安装工程预算定额适用于河南省行政区域内的一般工业与民用建筑的新建、扩建和改建项目的安装工程。

4.2 安装定额中各种系数的使用原则

4.2.1 常用系数的种类

这里所说的系数，是一种习惯性叫法。根据安装工程定额系数的计算条件及使用方法的不同，常用系数可分为以下几种，如图 4.2 所示。图 4.2 中第一类为定额子目系数：A 系数主要指分项工程内容与定额子目内容不完全相同，所需进行的定额费用调整内容；B 系数主要指各册定额说明中规定的，与工程形态直接相关的系数。第二类为综合系数：C 系数是各册定额说明中规定的，与工程本体形态无直接关系的系数。

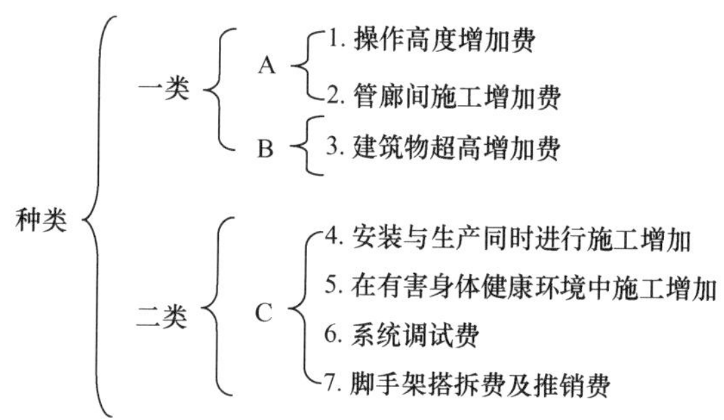

图 4.2 常用系数种类

4.2.2 各种系数之间的关系

此处所说的各种系数及计算方法是按《河南省通用安装工程预算定额》规定计取的。

“1”“2”系数按《河南省通用安装工程预算定额》规定执行，人工费增加时，综合工日和管理费不随之增加。

“3”“4”“5”系数作为措施费项目。有独立的清单项目和子目，清单项目以“项”为计量单位，子目以“100 工日”为计量单位。均以工程实体的综合工日为计算基数，互相不累加（换言之，按各系统工程项目所有综合工日为工程量）。如某工程给排水工程的综合工日合计为 1514 个工日，则建筑物超高增加、系统调试费、安装与生产同时进行施工增加、在有害身体健康的环境中施工增加这些项目的工程量均为 1514 个工日。

“6”系数中子目按采暖管道、管件、阀门、法兰、供暖器具组成的采暖工程系统的工程实体消耗的综合工日来计算。子目以“100 工日”为计量单位。与高层建筑施工增加费不累加计算。清单项目以“系统”为计量单位。

“7”系数作为措施费项目，以“100 工日”为计量单位。它是以本专业全部工程量清单项目的综合工日为计算基数（换言之，按各系统对应项目的综合工日为计算基数），包括“3”“4”“5”“6”系数综合工日。

4.2.3 使用原则

上述系数的增加费用进入综合单价、人工费、材料费、机械费、管理费、利润，但参与取费的综合工日不做调整。

4.2.4 各种费用的计算

1. 操作高度增加费

操作高度增加费是指安装操作物高度超过定额中规定的高度时，所增加的费用。

操作物高度是指安装物距楼地面的垂直距离，无楼层的按操作地点（或设计正负零）至操作物的距离，按安装物的最高点计。超高安装物规定的限值见表4-3。

表4-3 超高安装物规定的限值

项　　目	限值（m）
给排水、采暖工程	>3.6
电器照明工程	>5
通风空调工程	>6
刷油绝热工程	>6
消防及安全防范设备安装工程	>5

增加的内容：人工降效。

（1）水、暖、消防及安全防范操作高度增加费

操作高度增加费＝超高以上部分的人工费×(系数－1)

式中系数取值见表4-4。

表4-4 水、暖、消防及安全防范设备安装工程操作高度增加费系数

操作高度（m）	≤10（水、暖、消防）	≤30（水、暖、消防）	≤50（水）
系数	1.10	1.20	1.50

（2）电气工程操作高度增加费

安装高度距楼面或地面>5m时。

操作高度增加费＝超高以上部分的人工费×(1.10－1)

（3）刷油绝热工程操作高度增加费

操作高度增加费＝超高以上部分的人工费×系数＋超高以上部分的机械费×系数

式中系数取值见表4-5。

表 4-5 刷油绝热工程超高系数

操作高度 (m)	≤30	≤50
系数	1.20	1.50

(4) 通风空调工程操作高度增加费

操作高度增加费=超高以上部分的人工费×(1.20-1)

2. 管廊间施工增加费

管廊间施工增加费是指在洞库、暗室，在已封闭的管道间（井）、地沟、吊顶内安装的项目。

设置于管廊间的管道、阀门、法兰、支架等安装时所应增加的费用。

增加的内容：人工降效。计算方法如下。

施工增加的人工费=管廊间的全部定额人工费×(1.20-1)

施工增加的机械费=管廊间的全部定额机械费×(1.20-1)

第四册《电气设备安装工程》增加的系数如下。

① 在地下室内（含地下车库)、暗室内、净高<1.6m 楼层、$2m^2$<断面<$4m^2$ 隧道或洞内进行安装的工程，定额人工费乘以系数 1.12。

② 在管井内、竖井内、断面≤$2m^2$ 隧道或洞内、封闭吊顶天棚内进行安装施工的工程(竖井内敷设电缆项目除外)，定额人工费乘以系数 1.16。

地下室内施工增加的人工费=管廊间的全部定额人工费×(1.12-1)

管井内施工增加的人工费=管廊间的全部定额人工费×(1.16-1)

3. 建筑物超高增加费

建筑物超高增加费是指建筑物檐高高度在 20m 以上的施工中进行安装应增加的人工降效及材料、工具垂直运输等增加的费用。

(1) 层数的确定

① 一般按自然层计，如建筑的层高可能是 2.8m 也可能是 3.0m。

② 地下室不计入层数。

③ 半地下室地上部分超 1m 时，可按 1 层计入层数内，否则不计层数。

④ 技术层（设备层、管道层）层高小于 2.2m 时，不计入层数。

⑤ 同一建筑物出现不同的高度，其突出部分又符合建筑物超高费计取标准时，根据不同高度面积比例拆分安装工程项目，分别套用不同的建筑物超高费。

⑥ 突出主体建筑屋顶的楼梯间、电梯间、水箱间、屋面天窗等不计入檐口高度。

⑦ 单层建筑：假想的层数=檐高/3。

(2) 檐高的确定

从设计室外地坪至檐口滴水的高度（平屋顶系指屋面结构板板底高度，斜屋面系指外墙外边线与斜屋面板底的交点）(图 4.3)。

(3) 增加的内容

人工降效、材料垂直运输增加的人工费。

(4) 适用范围

水、电、暖通、生活煤气、消防及安全防范及上述工程的附属工程，如刷油、绝热等。

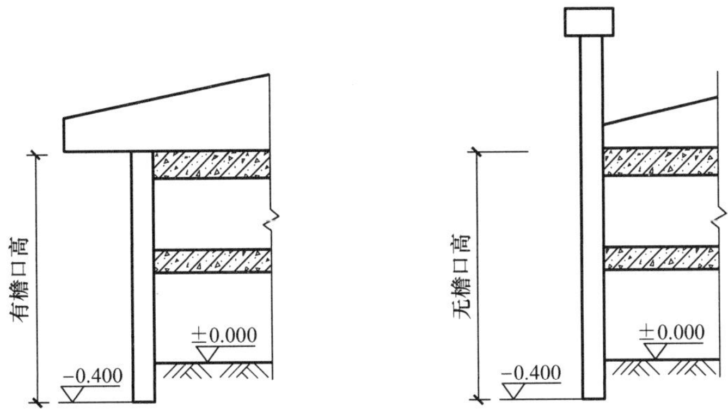

图 4.3 檐高的确定

(5) 计算方法

《河南省通用安装工程预算定额》第九、十册内所有工程项目综合工日子目以“100 工日”为计量单位，清单以“项”为计量单位。

例如，管道工程实体的综合工日以管道安装、管件、阀门、法兰、支架组成的管道工程实体消耗的综合工日来计算。

4. 安装与生产同时进行施工增加费

安装与生产同时进行施工增加费是指改建、扩建工程在生产车间或装置内施工时，因生产操作或生产条件限制（如不准动火、空间狭小通风不畅等）干扰安装工作正常进行而降低工效所增加费用。此项不包括为了保证安全生产和施工所采取的措施费用。

(1) 增加的内容

增加的内容是指人工费。

(2) 计算方法

按系统工程项目所有综合工日为工程量，子目以“100 工日”为计量单位，清单以“项”为计量单位。

5. 在有害身体健康环境中施工增加费

在有害身体健康环境中施工增加费是指在高温、多尘、噪声超标、有害气体等有害环境中施工而增加的降效费用，不包括劳保条例规定应享受的工种保健费、保健津贴。

(1) 增加的内容

增加的内容是人工费。

(2) 计算方法

按系统工程项目所有综合工日为工程量，子目以“100 工日”为计量单位，清单以“项”为计量单位。

6. 采暖系统调试费

采暖系统调试费是指整个采暖系统完工后，调试所需的费用。

(1) 增加的内容

增加的内容包括人工费、材料费。

(2) 计算方法

采暖管道、管件、阀门、法兰、供暖器具组成的采暖系统工程项目所有综合工日为工程量。

子目按由采暖管道、管件、阀门、法兰、供暖器具组成的采暖工程系统的工程实体消耗的综合工日来计算。子目以“100 工日”为计量单位。清单以“系统”为计量单位。

7. 脚手架搭拆及摊销费

脚手架搭拆及摊销费是指施工需要的各种脚手架搭、拆、运输费用及脚手架的摊销(或租赁)费用。

定额中规定的脚手架搭拆及摊销费简称脚手架搭拆费。除个别定额不计外，无论工程实际是否搭设或搭设多少脚手架，均按相应定额中规定的系数计取脚手架搭拆费，即与实际工程是否使用无关。

(1) 增加的内容

增加的内容包括人工费、材料费。

(2) 计算方法

本项专业项目的综合工日为计算基数(其中包括建筑物超高增加费、系统调试费、安装与生产同时进行、在有害身体健康环境中施工等项目的综合工日)。例如：

管道安装脚手架搭拆费综合工日＝管道安装工程综合工日＋建筑物超高增加费综合工日＋系统调试费综合工日＋安装与生产同时进行综合工日＋在有害身体健康环境中施工综合工日

电气工程综合工日＝电气工程实体安装综合工日＋建筑物超高增加费综合工日＋系统调试费综合工日＋安装与生产同时进行综合工日＋在有害身体健康环境中施工综合工日

(电气工程中调试及装饰灯具内的人工不作为脚手架计取基数，即不含调试及装饰灯具的综合工日。)

通风空调工程综合工日＝通风空调工程实体综合工日＋建筑物超高增加费综合工日＋系统调试费综合工日＋安装与生产同时进行综合工日＋在有害身体健康环境中施工综合工日

刷油工程综合工日＝刷油工程实体综合工日＋建筑物超高增加费综合工日＋系统调试费综合工日＋安装与生产同时进行综合工日＋在有害身体健康环境中施工综合工日

4.2.5 案例分析

【例 4-2】 某 7 层住宅楼，层高 3m，主体工程采用钢模板施工，内外浇筑，其给排水工程综合单价为 1 万元，定额人工费 2500 元，机械费 0 元，利润 750 元，管理费 975 元，材料费 5775 元。求调整后的清单项目费用及技术措施费(已知实体工程综合工日 18.66 工日)。

解：(1) 实体工程综合工日＝18.66 工日

(2) 建筑物超高增加费

工程量＝实体工程综合工日＝18.66 工日

查第十册定额求出人工费、材料费、机械费、企业管理费、利润

定额编号 10-12-Ha1 得

人工费＝18.66/100×113.23 元＝21.13 元

企业管理费＝18.66/100×33.73 元＝6.29 元

利润＝18.66/100×17.34 元＝3.24 元

材料费＝18.66/100×60.97 元＝11.38 元

综合工日＝18.66/100×1.30 工日＝0.24 工日

(3) 脚手架搭拆费

工程量＝综合工日＝(18.66＋0.24)工日＝18.90 工日

查第十册定额求出人工费、材料费、机械费、企业管理费、利润

查定额 10－13－Ha1 得

人工费＝18.90/100×152.43 元＝28.81 元

材料费＝18.90/100×283.07 元＝53.50 元

企业管理费＝18.90/100×45.40 元＝8.58 元

利润＝18.90/100×23.34 元＝4.41 元

综合工日＝18.90/100×1.75 工日＝0.33 工日

调整后：分部分项工程清单项目费为

综合单价＝10000 元

人工费＝2500 元

材料费＝5775 元

利润＝750 元

管理费＝975 元

综合工日＝18.66 工日

单价措施费（脚手架搭拆费＋建筑物超高增加费）

人工费＝21.13 元＋28.81 元＝49.94 元

材料费＝11.38 元＋53.50 元＝64.88 元

企业管理费＝6.29 元＋8.58 元＝14.87 元

利润＝3.24 元＋4.41 元＝7.65 元

综合单价＝137.34 元

综合工日＝0.57 工日

模块小结

本模块主要讲述以下两方面内容。

(1) 工程量清单综合单价的内容，包括：人工费、材料费、施工机具使用费、企业管理费、利润。

(2) 安装定额中各种系数及其使用原则，包括：①操作高度施工增加费；②管廊间施工增加费；③建筑物超高增加费；④安装与生产同时进行施工增加费；⑤在有害身体健康环境中施工增加费；⑥采暖系统调试费；⑦脚手架搭拆费。

复习思考题

一、选择题

1. 在总高度(室外设计正负零至屋顶檐口)为19.6m的6层楼房安装照明灯具，其中底层操作高度离地面4.6m，此时按照定额规定(　　)。

A. 不得计取增加费

B. 计取操作高度增加费

C. 计取建筑物超高增加费、脚手架搭拆费

D. 计取脚手架搭拆费

2. 安装综合单价中的建筑物超高增加费适用于(　　)等工程。

A. 电气设备安装工程　　B. 工业管道工程

C. 给排水、采暖、燃气工程　　D. 通风空调工程

E. 附属于室内水暖、电器及燃气工程的刷油、保温工程

3. 工程量清单计价以综合单价计价，其综合单价是(　　)。

A. 工料单价　　B. 直接费单价

C. 全费用单价　　D. 完全单价

二、简答题

1.《建设工程工程量清单计价规范》(GB 50500—2013)中，综合单价由哪几部分组成?

2. 材料的预算单价包含哪些费用?

三、计算题

1. 某7层砖混结构住宅楼采暖工程，层高2.8m，经计算采暖工程实体工程综合单价为18500元，其中人工费为4200元，材料费11665元，机械费0元，利润1050元，管理费1585元，求该工程调整后的清单项目费用及单价措施费(实体工程综合工日34.34工日)。

2. 某高度为12m的单层车间照明工程，在生产影响施工的情况下进行，灯具及干线高度全部在6～8m，经计算其实体工程综合单价为3500元，人工费1800元，机械费0元，利润540元，管理费702元，材料费458元，求调整后的清单项目费用及单价措施费(实体工程综合工日41.86工日)。

【模块4在线答题】

模块5 工程量清单计价表格及预算编制步骤

教学目标

本模块主要介绍工程量清单计价表格的组成及使用规定；预算的编制步骤。学生通过本模块的学习，应掌握工程量清单计价表格的组成；能够正确填写计价表格，掌握清单项目编码的组成、必须描述的项目特征；掌握预算的编制步骤。

教学要求

知识要点	能力要求	相关知识
工程量清单计价表格	掌握工程量清单计价表格的组成、使用规定。正确填写工程量清单计价表格	总说明应填写的内容，清单综合单价组成
预算编制步骤	掌握预算的编制步骤	编制依据、步骤和方法

5.1 工程量清单计价表格

5.1.1 计价表格的组成

采用工程量清单计价时建设工程造价应包括按招标文件规定完成工程量清单所列项目的全部费用，包括分部分项工程费、措施项目费、其他项目费、规费和税金。

根据《建设工程工程量清单计价规范》(GB 50500—2013) 规定，工程量清单计价宜采用统一格式。按照附录 B～附录 L 的规定，根据工作内容选用计价表格。

1. 工程量清单编制的表格

工程量清单编制的表格由下列内容组成。

① 封面——B. 1 招标工程量清单封面。

② 扉页——C. 1 招标工程量清单扉页。

③ 总说明。

④ F. 1 分部分项工程和单价措施项目清单与计价表。

⑤ F. 4 总价措施项目清单与计价表。

⑥ G. 1 其他项目清单与计价汇总表。

⑦ G. 2 暂列金额明细表。

⑧ G. 3 材料（工程设备）暂估单价及调整表。

⑨ G. 4 专业工程暂估价及结算价表。

⑩ G. 5 计日工表。

⑪ G. 6 总承包服务费计价表。

⑫ H 规费、税金项目计价表。

⑬ L. 1 发包人提供材料和工程设备一览表。

⑭ L. 2 承包人提供主要材料和工程设备一览表（适用于造价信息差额调整法）。

⑮ L. 3 承包人提供主要材料和工程设备一览表（适用于价格指数差额调整法）。

2. 招标控制价、投标报价、竣工结算编制的表格

招标控制价、投标报价、竣工结算编制的表格由下列内容组成。

① 封面——B. 2 招标控制价封面（B. 3 投标总价封面；B. 4 竣工结算书封面）。

② 扉页——C. 2 招标控制价扉页（C. 3 投标总价扉页；C. 4 竣工结算总价扉页）。

③ 总说明。

④ 汇总表——E. 1 建设项目招标控制价/投标报价汇总表；E. 2 单项工程招标控制价/投标报价汇总表；E. 3 单位工程招标控制价/投标报价汇总表；E. 4 建设项目竣工结算汇

总表；单项工程竣工结算汇总表；单位工程竣工结算汇总表。

⑤ F.1 分部分项工程和单价措施项目清单与计价表。

⑥ F.2 综合单价分析表。

⑦ F.3 综合单价调整表（竣工结算编制时用）。

⑧ F.4 总价措施项目清单与计价表。

⑨ G.1 其他项目清单与计价汇总表。

⑩ G.2 暂列金额明细表。

⑪ G.3 材料（工程设备）暂估单价及调整表。

⑫ G.4 专业工程暂估价及结算价表。

⑬ G.5 计日工表。

⑭ G.6 总承包服务费计价表。

⑮ 附录 H 规费、税金项目计价表。

⑯ 附录 J 工程计量申请（核准）表、合同价款支付申请（核准）表（适用于竣工结算编制）。

⑰ K.2 总价项目进度款支付分解表（适用于投标报价编制、竣工结算编制）。

⑱ K.3 进度款支付申请（核准）表（适用于竣工结算编制）。

⑲ K.4 竣工结算款支付申请（核准）表（适用于竣工结算编制）。

⑳ K.5 最终结清支付申请（核准）表（适用于竣工结算编制）。

㉑ L.1 发包人提供材料和工程设备一览表。

㉒ L.2 承包人提供主要材料和工程设备一览表（适用于造价信息差额调整法）。

㉓ L.3 承包人提供主要材料和工程设备一览表（适用于价格指数差额调整法）。

5.1.2 计价表格使用规定

本部分主要阐述总说明、分部分项工程和措施项目计价表如何填写，其他表格在相关课程里都有叙述，这里不再详细讲解。

1. 总说明填写

（1）工程量清单编制总说明

工程量清单编制总说明应按下列内容填写。

① 工程概况。建设规模、工程特征、计划工期、施工现场实际情况、自然地理条件、环境保护要求等。

② 工程招标和专业工程发标范围。

③ 工程量清单编制依据。

④ 工程质量、材料、施工等的特殊要求。

⑤ 其他需要说明的问题。

（2）招标控制价、投标报价、竣工结算的编制总说明

招标控制价、投标报价、竣工结算的编制总说明应按下列内容填写。

① 工程概况。建设规模、工程特征、计划工期、合同工期、实际工期、施工现场及变化情况、施工组织设计的特点、自然地理条件、环境保护要求等。

② 编制依据。可参见 5.2 节的内容。

2. 分部分项工程和措施项目计价表

分部分项工程和措施项目计价表包括 F.1 分部分项工程和单价措施项目清单与计价表、F.2 综合单价分析表、F.3 综合单价调整表、F.4 总价措施项目清单与计价。

(1) F.1 分部分项工程和单价措施项目清单与计价表

此表是编制招标控制价、投标价、竣工结算的最基本用表，格式见表 5-1。项目编码、项目名称、项目特征、计量单位和工程量是构成一个分部分项工程量清单的五个要件，缺一不可。

说明：

①“工程名称”栏。应填写详细具体的工程称谓，对于房屋建筑而言，习惯上并无标段划分，可不填写“标段”栏，但相对于管道敷设、道路施工则往往以标段划分，此时应填写“标段”栏。

② 项目编码。分部分项工程量清单项目名称的数字标识采用 12 位阿拉伯数字表示。1～9 位应按附录的规定设置。10～12 位应根据拟建工程的工程量清单项目名称和项目特征设置，同一招标工程的项目编码不得重码。

各位数字的含义：1、2 位为专业工程代码；3、4 位为附录分类顺序码；5、6 位为分部工程顺序码；7～9 位为分项工程项目名称顺序码；10～12 位为清单项目名称顺序码。如图 5.1 所示。

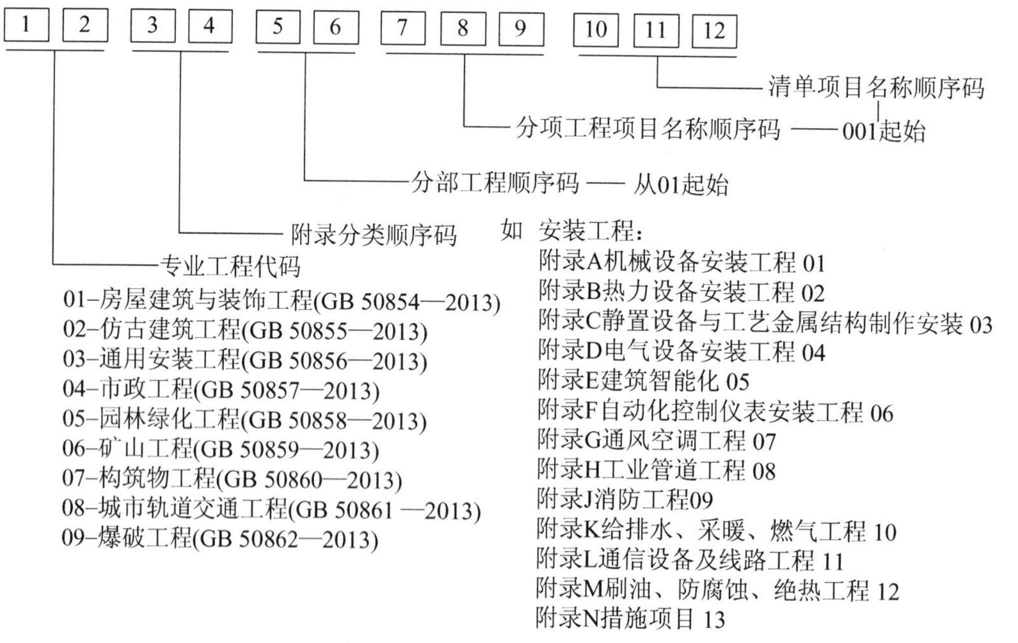

图 5.1 项目编码

表5-1　F.1分部分项工程和单价措施项目清单与计价表

工程名称：某中学教师住宅工程　　　　标段：　　　　第×页　共×页

序号	项目编码	项目名称	项目特征	计量单位	工程量	金额（元）		
						综合单价	合价	其中：暂估价
		第十册《给排水、采暖、燃气工程》						
1	031001006001	塑料给水管安装	室内DN20/PP-R给水管，热熔安装	m	1569	43.80	68722.20	
2	031001006002	塑料排水管安装	室内ϕ110UPVC排水管，承插胶粘接	m	849	46.96	39869.04	
		（其他略）						
		分部小计					108591.24	
本页小计							108591.24	
合　计							108591.24	

例如，031001006001中03表示通用安装工程；10表示给排水、采暖、燃气工程；01表示给排水、采暖、燃气管道安装；006分项工程名称，塑料管安装；001顺序号码，第1项。

③ 项目名称。按附录规定根据拟建工程实际填写。

④ 项目特征。未达到规范、简洁、准确、全面描述项目特征的要求，在描述工程量清单项目特征时应按以下原则进行。

第一，项目特征描述的内容应按附录中的规定，结合拟建工程的实际，满足确定综合单价的需要。

第二，若采用标准图集或施工图纸能够全部或部分满足项目特征描述的要求，项目特征描述可直接采用详见××图集或××图号的方式，对不能满足项目特征描述要求的部分，仍采用文字描述。

A. 必须描述的内容包括以下几方面。

a. 涉及正确计量的内容必须描述，如门窗洞口尺寸或框外围尺寸。

b. 涉及结构要求的内容必须描述，如混凝土的强度等级。

c. 涉及材质要求的内容必须描述，如油漆的品种是否为调和漆，管材的材质是碳钢管还是塑料管、不锈钢管；还需对管材的规格型号进行描述。

d. 涉及安装方式的内容必须描述，如管道是螺纹连接、焊接、粘接还是热熔连接。

B. 可不描述的内容包括以下几方面。

a. 对计量计价没有实质影响的内容可以不描述，如对现浇混凝土柱的高度、断面大小等的特征规定可以不描述。

b. 应由施工人员根据施工方案确定的可以不描述。

c. 应由施工投标人根据当地材料和施工要求确定的可以不描述。

d. 应由施工措施解决的可以不描述，如对现浇混凝土板、梁的标高特征规定可以不描述。

C. 可不详细描述的内容包括以下几方面。

a. 无法准确描述的可不详细描述，如土壤类别。

b. 施工图纸、标准图集标注明确的，可不再详细描述，对这些项目可描述为见××图集××页号及节点大样等。

c. 还有些项目可不详细描述，但清单编制人在项目特征描述中应注明由投标人自定，如土方工程中的“取土运距”“弃土运距”等。

D. 计价规范规定多个计价单位的描述。

E. 规范没有要求，但又必须描述的内容。

⑤ 招标控制价。编制招标控制价时，适用表 5-1 中“综合单价”“合价”以及“其中：暂估价”按 GB 50500—2013 规范规定填写。

“综合单价”中应包括招标文件中要求投标人承担的风险费用。投标人应完全承担的风险是技术风险和管理风险，如管理费和利润；应有限度承担的是市场风险，如材料价格、施工机械使用费的风险；应完全不承担的是法律、法规、规章和政策变化的风险。

风险系数：视工程的合同工期和市场价格波动程度，可确定在工程总造价的3％～5％之内。

招标文件提供了暂估单价的材料，按暂估的单价计入综合单价。

⑥ 投标报价。编制投标报价时，投标人对表 5-1 中的“项目编码”“项目名称”“项目特征”“计量单位”“工程量”均不应做改动。“综合单价”“合价”自主决定填写，对“其中：暂估价”栏，投标人应将招标文件中提供的暂估单价材料的暂估价计入综合单价，并应计算出暂估单价的材料在“综合单价”“合价”中的具体数额。

⑦ 竣工结算。编制竣工结算时，使用表 5-1 可取消“其中：暂估价”。

(2) 工程量清单综合单价分析表（表 5-2）

综合单价＝人工费＋材料费＋机械费＋管理费＋利润

人工费＝省编定额人工费

材料费＝参考定额子目直接生成(包括计价材和未计价材)

机械费＝参考定额子目直接生成

管理费＝参考定额子目直接生成

利润＝参考定额子目直接生成

工程量清单综合单价分析表是评标委员会评审和判别综合单价组成和价格完整性、合理性的主要基础，对因工程变更调整综合单价也是必不可少的基础价格数据来源。采用经评审的最低投标价法评标时，该分析表的重要性更加突出。

表 5-2 集中反映了构成每一个清单项目综合单价的各个价格要素的价格及主要的“工”“料”“机”消耗量。投标人在投标报价时，需要对每一个清单项目进行组价，为了使组价工作具有可追溯性（回复评标质疑时尤其需要），需要表明每一个数据的来源。该表随投标文件一同提交，作为竞标价工程量清单的组成部分。

编制招标控制价时，表 5-2 应填写使用的省级或行业建设主管部门发布的计价定额名称。

表5-2 工程量清单综合单价分析表

工程名称：某中学教师住宅工程　　　　标段：　　　　第×页　共×页

<table>
<tr><td>项目编码</td><td colspan="2">031001006001</td><td colspan="2">项目名称</td><td colspan="3">塑料给水管安装</td><td colspan="2">计量单位</td><td colspan="2">m</td></tr>
<tr><td colspan="12">清单综合单价组成明细</td></tr>
<tr><td rowspan="2">定额编号</td><td rowspan="2">定额名称</td><td rowspan="2">定额单位</td><td rowspan="2">数量</td><td colspan="4">单价(元)</td><td colspan="4">合价(元)</td></tr>
<tr><td>人工费</td><td>材料费</td><td>机械费</td><td>管理费和利润</td><td>人工费</td><td>材料费</td><td>机械费</td><td>管理费和利润</td></tr>
<tr><td>10-1-323</td><td>塑料给水管安装</td><td>10m</td><td>0.1</td><td>130.93</td><td>1.50</td><td>0.12</td><td>26.46+13.60</td><td>13.09</td><td>0.15</td><td>0.01</td><td>4.01</td></tr>
<tr><td>10-11-136</td><td>管道消毒、清洗</td><td>100m</td><td>0.01</td><td>51.23</td><td>1.03</td><td>—</td><td>10.38+5.33</td><td>0.51</td><td>0.01</td><td>—</td><td>15.71</td></tr>
<tr><td></td><td></td><td></td><td></td><td></td><td></td><td></td><td></td><td></td><td></td><td></td><td></td></tr>
<tr><td></td><td></td><td></td><td></td><td></td><td></td><td></td><td></td><td></td><td></td><td></td><td></td></tr>
<tr><td colspan="3">人工单价</td><td colspan="5">小　计</td><td>13.60</td><td>0.16</td><td>0.01</td><td>19.72</td></tr>
<tr><td colspan="3">87.1元/工日</td><td colspan="5">未计价材料</td><td colspan="4">10.31</td></tr>
<tr><td colspan="8">清单项目综合单价</td><td colspan="4">43.80</td></tr>
<tr><td rowspan="6">材料费明细</td><td colspan="3">主要材料名称、规格、型号</td><td>单位</td><td colspan="3">数量</td><td>单价(元)</td><td>合价(元)</td><td>暂估单价(元)</td><td>暂估合价(元)</td></tr>
<tr><td colspan="3">××牌PP-R管DN20</td><td>m</td><td colspan="3">1.02</td><td>5.67</td><td>5.78</td><td></td><td></td></tr>
<tr><td colspan="3">××牌PP-R管件</td><td>个</td><td colspan="3">1.52</td><td>2.98</td><td>4.53</td><td></td><td></td></tr>
<tr><td colspan="3"></td><td></td><td colspan="3"></td><td></td><td></td><td></td><td></td></tr>
<tr><td colspan="3">其他材料费</td><td>—</td><td colspan="3"></td><td>—</td><td></td><td></td><td></td></tr>
<tr><td colspan="3">材料费小计</td><td>—</td><td colspan="3">10.31</td><td>—</td><td></td><td></td><td></td></tr>
</table>

注：① 表中人工单价87.1元/工日，为基期人工单价。

② 招标文件提供了暂估单价的材料，按暂估的单价填入表内“暂估单价”栏及“暂估合价”栏。

编制投标报价时，表5-2可填写使用的省级或行业建设主管部门发布的计价定额，如不使用，则不填写。

5.2 预算的编制步骤

5.2.1 编制依据

① 经会审后的施工图纸、图纸会审纪要及规定的全部标准图，是正确编制施工图预算的主要依据。

② 现行安装工程预算定额，《建设工程工程量清单计价规范》（GB 50500—2013），《河南省通用安装工程预算定额》（HA02－31—2016）是统一全省安装工程预算工程量计算规则、项目划分、计量单位的依据；是编制河南省新建、扩建安装工程施工图预算招标工程标底，确定安装工程价格和办理竣工结算的依据，也是编制设计概算、投资估算指标的基础；也可作为制定企业定额和投标报价的参考。

③ 材料预算价格即各地市定额站颁发的材料预算价，是计算安装工程未计价材料的主要依据，是确定工程造价的主要来源。

④ 施工组织文件是组织施工、进行计划管理的综合文件，其所确定的各分项工程的施工方法是计算工程量、套用预算定额不可缺少的依据。

⑤ 取费标准及有关文件规定。

⑥ 相关工具及手册包括材料手册、产品样本、常用数据、计算公式，是准确快速编制施工图预算的前提。

⑦ 合同或协议是编制施工图预算的重要资料。

5.2.2 编制步骤和方法

（1）熟悉预算编制资料

熟悉预算编制资料包括下述内容。

① 熟悉与审查施工图纸。施工图纸是编制预算的基本依据，预算（造价）人员在编制预算前，首先应从编制预算的角度熟悉图纸。对建筑的造型、平面布置、结构类型、应用材料、尺寸标注应了解，对安装工程设计方案、施工方法、应用材料应了解。在图纸识读过程中若发现问题可向设计人员询问，了解设计变更。避免出现工程量重复计算或漏算。

只有对施工图纸有较全面地了解之后，才能结合预算定额项目划分原则，正确而全面地分析该工程各分部分项工程项目，计算其工程量，并正确计算出工程造价。

② 了解施工组织设计。熟悉施工组织设计中分项工程选用的施工方案、技术措施、施工设备，了解其对分项定额套用的影响。

③ 熟悉合同或协议。主要了解材料价格的计算、合同价款的确定。

（2）计算分项工程量

工程量是指各分项工程项目按型号规格分列的实物量（如管道长度、阀门个数等）。

根据专业不同安装工程划分为不同的单位工程，然后根据各册定额的工程量计算规则分别计算各分项工程量，并汇集整理添入预算书中。

在预算编制过程中，以计算工程量所占的工作量最大，花费的时间较长，而且又是预算中所有数据的依据。所以，正确划分分部分项工程是准确计量工程量的前提。一般拿到一项单位工程，首先进行分部分项工程的划分，其包括以下几个步骤。

① 划分分部分项工程项目。通常从进户处开始，分系统分别统计工程量。例如，室内给排水工程可划分为：管道安装（按引入管→干管→立管→横支管→支管划分）、阀门安装、卫生器具安装、支架制作安装，除锈刷油、保温绝热等项目。

② 逐项计算工程量。计算工程量时其口径应与定额单价一致，即定额单价中包括的工作内容应集合在一项工程量内，不能拆项。相反定额单价中未包括的工作内容应列项计算，不应漏项。例如，镀锌钢管螺纹连接子目，定额里面包括了接头管件的安装费及其本身价格，管件不需要另列项目；而镀锌钢管卡箍连接子目，没有包括卡箍和管件的工作内容，应另列项计算工程量。

工程量的计量单位与定额单价必须一致。

③ 工程量汇总。对分系统分别统计的工程量归纳汇总，如室内镀锌钢管 DN25（螺纹连接）材质相同、直径相同、连接方式相同，分别在一个单位工程的两个系统 J1 与 J2 中，则管道工程量可汇总在一起。

(3) 填写表格（清单计价相应的表格）

(4) 套用预算定额单价

(5) 计算工程综合单价

(6) 计算工程造价

(7) 编制说明、填写封面、装订成册、盖章（编制完成预算书）

装订成册的预算书装订顺序（清单计价）如下。

① 封面。

② 总说明。

③ 汇总表。

④ 分部分项工程量清单表。

⑤ 措施项目清单表。

⑥ 其他项目清单表。

⑦ 规费、税金项目清单与计价表。

⑧ 工程款支付申请（核准）表。

模块小结

本模块主要讲述以下两方面内容。

(1) 工程量清单计价表格：计价表格的组成及使用规定。

(2) 预算编制步骤：熟悉预算编制资料→计算分项工程量→填写表格→套用定额→计算工程综合单价→计算工程造价→编制说明→装订。

复习思考题

一、选择题

1. 工程量清单项目编码采用12位阿拉伯数字表示，其中第5、6位为（　　）项目名称顺序码。

A. 附录　　B. 专业工程　　C. 分部工程　　D. 分项工程

2. 现行《建设工程工程量清单计价规范》执行的是（　　）。

A. GB 50500—2003　　B. GB 50500—2008

C. GB 50500—2009　　D. GB 50500—2013

3. 工程量清单综合单价分析表中计量单位通常是以（　　）为计量单位。

A. 10　　B. 1　　C. 100　　D. 20

二、简答题

1. 分部分项工程量清单与计价表“项目特征”中，哪些是必须描述的内容？

2. 简述预算的编制步骤。

三、计算题

有一段室内给水镀锌钢管DN15（螺纹连接）：20m，单价6.19元/m，试进行综合单价分析。

【模块5在线答题】

学习情境二

建筑安装工程工程量计算规则与工程造价实例

某学校宿舍楼，内部配有水、电等设备（见书中所附图纸），根据工程量清单计价规范的规定计算工程量，并求出工程造价，填写工程量清单计价表格。

学生通过本学习情境的学习，应掌握：管道工程量的计算规则，采用清单计价管道工程量包含哪些内容，使用哪些定额，相关费用的确定；电气照明工程、防雷接地工程工程量的计算方法，使用哪些定额，相关费用的确定；能够正确填写工程量清单计价表格。

模块6 给排水安装工程施工图预算编制

教学目标

本模块简介了室内给排水工程及消防工程。重点讲解了室内给排水工程施工图预算各分部分项工程定额及工程量计算规则，消防工程预算定额及工程量计算规则，清单计价及施工图预算的编制。通过本模块的学习，学生应掌握室内给排水施工图预算定额及工程量计算规则，掌握室内消防水灭火系统定额及工程量计算规则，能编制室内给排水工程及消防工程施工图预算。

教学要求

知识要点	能力要求	相关知识
室内给排水施工图预算中管道安装、除锈、刷油、绝热、卫生器具安装的定额及工程量计算规则	掌握室内给排水工程施工图预算定额及工程量计算规则，能编制室内给排水工程施工图预算	室内给排水系统的组成，管道的布置与施工方法，室内给排水施工图预算定额及工程量计算规则
消防管道定额及工程量计算规则	掌握室内消防水灭火系统管道定额及工程量计算规则，能编制消防工程施工图预算	室内消防水灭火系统的组成、预算定额及工程量计算规则

6.1 室内给排水工程及消防工程简介

建筑给水系统是将水由市政给水管网经小区给水管网、室内给水管网送至用水设备处，并满足各种给水系统对水质、水量、水压的要求。建筑给水系统包括室内给水系统和室外给水系统。建筑排水系统是将卫生器具和生产设备产生的污水及降落到屋面的雨、雪水，用经济合理的管道及时排至室外排水管道中，并为室外污水的处理和综合利用提供便利条件。建筑排水系统包括室内排水系统和室外排水系统。

6.1.1 室内给水系统

1. 室内给水系统的分类

根据给水对象不同，室内给水系统可分为生活给水系统、生产给水系统、消防给水系统、组合给水系统和中水给水系统。

2. 室内给水系统的组成

室内给水系统主要由引入管、水表节点、室内给水管网、给水附件、给水设备、室内消防设备、给水局部处理设备、计量仪表等组成。

（1）引入管

引入管又称进户管，是指将水由室外给水管网（小区给水管网或市政给水管网）引入建筑物内的管道，多埋设于室内外地面以下。

（2）水表节点

水表节点是安装在引入管上的水表及其前后设置的阀门和泄水装置的总称。水表节点分为无旁通管水表节点和有旁通管水表节点，如图 6.1 所示。水表节点一般安装在建筑物外专门的水表井内。

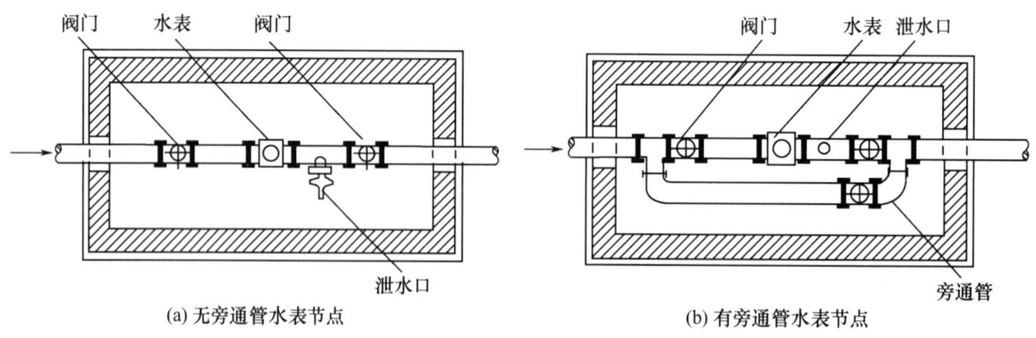

图 6.1 水表节点

（3）室内给水管网

室内给水管网由水平或垂直干管、立管、横支管组成。

（4）给水附件

给水附件是指给水管道系统上装设的阀门、止回阀、消火栓及各式配水龙头等。它主要用于控制调节系统内的流向、流量、压力，保证系统的安全运行。

（5）给水设备

给水设备是指给水系统中用于升压、稳压、储水和调节的设备，如水泵、气压给水设备、水池、水箱等。

（6）室内消防设备

常用的室内消防设备有消火栓系统和各种灭火器，消防要求较高时需设置自动喷水灭火系统、水幕消防系统和水喷雾消防系统。

（7）给水局部处理设备

建筑物的给水水质不符合要求时，需配置给水深处理构筑物和设备。

（8）计量仪表

计量仪表是指计量和显示给水系统的水量、流量、压力、温度、水位的仪表，如水表、流量计、压力表、真空表、温度计、水位计等。

3. 室内给水方式

常见的室内给水方式有以下几种。

（1）直接给水方式

直接给水方式如图 6.2 所示，用于室外管网水量和水压充足、能够全天保证室内用户用水要求的地区。

（2）单设水箱的给水方式

单设水箱的给水方式如图 6.3 所示，用于室外给水管网供应的水压大部分时间能满足室内需要，仅在用水高峰出现不足，且允许设置高位水箱的建筑。

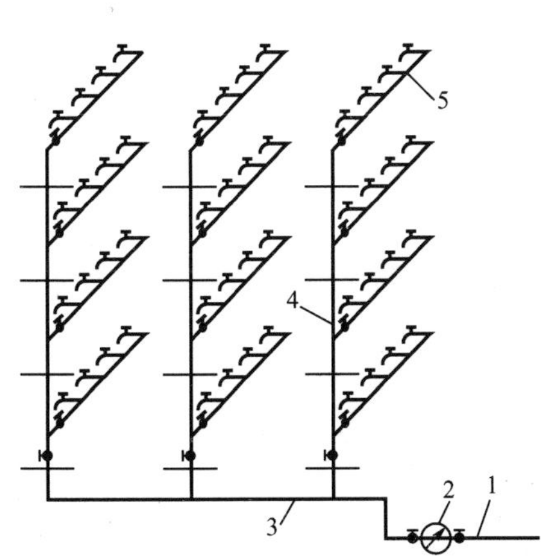

图 6.2　直接给水方式

1—引入管；2—水表；3—横干管；
4—立管；5—横支管

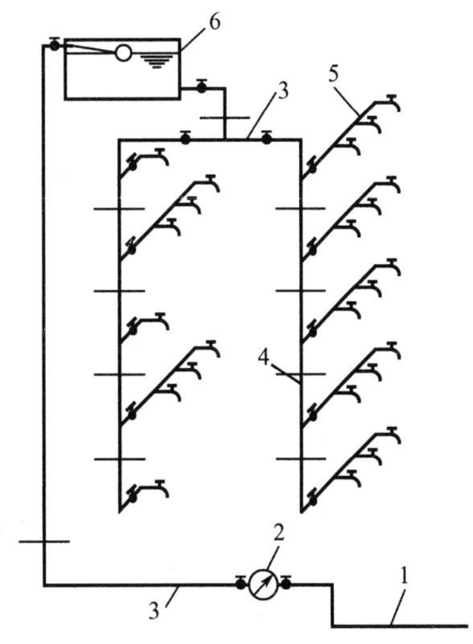

图 6.3　单设水箱的给水方式

1—引入管；2—水表；3—横干管；
4—立管；5—横支管；6—水箱

(3) 设储水池、水泵、水箱的给水方式

设储水池、水泵、水箱的给水方式如图 6.4 所示，建筑的用水可靠性要求高，室外管网水量、水压经常不足，且室外管网不允许直接抽水；或室内用水量较大，室外管网不能保证建筑的高峰用水；或者室内消防设备要求储备一定量的水。

(4) 气压给水方式

气压给水方式如图 6.5 所示，适用于室外管网压力低或经常不能满足室内所需水压，室内用水不均匀，且不宜设置高位水箱的建筑。

(5) 分区给水方式

高层建筑的给水管网必须竖向划分为数个区域布置，常用的有分区并联给水方式、分区串联给水方式、减压给水方式、无水箱变速水泵给水方式等。

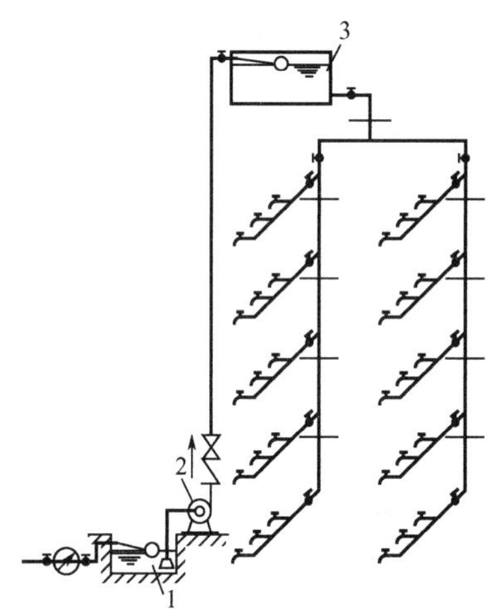

图 6.4　设储水池、水泵、水箱的给水方式

1—水；2—水泵；3—水箱

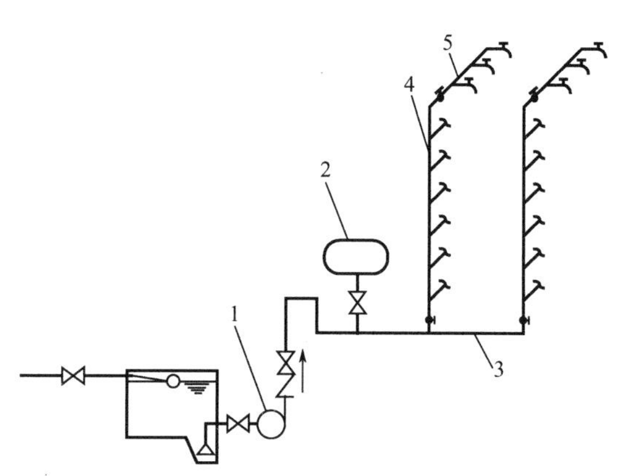

图 6.5　气压给水方式

1—水泵；2—气压给水装置；3—横干管；4—立管；5—横支管

6.1.2　室内排水系统

1. 室内排水系统的分类

根据所排污水的性质，室内排水系统可分为生活污水排水系统、工业废水排水系统和屋面雨水排水系统。

2. 室内排水系统的组成

室内排水系统由污水和废水收集器具、水封装置、室内排水管道系统、排出管、通气装置、清通设备及某些特殊设备组成。

(1) 污水和废水收集器具

污水和废水收集器具是排水系统的起点，负责收集和排出污废水，包括各种卫生器具、排放生产废水的设备及雨水斗等。

(2) 水封装置

水封装置又称存水弯，设在污水和废水收集器具的排水口下方，与排水横支管相连，作用是阻挡排水管道中的臭气和其他有害气体、虫类等通过排水管道进入室内进而污染室内环境。存水弯有S形和P形两种，存水弯安装图如图6.6所示。

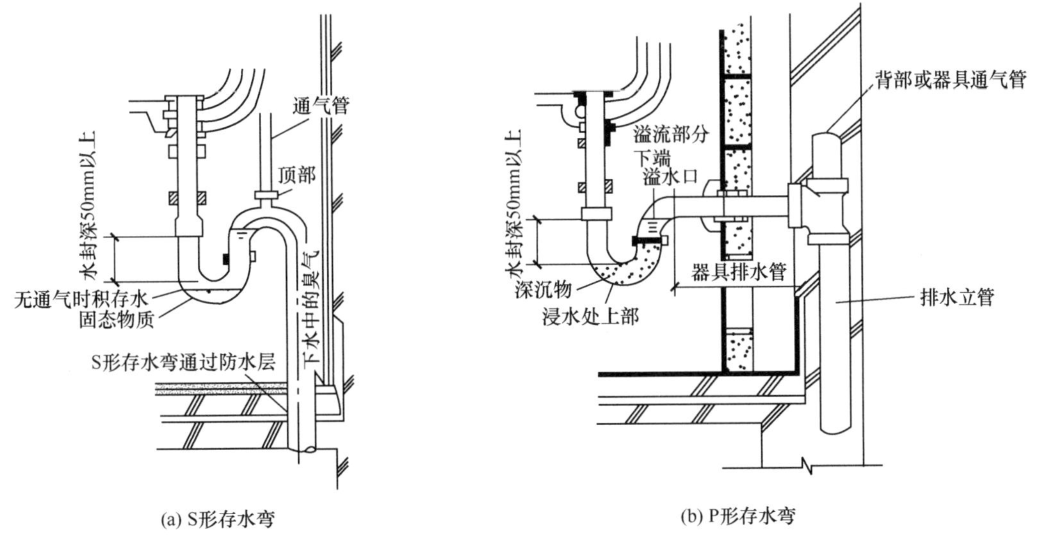

(a) S形存水弯

(b) P形存水弯

图6.6 存水弯安装图

（3）室内排水管道系统

室内排水管道系统主要由器具排水管、排水横支管、排水立管、排水干管组成。

（4）排出管

排出管是室内排水系统的出户管，其作用是将室内的污废水排至室外排水系统，排出管与室外排水管道连接处应设置检查井。

（5）通气装置

通气装置通常由通气管、通风帽等组成。一般楼层不高、卫生器具不多的建筑物可仅设置伸顶通气管，通风帽设置在伸顶通气管顶端。对于层数较多或卫生器具较多的建筑物，必须设置通气管系统，如图6.7所示。当排水立管中的流量超过无专用通气立管的排水立管最大排水能力时，应设置专用通气管，并与排水立管相连，如图6.7(a)所示；连接4个及以上卫生器具且长度大于12m的横支管和连接6个及以上大便器的横支管上应设置环形通气管，如图6.7(b)和图6.7(c)所示；对卫生、安静要求较高的建筑物，还应在卫生器具存水弯出口端设置器具通气管，如图6.7(d)所示。

（6）清通设备

在室内排水系统中，清通设备一般包括清扫口、检查口、检查井等。清扫口设置在排水横支管上，清扫口不能高出地面，必须与地面持平。检查口设在排水立管及较长的水平管段上，是一个带盖板的开口短管，清通时将盖板打开。检查井一般设在建筑物外的埋地管道上，以便清通，检查井布置在管道转弯、变径和坡度改变及连接支管处。

（7）特殊设备

当地下建筑物内的污水、废水不能自流排至室外时，室内排水系统必须设置污水抽升设备，如集水池、污水泵等。建筑物内部的污水未经处理不允许直接排入市政排水管网或水体中，必须设污水局部处理构筑物方可排放，如化粪池、隔油池、降温池等。

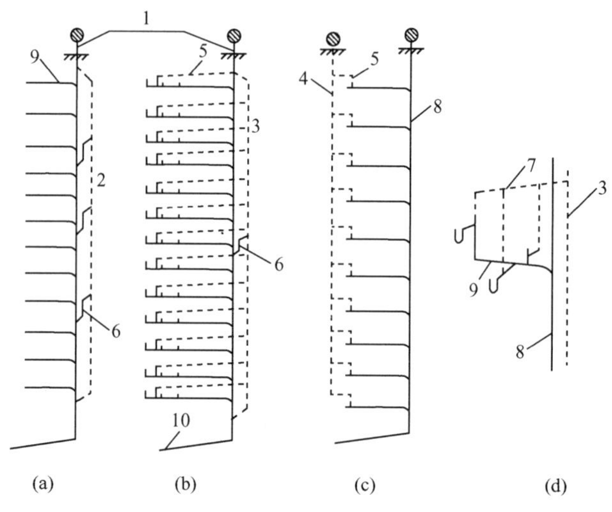

图 6.7　通气管系统

1—伸顶通气管；2—专用通气管；3—主通气管；4—副通气管；5—环形通气管；
6—结合通气管；7—器具通气管；8—排水立管；9—排水横支管；10—排出管

3. 室内排水系统的排水体制

室内排水系统的排水体制分为合流制和分流制。选择排水体制时主要考虑以下因素：污废水性质、污废水污染程度、室外排水体制及污废水综合利用的可能性和处理要求等。

6.1.3 室内给排水管道的布置与敷设

1. 室内给水管道的布置与敷设

室内给水管道布置的总原则：力求管线最短，阀门少，敷设容易，安装维修方便，不影响美观。给水引入管通常埋地敷设，宜从建筑物用水最大处引入。引入管穿越承重墙或基础时，应注意管道保护。若基础埋深较浅，则管道可以从基础底部穿过，如图 6.8(a) 所示。若基础埋深较深，则管道将穿越承重墙或基础本体，如图 6.8(b) 所示，此时承重墙或基础上应预留直径大于引入管直径 200mm 的孔洞。

室内给水管道的敷设根据建筑对卫生、美观方面要求的不同，可分为明装和暗装。明装是将管道在室内沿墙、梁、柱、天花板下、地板旁做直线暴露敷设；暗装是将管道敷设在地下室或吊顶中，或在管井、管槽、管沟中隐蔽敷设。

2. 室内排水管道的布置与敷设

器具排水管上应设水封装置存水弯。排水横支管的布置不宜太长，尽量少转弯，一般沿墙布设，排水横支管与墙壁间应保持 35～50mm 的施工距离。明装时，可在吊装楼板下方或在楼板上方沿地敷设；暗装时，可将横支管安装在楼板下的吊顶内。排水立管明装时一般设在墙角处或沿墙、沿柱垂直布置，与墙、柱的净距离为 15～35mm；暗装时，布置在管井中。排水立管应用卡箍固定，卡箍间距不得大于 3m，层高小于或等于 4m 时，可安装一个卡箍，卡箍宜设在立管接头处。排水横干管穿越承重墙或基础时应预留洞口，预留洞口管顶上部净空不得小于建筑物沉降量，且不得小于 0.15m。排出管直接埋地，与室外排水管连接处应设检查井。通气管一般伸出屋面，其高出屋面不应小于 0.3m，且应大于该地区最大积雪厚度，通气管顶端应装设风帽或网罩；对经常有人停留的屋顶，通气管口应高出屋面 2.0m。

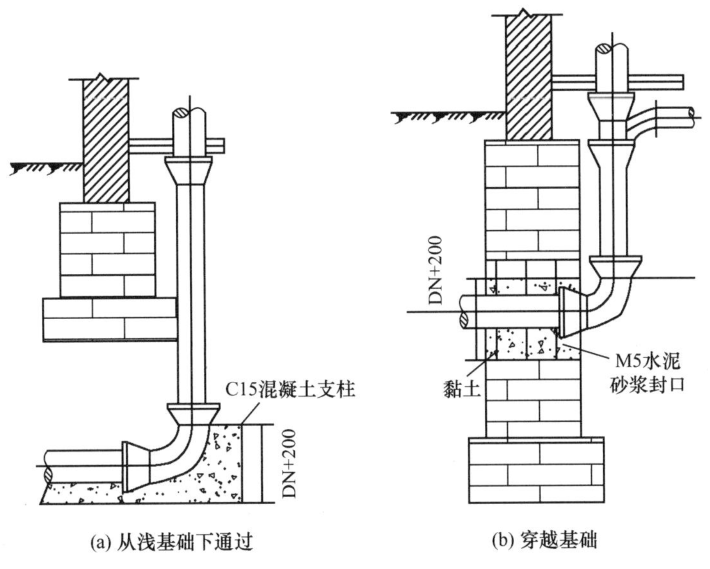

(a) 从浅基础下通过　(b) 穿越基础

图 6.8　引入管进入建筑物

3. 管道支架

管道的支承机构称为支架，是管道系统的重要组成部分。固定水平管道常用的支、托架如图 6.9 所示。给水立管当层高不大于 5m 时，一般每层安装 1 个距地面高 1.5～1.8m 的管卡；当层高大于 5m 时，则每层须安装 2 个管卡，匀称安装。

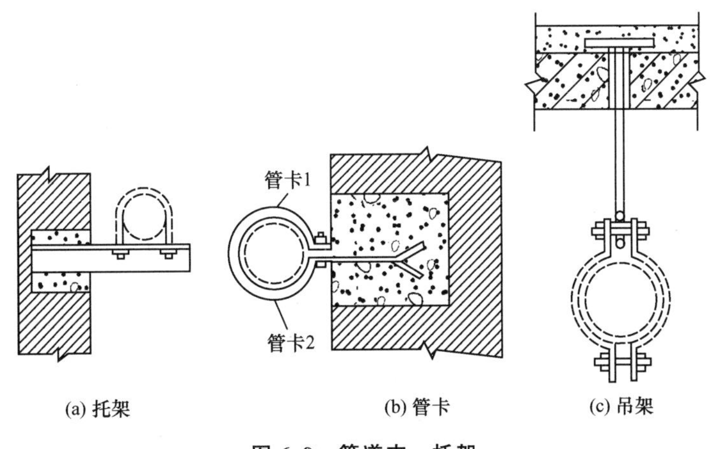

(a) 托架　(b) 管卡　(c) 吊架

图 6.9　管道支、托架

6.1.4 室内给排水常用的材料

1. 管材

(1) 钢管

钢管强度高、承受流体的压力大、抗震性能好、接头少、加工安装方便，但成本高、抗腐蚀性能差、易造成水质污染。钢管主要有焊接钢管、无缝钢管两种。

① 焊接钢管。俗称水煤气管,是利用钢板或钢带经卷焊而制成的,其规格用公称直径(DN)表示。例如,公称直径为50mm的焊接钢管用DN50表示。焊接钢管按照壁厚可分为普压钢管和加厚钢管两种。普压钢管一般用在工作压力小于1MPa的管道上;加厚钢管用在工作压力小于1.6MPa的管道上。焊接钢管按表面质量又分为镀锌钢管(白铁管)和非镀锌钢管(黑铁管),镀锌钢管是在黑铁管内外壁镀锌而成,用以防锈、防腐,进而延长管道的使用年限。根据镀锌工艺的不同,镀锌钢管又分为冷镀锌钢管和热镀锌钢管。生活用水管采用热镀锌钢管(直径小于150mm);对水质没有要求的生产用水才允许采用非镀锌钢管和冷镀锌钢管;消防给水管道应采用内外壁热镀锌钢管。

② 无缝钢管。无缝钢管是用碳素结构钢或合金结构钢经热轧或冷拔制造而成的,其规格用外径×壁厚表示。例如,外径为108mm,壁厚为4mm的无缝钢管表示为$\phi108\times4$。无缝钢管与焊接钢管相比,具有强度高、内表面光滑的特点,直径小于50mm时,选用冷拔钢管;直径大于50mm时,选用热轧钢管,用于生活给水管道时要专门镀锌。

(2) 铸铁管

铸铁管按用途分为给水铸铁管和排水铸铁管,其规格用公称直径表示。例如,公称直径为100mm的铸铁管用DN100表示。

给水铸铁管用灰口铸铁和球墨铸铁制造,适用于输送水和煤气,其规格用公称直径DN表示。按接口形式分为承插式和法兰式两种;按压力分为低压管(压力≤0.45MPa)、普压管(压力≤0.75MPa)、高压管(压力≤2.0MPa)。高压给水铸铁管用于室外给水管道,中低压给水铸铁管可用于室外燃气、雨水等管道。

(3) 塑料管

塑料管具有质轻、耐腐蚀、不生锈、水流阻力小、施工安装方便、价格低廉、易着色、隔热保温性能好及外观美观等优点。目前常用的塑料管有硬聚氯乙烯管(UPVC)、聚丁烯管(PB)、聚乙烯管(PE)、交联聚乙烯管(PE-X)、聚丙烯管(PP)等,规格用公称外径(De)表示。

(4) 复合管材

在室内给水工程中,除采用镀锌钢管和塑料管以外,目前铝塑复合管也开始推广和应用。铝塑复合管分为铝合金-聚乙烯型(PAP)和铝合金-交联聚乙烯型(XPAP),作为给水管道,适用的水温范围为4~95℃,在超越以上数值的环境中布置管道,需考虑保温绝热措施。

2. 给水附件

(1) 配水附件

配水附件和卫生器具配套安装,常用的配水附件有形阀式水嘴、旋塞式水嘴、混合式冷(热)水嘴和电子自动水嘴。

(2) 控制附件

控制附件安装在管道及设备上,用于控制和调节系统内水的流向、流量、压力,保持系统安全运行。

① 常用附件。

A. 闸阀、截止阀、球阀。这类阀用于开启或关闭管道的介质流动,截止阀还具有调节流量的作用，如图 6.10～图 6.12 所示。闸阀有螺纹和法兰两种安装方式。截止阀有内螺纹和法兰两种安装方式。

图 6.10　闸阀

图 6.11　截止阀

图 6.12　球阀

B. 止回阀。止回阀用于自动防止管道内的介质倒流，安装有方向性，不能装反，如图 6.13 所示。

C. 节流阀。节流阀用于调节管道介质流量，如图 6.14 所示。

D. 蝶阀。蝶阀用于开启或关闭管道内的介质，必要时也可用于调节，如图 6.15 所示。

图 6.13　止回阀

图 6.14　节流阀

图 6.15　蝶阀

E. 安全阀。安全阀是一种安全保护用阀，属于自动阀类，主要用于锅炉、压力容器和管道上，控制压力不超过规定值，对人身安全和设备起重要保护作用，如图 6.16 所示。

F. 减压阀。减压阀作用是降低水流压力，使水流经过阀门的间隙时产生阻力，造成压力损失，达到减压目的，如图 6.17 所示。

G. 浮球阀。浮球阀是控制水位而自动开启或关闭的阀门，如图 6.18 所示。

图 6.16　安全阀

图 6.17　减压阀

图 6.18　浮球阀

② 阀门产品的型号。其表示方法由 7 个单元按图 6.19 所示的顺序排列，其中各部分代号见表 6－1～表 6－6。

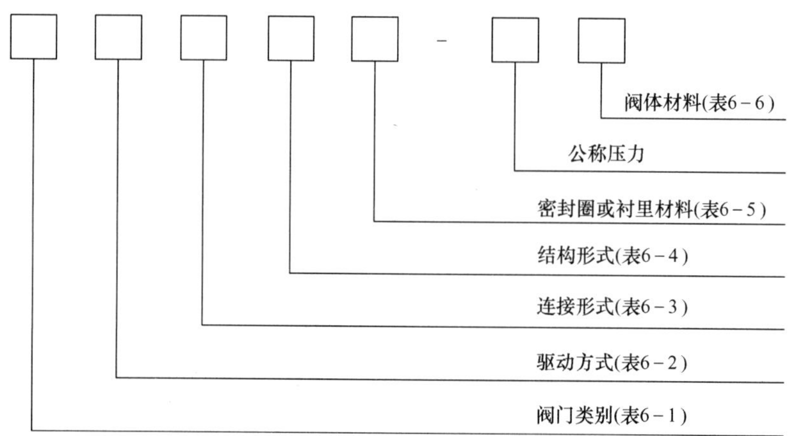

图 6.19 阀门产品型号

表 6－1 阀门类别代号

阀门类型	闸阀	截止阀	节流阀	隔膜阀	球阀	旋塞	止回阀	蝶阀	疏水阀	安全阀	减压阀
代号	Z	J	L	G	Q	X	H	D	S	A	Y

表 6－2 驱动方式代号

驱动方式	蜗轮传动的机械驱动	正齿轮传动的机械驱动	伞齿轮传动的机械驱动	气动驱动	液压驱动	电磁驱动	电动机驱动
代号	3	4	5	6	7	8	9

注：对于手轮、手柄或扳手等直接传动的阀门或自动阀门，此项可省略。

表 6－3 连接形式代号

连接形式	内螺纹	外螺纹	法兰	法兰	法兰	焊接
代号	1	2	3	4	5	6

注：①法兰连接代号 3 用于双弹簧安全阀；②法兰连接代号 4 用于弹簧安全阀及其他类别阀门系法兰连接；③法兰连接代号 5 用于杠杆式安全阀。

表 6－4 结构形式代号

类别	代号									
	1	2	3	4	5	6	7	8	9	0
闸阀	明杆楔式单闸板	明杆楔式双闸板	—	明杆平行式双闸板	暗杆楔式单闸板	暗杆楔式双闸板	—	暗杆平行式双闸板	—	—

续表

类别	代号									
	1	2	3	4	5	6	7	8	9	0
截止阀、节流阀	直通式（铸造）	角式（铸造）	直通式（铸造）	角式（铸造）	直流式	—	—	无填料直通式	压力计用	—
隔膜阀	直通式	角式	—	—	直流式	—	—	—	—	—
球阀	直通式（铸造）	—	直通式（铸造）	—	—	—	—	—	—	—
旋塞	直通式	调节式	直通填料式	三通填料式	四通填料式	油封式	三通油封式	液面指示器用	—	—
止回阀	直通升降式（铸造）	立式升降式	直通式（铸造）	单瓣旋启式	多瓣旋启式	—	—	—	—	—
蝶阀	旋转偏心轴式	—	—	—	—	—	—	—	—	杠杆式
疏水阀	—	—	—	—	钟形浮子式	—	—	脉冲式	热动力式	—
减压阀	外弹簧薄膜式	内弹簧薄膜式	膜片活塞式	波纹管式	杠杆弹簧式	气热薄膜式	—	—	—	—
弹簧安全阀	封闭微启式	封闭全启式	封闭带扳手微启式	封闭带扳手全启式	—	—	带扳手微启式	带扳手全启式	—	带散热器全启式
杠杆式安全阀	单杠杆微启式	单杠杆全启式	双杠杆微启式	双杠杆全启式	—	—	—	—	—	—

表6-5 密封圈或衬里材料代号

密封圈或衬里材料	铜	耐酸铜或不锈钢	渗氮钢	巴氏合金	硬质合金	铝合金	橡胶	硬橡胶
代号	T	H	D	B	Y	L	X	J
密封圈或衬里材料	皮革	聚四氯乙烯	酚醛塑料	尼龙	塑料	衬胶	衬铅	搪瓷
代号	P	SA	SD	NS	S	CI	CQ	TC

注：密封圈系由阀体上直接加工出来的，其代号为W。

表 6-6　阀体材料代号

阀体材料	灰铸铁	可锻铸铁	球墨铸铁	硅铁	铜合金	铅合金
代号	Z	K	Q	G	T	B
阀体材料	碳钢	铬铝合金钢	铬镍钛钢	铬镍细钛钢	铬铝钒合金钢	铝合金
代号	C	I	P	R	V	L

注：对于 PN≤1.6MPa 的灰铸铁阀门或者 PN≥2.5MPa 的碳钢阀门，其中 PN 表示公称压力，此项可省略。

例如，截止阀 J41T-18K 表示法兰截止阀（铸造直通式），密封圈为铜质，公称压力为 18MPa，阀体材料为可锻铸铁。

3. 管件

(1) 螺纹连接管件

螺纹连接管道的管件分为镀锌和非镀锌两种，如图 6.20 所示，常用的管件有管箍、活接头、弯头、三通、四通、补心、根母、异径管、管堵等。管件的规格和管道的规格一致，均用公称直径表示。

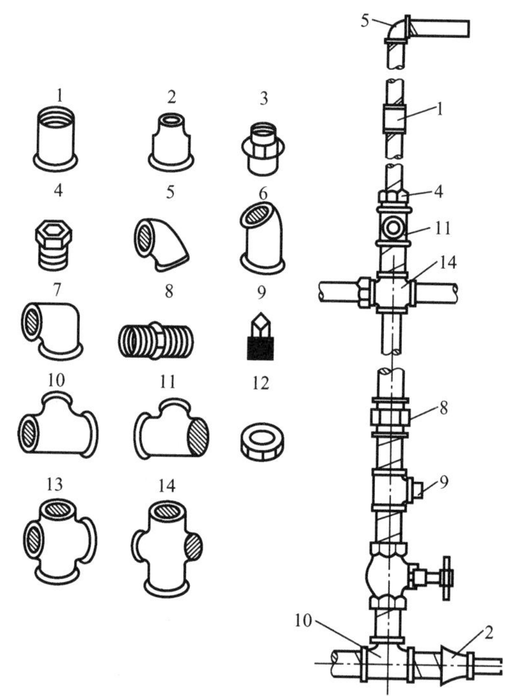

图 6.20　钢管螺纹连接配件及连接方法

1—管箍；2—异径管；3—活接头；4—补心；5—90°弯头；6—45°弯头；7—异径弯头；8—外螺钉；9—管堵；10—等径三通；11—异径三通；12—根母；13—等径四通；14—异径四通

(2) 焊接连接管件

在焊接钢管和无缝钢管的安装中，经常要根据现场情况制作一些钢制管件。制作方法有压制法和焊接法两种。在给排水和采暖工程中经常采用压制弯头作为管道转弯的连接件。

(3) 铸铁管件

铸铁管件由灰口铸铁浇铸而成。铸铁管件按用途分为给水铸铁管件和排水铸铁管件。给水铸铁管件的安装有承插法和法兰连接法两种，一般承插连接的接口做法采用石棉水泥接口。常用的给水铸铁管件如图 6.21 所示。铸铁排水管件的安装一般采用承插连接，接口做法采用石棉水泥接口。常用的排水铸铁管件如图 6.22 所示。

(4) 铝塑复合管件

常用的铝塑复合管件有异径弯头、等径三通和异径三通等。

4. 管道的连接

(1) 螺纹连接

螺纹连接是通过管端加工的外螺纹和管件内螺纹将管子与管子、管子与管件、管子与阀门紧密连接。其适用于 DN≤100mm 的镀锌钢管，管径较小、压力较低的焊接钢管，硬聚氯乙烯管和带螺纹的阀门与管道的连接等。

(2) 法兰连接

管道与阀门、管道与管道、管道与设备的连接常用法兰连接，如图 6.23 所示。法兰连接包括上下法兰、法兰垫片和螺栓/螺母三部分。

① 法兰的分类。按照材质，可分为铸铁法兰、钢制法兰、塑料法兰等；按照表面形式，分为光滑面法兰、凸凹面法兰；按照法兰与管道的连接形式，分为焊接法兰、螺纹法兰等，如图 6.24 和图 6.25 所示。

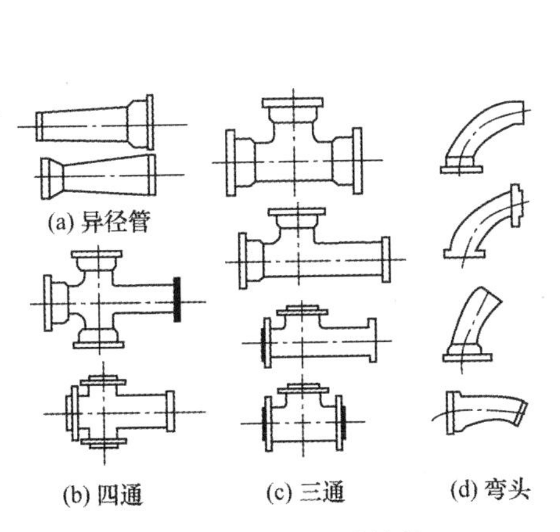

图 6.21 给水铸铁管件

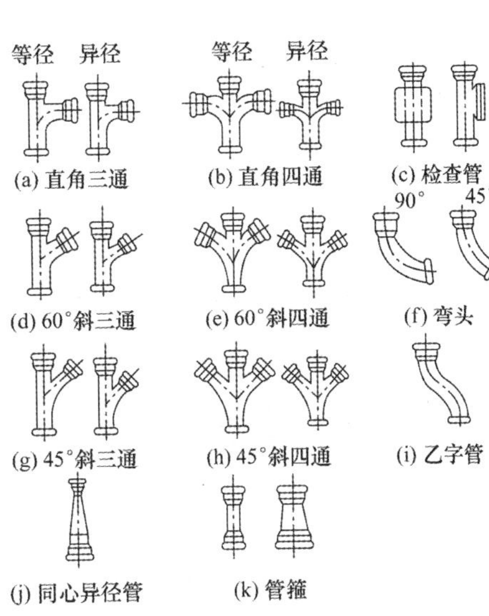

图 6.22 排水铸铁管件

图 6.23 法兰连接

图 6.24 焊接法兰

图 6.25 螺纹法兰

② 法兰垫片。法兰垫片是法兰连接起密封作用的材料。法兰垫片的种类很多，如橡胶石棉垫片、橡胶垫片、缠绕式垫片、齿形垫片、金属垫片等。

③ 用于法兰连接的螺栓。此类螺栓有单头螺栓和双头螺栓两种，其螺纹一般都是三角形公制粗螺纹。单头螺栓分为半精制和精制两种，双头螺栓多数采用等长双头精制螺栓。螺母分为半精制和精制两种，按螺母形式又分为 a 型和 b 型两种。半精制单头螺栓多采用 a 型螺母，如图 6.26 所示。精制双头螺栓多采用 b 型螺母，如图 6.27 所示。

图 6.26　a 型螺母

图 6.27　b 型螺母

(3) 沟槽式连接

沟槽式连接用滚槽机或开槽机在管材上开（滚）出沟槽，套上密封圈，再用卡箍固定，如图 6.28 所示。沟槽式连接方式不仅用于钢管，还可以用于不锈钢管、铸铁管、铝塑复合管、铜管等类型管材的连接，今后还要拓宽至塑料管材。

(4) 承插连接

承插连接适用于承插铸铁管、塑料排水管和混凝土管等。承插连接的接口做法有石棉水泥接口、铅接口、沥青水泥接口、膨胀性填料接口、水泥砂浆接口等，如图 6.29 所示。

图 6.28　沟槽式连接

图 6.29　承插连接

(5) 焊接连接

焊接连接是管道安装中应用最为广泛的一种连接方法，适用于 DN＜32mm 的焊接钢管、无缝钢管、铜管、塑料管的连接。

(6) 承插粘接

承插粘接适用于 UPVC 管，是采用黏合剂将承口和插口黏合在一起的连接方式。

(7) 热熔连接

热熔连接是当相同热塑性塑料制作的管材与管件连接时，采用专用热熔机具将连接部位表面加热，连接接触面处的本体材料互相熔合，冷却后连接为一体。热熔连接分为对接式热熔管连接、承插式热熔连接和电熔连接等，如 PP-R 管。

(8) 挤压夹紧式连接

挤压夹紧式连接有卡套式和卡箍式。卡套式连接采用铸铜接头，螺纹压紧，可拆卸。卡箍连接采用铜锻压件或不锈钢铸件，卡箍采用紫铜环，使用专用工具卡紧。

常用的金属管连接方式、塑料管及复合管材连接方式见表6-7和表6-8。

表6-7 常用的金属管连接方式

管材	钢管		铸铁管
	镀锌钢管	非镀锌钢管	
连接方式	螺纹、法兰	螺纹、法兰、焊接	承插、法兰

表6-8 常用的塑料管及复合管材连接方式

连接方式	PE	PE-X	PP	PB	UPVC	铝塑复合管
挤压夹紧式连接	可以	可以	可以	可以	不可以	可以
热熔连接	可以	不可以	可以	可以	不可以	不可以
承插连接	不可以	不可以	不可以	不可以	可以	不可以

6.1.5 卫生器具

卫生器具是用来收集和排除生活及生产中产生的污废水的设备，是建筑给排水系统的重要组成部分。卫生器具按其用途分为以下四类。

(1) 便溺用卫生器具

① 大便器。大便器分为坐式大便器和蹲式大便器两种类型。坐式大便器本身带有存水弯，冲洗设备一般为低水箱或延时自闭冲洗阀。坐式大便器多装设在住宅、宾馆或其他高级建筑内。蹲式大便器有自带存水弯和不带存水弯及自带冲洗阀、不带冲洗阀、水箱冲洗等多种形式。冲洗设备可采用延时自闭冲洗阀、高水箱和低水箱。蹲式大便器广泛用于集体宿舍、学校、办公楼等公共场所。

② 小便器。小便器多为陶瓷制品，有挂式、立式和小便槽三类。立式小便器用于标准高的建筑中，多为成组设置；挂式小便器悬挂在墙壁上，多采用手动启闭截止阀冲洗；小便槽常用于工业企业、公共建筑和集体宿舍的男厕所，多采用自动冲洗水箱通过多孔管冲洗。

(2) 盥洗用卫生器具

① 洗脸盆。洗脸盆一般设置在盥洗间、浴室、卫生间中，按形状有长方形、三角形、椭圆形等；按安装方式有挂式、台式和立柱式三种。挂式洗脸盆适用于一般家庭，立柱式洗脸盆适用于较高标准的公共卫生间，台式洗脸盆在宾馆中应用最为广泛。洗脸盆材质一般以陶瓷为主，也有人造大理石、玻璃钢等。

② 盥洗槽。盥洗槽是设在学校集体宿舍、车站候车室、工厂生活间等公共卫生间内，可供多人同时盥洗的卫生器具。盥洗槽多为长条形，有单面、双面两种，槽宽一般为500～600mm，槽长在4.2m以内可采用一个排水栓，超过4.2m设置两个排水栓。盥洗槽多采用钢筋混凝土现场浇筑、瓷砖或水磨石贴面。

(3) 沐浴用卫生器具

浴盆由盆体、供水管、控制混合水龙头、存水弯等组成。一般用陶瓷生铁、水磨石、玻璃钢制成，形状有长方形、正方形、椭圆形等。浴盆由设置的冷水管道和热水管道经混合水龙头调整为适宜的水温后流入浴盆内，或经淋浴管道进入淋浴喷头，浴盆内的水经排水栓引出的短管与室内排水管道相连。

(4) 洗涤用卫生器具

① 洗涤盆。洗涤盆装设在厨房或公共食堂内，供洗涤碗碟、蔬菜、食物等使用。洗涤盆的材质多采用陶瓷，形状有长方形、正方形和椭圆形。洗涤盆可以设置冷、热水龙头或混合龙头，排水口在盆底的一端，口上设十字栏栅，卫生要求严格时还设有过滤器或粉碎装置等，为使水在盆内停留，备有橡皮或金属制塞头。

② 污水盆。污水盆设置在公共的厕所、盥洗室内，材质多为陶瓷、不锈钢或玻璃钢，污水池多以水磨石现场建造，按设置高度可分为挂墙式和落地式两类。

③ 地漏。地漏主要设置在卫生间、浴室及其他需要从地面排水的房间，安装在地面最低处，一般由铸铁、塑料制成，在排水口处盖有箅子。地漏按构造可分为带水封和不带水封两种。

6.1.6 室内消防水灭火系统

用水灭火是最有效和最经济的方法之一，一般有室内消火栓给水系统和自动喷水灭火系统。建筑消防设备包括室内消火栓、水带、水枪、水泵接合器、闭式喷头、报警阀、水流指示器。

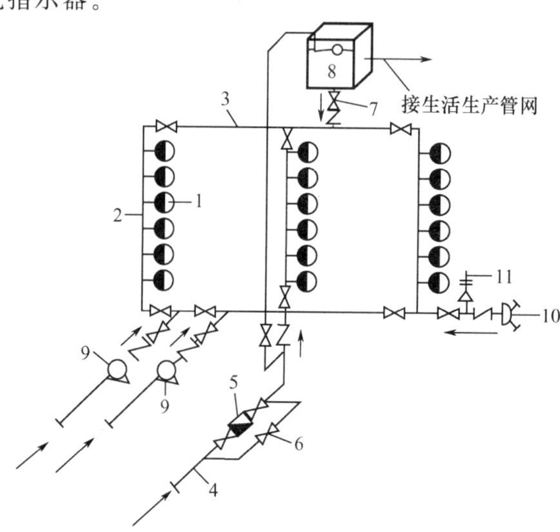

图 6.30 设置消防泵和水箱的室内消火栓给水系统

1—室内消火栓；2—消防竖管；3—干管；4—进户管；5—水表；6—旁通管及阀门；7—止回阀；8—水箱；9—水泵；10—水泵接合器；11—安全阀

1. 室内消火栓给水系统

室内消火栓给水系统主要由室内消火栓、水带、水枪、消防卷盘（消防水喉设备）、水泵结合器，以及消防管道（进户管、干管、立管）、水箱、增压设备、水源等组成，如图 6.30 所示。

2. 自动喷水灭火系统

自动喷水灭火系统装置是一种在发生火灾时能自动打开喷头喷水灭火，同时发出火警信号的消防给水设备。

自动喷水灭火系统根据组成构件、工作原理及用途可以分成若干种基本形式。按喷头平时开阀情况分为闭式和开式两大类。属于闭式自动喷水灭火系统的有湿式系统、干式系统、预作用系统、重复启闭预作用系统、自动喷水-泡沫联用灭火系统。属于开式自动喷水灭火系统的有水幕系统、雨淋系统和水雾系统。

(1) 湿式自动喷水灭火系统

该系统在准工作状态时报警阀的前后管道内始终充满压力水，主要由闭式喷头、湿式报警阀组、消防器报警控制器、管网及供水设施等组成，如图 6.31 所示。

(2) 干式自动喷水灭火系统

该系统在准工作状态时报警阀前的管道始终充满压力水，阀后管道内充有压缩空气，主要由闭式喷头、管道系统、干式报警阀组、消防器报警控制器、充气设备、排气设备和供水设施等组成，如图 6.32 所示。

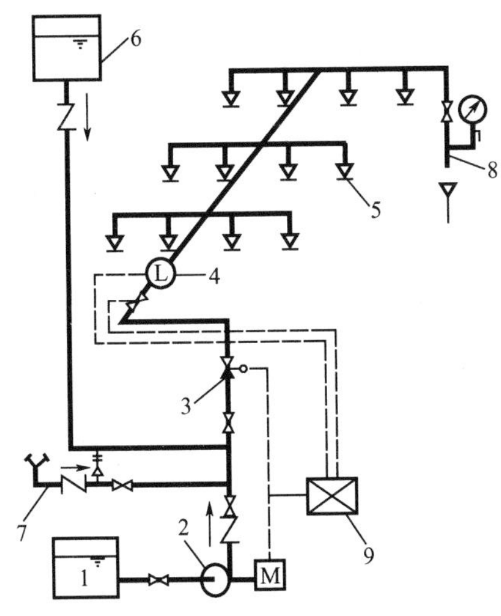

图 6.31 湿式自动喷水灭火系统

1—水池；2—水泵；3—湿式报警阀组；
4—水流指示器；5—闭式喷头；
6—高位水箱；7—水泵接合器；
8—末端试水装置；9—消防器报警控制器；
M—驱动电动机

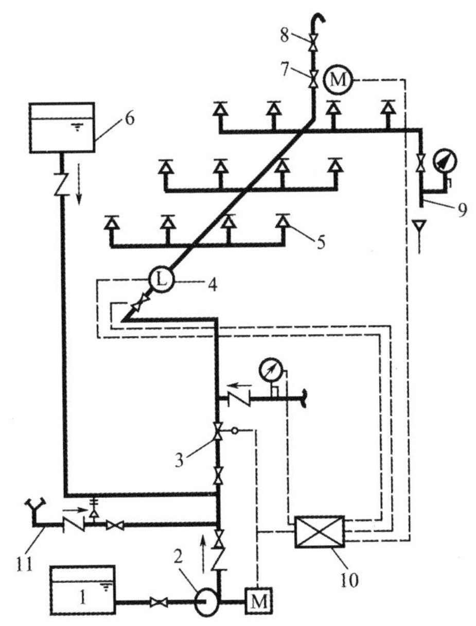

图 6.32 干式自动喷水灭火系统

1—水池；2—水泵；3—干式报警阀组；
4—水流指示器；5—闭式喷头；6—高位水箱；
7—电动阀；8—快速排气阀；9—末端试水装置；
10—消防器报警控制器；11—水泵接合器；
M—驱动电动机

3. 建筑消防设备

(1) 室内消火栓

室内消火栓是具有内扣式接头的角形截止阀，分为单阀和双阀两种，如图 6.33 所示。单阀消火栓又分为单出口、双出口和直角双出口 3 种；双阀消火栓为双出口。消火栓进水口端与消防立管相连，出水口端与水带相连。消火栓口直径有 DN50 和 DN65 两种。在低层建筑中较多采用单阀单出口消火栓，消火栓口直径有 DN50 和 DN65 两种，对应的水枪最小流量分别为 2.5L/s 和 5L/s。双出口消火栓为 DN65，用于每支水枪的最小流量不小于 5L/s。高层建筑消火栓一般选择 DN65。

(2) 水带

室内消防水带有麻织、棉织和衬胶 3 种。衬胶的压力损失小，但抗折叠性能不如麻织、棉织。室内常用规格有 DN50、DN65 两种，其长度有 15m、20m、25m 3 种，如图 6.33(e) 所示。

(3) 水枪

水枪是灭火的重要工具，用铜、铝合金或塑料制成，作用是产生灭火需要的充实水柱。室内一般采用直流式水枪，喷口直径有 13mm、16mm、19mm 3 种。喷嘴口径 13mm 水枪配 DN50 接口；喷嘴口径 16mm 水枪配 DN50 或 DN65 两种接口；喷嘴口径 19mm 水枪配 DN65 接口，如图 6.33(f) 所示。

(4) 水泵接合器

水泵接合器是消防车和机动泵向室内消防管网供水的连接口，水泵接合器的接口直径有 DN65 和 DN80 两种，分为墙壁式、地上式、地下式 3 种类型，如图 6.34 所示。

(a) 单阀单出口消火栓

(b) 单阀双出口消火栓

(c)双出口消火栓

(f) 水枪

(d) 水龙头接口

(e) 水带

图 6.33　消火栓设备

(a) 墙壁式

(b) 地上式

(c) 地下式

图 6.34　水泵接合器

(5) 闭式喷头

闭式喷头是自动喷水灭火系统中的重要设备，由喷水口、控制器和溅水盘组成。图 6.35 和图 6.36 分别为易熔合金闭式喷头和玻璃球闭式喷头。

图 6.35　易熔合金闭式喷头

图 6.36　玻璃球闭式喷头

(6) 报警阀

报警阀的作用是接通或切断水源；输送报警信号，启动水力警铃；防止水倒流。其类型包括湿式、干式、雨淋阀、预作用报警阀。图 6.37 所示为湿式报警阀装置，主要由湿式阀、延迟器、水力警铃及压力开关等组成。

(7) 水流指示器

水流指示器如图 6.38 所示，其作用在于当失火时喷头开启喷水，或者管道发生泄漏或意外损坏时，有水流过装有水流指示器的管道，则水流指示器即发出区域水流信号，起到辅助电动报警作用。

图 6.37　湿式报警阀装置

图 6.38　水流指示器

6.2 室内给排水工程施工图的识读

6.2.1 室内给排水施工图的组成

室内给排水施工图包括文字部分和图示部分。文字部分包括图纸目录、设计施工说明、设备材料表和图例；图示部分包括平面图、系统图和详图。

1. 文字部分

（1）图纸目录

图纸目录包括设计人员绘制的图纸部分和选用的标准图部分。

（2）设计施工说明

设计施工说明包括设计说明和施工说明。设计说明包括设计依据、设计范围、设计概况等；施工说明包括采用的尺寸单位、管材及连接方法、防腐及防结露的做法、卫生器具的类型及安装方法等内容。

（3）设备材料表

设备材料表中列出了图纸中用到的主要设备型号、规格、数量及性能要求等，用于在施工备料时控制主要设备的性能。设备材料表主要包括设备材料的序号、名称、型号规格、单位、数量和备注等项目，施工图中涉及的设备、管材、阀门、仪表等均列入该表中。

（4）图例

《建筑给水排水制图标准》（GB/T 50106—2010）规定了给排水工程中常用的图例，见表 6-9。

表 6-9　室内给排水常用图例（GB/T 50106—2010）

名　称	图　例	备　注	名　称	图　例	备　注
管道	————	用于一张图纸上只有一种管道	水泵接合器	—Y	
	——J—— ——W——	生活给水管 污水管	自动喷洒头（闭式）	—⊖—　下喷	
	——XH—— ——ZP——	消防栓给水管 自动喷水灭火给水管	水嘴	—+—	左为平面图 右为系统图

续表

名　称	图　例	备　注	名　称	图　例	备　注
闸阀			淋浴喷头		左为平面图 右为系统图
截止阀					
止回阀			圆形地漏		左为平面图 右为系统图
减压阀		左高右低	清扫口		左为平面图 右为系统图
蝶阀			立管检查口		
延时自闭阀			存水弯		左为S形存水弯；右为P形存水弯
可曲挠接头		左为单球 右为双球	洗脸盆		上为立式 中为挂式 下为台式
水流指示器	L				
室内消火栓（单出口）		白色为开启面 左为平面图 右为系统图			
室内消火栓（双出口）		左为平面图 右为系统图	浴盆		
柔性防水套管			大便器		上为蹲式 下为坐式
方形地漏		左为平面图 右为系统图	小便器		左为壁挂式 右为立式
刚性防水套管			污水池		
			通气帽		左为成品 右为蘑菇形
感应式冲洗阀			金属软管		
			角阀		
盥洗槽			室外消火栓		
末端试水装置		左为平面图 右为系统图	小便槽		
管道立管	XL-1　　XL-1	X为管道类别 L为立管 1为编号 左为平面图 右为系统图	湿式报警阀		左为平面图 右为系统图
			弹簧安全阀		
水表			自动记录流量计		

注：卫生设备图例也可以建筑专业资料图为准。

2. 图示部分

(1) 平面图

平面图表明建筑物内与给排水有关的建筑物轮廓、定位轴线及尺寸线；卫生器具、水箱、水泵等设备的平面布置及平面定位尺寸；给水引入管和污水排出管的平面布置、平面定位尺寸、管径及管道编号；给排水横干管、立管、横支管的位置、管径及立管编号。

(2) 系统图

系统图表明管道的空间走向和布置情况；管道的管径、标高、坡度、坡向及系统编号和立管编号；各种设备（包括水泵、水箱、水加热器等）的接管情况、设置位置和标高、连接方式及规格；管道附件的种类、位置、标高；排水系统通气管设置方式、与排水立管之间的连接方式、伸顶通气管上通气帽的设置及标高。

(3) 详图

通过以上图纸和说明还无法表达清楚详细卫生器具的安装、管道的连接等，还需要施工详图来表示。

6.2.2 室内给排水施工图的表示

1. 平面图的表示方法

① 平面图的比例。一般采用与建筑平面图相同的比例。

② 平面图的数量。依据卫生器具和给排水管道布置的复杂程度而定，对于多层建筑物来说，一般包括底层平面图、楼层平面图、屋顶平面图。平面图要把该楼层地面以上和楼板以下的所有管道都表示在该层建筑平面图上，对于底层平面图还应将埋设在地沟内的管道表示出来，宜单独绘制，即底层平面图。楼层平面图一般应分层抄绘，若楼层的卫生设备和管道布置完全相同，只需绘制相同楼层的一个平面图，即标准层平面图。

③ 在给排水平面图中，房屋的轮廓线应与建筑施工图一致，一般只需抄绘房屋的墙体、柱子、门窗洞、楼梯等主要部分，且用细实线表示。

④ 室内给排水的各种管道，不论管径大小，均用粗单线表示。水平管、倾斜管用其单线条的水平投影表示；当管道交叉时，位置较高的管道可直线通过，位置较低的管道在交叉投影处要断开表示；垂直管道在平面图上用圆圈表示。

2. 系统图的表示方法

① 管道在系统图上的表示。《建筑给水排水制图标准》(GB/T 50106—2010) 规定，给水排水系统图宜用45°正面斜轴测投影法绘制，左右方向的管道用水平线表示，上下走向的管道用竖线表示，前后走向的管道用45°斜线表示。

② 管道标高的表示。管道系统图中标注的标高是相对标高，以建筑标高±0.000m为±0.000m。在给水系统图中，标高以管中心为准；在排水系统图中，标高以管内底为准。标高的单位为m。

③ 管道坡度的表示。管道的坡度宜在管道旁边或引出线上标注，如 $i=0.003$，数字下面的单边箭头表示坡向（指向下坡的方向）。

④ 管径的表示。管道的管径一般标注在该管段的旁边，标注位置不够时，可用引出线引出标注。室内给排水管道标注：公称直径用DN表示，公称外径用De（或dn）表示。

管道各管段的管径要逐段标出，当连续的管段都相同时，可以仅标注它的始段和末段，中间段可省略不标注。

3. 详图的表示方法

安装详图的比例较大，必须按照施工安装的需要表达得详尽、具体、明确，一般都用正投影的方法绘制，设备的外形可以简单画出，管道用双线表示。

6.2.3 室内给排水施工图的识读

识读给排水施工图时，首先查看设计施工说明，然后分别阅读给水和排水施工图，把平面图和系统图对照起来看，最后结合平面图和系统图及设计施工说明看详图，具体的步骤包括以下几点。

① 看文字部分，明确设计要求，了解工程概况。

② 看平面图，查明建筑物情况及主要用水房间。

③ 给排水平面图的识读。平面图的识读主要包括下述内容。

A. 查明卫生器具、给排水设备、消防设备的类型、数量、安装位置、定位尺寸。

B. 查明给水引入管和污水排出管的平面走向及位置。

C. 查明给排水干管、立管、横支管的平面位置与走向。

④ 给排水系统图的识读。系统图的识读主要包括下述内容。

A. 了解室内给水系统的形式，明确给水管道的空间走向、标高、管道直径及其变化情况，明确阀门及附件的设置位置、规格、数量及安装要求。

B. 了解室内排水系统的排水体制，明确排水管道的空间走向、管路分支情况、管径尺寸、横管的坡度、管道各部分的标高、存水弯的形式、暖通设备设置情况、弯头及三通的选用等。

⑤ 详图的识读包括明确卫生器具的类型、安装形式、设备的型号规格和配管形式等，将整个给排水系统的来龙去脉及对施工安装的具体要求搞清楚。

⑥ 了解管道支吊架形式及设置要求，弄清楚管道油漆、涂色、保温及防结露等要求。

6.3 预算定额及施工图预算编制

6.3.1 给排水管道安装定额及工程量计算规则

1. 安装定额

执行《河南省通用安装工程预算定额》(HA02－31—2016）第十册定额《给排水、采暖、燃气工程》。给排水管道定额是按室内和室外管道及材料的种类、连接方式编制的。使用时注意区分室内和室外。

第十册定额适用范围：新建、扩建和改建项目中，生活用给排水、燃气、采暖热源管道及附件配件安装和小型容器制作安装。

2. 管道界限划分

【建筑管道】

（1）给水管道的界限

① 室内管道与室外管道界限。以建筑外墙皮 1.5m 为界，入口处设阀门者以阀门为界。

② 室外管道与市政管道界限。以水表井（计量表）为界，无水表井者以与市政管道碰头点处为界。

（2）排水管道的界限

① 室内管道与室外管道界限。以出户第一个排水检查井为界（若图中未标检查井，以外墙皮 1.5m 为界）。

② 室外管道与市政管道界限。以碰头井为界。

（3）与设在建筑物内的水泵房（间）的管道界限

以泵房间外墙皮为界。

3. 计算规则

① 计算单位。管道长度均为施工图所示的中心长度，以“10m”为计量单位。

② 计算顺序。先干管，后支管，分系统分别统计。

③ 计算规则。包括下述内容。

A. 区分室内外；区分管材；区分公称直径 DN；区分连接方式；区分密封材料，以 m 计。定额中铜管、塑料管、复合管（除钢塑复合管外）按公称外径表示，其他管道均按公称直径表示。

特别提示

①以体积计算的为“m^3”；②以面积计算的为“m^2”；③以长度计算的为“m”；④以质量计算的为“t”；⑤以台（套或件）计算的为“台（套或件）”。

汇总工程量，其准确度取值为：m^3、m^2、m 以下取 2 位；t 以下取 3 位；台（套或件）取整数，小数按四舍五入法取舍。

B. 水平敷设的管道，在平面图上按比例量测；垂直敷设的管道，在系统图中结合标高计。

C. 管件、阀门、附件（包括器具组成）及井类等所占长度均不扣除。

4. 管道定额使用说明

以下所述定额内容参见《河南省通用安装工程预算定额》（HA02－31—2016）第十册《给排水、采暖、燃气工程》。

① 给水的水压试验和排水的灌水试验均已包含在定额中，不得另行计算。

② 管件。管道定额中均已包括相应管件的安装费用。各种管件数量系综合取定，执行定额时，成品管件数量可依据设计文件及施工方案或参照第十册定额附录“管道管件数量取定表”计算，定额中其他消耗量均不做调整。

定额管件含量中不含与螺纹阀门配套的活接、对丝，其用量含在螺纹阀门安装项目中。

排水管道已包括管件及止水环的安装，其管件综合取定，管件系数内不包括止水环、透气帽的用量，发生时按实际数量另计算材料费。

③ 钢管焊接安装项目中均综合考虑了成品管件和现场煨制弯管、摔制大小头、挖眼三通。

④ 支架。管道安装项目中，除室内直埋塑料给水管项目中已包括管卡安装外，均不包括管道支架、管卡、托钩等制作安装。室内直埋塑料管道是指敷设于室内地坪下或墙内的塑料给水管段，包括冲压隐蔽、水压试验、冲洗及地面划线标示等工作内容。

⑤ 套管。管道穿墙、楼板套管制作安装、预留孔洞、堵洞、打洞、凿槽等工作内容发生时，应按第十册定额第十一章相应项目另行计算。

⑥ 焊接钢管（螺纹连接）执行镀锌钢管（螺纹连接）项目。

⑦ 室内柔性铸铁排水管（机械接口）按带法兰承口的承插式管材考虑。

⑧ 塑料管（热熔连接）公称外径 De125 及以上管径按热熔对接考虑。

⑨ 雨水斗安装执行第十册定额第六章相应项目。

⑩ 安装带保温层的管道时，可执行相应材质及连接形式的管道安装项目，其人工乘以系数 1.10；管道接头保温执行第十二册定额《刷油、防腐蚀、绝热工程》。

⑪ 管路中的法兰、阀门、水表等应另按相应子目计。

⑫ 第十册定额第十一章水压试验项目仅适用于因工程需要而发生且非正常情况下的管道水压试验。管道安装定额中已经包括规范要求的水压试验，不得重复计算。

⑬ 管道的消毒和冲洗定额，适用于设计和施工规范要求的工程。

⑭ 室内外管道沟土方及管道基础，执行《河南省市政工程预算定额》。

⑮ 钢管沟槽连接适用于镀锌钢管、焊接钢管及无缝钢管等沟槽连接的管道安装。不锈钢管、铜管、复合管的沟槽连接，可参照执行。

⑯ 钢塑复合安装适用于内涂塑、内外涂塑、内衬塑、外覆塑内衬塑复合管道安装。

⑰ 室外管道碰头项目适用于新建管道与已有水源管道的碰头连接，如已有水源管道已做预留接口，则不执行相应安装项目。

⑱ 无缝管（焊接）按钢管（焊接）计取，区分室内和室外，按内径计取。

⑲ 安装定额基价属于未完全单价，未包括管道本身价格，管道属于未计价材，在定额中用（ ）表示。未计价材价格（主要材料）=(与定额单位一致的)工程量×定额含量×单价。

常用管材接头零件含量见表 6-10～表 6-13。

表 6-10 室内塑料给水管（热熔）管件 单位：个/(10m)

材料名称	公称外径（mm）										
	20	25	32	40	50	63	75	90	110	125	160
三通	0.69	4.45	3.73	3.02	2.55	2.32	1.96	0.96	1.54	0.67	0.43
四通	—	—	0.01	0.01	0.02	0.02	0.02	0.03	0.03	0.04	0.04
弯头	8.69	2.14	2.87	2.9	2.31	2.37	2.61	0.6	0.6	0.75	0.75
直接头	2.07	3.99	2.72	2.13	1.60	1.07	1.05	0.76	0.76	—	—
异径直接头	—	0.30	0.30	0.37	0.57	0.46	0.39	0.15	0.15	0.12	0.12
抱弯	0.49	—	—	—	—	—	—	—	—	—	—
转换件	3.26	1.32	1.18	0.44	0.37	0.35	—	—	—	—	—
合计	15.2	12.25	10.81	8.87	7.42	6.59	6.03	3.08	3.08	1.58	1.34

表 6-11 室外塑料给水管（热熔）管件 单位：个/(10m)

材料名称	公称外径（mm）											
	32	40	50	63	75	90	110	125	160	200	250	315
三通	—	0.20	0.20	0.18	0.18	0.16	0.16	0.15	0.14	0.13	0.12	0.12
弯头	1.05	0.85	0.75	0.71	0.71	0.68	0.68	0.59	0.59	0.55	0.55	0.55
直接头	1.73	1.77	1.77	1.80	1.80	1.80	1.80	—	—	—	—	—
异径直接头	—	0.09	0.09	0.08	0.08	0.07	0.07	0.07	0.06	0.06	0.05	0.05
转换件	0.05	0.05	0.05	0.04	0.04	0.02	0.02	—	—	—	—	—
合计	2.83	2.96	2.86	2.81	2.81	2.73	2.73	0.81	0.79	0.74	0.72	0.72

表 6-12 室内直埋塑料给水管（热熔）管件 单位：个/(10m)

材料名称	公称外径（mm）		
	20	25	32
三通	0.34	3.38	2.45
弯头	5.06	3.87	3.61
直接头	2.07	1.32	1.04
异径直接头	—	1.36	1.60
抱弯	0.95	0.49	—
转换件	2.47	1.34	1.12
合计	10.89	11.76	9.82

表 6-13 室内塑料排水管（粘接、螺母密封圈）管件 单位：个/(10m)

材料名称	公称外径（mm）					
	50	75	110	160	200	250
三通	1.09	2.85	4.27	2.36	2.04	0.50
四通	—	0.13	0.24	0.17	0.05	0.02
弯头	5.28	1.52	3.93	1.27	1.71	1.60
管箍	0.07	0.16	0.13	0.11	0.08	0.05
异径管	—	0.16	0.30	0.34	0.22	0.18
立检管	0.20	1.96	0.77	0.21	0.09	—
伸缩节	0.26	2.07	1.92	1.49	0.92	—
合计	6.90	8.85	11.56	5.95	5.11	2.35

【例 6-1】某室内给排水施工图如图 6.39 所示，求：(1) 给水管道 DN20 的工程量；(2) 综合单价、人工费、材料费、机械费、管理费、利润（已知镀锌钢管 DN20：20 元/m，管件 5 元/个）。

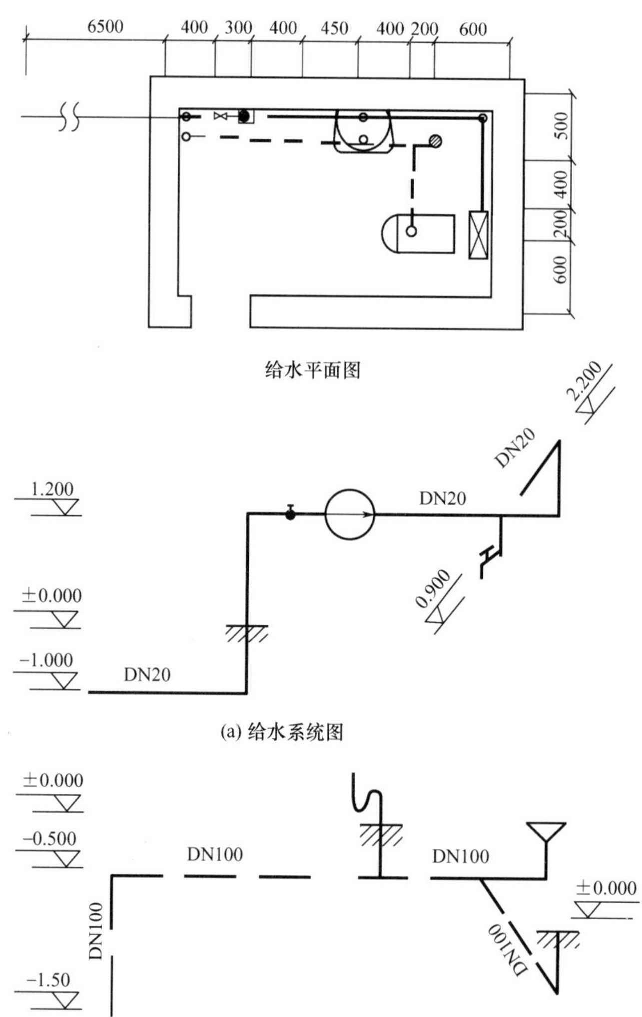

给水平面图

(a) 给水系统图

(b) 排水系统图

图 6.39　给排水施工图

解：(1) 工程量计算。

室内给水镀锌钢管 DN20（螺纹连接）计算如下。

水平：[1.5+0.12+0.4+0.3+0.4+0.45+0.4+0.2+(0.6−0.12)+(0.5−0.12)+0.4+0.2]m=5.23m

竖直：[(1.20+1.00)+(2.20−1.20)+(1.20−0.90)]m=3.50m

合计：5.23m+3.50m=8.73m

(2) 查定额 10-1-13，得

综合单价=491.70 元

人工费=0.873×224.33=195.84(元)

材料费=0.873×9.00+0.873×9.91×20+0.873×12.10×5=233.70(元)

机械费=0.873×2.86=2.50(元)

管理费=0.873×45.14=39.41(元)

利润＝0.873×23.20＝20.25(元)

综合工日＝0.873×1.74＝1.52(工日)

6.3.2 管道除锈、刷油、绝热定额及工程量计算规则

1. 定额

执行第十二册定额《刷油、防腐蚀、绝热工程》。

适用范围：本册定额适用于新建、扩建和改建项目中的设备、管道、金属结构等的刷油、防腐蚀、绝热工程。

说明：在《建设工程工程量清单计价规范》中作为独立的清单项目使用，有自己的清单项目编码。

【管道除锈、刷油、绝热】

(1) 除锈工程

① 手工除锈。分为轻锈、中锈；定额见 P.23/12－1－1～12－1－2 (管道)。

② 管道支架除锈。按“一般钢结构”执行，定额见 P.24/12－1－5～12－1－6。

(2) 刷油工程

① 管道刷油。定额见 P.40/12－2－1～P.43/12－2－23 (主要指钢管)。

② 铸铁管。定额见 P.61/12－2－118～12－2－125。

③ 管道支架。按“一般钢结构”执行，定额见 P.49/12－2－49～12－2－71。

④ 保护层刷油。玻璃丝布定额见 P.67/12－2－156～12－2－165。

(3) 绝热工程

① 硬制瓦块绝热。定额见 P.181/12－4－1～12－4－20，适用于珍珠岩、蛭石、微孔硅酸钙。

② 纤维类制品 (管壳)。定额见 P.197/12－4－65～12－4－84，岩棉管壳。

③ 毡类制品。定额见 P.215/12－4－141～P.219/12－4－160，适用缝毡、带网带布制品、黏结成品。

④ 聚氨酯泡沫塑料 (瓦块)。定额见 P.206/12－4－104～P.210/12－4－123。

(4) 保护层安装

定额见 P.269/12－4－380～P.272/12－4－397。

(5) 相关费用

安装与生产同时进行。定额见 P.534/12－13－Ha1。

在有害身体健康的环境中施工。定额见 P.534/12－13－Ha2。

2. 工程量计算规则

(1) 计量单位

① 管道除锈刷油。以管道外表面面积“m^2”为计量单位。

② 管道绝热。以绝热材料的体积“m^3”为计量单位。

③ 管道支架除锈刷油。以“kg”为计量单位。

以 t 为单位，应保留小数点后 3 位数字，第 4 位小数四舍五入；以 m、m^2、m^3、kg

为单位，应保留小数点后2位数字，第3位小数四舍五入；以台、个、件、套、根、组、系统等为单位，应取整数。

（2）工程量计算

① 管道除锈刷油工程量。计算公式为 $S=\pi\times D\times L$。式中，D 表示管道直径（外径）；L 表示管道长度。

② 管道绝热工程量。计算公式为 $V=\pi\times(D+1.03\delta)\times1.03\delta\times L$。式中，$D$ 表示直径，m；δ 表示绝热层厚度，m；L 表示管道长，m。

③ 保护层工程量。计算公式为 $S=\pi\times(D+2.1\delta)\times L$。

④ 管道支架除锈刷油工程量。计算公式为 G=管道支架制作安装量（kg）。

⑤ 安装与生产同时进行、在有害身体健康的环境中施工按分部分项工程项目的综合工日数计，以“100个工日”为计量单位。

3. 定额使用说明

① 刷油定额。按就地刷（喷）油考虑，若实际工程采用先集中刷油后安装时，人工费×0.45（暖气片除外）。如安装前集中喷涂，执行刷油子目人工乘以系数0.45，材料乘以系数1.16，增加喷涂机械电动空气压缩机 $3m^3/min$（其台班消耗量同调整后的合计工日消耗量）。

② 绝热定额。按先安装管道后绝热考虑，若实际工程采用先绝热后安装管道，人工费×0.9。

③ 保护层定额。按先安装管道后设置保护层考虑，如实际工程采用先设保护层后安装，人工费×0.9。

④ 标志色环等零星刷油。应套相应定额，人工费×2.0。

⑤ 各种系数。如操作高度增加费、脚手架搭拆费、建筑物超高增加费等，按册说明计取。

4. 公称直径与外径的关系

常用管道公称直径与外径的关系见表6-14～表6-18。

表6-14 水煤气管（焊接钢管、镀锌管） 单位：mm

DN	15	20	25	32	40	50	65	70	80	100	125
外径	21.25	26.75	33.5	42.25	48	60	75.5	79.8	88.5	114	140

表6-15 铸铁给水管 单位：mm

DN	50	80	100	125	150	200	250	300
外径	66	98	118	144	170	222	274	326

表6-16 铸铁排水管 单位：mm

DN	50	100	150	125
外径	58	109	160	133

表 6-17　UPVC、PP-R 给水塑料管　单位：mm

DN	15	20	25	32	40	50	65	80	100
外径	20	25	32	40	50	63	75	90	110

表 6-18　PVC-U 排水塑料管　单位：mm

DN	50	75	100	150
外径	50	75	110	160

【例 6-2】 某焊接钢管 DN50，全长 180m，刷红丹漆两道、银粉两道，求其刷油工程综合单价、人工费、材料费、机械费、管理费和利润（红丹漆 12 元/kg，银粉 26 元/kg），本题精确度至小数点后两位。

解： 工程量$=\pi\times D\times L=3.14\times0.06\text{m}\times180\text{m}=33.91\text{m}^2=3.391(10\text{m}^2)$(DN50 钢管外径=60mm)

查定额 12-2-1、12-2-2，得

综合单价$_1$=344.16 元

人工费$_1$=3.391×（24.70+24.70）=167.52(元)

材料费$_1$=3.391×(0.83+0.74)+3.391×(1.47+1.30)×12=118.04(元)

机械费$_1$=3.391×0=0(元)

管理费$_1$=3.391×(5.71+5.71)=38.73(元)

利润$_1$=3.391×（2.93+2.93）=19.87(元)

综合工日$_1$=3.391×（0.22+0.22）=1.49(工日)

查定额 12-2-22、12-2-23，得

综合单价$_2$= 334.35 元

人工费$_2$=3.391×(23.75+22.91)=158.22(元)

材料费$_2$=3.391×(1.22+0.81)+3.391×(0.67+0.63)×26=121.50(元)

机械费$_2$=3.391×0=0(元)

管理费$_2$=3.391×(5.45+5.19)=36.08(元)

利润$_2$=3.391×(2.80+2.67)=18.55(元)

综合工日$_2$=3.391×(0.21+0.20)=1.39(工日)

合计：

综合单价=综合单价$_1$+综合单价$_2$=344.16+ 334.35=678.51(元)

人工费=人工费$_1$+人工费$_2$=167.52 + 158.22=325.74(元)

材料费=材料费$_1$+材料费$_2$= 118.04+121.50=239.54(元)

机械费=机械费$_1$+机械费$_2$=0(元)

管理费=管理费$_1$+管理费$_2$= 38.73+ 36.08=74.81(元)

利润=利润$_1$+利润$_2$=19.87+ 18.55=38.42(元)

综合工日=综合工日$_1$+综合工日$_2$= 1.49+ 1.39=2.88(工日)

【例 6-3】 某室外无缝管 D133×4，长 1000m（61 元/m，管件 6 元/个），按人工除轻

锈，红丹漆一道（12 元/kg），岩棉瓦块绝热，厚 50mm（200 元/m^3）；玻璃丝布保护层（2.5 元/m^2），外刷沥青漆两道（3 元/kg），求该工程的全部综合单价、人工费、材料费、机械费、管理费、利润、综合工日数（含管道安装及脚手架费用）。

解：（1）管道安装

工程量＝100(10m)

查定额 10－1－29，得

综合单价$_1$＝101162 元

人工费$_1$＝100×213.05＝21305(元)

材料费$_1$＝100×18.88＋100×10.00×61＋100×0.67×6＝63290(元)

机械费$_1$＝100×93.79＝9379(元)

管理费$_1$＝100×47.48＝4748(元)

利润$_1$＝100×24.40＝2440(元)

综合工日$_1$＝100×1.83＝183(工日)

（2）除锈

工程量 $S=\pi\times D\times L=3.14\times0.133\times1000=417.62(m^2)=41.762(10m^2)$

查定额 12－1－1，得

综合单价$_2$＝2104.81 元

人工费$_2$＝41.762×35.08＝1465.01(元)

材料费$_2$＝41.762×3.54＝147.84(元)

机械费$_2$＝41.762×0＝0(元)

管理费$_2$＝41.762×7.78＝324.91(元)

利润$_2$＝41.762×4.00＝167.05(元)

综合工日$_2$＝41.762×0.30＝12.53(工日)

（3）刷油

工程量 $S=41.762(10m^2)$

查定额 12－2－1，得

综合单价$_3$＝2163.68 元

人工费$_3$＝41.762×24.70＝1031.52(元)

材料费$_3$＝41.762×0.83＋41.762×1.47×12＝771.34(元)

机械费$_3$＝41.762×0＝0(元)

管理费$_3$＝41.762×5.71＝ 238.46(元)

利润$_3$＝41.762×2.93＝122.36(元)

综合工日$_3$＝41.762×0.22＝9.19(工日)

（4）绝热

工程量 $V=\pi\times(D+1.03\delta)\times1.03\delta\times L=3.14\times(0.133+1.03\times0.050)\times1.03\times0.050\times1000=29.84(m^3)$

查定额 12－4－70，得

综合单价$_4$＝14551.78(元)

人工费$_4$＝29.84×183.38＝5472.06(元)

材料费$_4$＝29.84×15.43＋29.84×1.03×200＝6607.47(元)

机械费$_4$＝29.84×20.40＝608.74(元)

管理费$_4$＝29.84×41.25＝1230.90(元)

利润$_4$＝29.84×21.20＝632.61(元)

综合工日$_4$＝29.84×1.59＝47.45(工日)

(5) 保护层安装

工程量 $S=\pi\times(D+2.1\delta)\times L=3.14\times(0.133+2.1\times0.050)\times1000$

$=747.32(m^2)=74.732(10m^2)$

查定额 12－4－380，得

综合单价$_5$＝68220.05 元

人工费$_5$＝74.732×42.75＝3194.79(元)

材料费$_5$＝74.732×0.16＋74.732×14.000×2.5＝2627.58(元)

机械费$_5$＝74.732×0＝0(元)

管理费$_5$＝74.732×8.82＝659.14(元)

利润$_5$＝74.732×4.53＝338.54(元)

综合工日$_5$＝74.732×0.34＝25.41(工日)

(6) 保护层刷油

工程量 $S=74.732(10m^2)$

查定额 12－2－162、12－2－163，得

综合单价$_6$＝17254.87 元

人工费$_6$＝74.732×(78.51＋66.59)＝10843.61(元)

材料费$_6$＝74.732×(4.71＋3.65)＋74.732×(5.20＋3.85)×3＝2653.73(元)

机械费$_6$＝74.732×0＝0(元)

管理费$_6$＝74.732×(17.90＋15.31)＝2481.85(元)

利润$_6$＝74.732×(9.20＋7.87)＝1275.68(元)

综合工日$_6$＝74.732×(0.69＋0.59)＝95.66(工日)

(7) 管道安装脚手架搭拆费

综合工日＝183 工日＝1.83 (100 工日)

查定额 10－13－Ha1，得

综合单价$_7$＝922.76 元

人工费$_7$＝1.83×152.43＝278.95(元)

材料费$_7$＝1.83×283.07＝518.02(元)

机械费$_7$＝1.83×0 元＝0(元)

管理费$_7$＝1.83×45.40＝83.08(元)

利润$_7$＝1.83×23.34＝42.71(元)

综合工日$_7$＝1.83×1.75＝3.20(工日)

(8) 刷油脚手架搭拆费

综合工日＝12.53＋9.19＋95.66＝117.38＝1.1738(100 工日)

查定额 12－14－Ha1，得

综合单价$_8$=828.33元

人工费$_8$=1.1738×213.40=250.19(元)

材料费$_8$=1.1738×396.30=465.18(元)

机械费$_8$=1.1738×0=0(元)

管理费$_8$=1.1738×63.56=74.61(元)

利润$_8$=1.1738×32.67=38.35(元)

综合工日$_8$=1.1738×2.45=2.88(工日)

(9) 绝热工程脚手架搭拆费

查定额12-14-Ha2，得

综合工日=47.45+25.41=72.86(工日)=0.7286(100工日)

综合单价$_9$=734.77元

人工费$_9$=0.7286×304.85=222.11(元)

材料费$_9$=0.7286×566.15=412.50(元)

机械费$_9$=0.7286×0=0(元)

管理费$_9$=0.7286×90.81=66.16(元)

利润$_9$=0.7286×46.67=34.00(元)

综合工日$_9$=0.7286×3.50=2.55(工日)

(10) 清单项目费用

综合单价=(1)+…+(6)=137919.14(元)

其中：

人工费=(1)+…+(6)=43311.99(元)

材料费=(1)+…+(6)=76097.96(元)

机械费=(1)+…+(6)=9987.74(元)

管理费=(1)+…+(6)=9683.26(元)

利润=(1)+…+(6)=4976.24(元)

综合工日=(1)+…+(6)=373.24(工日)

单价措施费(脚手架搭拆费)

其中：

综合单价=(7)+(8)+(9)=2485.86(元)

人工费=(7)+(8)+(9)=751.25(元)

机械费=(7)+(8)+(9)=0(元)

材料费=(7)+(8)+(9)=1395.70(元)

管理费=(7)+(8)+(9)=224.30(元)

利润=(7)+(8)+(9)=115.06(元)

综合工日=(7)+(8)+(9)=8.63(工日)

6.3.3 阀门安装定额及工程量计算规则

1. 定额

阀门安装定额是按连接方式编制的，参见第十册定额《给排水、采暖、燃气工程》

P. 285～312。

2. 工程量计算规则

按阀门种类、连接形式、公称直径、是否带短管执行，以“个”为计量单位。

3. 定额使用说明

① 螺纹阀。安装定额适用于各种内外螺纹连接（丝接）的阀门安装，如闸阀、截止阀，只要是螺纹连接，就套螺纹阀定额。与螺纹阀门配套的连接件，如设计与定额中材质不同时，可按设计进行调整。

② 法兰阀门。安装定额适用于各种法兰连接阀门安装。

法兰阀门、法兰式附件安装项目均不包括法兰安装，应另行套用相应法兰安装项目。

每副法兰和法兰式附件安装项目中，均包括一个垫片和一副法兰螺栓的材料用量。各种法兰连接用垫片均按石棉橡胶板考虑，如工程要求采用其他材质可按实调整。

③ 安全阀套。相应定额子目，但其人工费×2.0。

④ 除污器。除污器组成安装适用于立式、卧式和旋流式除污器组成安装。单个除污器安装执行阀门安装相应项目人工费×1.2。

【例 6-4】 安全阀 DN50　A21-1.6，求其定额基价。

定额子目 10-5-6 换

基价＝75.23＋34.85＝110.08(元)

人工费＝34.85×2＝69.70(元)

6.3.4 水表、低压器具定额及工程量计算规则

1. 水表

(1) 定额

水表是计量用户用水量的仪表，执行第十册定额《给排水、采暖、燃气工程》。其安装定额是按水表的连接方式编制的。参见《河南省通用安装工程预算定额》P. 361 普通水表安装（螺纹连接），P. 365 法兰水表组成安装（无旁通管）。

(2) 工程量计算规则

区分连接方式、区分水表种类、区分公称直径 DN，以“组”为计量单位。

(3) 定额使用说明

① 普通水表、IC 卡水表安装不包括水表前的阀门安装。水表安装定额是按与钢管连接编制的，若与塑料管连接时其人工乘以系数 0.6，材料、机械消耗量可按实调整。

② 法兰水表（带旁通管）组成安装中三通、弯头均按成品管件考虑，参见《河南省通用安装工程预算定额》。旁通连接管所占长度不再另计管道工程量。

2. 减压器、疏水器

(1) 定额

执行第十册定额《给排水、采暖、燃气工程》，其安装定额是按连接方式编制的。

减压器安装见 P. 341 螺纹连接，P. 345 法兰连接。

疏水器安装见 P. 349 螺纹连接，P. 351 法兰连接。

(2) 工程量计算规则

区分连接方式、公称直径 DN，以“组”为计量单位。

(3) 定额使用说明

① 减压器、疏水器均按组成安装考虑的，疏水器组成安装未包括止回阀安装，若安装止回阀则执行阀门安装相应项目。单独安装或组成与定额编制不符的减压阀、疏水器执行阀门安装相应项目。

② 减压器安装按高压侧的直径计算。

6.3.5 水箱制作安装定额及工程量计算规则

1. 定额

执行《给排水、采暖、燃气工程》定额。

水箱制作参见 P.556～558，水箱安装见 P.553～555。

2. 工程量计算规则

① 钢板水箱制作。按施工图所示尺寸，不扣除人孔，手孔质量以“100kg”为计量单位。法兰和短管水位计可按相应定额另行计算。

② 水箱安装。按水箱容积计量，以“台”为计量单位。

③ 工程量。其计算公式为 $G(\text{kg})$＝钢板面积(m^2)×理论质量(kg/m^2) 计量或按标准图集的设计型号直接查取。

3. 定额使用说明

① 各种水箱连接管均未包括在定额内，可执行室内管道安装的相应项目。

② 各项水箱均未包括支架制作安装，如为型钢支架，执行第十册《给排水、采暖、燃气工程》第十一章“一般管道支架”项目执行，混凝土或砖支座可按土建相应项目执行。

③ 水箱制作包括水箱本身及人孔的质量，水位计、内外人梯均未包括在定额内，若发生，可另行计算。

④ 钢板制作。单价中包括了钢板、型钢的价格，属完全单价，不必另计钢材价格。

⑤ 钢板水箱安装。它适用于玻璃钢、不锈钢、钢板等各种材质，不分圆形、方形，均按箱体容积执行相应项目。水箱安装按成品水箱编制，如现场制作、安装水箱，水箱主材不得重复计算。水箱消毒冲洗及注水试验用水按设计图示容积或施工方案计入。组装水箱的连接材料是按随水箱配套供应考虑的。

6.3.6 卫生器具制作安装定额及工程量计算规则

卫生器具安装项目均参照国家建筑标准设计图集《排水设备及卫生器具安装》(2010 年合订本) 中有关标准图编制的，除说明者外，设计无特殊要求均不做调整。定额执行第十册《给排水、采暖、燃气工程》。

总说明如下。

① 各类卫生器具安装项目除另有标注外，均适用于各种材质。

② 各类卫生器具安装项目包括卫生器具本体、配套附件、成品支托架安装。

③ 各类卫生器具配套附件是指给水附件（水嘴、金属软件、阀门、冲洗管、喷头等）和排水附件（下水口、排水栓、存水弯、与地面或墙面排水口间的排水连接管）。

④ 各类卫生器具所用附件已列出消耗量，如随设备或器具配套供应时其消耗量不得重复计算。各类卫生器具支托架如现场制作，执行第十册《给排水、采暖、燃气工程》第十一章相应项目。

⑤ 与给水管道的分界点为卫生器具（含附件）前与管道系统连接的第一个连接件（角阀、三通、弯头、管箍等）止。

与排水管道的分界点：自卫生器具出口处的地面或墙面的设计尺寸算起。

1. 浴盆和净身盆安装

（1）定额

P. 421～423 部分包括搪瓷浴盆安装、玻璃钢浴盆、塑料浴盆和净身盆安装。

（2）工程量计算规则

区分浴盆材料、冷热水，以“10 组”为计量单位。

（3）定额使用说明

① 浴盆定额中已包括水龙头的安装，但未包括其本身价格，属未计价材。

② 定额中亦包括排水配件及存水弯，不得另计。

③ 定额中包括与给水、排水管道连接的人工和材料。

④ 浴盆安装适用于各种型号的浴盆，但不包括浴盆四周的支座及其四周的砌砖及瓷砖等，应按土建项目另计（图 6.40）。

⑤ 浴盆冷热水带喷头若采用埋入式安装时，混合水管及管件消耗量应另计。

⑥ 按摩浴盆包括配套小型循环设备（过滤罐、水泵、按摩泵、气泵等）安装，其循环管路材料、配件等均按成套供货考虑。浴盆底部所需填充的干砂材料消耗量另计。

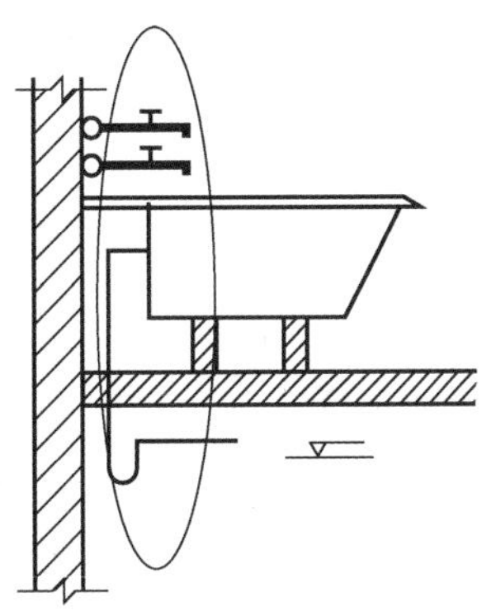

图 6.40 浴盆

2. 洗脸盆和洗手盆安装

（1）定额

P. 424～425，包括各种洗脸盆的安装。

（2）工程量计算规则

区分安装方式，区分单、双嘴，区分开启方式（手动开关、感应开关、脚踏开关）、供水种类（冷水、冷热水），以“10 组”为计量单位。

（3）定额使用说明

① 定额中含水龙头的安装及其本身价格。

② 定额中包括存水弯及排水配件。

③ 定额中包括与给水、排水管道连接的人工和材料。

④ 本定额适用各种型号的洗脸盆（图 6.41）。

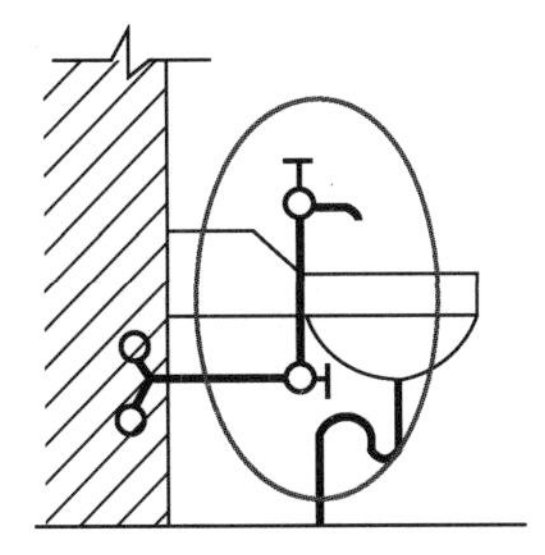

图 6.41 洗脸盆

⑤ 液压脚踏卫生器具安装执行相应定额，人工乘以系数1.3，液压脚踏装置材料消耗量另行计算。例如，水嘴、喷头等配件随液压阀及控制器成套供应，应扣除定额中的相应材料，不得重复计算。

⑥ 卫生器具所用液压脚踏装置包括配套的控制器、液压脚踏开关及其液压连接软管等配套附件。

3. 洗涤盆（洗菜盆）和化验盆安装

(1) 定额

P.426～427，包括各种形式的洗涤盆和化验盆安装。

(2) 工程量计算规则

区分单、双嘴及开启方式，以“10组”为计量单位。

(3) 定额使用说明

① 定额。其中包括水龙头、存水弯、排水栓等的安装费用，但另行计算其本身价格。

② 化验盆安装。其中的鹅颈水嘴适用于成品件安装。

4. 淋浴器安装

(1) 定额

P.434～436，包括不同组成材料的淋浴器组成安装、成套淋浴器安装。

(2) 工程量计算规则

区分材质（镀锌管、塑料管）、供水种类（冷水、冷热水）、开启方式（手动、脚踏）计量，以“10套”为计量单位。

(3) 定额使用说明

① 组成定额中包含支管及其控制阀门安装，但未包括阀门价格，必另计（图6.42）。

② 成套淋浴器莲蓬喷头含混合水管及固定支座。

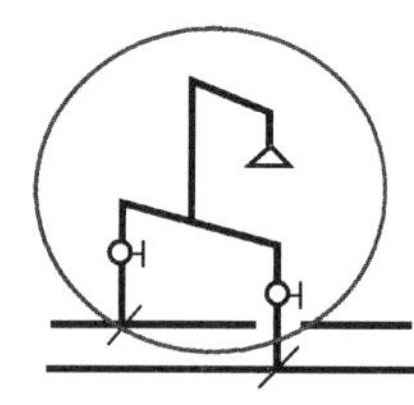

图6.42 淋浴器

5. 大便器安装

(1) 定额

P.428为蹲式大便器安装，P.429为坐式大便器安装。

(2) 工程量计算规则

区分大便器形式（蹲式、坐式），冲洗方式（瓷高水箱、瓷低水箱、手动开关、脚踏开关、感应开关、自闭阀）计量，以“10套”为计量单位。如图6.43、图6.44所示。

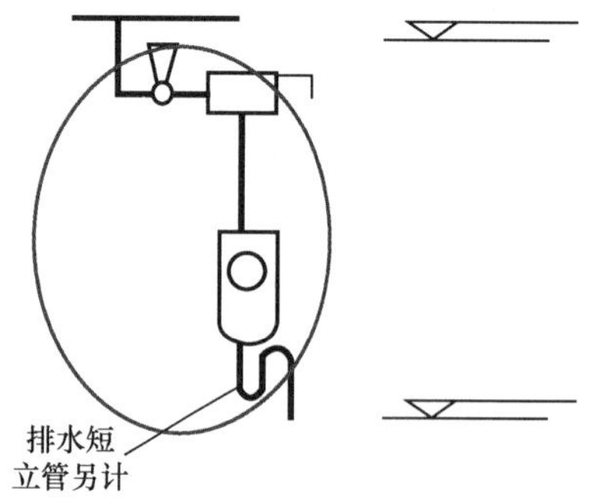

图6.43 高水箱蹲式大便器

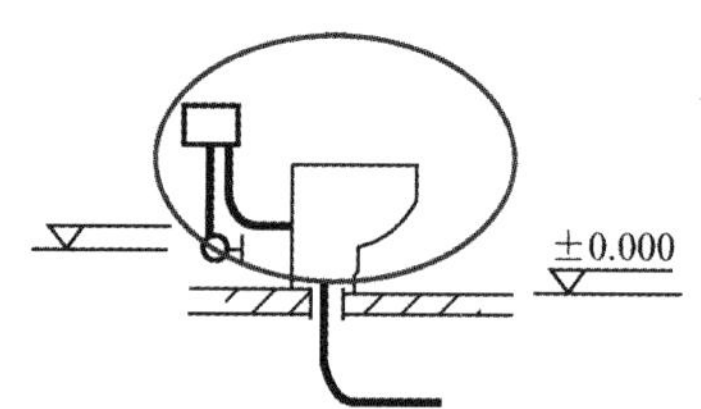

图6.44 低水箱坐式大便器

（3）定额使用说明

① 定额中包含冲洗管、控制阀及水箱进水支管［冲洗（弯）管按成品考虑］。定额中已包括柔性连接头或胶皮碗。

② 定额中包括存水弯，但须另计排水立管。

③ 蹲式大便器安装已包括了固定大便器的垫砖，但不包括大便器蹲台砌筑。

④ 坐式大便器本身带有存水弯，不必另计存水弯。

6. 小便器安装

（1）定额

P.430～431，包括壁挂式小便器安装、落地式小便器安装。

（2）工程量计算规则

区分其形式（壁挂式、落地式）、开启方式（手动、脚踏、感应）计量，以“10 套”为计量单位。

（3）定额使用说明

全部铜活已包含在定额中。

7. 大便槽和小便槽冲洗水箱安装

（1）安装

① 定额。

大便槽安装见 P.439。

小便槽安装见 P.441。

② 工程量计算规则。

区分容积计量，以“10 套”为计量单位。

③ 定额使用说明

A. 水箱托架安装费包含在定额中，但其本身价格另计。

B. 水箱的控制阀门、水龙头等包含在定额中。

（2）制作

① 定额见 P.442。

② 工程量计算规则。

以“100kg”为计量单位。

（3）定额使用说明

水箱支托架及管卡的制作及刷漆应按相应定额项目另行计算。

8. 小便槽冲洗管制作、安装

（1）定额

小便槽冲洗管制作安装见 P.449，如图 6.45 所示。

（2）工程量计算规则

区分管材，区分公称直径 DN，以“10m”为计量单位。

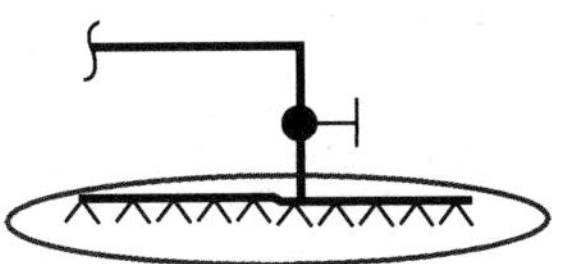

图 6.45 小便槽冲洗管

(3) 定额使用说明

定额中不包括控制阀及立管，需另行计算。

9. 水龙头安装

(1) 定额

水龙头安装见 P. 443。

(2) 工程量计算规则

区分公称直径 DN，以“10 个”为计量单位。

(3) 定额使用说明

水龙头安装定额中水嘴为未计价材。

10. 排水栓安装

(1) 定额

排水栓安装见 P. 444。

(2) 工程量计算规则

区分带存水弯与不带存水弯、区分公称直径 DN，以“10 组”为计量单位。

(3) 定额使用说明

带存水弯的定额子目中，存水弯为计价材；不带存水弯定额子目中，承插塑料排水管为计价材，材料价格与实际不符时可调差。

11. 地漏和地面清扫口安装

(1) 定额

地漏安装见 P. 445。

地面清扫口安装见 P. 446，如图 6.46 所示。

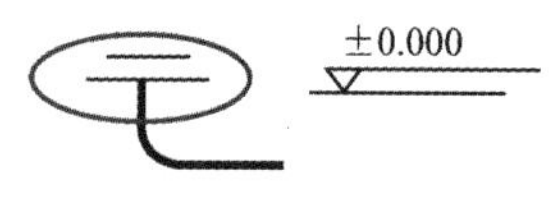

图 6.46 地面清扫口

(2) 工程量计算规则

与排水管道的界限到本室地面；区分 DN，以“10 个”为计量单位。

(3) 定额使用说明

未计价材为地漏、地面清扫口。

12. 成品拖布池安装

(1) 定额

成品拖布池见 P. 432。

(2) 工程量计算规则

以“10 套”为计量单位。

(3) 定额使用说明

定额中包括水嘴、存水弯的安装费，但必须另计其价格。

【例 6-5】 如图 6.39 所示，求卫生器具工程量。

解： (1) 螺纹水表 DN20：1 个。

(2) 螺纹截止阀 DN20：1 个。

(3) 洗脸盆：1 组。

(4) 地漏 DN100：1 个。

(5) 蹲式大便器：1 套。

6.3.7 水灭火系统安装工程（消防工程）

水灭火系统执行第九册《消防工程》，本册定额适用于工业与民用建筑中的新建、扩建和整体更新改造的消防安装工程。

1. 消火栓灭火系统

（1）消火栓安装

① 室内消火栓安装。

A. 定额及工程量。定额及工程量计算规则如下。

a. 定额。其室内消火栓安装执行《河南省通用安装工程预算定额》第九册《消防工程》P. 40（明装），P. 41（暗装）。

b. 工程量计算规则。其区分单栓和双栓，以“套”为计量单位，按设计图示数量计算。

B. 定额使用说明。消火栓定额是按成套产品安装考虑的，但所带消防按钮的安装另行计算（执行 P. 79 子目）（成套产品见定额第九册《消防工程》附录 P. 121 或教材）。

C. 落地组合式消防柜安装，执行室内消火栓（明装）定额子目。

② 室外消火栓安装。

A. 定额及工程量。定额及工程量计算规则如下。

a. 定额。室外消火栓安装执行第九册《消防工程》P. 42。

b. 工程量计算规则。区分地上式和地下式，区分支管和干管，区分公称直径，以“套”为计量单位。

B. 定额使用说明。消火栓定额是按成套产品安装考虑的。定额中包括法兰接管及弯管底座（消火栓三通）的安装，其本身价值另行计算。

（2）消火栓灭火系统管道安装

消火栓管道执行第九册《消防工程》相应项目。

消火栓管道界限的划分：以建筑物外墙皮 1.5m 为界，入口处设阀门者以阀门为界。

① 定额。P. 28（镀锌钢管）、P. 29（无缝钢管）。

② 工程量计算规则。以图示管道中心线长度“10m”为计量单位。不扣除阀门、管件及各种组件所占长度。

③ 定额使用说明。消火栓管道采用无缝钢管焊接时，定额中包括管件安装，管件主材依据图纸设计数量另行计算。

④ 消火栓管道采用钢管（沟槽式连接）时，执行水喷淋钢管（沟槽连接）相关项目。

2. 消防水泵接合器安装

（1）定额

消防水泵接合器安装执行第九册《消防工程》P. 44。

（2）工程量计算规则

区分不同安装方式（地上式、地下式、墙壁式）和规格计量，以“套”为计量单位。

(3) 定额使用说明

① 安装用人工和材料是按成套产品考虑的。

② 定额中包括法兰接管及弯管底座(消火栓三通)的安装,其本身价值另行计算。

3. 自动喷水灭火系统

(1) 管道界限划分

① 室内外管道界限。以建筑物外墙皮 1.5m 为界,入口处设阀门者以阀门为界。

② 与设在高层建筑内的消防泵间管道的界限:以泵间外墙皮为界。

③ 与市政管道的界限:以与市政给水管道碰头点(井)为界。

(2) 管道安装

① 定额。自动喷水灭火系统管道安装执行第九册《消防工程》P.21。

② 工程量计算规则。

A. 不扣除阀门、管件及各种组件所占长度,按设计管道中心线长度,以“10m”为计量单位。主材数量应按定额用量计算,管件含量见表 6-19、表 6-20。

B. 管件连接分规格以“10 个”为计量单位。沟槽管件主材费用包括卡箍及密封圈费用,以“套”计(三通、四通按设计用量计算)。

③ 定额使用说明包括以下内容。

A. 包括工序内一次性水压试验和水冲洗工作内容。

B. 钢管(法兰连接)定额中包括管件及法兰安装,但管件、法兰数量应按设计图纸数量另行计算,螺栓按设计用量加 3%损耗计算。

C. 若设计或规范要求钢管需要镀锌,其镀锌及场外运输费用另行计算。

D. 管道安装(沟槽连接)已包括直接卡箍件安装,其他沟槽管件另行执行相关项目(如三通、四通、弯头等管件)。

E. 室外给水管道安装及水箱制作安装执行第十册《给排水、采暖、燃气工程》相应定额。

表 6-19　水喷淋镀锌钢管(螺纹连接)管件含量表　　单位:m

材料名称	公称直径(mm 以内)						
	25	32	40	50	70	80	100
	含量(个)						
四通		0.120	0.120	0.120	0.120	0.160	0.200
三通	0.08	0.250	0.303	0.250	0.200	0.200	0.050
弯头	0.333	0.010	0.010	0.010	0.008	0.006	0.020
管箍	0.167	0.125	0.125	0.125	0.125	0.125	0.100
异径管箍		0.200	0.303	0.303	0.303	0.250	0.150
小计	0.590	0.687	0.861	0.808	0.756	0.741	0.520

表 6-20 消火栓镀锌钢管接头管件（丝接）含量表 单位：m

材料名称	公称直径（mm 以内）			
	50	70	80	100
	含量（个）			
三通	0.185	0.164	0.090	0.050
弯头	0.247	0.187	0.123	0.110
管箍	0.125	0.125	0.125	0.125
异径管箍	0.100	0.120	0.086	0.102
小计	0.657	0.596	0.424	0.387

（3）喷头安装、报警装置安装、水流指示器安装

① 定额。

安装执行 P.30～38。

喷头见 P.30；报警装置见 P.30；水流指示器见 P.33。

② 工程量计算规则。工程量计算规则包含以下内容。

A. 喷头安装按有、无吊顶计量，以“个”为计量单位。

B. 报警装置安装按成套产品计量，以“组”为计量单位。成套产品包括内容见表 6-21。

C. 温感式水幕装置安装按不同规格，以“组”为计量单位。

D. 水流指示器、减压孔板安装，按不同规格，以“个”为计量单位。

E. 末端试水装置按不同规格以“组”为计量单位。

表 6-21 成套产品包括内容

序号	项目名称	包括内容
1	湿式报警装置	湿式阀、蝶阀、装配管、供水压力表、试验阀、泄放试验阀、试验管流量计、过滤器、延时器、水力警铃、报警截止阀、漏斗、压力开关等
2	室内消火栓	消火栓箱、消火栓、水枪、水带、水带接扣、挂架
3	室外消火栓	地上式消火栓、法兰接管、弯管底座、发水阀；地下式消火栓、法兰接管、弯管底座或消火栓三通
4	消防水泵接合器	消防接口本体、止回阀、安全阀、闸阀（蝶阀）、弯管底座、标牌
5	室内消火栓（带自动卷盘）	消火栓箱、消火栓、水枪、水带、水带接扣、挂架、消防软管卷盘
6	水炮及模拟末端装置	水炮和模拟末端装置的本体

③ 定额使用说明。定额使用说明包含以下内容。

A. 喷头、报警装置及水流指示器安装定额均按管网系统试压、冲洗合格后安装考虑，定额中已包括丝堵、临时短管的安装、拆除及其摊销。

B. 温感式水幕装置安装。其定额中已包括给水三通至喷头、阀门间的管道、管件、阀门、喷头等全部安装内容。但管道的主材数量按设计管道中心长度另加损耗计算；喷头数量按设计数量另加损耗计算。

C. 报警装置安装项目，定额中已包括装配管、泄放试验管及水力警铃出水管安装，水力警铃进水管按图示尺寸执行管道安装相应项目。

D. 水流指示器（马鞍形连接）项目，主材中包括胶圈、U 形卡；若设计要求水流指示器采用丝接，则执行第十册定额《给排水、采暖、燃气工程》丝接阀门相应项目。

E. 消防管道支架执行第十册定额《给排水、采暖、燃气工程》。

F. 设于管道间、管廊内的管道，其定额人工、机械乘以系数 1.2。

4. 其他有关定额使用说明

① 管道、设备、支架、法兰焊口的除锈、刷油，执行第十二册定额《刷油、防腐蚀、绝热工程》。

② 自动喷水灭火系统调试见 P.105，按水流指示器数量，以“点（支路）”为计量单位。消火栓灭火系统按消火栓启泵按钮数量计量，以“点”为计量单位。

③ 消防管道上的阀门、管道及设备支架、套管制作安装，执行第十册定额《给排水、采暖、燃气工程》中相关内容。

④ 各种系数的调整按本册定额说明计算。

⑤ 各种仪表的安装、带电信号的阀门、水流指示器、压力开关的接线、校线，执行第六册定额《自动化控制仪表安装工程》。

6.4 清单计价及施工图预算编制

6.4.1 给排水工程工程量清单项目设置及工程量计算规则(GB 50856—2013)

工程量清单包括的内容如下。

1. 管道及卫生器

① 给排水、采暖、燃气管道（编码：031001），见表 6-22。

② 支架及其他（编码：031002），见表 6-23。

③ 管道附件（编码：031003），见表 6-24。

④ 卫生器具（编码：031004），见表 6-25。

表 6－22　给排水、采暖、燃气管道（编码：031001）

<table>
<tr><th>项目编码</th><th>项目名称</th><th>项目特征</th><th>计量单位</th><th>工程量计算规则</th><th>工作内容</th></tr>
<tr><td>031001001</td><td>镀锌钢管</td><td rowspan="4">1. 安装部位
2. 介质
3. 规格、压力等级
4. 连接形式
5. 压力试验及吹、洗设计要求
6. 警示带形式</td><td rowspan="10">m</td><td rowspan="10">按设计图示管道中心线以长度计算</td><td rowspan="4">1. 管道安装
2. 管件制作、安装
3. 压力试验
4. 吹扫、冲洗
5. 警示带铺设</td></tr>
<tr><td>031001002</td><td>钢管</td></tr>
<tr><td>031001003</td><td>不锈钢管</td></tr>
<tr><td>031001004</td><td>铜管</td></tr>
<tr><td>031001005</td><td>铸铁管</td><td>1. 安装部位
2. 介质
3. 材质、规格
4. 连接形式
5. 接口材料
6. 压力试验及吹、洗设计要求
7. 警示带形式</td><td>1. 管道安装
2. 管件安装
3. 压力试验
4. 吹扫、冲洗
5. 警示带铺设</td></tr>
<tr><td>031001006</td><td>塑料管</td><td>1. 安装部位
2. 介质
3. 材质、规格
4. 连接形式
5. 阻火圈设计要求
6. 压力试验及吹、洗设计要求
7. 警示带形式</td><td>1. 管道安装
2. 管件安装
3. 塑料卡固定
4. 阻火圈安装
5. 压力试验
6. 吹扫、冲洗
7. 警示带铺设</td></tr>
<tr><td>031001007</td><td>复合管</td><td>1. 安装部位
2. 介质
3. 材质、规格
4. 连接形式
5. 压力试验及吹、洗设计要求
6. 警示带形式</td><td>1. 管道安装
2. 管件安装
3. 塑料卡固定
4. 压力试验
5. 吹扫、冲洗
6. 警示带铺设</td></tr>
<tr><td>031001008</td><td>直埋式预制保温管</td><td>1. 埋设深度
2. 介质
3. 管道材质、规格
4. 连接形式
5. 接口保温材料
6. 压力试验及吹、洗设计要求
7. 警示带形式</td><td>1. 管道安装
2. 管件安装
3. 接口保温
4. 压力试验
5. 吹扫、冲洗
6. 警示带铺设</td></tr>
<tr><td>031001009</td><td>承插陶瓷缸瓦管</td><td rowspan="2">1. 埋设深度
2. 规格
3. 接口方式及材料
4. 压力试验及吹、洗设计要求
5. 警示带形式</td><td rowspan="2">1. 管道安装
2. 管件安装
3. 压力试验
4. 吹扫、冲洗
5. 警示带铺设</td></tr>
<tr><td>031001010</td><td>承插水泥管</td></tr>
</table>

续表

项目编码	项目名称	项目特征	计量单位	工程量计算规则	工作内容
03100111	室外管道碰头	1. 介质 2. 碰头形式 3. 材质、规格 4. 连接形式 5. 防腐、绝热设计要求	m	按设计图示以处计算	1. 挖填工作坑或暖气沟拆除及修复 2. 碰头 3. 接口处防腐 4. 接口处绝热及保护层

注：① 安装部位指管道安装在室内、室外。
② 输送介质包括给水、排水、中水、雨水、热媒体、燃气、空调水等。
③ 方形补偿器制作安装应含在管道安装综合单价中。
④ 铸铁管安装适用于承插铸铁管、球墨铸铁管、柔性抗震铸铁管等。
⑤ 塑料管安装适用于 UPVC、PVC、PP－C、PP－R、PE、PB 管等塑料管材。
⑥ 复合管安装适用于钢塑复合管、铝塑复合管、钢骨架复合管等复合型管道安装。
⑦ 直埋保温管包括直埋保温管件安装及接口保温。
⑧ 排水管道安装包括立管检查口、透气帽。
⑨ 室外管道碰头：a. 适用于新建或扩建工程热源、水源、气源管道与原（旧）有管道碰头；b. 室外管道碰头包括挖工作坑、土方回填或暖气沟局部拆除及修复；c. 带介质管道碰头包括开关闸、临时放水管线铺设等；d. 热源管道碰头每处包括供、回水两个接口；e. 碰头形式指带介质碰头、不带介质碰头。
⑩ 管道工程量计算不扣除阀门、管件（包括减压器、疏水器、水表、伸缩器等）及附属构筑物所占长度；方形补偿器以其所占长度列入管道安装工程量。
⑪ 压力试验按设计要求描述试验方法，如水压试验、气压试验、泄漏性试验、闭水试验、通球试验、真空试验等。
⑫ 吹、洗按设计要求描述吹扫、冲洗方法，如水冲洗、消毒冲洗、空气吹扫等。

表 6－23　支架及其他（编码：031002）

项目编码	项目名称	项目特征	计量单位	工程量计算规则	工作内容
031002001	管道支架	1. 材质 2. 管架形式	1. kg 2. 套	1. 以 kg 计量，按设计图示质量计算 2. 以套计量，按设计图示数量计算	1. 制作 2. 安装
031002002	设备支架	1. 材质 2. 形式			
031002003	套管	1. 名称、类型 2. 材质 3. 规格 4. 填料材质	个	按设计图示数量计算	1. 制作 2. 安装 3. 除锈、刷油

注：① 单件支架质量 100kg 以上的管道支架执行设备支架制作安装。
② 成品支架安装执行相应管道支架或设备支架项目，不再计取制作费，支架本身价值含在综合单价中。
③ 套管制作安装，适用于穿基础、墙、楼板等部位的防水套管、填料套管、无填料套管及防火套管等，应分别列项。

表 6-24 管道附件（编码：031003）

<table>
<tr><th>项目编码</th><th>项目名称</th><th>项目特征</th><th>计量单位</th><th>工程量计算规则</th><th>工作内容</th></tr>
<tr><td>031003001</td><td>螺纹阀门</td><td rowspan="3">1. 类型
2. 材质
3. 规格、压力等级
4. 连接形式
5. 焊接方法</td><td rowspan="5">个</td><td rowspan="12">按设计图示数量计算</td><td rowspan="4">1. 安装
2. 电气接线
3. 调试</td></tr>
<tr><td>031003002</td><td>螺纹法兰阀门</td></tr>
<tr><td>031003003</td><td>焊接法兰阀门</td></tr>
<tr><td>031003004</td><td>带短管甲乙阀门</td><td>1. 材质
2. 规格、压力等级
3. 连接形式
4. 接口方式及材质</td></tr>
<tr><td>031003005</td><td>塑料阀门</td><td>1. 规格
2. 连接形式</td><td>1. 安装
2. 调试</td></tr>
<tr><td>031003006</td><td>减压器</td><td rowspan="2">1. 材质
2. 规格、压力等级
3. 连接形式
4. 附件配置</td><td rowspan="3">组</td><td rowspan="2">组装</td></tr>
<tr><td>031003007</td><td>疏水器</td></tr>
<tr><td>031003008</td><td>除污器（过滤器）</td><td>1. 材质
2. 规格、压力等级
3. 连接形式</td><td rowspan="5">安装</td></tr>
<tr><td>031003009</td><td>补偿器</td><td>1. 类型
2. 材质
3. 规格、压力等级
4. 连接形式</td><td>个</td></tr>
<tr><td>0310030010</td><td>软接头（软管）</td><td>1. 材质
2. 规格
3. 连接形式</td><td>个（组）</td></tr>
<tr><td>031003011</td><td>法兰</td><td>1. 材质
2. 规格、压力等级
3. 连接形式</td><td>副（片）</td></tr>
<tr><td>031003012</td><td>倒流防止器</td><td>1. 材质
2. 规格、规格
3. 连接形式</td><td>套</td></tr>
</table>

续表

项目编码	项目名称	项目特征	计量单位	工程量计算规则	工作内容
031003013	水表	1. 安装部位（室内外） 2. 型号、规格 3. 连接形式 4. 附件配置	组（个）	按设计图示数量计算	组装
031003014	热量表	1. 类型 2. 型号、规格 3. 连接形式	块		安装
031003015	塑料排水管消声器	1. 规格 2. 连接形式	个		
031003016	浮标液面计		组		
031003017	浮漂水位标尺	1. 用途 2. 规格	套		

注：① 法兰阀门安装包括法兰连接，不得另计。阀门安装如仅为一侧法兰连接时，应在项目特征中描述。

② 塑料阀门连接形式需注明热熔连接、粘接、热风焊接等方式。

③ 减压器规格按高压侧管道规格描述。

④ 减压器、疏水器、倒流防止器等项目包括组成与安装工作内容，项目特征应根据设计要求描述配件配置情况，或根据××图集或××施工图做法描述。

表 6-25　卫生器具（编码：031004）

项目编码	项目名称	项目特征	计量单位	工程量计算规则	工作内容
031004001	浴缸	1. 材质 2. 规格、类型 3. 组装形式 4. 附件名称、数量	组	按设计图示数量计算	1. 器具安装 2. 附件安装
031004002	净身盆				
031004003	洗脸盆				
031004004	洗涤盆				
031004005	化验盆				
031004006	大便器				
031004007	小便器				
031004008	其他成品卫生器具				
031004009	烘手器	1. 材质 2. 型号、规格	个		安装

续表

<table>
<tr><th>项目编码</th><th>项目名称</th><th>项目特征</th><th>计量单位</th><th>工程量计算规则</th><th>工作内容</th></tr>
<tr><td>031004010</td><td>沐浴器</td><td rowspan="3">1. 材质、规格
2. 组装形式
3. 附件名称、数量</td><td rowspan="4">套</td><td rowspan="5">按设计图示数量计算</td><td rowspan="3">1. 器具安装
2. 附件安装</td></tr>
<tr><td>031004011</td><td>沐浴间</td></tr>
<tr><td>031004012</td><td>桑拿浴房</td></tr>
<tr><td>031004013</td><td>大、小便槽自动冲洗水箱</td><td>1. 材质、类型
2. 规格
3. 水箱配件
4. 支架形式及做法
5. 器具及支架除锈、刷油设计要求</td><td>1. 制作
2. 安装
3. 支架制作、安装
4. 除锈、刷油</td></tr>
<tr><td>031004014</td><td>给排水附（配）件</td><td>1. 材质
2. 型号、规格
3. 安装方式</td><td>个（组）</td><td>安装</td></tr>
<tr><td>031004015</td><td>小便槽冲洗管</td><td>1. 材质
2. 规格</td><td>m</td><td>按设计图示长度计算</td><td rowspan="4">1. 制作
2. 安装</td></tr>
<tr><td>031004016</td><td>蒸汽-水加热器</td><td rowspan="3">1. 类型
2. 型号、规格
3. 安装方式</td><td rowspan="4">套</td><td rowspan="4">按设计图示数量计算</td></tr>
<tr><td>031004017</td><td>冷热水混合器</td></tr>
<tr><td>031004018</td><td>饮水器</td></tr>
<tr><td>031004019</td><td>隔油器</td><td>1. 类型
2. 型号、规格
3. 安装部位</td><td>安装</td></tr>
</table>

注：① 成品卫生器具项目中的附件主要指给水附件（包括水嘴、阀门、喷头等）、排水配件（包括存水弯、排水栓、下水口等）及配备的连接管。

② 浴缸支座和浴缸周边的砌砖、瓷砖粘贴，应按现行国家标准《房屋建筑与装饰工程工程量计算规范》（GB 50854—2013）相关项目编码列项；功能性浴缸不含电动机接线和调试，应按GB 50856—2013 附录 D 电器设备安装工程相关项目编码列项。

③ 洗脸盆安装也适用于洗发盆、洗手盆安装。

④ 器具安装中若采用混凝土或砖基础，应按现行国家标准《房屋建筑与装饰工程工程量计算规范》相关项目编码列项。

⑤ 给排水附件是指独立安装的水嘴、地漏、地面扫出口等。

案例 6-1 如前例 6-1 题进行综合单价分析，见表 6-26 及表 6-27。

表 6-26 综合单价分析表

工程名称： 某室内给排水工程 标段： 第 页共 页

项目编码	031001001001		项目名称	室内镀锌钢管安装		计量单位		m	工程量		1
清单综合单价组成明细											
定额编码	定额项目名称	定额单位	数量	单价(元)				合价(元)			
				人工费	材料费	机械费	管理费和利润	人工费	材料费	机械费	管理费和利润
10-1-13	DN20（螺纹连接）	10m	0.1	224.33	9.00	2.86	68.34	22.43	0.90	0.29	6.83
人工单价		小计						22.43	0.90	0.29	6.83
普通技工 87.1 元/工日；一般技工 134 元/工日；高级技工 201 元/工日		未计价材料费						25.87			
清单项目综合单价								30.45			
材料费明细	主要材料名称、规格、型号					单位	数量	单价（元）	合价（元）	暂估单价（元）	暂估合价（元）
	镀锌钢管 DN20（螺纹连接）					m	0.991	20.00	19.82		
	给水室内镀锌钢管螺纹管件					个	1.210	5	6.05		
	其他材料费										
	材料费小计								25.87		

表 6-27 分部分项工程和单价措施项目清单与计价表

工程名称： 某室内给排水工程 标段： 第 页共 页

序号	项目编码	项目名称	项目特征	计量单位	工程量	金额（元）		
						综合单价	合价	其中 暂估价
1	031001001001	室内镀锌钢管安装	镀锌钢管 DN20（螺纹连接）	m	8.13	30.45	247.56	
本页小计							247.56	
合计							247.56	

2. 除锈刷油、绝热工程

在《建设工程工程量清单计价规范》（GB 50500—2013）中，除锈刷油、绝热工程均作为清单项目下的工程内容，作为相关册给出，没有自己独立的清单编码。也就是说附属于相关工程的清单项目里面。如焊接钢管安装，工作内容包括：管道安装、除锈、刷油、绝热，那么，其清单编码执行焊接管道安装的编码，而其清单综合单价包括管道安装、除锈、刷油、绝热的费用。而在《通用安装工程工程量计算规范》(GB 50856—2013) 中除锈、刷油、绝热工程有自己的清单编码，不再包含在管道安装工程里面。要单独列项，单独算其综合单价。

从表6-28里可以看出，不论什么材质的管道，管道刷油的工作内容包括：除锈、调配、刷油。以“m”或“m^2”“kg”为计量单位。其清单统一编码为031201，见表6-28，管道绝热工程工作内容包括安装、软木制品安装。提醒大家注意的是这里的安装不仅指绝热层安装，而且也含有保护层、防潮层的安装工作。管道绝热工程清单统一编码为031208（表6-29），“m^3”为计量单位。

表6-28 刷油工程（编码：031201）

项目编码	项目名称	项目特征	计量单位	工程量计算规则	工作内容
031201001	管道刷油	1. 除锈级别 2. 油漆品种 3. 涂刷遍数、漆膜厚度 4. 标志色方式、品种	1. m^2 2. m	1. 以 m^2 计量，按设计图示表面积尺寸以面积计算 2. 以m计量，按设计图示尺寸以长度计算	1. 除锈 2. 调配、涂刷
031201002	设备与矩形管道刷油				
031201003	金属结构刷油	1. 除锈级别 2. 油漆品种 3. 结构类型 4. 涂刷遍数、漆膜厚度	1. m^2 2. kg	1. 以 m^2 计量，按设计图示表面积尺寸以面积计算 2. 以kg计量，按金属结构的理论质量计算	
031201004	铸铁管、暖气片刷油	1. 除锈级别 2. 油漆品种 3. 涂刷遍数、漆膜厚度	1. m^2 2. m	1. 以 m^2 计量，按设计图示表面积尺寸以面积计算 2. 以m计量，按设计图示尺寸以长度计算	
031201005	灰面刷油	1. 油漆品种 2. 涂刷遍数、漆膜厚度 3. 涂刷部位	m^2	按设计图示表面积计算	调配、涂刷
031201006	布面刷油	1. 布面品种 2. 油漆品种 3. 涂刷遍数、漆膜厚度 4. 涂刷部位			
031201007	气柜刷油	1. 除锈级别 2. 油漆品种 3. 涂刷遍数、漆膜厚度 4. 涂刷部位			1. 除锈 2. 调配、涂刷
031201008	玛琋脂面刷油	1. 除锈级别 2. 油漆品种 3. 涂刷遍数、漆膜厚度			调配、涂刷
031201009	喷漆	1. 除锈级别 2. 油漆品种 3. 喷涂遍数、漆膜厚度 4. 喷涂部位			1. 除锈 2. 调配、涂刷

注：① 管道刷油以m计算，按图示中心线以m计算，不扣除附属构筑物、管件及阀门等所占长度。

② 涂刷部位指涂刷表面的部位，如设备、管道等部位。

③ 结构类型指涂刷金属结构的类型，如一般钢结构、管廊钢结构、H型钢钢结构等类型。

④ 设备简体、管道表面积：$S=\pi\times D\times L$，式中，π 表示圆周率，D 表示直径，L 表示设备简体高或管道长。

⑤ 设备简体、管道表面积包括管件、阀门、法兰、人孔、管口凹凸部分。

⑥ 带封头的设备面积：$S=L\times\pi\times D+(D/2)\times\pi\times K\times N$，式中，$K$ 为1.05，N 表示封头个数。

表 6-29　绝热工程（编码：031208）

项目编码	项目名称	项目特征	计量单位	工程量计算规则	工作内容
031208001	设备绝热	1. 绝热材料品种 2. 绝热厚度 3. 设备形式 4. 软木品种	m^3	按图示表面积加绝热层厚度及调整系数计算	1. 安装 2. 软木制品安装
031208002	管道绝热	1. 绝热材料品种 2. 绝热厚度 3. 管道外径 4. 软木品种			
031208003	通风管道绝热	1. 绝热材料品种 2. 绝热厚度 3. 软木品种	1. m^3 2. m^2	1. 以 m^3 计量，按图示表面积加绝热层厚度及调整系数计算 2. 以 m^2 计量，按图示表面积及调整系数计算	
031208004	阀门绝热	1. 绝热材料 2. 绝热厚度 3. 阀门规格	m^3	按图示表面积加绝热层厚度及调整系数计算	安装
031208005	法兰绝热	1. 绝热材料 2. 绝热厚度 3. 法兰规格			
031208006	喷涂、涂抹	1. 材料 2. 厚度 3. 对象	m^3	按图示表面积计算	喷涂、涂抹安装
031208007	防潮层、保护层	1. 材料 2. 厚度 3. 层数 4. 对象 5. 结构形式	1. m^2 2. kg	1. 以 m^2 计量，按图示表面积加绝热层厚度及调整系数计算 2. 以 kg 计量，按图示金属结构质量计算	安装

续表

项目编码	项目名称	项目特征	计量单位	工程量计算规则	工作内容
031208008	保温盒、保温托盘	名称	1. m^2 2. kg	1. 以 m^2 计量，按图示表面积计算 2. 以 kg 计量，按图示金属结构质量计算	制作、安装

注：① 设备形式指立式、卧式或球形。

② 层数指一布二油、两面三油等。

③ 对象指设备、管道、通风管道、阀门、法兰、钢结构。

④ 结构形式指钢结构，如一般钢结构、H 形钢制结构、管廊钢结构。

⑤ 如设计要求保温、保冷分层施工需注明。

⑥ 设备筒体、管道绝热工程量 $V=\pi\times(D+1.033\delta)\times1.033\delta\times L$。式中，$\pi$ 表示圆周率，D 表示直径，1.033 表示调整系数，δ 表示绝热层厚度，L 表示设备筒体高或管道长。

⑦ 设备筒体、管道防潮和保护层工程量 $S=\pi\times(D+2.1\delta+0.0082)L$。式中，2.1 为调整系数，0.0082 为捆扎线直径或钢带厚。

⑧ 单管伴热管、双管伴热管（管径相同，夹角小于 90°时）工程量：$D'=D_1+D_2+(10\sim20\text{mm})$。式中，$D'$ 表示伴热管道综合值，D_1表示主管道直径，D_2表示伴热管道直径，10～20mm 为主管道与伴热管道之间的间隙。

⑨ 双管伴热（管径相同，夹角大于 90°时）工程量：$D'=D_1+1.5D_2+(10\sim20\text{mm})$

⑩ 双管伴热（管径相同，夹角小于 90°时）工程量：$D'=D_1+D_{伴大}+(10\sim20\text{mm})$

将注⑧、⑨、⑩的 D'带入注⑥、⑦公式即是伴热管道的绝热层、防潮层和保护层工程量。

⑪ 设备封头绝热工程量：$V=[(D+1.033\delta)/2]^2\pi\times1.033\delta\times1.5N$。式中，$N$ 表示设备封头个数。

⑫ 设备封头防潮和保护层工程量：$S=[(D+2.1\delta)/2]^2\pi\times1.5N$。式中，$N$ 表示设备封头个数。

⑬ 阀门绝热工程量：$V=\pi\times(D+1.033\delta)\times2.5D\times1.033\delta\times1.05N$。式中，$N$ 表示阀门个数。

⑭ 阀门防潮和保护工程量：$S=\pi\times(D+2.1\delta)\times2.5D\times1.05N$。式中，$N$ 表示阀门个数。

⑮ 法兰绝热工程量：$V=\pi\times(D+1.033\delta)\times1.5D\times1.033\delta\times1.05N$。式中，1.05 为调整系数，$N$ 表示法兰个数。

⑯ 法兰防潮和保护工程量：$S=\pi\times(D+2.1\delta)\times1.5D\times1.05N$。式中，$N$ 表示法兰个数。

⑰ 弯头绝热工程量：$V=\pi\times(D+1.033\delta)\times1.5D\times2\pi\times1.033\delta N/B$。式中，$N$ 表示弯头个数：B 值：90°弯头时，$B=4$；45°弯头时，$B=8$。

⑱ 弯头防潮和保护工程量：$S=\pi\times(D+2.1\delta)\times1.5D\times2\pi N/B$。式中，$N$ 表示弯头个数；B 值：90°弯头时，$B=4$；45°弯头时，$B=8$。

⑲ 拱顶罐封头绝热工程量：$V=2\pi r(h+1.033\delta)\times1.033\delta$。

⑳ 拱顶罐封头防潮和保护工程量：$S=2\pi r(h+2.1\delta)$。

㉑ 绝热工程第二层（直径）工程量：$D=(D+2.1\delta)+0.0082$，以此类推。

㉒ 计算规则中调整系数按注中的系数执行。

㉓ 绝热工程前需除锈、刷油，应按本附录 M.1 刷油工程相关项目编码列项。

相关问题说明

(1) 刷油、防腐蚀、绝热工程是用于新建、扩建项目中的设备、管道、金属结构等的刷油、防腐蚀、绝热工程。

(2) 一般钢结构(包括吊、支、托架、梯子、栏杆、平台)、管廊钢结构以千克(kg)为计量单位;大于400mm型钢及H型钢结构以平方米(m^2)为计量单位,按展开面积计算。

(3) 有钢管组成的金属结构的刷油按管道刷油相关项目编码,有钢板组成的金属结构的刷油按H型钢刷油相关项目编码。

(4) 矩形设备衬里按最小边长塔、槽类设备衬里相关项目编码。

案例:对前例6-2进行综合单价分析(表6-30、表6-31)。

表6-30　综合单价分析表

工程名称:某室内给排水工程　　　　标段:　　　　第　页共　页

项目编码	031201001001		项目名称	管道刷油工程		计量单位		m		工程量	1
清单综合单价组成明细											
定额编码	定额项目名称	定额单位	数量	单价(元)				合价(元)			
				人工费	材料费	机械费	管理费和利润	人工费	材料费	机械费	管理费和利润
12-2-1	焊接钢管DN50	10m^2	0.019	24.70	0.83	—	8.64	0.47	0.02	—	0.16
12-2-2	焊接钢管DN50	10m^2	0.019	24.70	0.74	—	8.64	0.47	0.01	—	0.16
12-2-22	焊接钢管DN50	10m^2	0.019	23.75	1.22	—	8.25	0.45	0.02	—	0.16
12-2-23	焊接钢管DN50	10m^2	0.019	22.91	0.81	—	7.86	0.44	0.02	—	0.15
人工单价		小　计						1.83	0.07	—	0.63
普通技工87.1元/工日;一般技工134元/工日;高级技工201元/工日		未计价材料费						1.16			
清单项目综合单价								3.69			
材料费明细	主要材料名称、规格、型号		单位	数量				单价(元)	合价(元)	暂估单价(元)	暂估合价(元)
	红丹漆		kg	(1.47+1.30)×0.019=0.053				12.00	0.64		
	银粉		kg	(0.67+0.63)×0.019=0.02				26.00	0.52		
	其他材料费										
	材料费小计								1.16		

表 6-31 分部分项工程和单价措施项目清单与计价表

工程名称： 标段： 第 页共 页

序号	项目编码	项目名称	项目特征	计量单位	工程量	金额（元）		
						综合单价	合价	其中
								暂估价
1	031201001001	管道刷油工程	焊接钢管DN50，刷红丹漆两道，银粉漆两道	m	180	3.69	664.20	
本页小计							664.20	
合　计							664.20	

6.4.2 水灭火系统工程量清单项目设置及工程量计算规则(GB 50856—2013)

水灭火系统工作内容、计量单位、工程量计算规则，见表 6-32。

表 6-32 水灭火系统（编码：030901）

项目编码	项目名称	项目特征	计量单位	工程量计算规则	工作内容
030901001	水喷淋钢管	1. 安装部位 2. 材质、规格 3. 连接形式 4. 钢管镀锌设计要求 5. 压力试验及冲洗设计要求 6. 管道标识设计要求	m	按设计图示管道中心线以长度计算	1. 管道及管件安装 2. 钢管镀锌 3. 压力试验 4. 冲洗 5. 管道标识
030901002	消火栓钢管				
030901003	水喷淋（雾）喷头	1. 安装部位 2. 材质、型号、规格 3. 连接形式 4. 装饰盘设计要求	个	按设计图示数量计算	1. 安装 2. 装饰盘安装 3. 严密性试验
030901004	报警装置	1. 名称 2. 型号、规格	组		1. 安装 2. 电气接线 3. 调试
030901005	温感式水幕装置	1. 型号、规格 2. 连接形式			
030901006	水流指示器	1. 型号、规格 2. 连接形式	个		
030901007	减压孔板	1. 材质、规格 2. 连接形式			
030901008	末端试水装置	1. 规格 2. 组装形式	组		

续表

项目编码	项目名称	项目特征	计量单位	工程量计算规则	工作内容
030901009	集热板制作安装	1. 材质 2. 支架形式	个	按设计图示数量计算	1. 制作、安装 2. 支架制作、安装
030901010	室内消火栓	1. 安装方式 2. 型号、规格 3. 附件材质、规格	套		1. 箱体及消火栓安装 2. 配件安装
030901011	室外消火栓				1. 安装 2. 配件安装
030901012	消防水泵接合器	1. 安装部位 2. 型号、规格 3. 附件材质、规格			1. 安装 2. 附件安装
030901013	灭火器	1. 形式 2. 规格、型号	具(组)		设置
030901014	消防水炮	1. 水炮类型 2. 压力等级 3. 保护半径	台		1. 本体安装 2. 调试

注：① 水灭火管道工程量计算，不扣除阀门、管件及各种组件所占长度，以 m 为计量单位。

② 水喷淋（雾）喷头安装部位应分为有吊顶、无吊顶。

③ 报警装置适用于湿式报警装置、干湿两用报警装置、电动雨淋报警装置、预作用报警装置等报警装置安装。报警装置安装包括装配管（除水力警铃进水管）的安装，水力警铃进水管并入消防管道工程量。其中：

a. 湿式报警装置包括：湿式阀、蝶阀、装配管、供水压力表、装置压力表、试验阀、泄放试验阀、泄放试验管、试验管流量计、过滤器、延时器、水力警铃、报警截止阀、漏斗、压力开关等。

b. 干湿两用报警装置包括：两用阀、蝶阀、装配管、加速器、加速器压力表、供水压力表、试验阀、泄放试验阀（湿式、干式）、挠性接头、泄放试验管、试验管流量计、排气阀、截止阀、漏斗、过滤器、延时器、水力警铃、压力开关等。

c. 电动雨淋报警装置包括：雨淋阀、蝶阀、装配管、压力表、泄放试验阀、流量表、截止阀、注水阀、止回阀、电磁阀、排水阀、手动应急球阀、报警试验阀、漏斗、压力开关、过滤器、水力警铃等。

d. 预作用报警装置包括：报警阀、控制蝶阀、压力表、流量表、截止阀、排放阀、注水阀、止回阀、泄放阀、报警试验阀、液压切断阀、装配管、供水检验管、气压开关、试压电磁阀、空压机、应急手动试压器、漏斗、过滤器、水力警铃等。

④ 温感式水幕装置包括给水三通至喷头、阀门间的管道、管件、阀门、喷头等全部内容的安装。

⑤ 末端试水装置包括压力表、控制阀等附件。末端试水装置安装中不含连接管及排水管安装，其工程量并入消防管道。

⑥ 室内消火栓包括消火栓箱、消火栓、水枪、水龙头、水带接扣、自救卷盘、挂架、消防按钮；落地消火栓箱包括箱内手提灭火器。

⑦ 室外消火栓安装方式分地上式、地下式：地上式消火栓安装包括地上式消火栓、法兰接管、弯管底座；地下式消火栓安装包括地下式消火栓、法兰接管、弯管底座或消火栓三通。

⑧ 消防水泵接合器安装包括法兰接管及弯头安装，接合器井内阀门、弯管底座、标牌等附件安装。

⑨ 减压孔板若在法兰盘内安装，其法兰计入组价中。

⑩ 消防水炮分为普通手动水炮、智能控制水炮。

6.4.3 措施项目

此处措施费也适用其他专业工程。

1. 专业措施项目

(1) 专业措施项目种类(表6-33)

表6-33 专业措施项目(编码:031301)

项目编码	项目名称	工作内容及包含范围
031301001	吊装加固	1. 行车梁加固 2. 桥式起重机加固及负荷试验 3. 整体吊装临时加固件,加固设施拆除、清理
031301002	金属抱杆安装、拆除、移位	1. 安装、拆除 2. 位移 3. 吊耳制作安装 4. 拖拉坑挖埋
031301003	平台铺设、拆除	1. 场地平整 2. 基础及支墩砌筑 3. 支架型钢搭设 4. 铺设 5. 拆除、清理
031301004	顶升、提升装置	安装、拆除
031301005	大型设备专用机具	
031301006	焊接工艺评定	焊接、试验及结果评价
031301007	胎(模)具制作、安装、拆除	制作、安装、拆除
031301008	防护棚制作、安装、拆除	防护棚制作、安装、拆除
031301009	特殊地区施工增加	1. 高原、高寒施工防护 2. 地震防护
031301010	安装与生产同时进行施工增加	1. 火灾防护 2. 噪声防护
031301011	在有害身体健康环境中施工增加	1. 有害化合物防护 2. 粉尘防护 3. 有害气体防护 4. 高浓度氧气防护
031301012	工程系统检测、检验	1. 起重机、锅炉、高压容器等特种设备安装质量监督检验检测 2. 由国家或地方检测部门进行的各类检测

续表

项目编码	项目名称	工作内容及包含范围
031301013	设备、管道施工的安全、防冻和焊接保护	保证工程施工正常进行的防冻和焊接保护
031301014	焦炉烘炉、热态工程	1. 烘炉安装、拆除、外运 2. 热态作业劳保消耗
031301015	管道安拆后的充气保护	充气管道安装、拆除
031301016	隧道内施工的通风、供水、供气、供电、照明及通信设施	通风、供水、供气、供电、照明及通信设施安装、拆除
031301017	脚手架搭拆	1. 场内、场外材料搬运 2. 搭、拆脚手架 3. 拆除脚手架后材料的堆放
031301018	其他措施	为保证工程施工正常进行所发生的费用

注：① 由国家或地方检测部门进行的各类检测，指安装工程不包括的属经营服务性项目，如通电测试，防雷装置检测、安全、消防工程检测、室内空气质量检测等。

② 脚手架按各附录分别列项。

③ 其他措施项目必须根据实际措施项目名称确定项目名称，明确描述工作内容及包含范围。

（2）计算方法

参见第 4.2 节安装定额中各种系数的使用原则的相关介绍。

2. 安全文明措施项目

（1）安全文明施工及其他措施项目种类（表 6－34）

表 6－34　安全文明施工及其他措施项目种类

项目编码	项目名称	工作内容及包含范围
031302001	安全文明施工	1. 环境保护：现场施工机械设备降低噪声、防扰民措施；水泥和其他易飞扬细颗粒建筑材料密闭存放或采取覆盖措施等；工程防扬尘洒水；土石方、建渣外运车辆保护措施等；现场污染源的控制、生活垃圾清理外运、场地排水排污措施；其他环境保护措施 2. 文明施工："五牌一图"；现场围挡的墙面美化（包括内外粉刷、刷白、标语等）、压顶装饰；现场厕所便槽刷白、贴面砖，水泥砂浆地面或地砖，建筑物内临时便溺设施；其他施工现场临时设施的装饰装修、美化措施；现场生活卫生设施；符合卫生要求的饮水设备、淋浴、消毒等设施；生活用洁净燃料；防煤气中毒、防蚊虫叮咬等措施；施工现场操作场地的硬化；现场绿化、治安综合治理；现场配备医药保健器材、物品费用和急救人员培训；用于现场工人的防暑降温、电风扇、空调等设备及用电；其他文明施工措施 3. 安全施工：安全资料、特殊作业专向方案的编制，安全施工标志的购置及安全宣传"三宝"（安全帽、安全带、安全网）、"四口"（楼梯口、电梯井口、通道口、预留洞口）、"五临边"（阳台围边、楼板围边、屋面围边、槽坑围边、卸料平台两侧）、水平防护架、垂直防护架、外架封闭等防护措施；施工安全用电，包括配电箱三级配电、两级保护装置要求、外电防护措施；起重机、塔式起重机等

续表

项目编码	项 目 名 称	工作内容及包含范围
031302001	安全文明施工	起重设备（含井架、门架）及外用电梯的安全防护措施（含警示标志）及卸料平台的临边防护、层间安全门、防护棚等设施；建筑工地起重机械的检验检测；施工机具防护棚及其围栏的安全保护措施；施工安全防护通道；工人的安全防护用品、用具购置；消防设施与消防器材的配置；电气保护、安全照明设施；其他安全防护措施 4. 临时设施：施工现场采用彩色、定型钢板，砖、混凝土砌块等围挡的安砌、维修、拆除；施工现场临时建筑物、构筑物的搭设、维修、拆除，如临时宿舍、办公室、食堂、厨房、厕所、诊疗室、临时文化福利用房、临时仓库、加工场、搅拌台、临时简易水塔、水池等；施工现场临时设施的搭设、维修、拆除，如临时供水管道、临时供电管线、小型临时设施等；施工现场规定范围内临时简易道路铺设，临时排水沟、排水设施安砌、维修、拆除；其他临时设施的搭设、维修、拆除
031302002	夜间施工增加	1. 夜间固定照明灯具和临时可移动照明灯具的设置、拆除 2. 夜间施工时，施工现场交通标志、安全标志、警示灯等的设置、移动、拆除 3. 夜间照明设备及照明用电、施工人员夜班补助、夜间施工劳动效率降低等
031302003	非夜间施工增加	为保证工程施工正常进行，在地下（暗）室、设备及大口径管道内等特殊施工部位施工时所采用的照明设备的安拆、维护及照明用电、通风等；在地下（暗）室等施工引起的人工功效降低以及由于人工功效降低引起的机械降效
031302004	二次搬运	由于施工场地条件限制而发生的材料、成品、半成品等一次运输不能到达对方地点，必须进行二次或多次搬运
031302005	冬雨季施工增加	1. 冬雨（风）季施工时，增加的临时设施（防寒保温、防雨、防风设施）的搭设、拆除 2. 冬雨（风）季施工时，对砌体、混凝土等采用的特殊加温、保温和养护措施 3. 冬雨（风）季施工时，施工现场的防滑处理，对影响施工的雨雪的清除 4. 冬雨（风）季施工时，增加的临时设施，施工人员的劳动保护用品，冬雨（风）季施工劳动效率降低等
031302006	已完工程及设备保护	对已完工程及设备采取的覆盖、包裹、封闭、隔离等必要保护措施
031302007	高层施工增加	1. 高层施工引起的人工功效降低及由于人工工效降低引起的机械降效 2. 通信联络设施的使用

注：① 本表所列项目应根据工程实际情况计算措施项目费用，需分摊的应合理计算摊销费。

② 施工排水是指为保证工程在正常条件下施工而采取的排水措施所发生的费用。

③ 施工降水是指为保证工程在正常条件下施工而采取的降低地下水位的措施所发生的费用。

④ 高层施工增加包括以下两方面。

a. 单层建筑物檐口高度超过 20m，多层建筑物超过 6 层时，按各附录分别列项；

b. 突出主体建筑屋顶的电梯机房、楼梯出口间、水箱间、瞭望塔、排烟机房等不计入檐高。计算层数时，地下室不计入层数。

（2）计算方法

参见本书前面工程造价计价程序表的规定。

相关问题说明

（1）工业炉烘炉、设备负荷试运转、联合试运转及安装工程设备场外运输应根据招标人提供的设备及安装主要材料堆放点按《通用安装工程工程量计算规范》附录 N. 2 其他措施编码列项。

（2）大型机械设备进出场及安拆，应按现行国家标准《房屋建筑与装饰工程工程量计算规范》（GB 50854—2013）相关项目编码列项。

模块小结

本模块主要讲述以下四方面内容。

（1）给排水及消防工程的组成、施工要求及施工图的识读。

（2）给排水施工图预算定额及工程量计算规则：管道安装（长度）、除锈刷油（面积）绝热（体积）；阀门、水表、水箱安装；卫生器具安装。

（3）水灭火系统施工图预算。消火栓灭火系统安装、自动喷水灭火系统安装工程量计算规则和定额。

（4）工程量清单项目设置及工程量计算规则。

复习思考题

一、选择题

1. 某住宅楼离外墙皮 3.6m 处有一给水总入口阀门，其给水管道的室内外划分界限为（　　）。

A. 外墙皮 1.5m　　B. 外墙皮　　C. 外墙皮 3.6m

2. 室内消火栓定额中，包括消火栓（　　）水带。

A. 25m　　B. 20m　　C. 18m

3. 室内排水管道安装定额内（　　）。

A. 已包括透气帽的制作安装　　B. 不包括透气帽的制作安装

C. 包括透气帽的安装人工费，但需另计其材料费

4. 大便器安装预算综合单价中的材料费已包括下列材料的费用（　　）。

A. 大便器、冲水阀门　　B. 大便器水箱、水箱托架

C. 大便器存水弯，与上下水管连接的材料

5. 在给排水管道工程中，过楼板钢套管的制作安装工料的计算（　　）。

A. 已包括在管道安装预算定额内　　B. 按室内钢管（焊接）安装项目计算

C. 按一般钢套管制作安装项目计算

6. 冷水浴盆安装预算基价中计价材料费，已包括下列（　　）材料费用。

A. 浴盆、浴盆存水弯　　B. 浴盆水嘴、浴盆支座

C. 浴盆存水弯、浴盆排水配件

7. 生活用室内给水管道若安装在加压泵间，应执行（　　）定额。

A. 补编新定额　　B. 第八册定额《工业管道工程》

C. 第十册定额《给排水、采暖、煤气工程》

二、填空题

1. 阀门 J11W－10，其阀门类型是________，连接形式为________。

2. 给排水管道工程中的法兰阀门安装项目，均以“个”为计量单位，如仅为一侧法兰连接时，定额所列________、________及________数量减半。

3. 有 ϕ 113×6 焊接钢管一段，长 83m，需要刷油、保温，该段管道除锈、刷油面积为________；管道采用 65mm 厚保温层绝热，其绝热工程量为________，绝热层外壳保护层的工程量为________。

4. 在计算管道绝热工程量时，其管道延长米中________所占长度；但管道绝热，应另行计算。

三、判断题

1. 在 DN32 以内的室内外给排水管道安装中，均已包括管卡及托钩的制作安装。（　　）

2. 第十册定额《给排水、采暖、煤气工程》中的管道消毒、冲洗定额子目只是用于设计和施工及验收规范中有要求的工程。（　　）

四、计算题

某卫生间给排水平面图和排水系统图如图 6.47 所示，给水管道采用镀锌钢管（螺纹接口），排水管道为铸铁管（水泥接口），管道穿墙不考虑套管，不考虑管道的除锈、刷油，根据有关规定计算工程量。

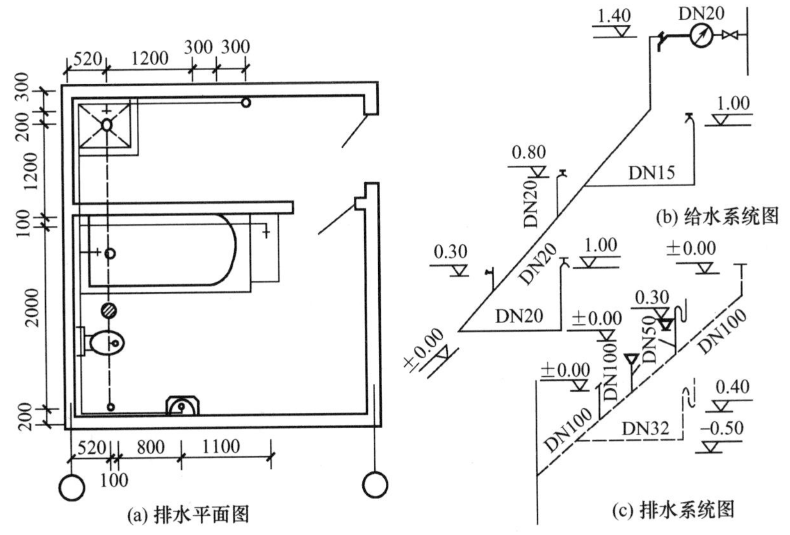

【模块6在线答题】

图 6.47　卫生间给排水平面图和系统图

模块7 采暖工程施工图预算编制

教学目标

本模块介绍了采暖工程的组成、采暖工程施工图等基本知识；重点讲解采暖施工图预算定额及工程量计算规则。学生通过本模块的学习，应掌握采暖工程定额及工程量计算规则；能进行采暖施工图预算的编制。

教学要求

知识要点	能力要求	相关知识
采暖工程施工图的组成	能看懂采暖工程施工图	采暖工程施工图的组成、图式
采暖管道的安装、散热器安装的定额及计算规则	掌握采暖管道、散热器定额及计算规则；能进行采暖工程施工图预算的编制	支架工程量的确定；采暖管道、散热器定额及工程量计算规则

7.1 采暖工程简介

7.1.1 采暖系统的组成和分类

冬季室外气温较低，室内的热量通过建筑物外墙、外窗、外门、顶棚和地面不断向外散失，使室内温度降低，进而影响建筑物的正常使用。为保持室内的设定温度，必须向室内供给相应的热量，我们把这种向室内供给热量的系统称为采暖系统。

1. 采暖系统的组成

采暖系统由热源、管道系统和散热设备 3 部分组成。

2. 采暖系统的分类

采暖系统根据热媒的种类分为热水采暖系统、蒸汽采暖系统、烟气采暖系统和热风采暖系统。热水采暖系统根据其供水温度的不同可分为两种，即低温热水采暖系统（供水温度为 95℃，回水温度为 70℃）和高温热水采暖系统（供水温度高于 100℃）。蒸汽采暖系统根据使用压力不同，可分为低压蒸汽采暖系统（蒸汽相对工作压力为 70kPa）和高压蒸汽采暖系统（蒸汽相对工作压力为 70～300kPa）。

7.1.2 热水采暖系统

1. 热水采暖系统的分类

在热水采暖系统中，热媒为热水，热源产生热水，经过输热管道流向采暖房间的散热器中，散出热量后经管道流回热源，重新被加热。热水采暖系统按热水供暖循环动力不同分为自然循环系统和机械循环系统。热水采暖系统中的水如果靠供、回水温度差产生的压力循环流动的，称为自然循环热水采暖系统；系统中的水如果靠水泵强制循环的，称为机械循环热水采暖系统。

2. 机械循环热水采暖系统的组成及常用图式

对于管路较长、建筑面积和热负荷较大的建筑物，则要采用机械循环热水采暖系统。该系统供暖范围较广，目前已经成为应用最为广泛的供暖系统。

（1）组成

机械循环热水采暖系统由热水锅炉、供水管道、散热器、回水管道、循环水泵、膨胀水箱、排气装置、控制附件等组成。

（2）常用的管网图式

① 机械循环双管上供下回式热水采暖系统。双管上供下回式系统供水干管是由室外直接引入建筑物顶层的顶棚下或吊顶内，由顶层设置立管分别送给以下各层的散热器，回水干管设在系统下部，一般设在地沟内。该系统易造成上热下冷的“垂直失调”现象，楼层越多，失调现象越严重，此系统不宜在四层以上的建筑物中采用，如图 7.1 所示。

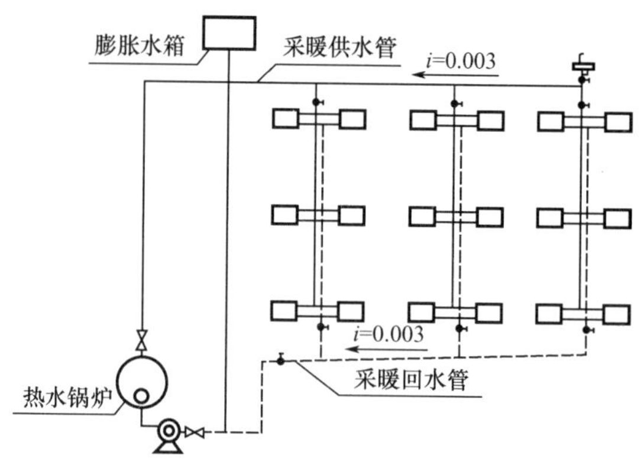

图 7.1　机械循环双管上供下回式热水采暖系统

② 机械循环单管上供下回式热水采暖系统。与双管系统相比，单管系统构造简单，施工方便，节约管材，造价低，不易产生垂直失调现象，宜用于多层建筑和高层建筑中，如图 7.2 所示。

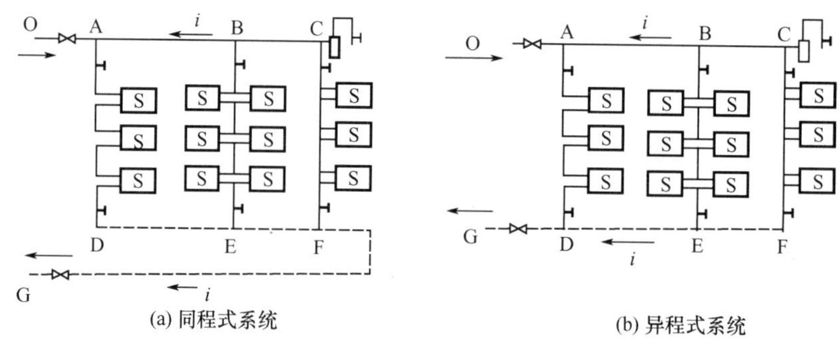

图 7.2　机械循环单管上供下回式热水采暖系统

③ 机械循环双管下供下回式采暖系统。该系统的供水干管和回水干管均敷设在底层地沟或地下室内，管道保温效果好，热损失较少，一般适用于顶层难以布置干管的场合及有地下室的建筑，如图 7.3 所示。

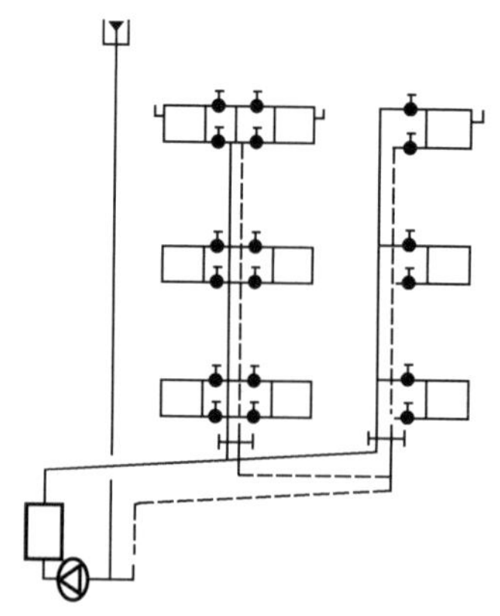

图 7.3　机械循环双管下供下回式采暖系统

④ 机械循环中供式采暖系统。该系统的水平干管敷设在系统的中部，一般可设于建筑物夹层内。机械循环中供式采暖系统在一定程度上减轻了上供下回式采暖系统楼层过多而易出现垂直失调的现象，同时也可避免建筑物顶层梁底高度过低导致干管挡住顶层窗户的不合理布置，如图 7.4 所示。

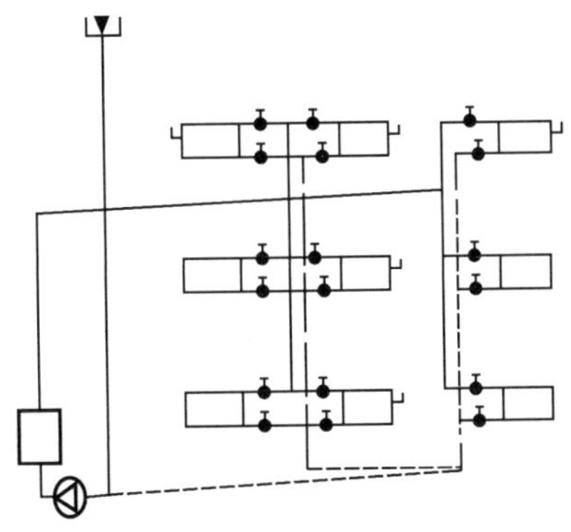

图 7.4 机械循环中供式采暖系统

⑤ 水平串联式热水采暖系统。该系统是一根立管水平串联多组散热器的布置形式，该系统安装简单，施工方便，便于分层调节和管理，如图 7.5 所示。

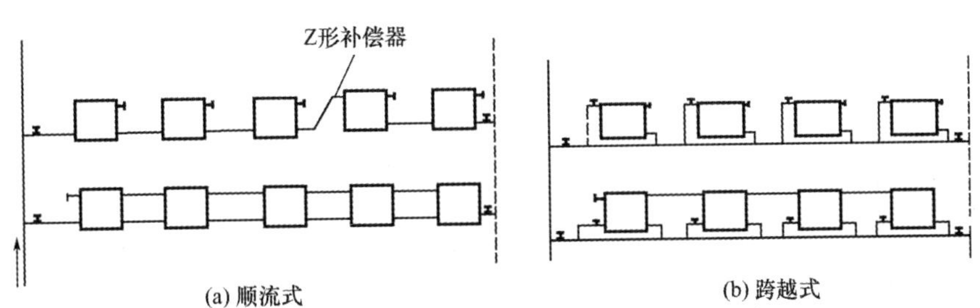

(a) 顺流式　　(b) 跨越式

图 7.5 水平串联式热水采暖系统

⑥ 分户计量热水采暖系统。新建住宅采用热水集中采暖系统时，应设置分户热计量和室温控制装置，实行供热计量收费。分户热计量是指以户（套）为单位进行采暖热量的计量，每户需安装热量表和散热器温控阀，如图 7.6 所示。

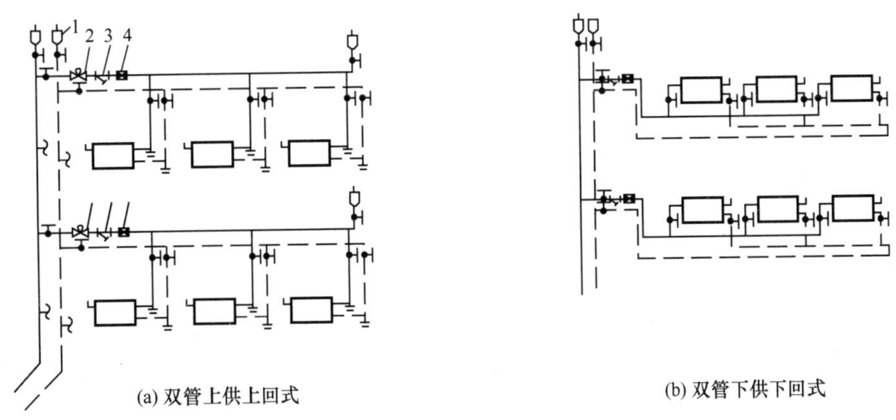

(a) 双管上供上回式　　(b) 双管下供下回式

图 7.6 分户计量热水采暖系统

1—自动排气阀；2—调节阀；3—除污器；4—热量表

3. 管道的敷设

采暖管道的布置原则：力求管道最短，便于管理，且不影响房间的美观。管道的安装方法包括明装和暗装两种。一般民用建筑、公共建筑及工业厂房都采用明装；对装饰要求较高的建筑物都采用暗装。

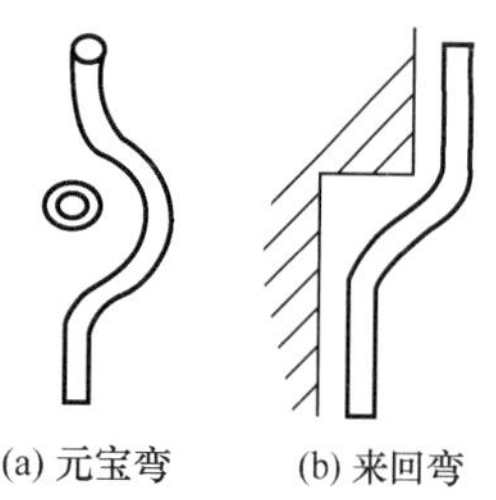

图 7.7 煨弯形式示意

焊接安装钢管管件一般在施工现场用摵弯、挖眼接管等方法制作。立管与支管在同一平面交叉，立管应煨制成“元宝弯”的形式绕开，如图 7.7(a) 所示。水平管与散热器连接，因不在同一条直线上，需要煨制成“来回弯”（灯叉弯）进行连接，如图 7.7(b) 所示。

4. 供暖器具

供暖器具是安装在房间内的放热装置，常用的供暖器具有散热器、暖风机、热空气幕和辐射板等，其中散热器使用最多。散热器一般布置在外墙窗台下，散热器的种类有很多，按材质分为铸铁散热器和钢制散热器。

(1) 铸铁散热器

如图 7.8 所示，铸铁散热器有柱型、翼型和柱翼型。柱型散热器有 M132 型、M813 型、760 型和四柱、五柱型等。翼型散热器有长翼型、圆翼型等。柱翼型散热器介于柱型散热器和翼型散热器之间。各类铸铁散热器的技术参数见表 7-1。

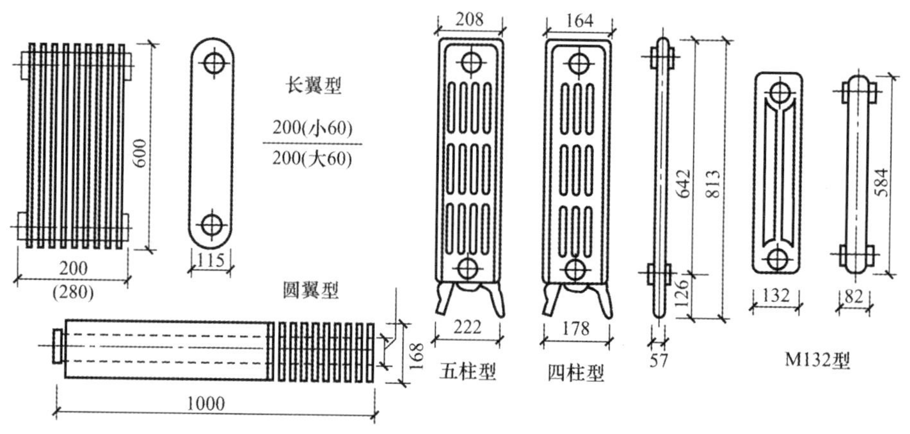

图 7.8 铸铁散热器

表 7-1 各类铸铁散热器技术参数

名称	高度 (mm)		上下孔中心距离 (mm)	厚度 (mm)	宽度 (mm)	散热面积 (m^2/片)	质量 (kg/片)
	带腿	中片					
四柱 760 型	760	696	614	51	166	0.235	8 或7.3
四柱 813 型	813	732	642	57	164	0.280	7.99 或7.55
五柱 700 型	700	626	544	50	215	0.280	10.1 或9.2
五柱 800 型	800	766	644	50	215	0.330	11.1 或10.2
M132 型		583	500	82	132	0.250	7
长翼型（大 60）		600	505	280	115	1.175	28
长翼型（小 60）		600	505	200	115	0.860	20

（2）钢制散热器

常用的钢制散热器有钢制柱式、钢制闭式钢串片、钢制板式、钢制扁管型四大类，如图 7.9 所示。

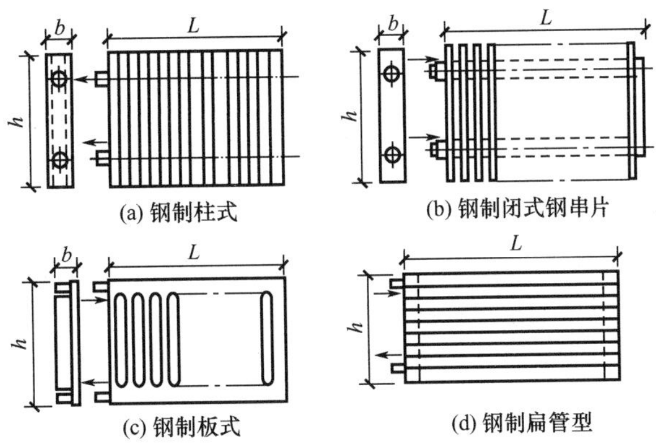

图 7.9　钢制散热器

① 钢制柱式散热器（图 7.10），其技术性能见表 7－2，型号表示方法如图 7.11 所示。

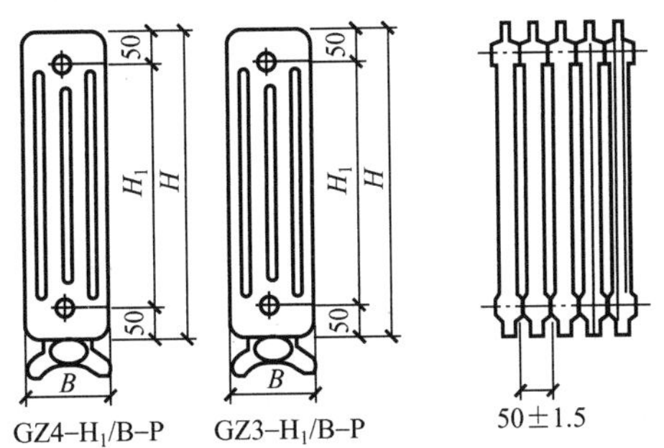

图 7.10　钢制柱式散热器

表 7－2　钢制柱式散热器技术性能参数

名　　称	高度（mm）	上下孔中心距离（mm）	厚度（mm）	宽度（mm）	质量（kg/片）
	中片				
GZ4－H_1/B－P	600	500	50	120	1.26
				140	1.46
				160	1.70
	400	300	50	120	2.00
				140	2.33
				160	2.66
GZ3－H_1/B－P	700	600	50	120	2.33
				140	2.74
				160	3.08
	1000	900	50	120	3.40
				140	4.50
				160	5.60

② 钢制闭式串片式对流散热器。闭式对流散热器型号表示方法如图 7.12 所示。

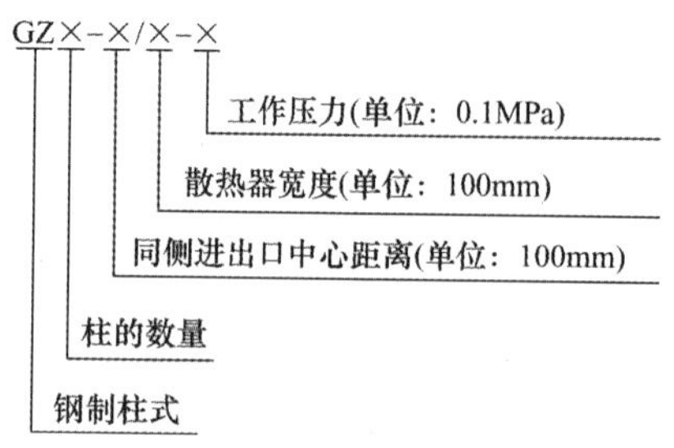

图 7.11 钢制柱式散热器型号表示方法

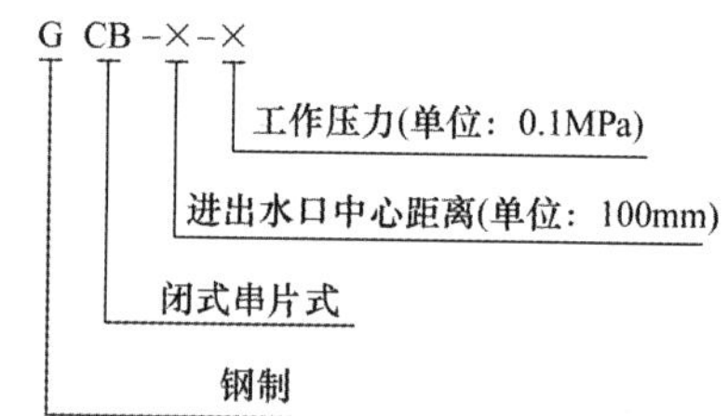

图 7.12 钢制闭式串片式对流散热器型号表示方法

③ 钢制板式散热器。钢制板式散热器型号表示方法如图 7.13 所示。

④ 钢制扁管型散热器。钢制扁管散热器型号表示方法如图 7.14 所示。

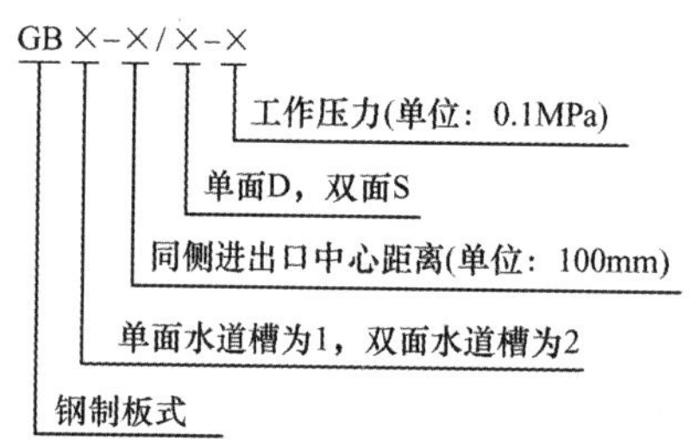

图 7.13 钢制板式散热器型号表示方法

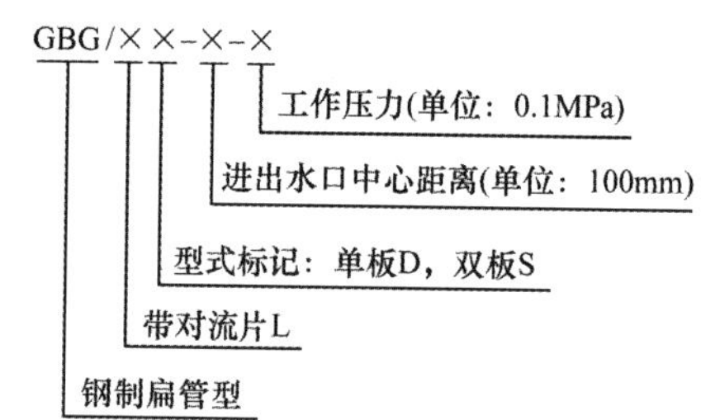

图 7.14 钢制扁管型散热器型号表示方法

5. 引入装置（热力入口处）

室外采暖管道进入室内采暖系统需设置引入装置，用来控制（接通或切断）热媒及减压、观察热媒的参数。如图 7.15 所示，引入装置通常由温度计、压力表、旁通管、调压板、除污器、阀门等组成。

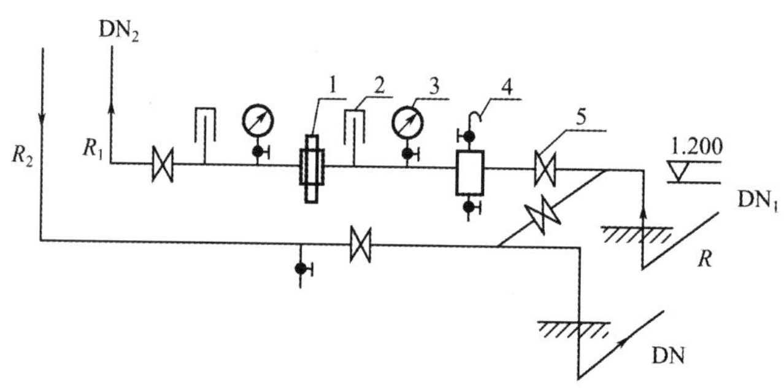

图 7.15 采暖系统引入装置示意图

1—调压板；2—温度计；3—压力表；4—除污器；5—阀门

6. 排气装置

（1）集气罐

集气罐一般是用 DN100～250 的钢管焊制而成，分为立式和卧式两种。集气罐一般设于上供式系统供水干管末端的最高处，用以聚集和排除系统中的空气，如图 7.16 所示。

(2) 自动排气阀

自动排气阀是靠阀体内的启闭机构自动排除空气的装置，广泛用于热水采暖系统中。自动排气阀常用的规格有 DN15、DN20、DN25 等，与末端管道的直径相同，如图 7.17 所示。

图 7.16 集气罐

图 7.17 自动排气阀

(3) 手动跑风门

手动跑风门用于散热器或分集水器，以排除积存的空气，适用于工作压力不大于 0.6MPa，温度不超过 130℃的热水及蒸汽供暖散热器或管道上。

7. 疏水器

蒸汽供暖系统中，疏水器的作用是自动而且迅速地排出用热设备及管道中的凝水，并能阻止蒸汽溢漏。疏水器种类很多，按其工作原理可分为机械型、热动力型、恒温型 3 种，如图 7.18～图 7.20 所示。

图 7.18 倒吊桶式疏水器（机械型）

图 7.19 热动力型疏水器

图 7.20 恒温型疏水器

8. 除污器

除污器是用来清除和过滤热网中污物，以保证系统管路畅通无阻的设备，如图 7.21 和图 7.22 所示。

9. 伸缩器

伸缩器又称补偿器。在供暖系统中，伸缩器可以补偿管道的热伸长，同时还可以补偿因冷却而缩短的长度，使管道不致因热胀冷缩而遭到破坏。常用伸缩器有自然补偿器、方形补偿器、套筒伸缩器和波形伸缩器等。自然补偿器包括 L 形补偿器、Z 形补偿器和方形补偿器，如图 7.23 所示。

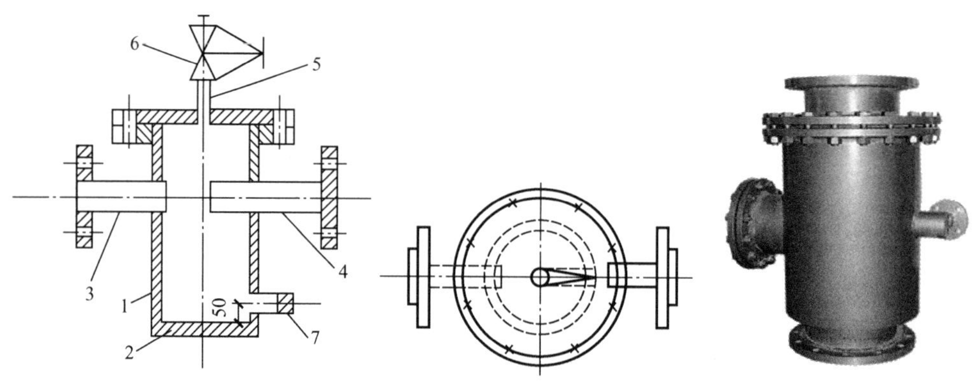

图 7.21　立式除污器

1—筒体；2—底板；3—进水管；4—出水管；5—排水管；6—阀门；7—排污丝堵

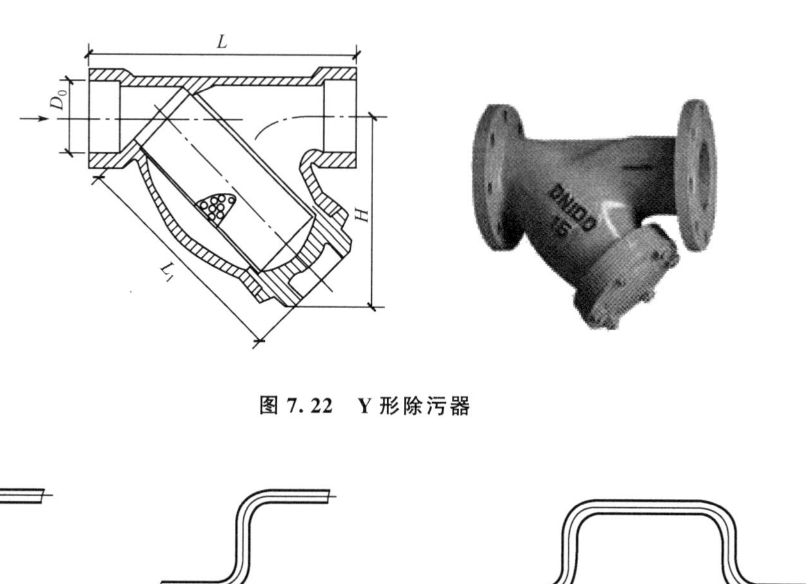

图 7.22　Y 形除污器

(a) L形补偿器　　(b) Z形补偿器　　(c) 方形补偿器

图 7.23　自然补偿器

7.2　采暖工程施工图的识读

平面图和系统图是采暖工程施工图中的主要图样，看图时应相互联系和对照，一般按照热媒的流动方向识读，即供水总管→供水总立管→供水干管→供水立管→供水支管→散热器→回水支管→回水立管→回水干管→回水总管。

7.2.1 采暖工程施工图的组成

采暖工程施工图由文字部分和图示部分组成。文字部分包括设计施工说明、图纸目录、图例及主要设备材料表等；图示部分包括平面图、系统图和详图。

7.2.2 采暖工程施工图图例

采暖系统施工常用图例见表7-3。

表7-3 采暖系统施工图常用图例（GB/T 50114—2010）

符号	名称	备注	符号	名称	备注
	供水（汽）管			疏水管	也可用
	回（凝结）水管			自动排气阀	
	补偿器			集气罐、放气阀	
	套管补偿器			固定支架	
	矩形补偿器			法兰封头或管封	
	波纹管补偿器		i=0.003 或 i=0.003	坡度及坡向	
	弧形补偿器			温度计	
	止回阀			压力表	
	截止阀			水泵	流向：自三角形底边至顶点
	闸阀			活接头或法兰连接	
15　15　15	散热器及手动放气阀	左为平面图，中为剖面图，右为系统（Y轴侧）图		可屈挠橡胶接头	
15　15	散热器及温控器	左为平面图，右为系统图		为Y形过滤器	
	保护套管			直通型（或反冲型）除污器	

7.2.3 采暖系统施工图的识读

1. 阅读文字部分

(1) 先看设计施工说明

了解以下几方面的内容。

① 散热器的型号；

② 管道的材料及管道的连接方式；

③ 管道、支架、设备的刷漆和保温做法；

④ 施工图中使用的标准图和通用图。

(2) 看图例，弄清各符号代表的含义

(3) 看主要设备材料表，熟悉本系统所用的主要设备情况

2. 看采暖施工平面图

采暖施工平面图是施工图的主要部分，表明采暖管道和散热器等的平面布置和平面位置。主要包括以下几点内容。

① 建筑物的基本情况。

② 热力入口的设置情况。

③ 散热器的类型、位置和数量。各类散热器规格和数量标注方法如下。

A. 柱型、长翼型散热器只标注数量；

B. 圆翼型散热器应标注根数、排数，如 3×2(每排根数×排数)；

C. 光管散热器应标注管径、长度、排数，如 D108×2000×4[管径(mm)×管长(mm)×排数]；

D. 闭式散热器标注长度、排数，如 1.0×2(长度×排数)。

④ 供、回水干管及立管的布置情况和平面位置。

⑤ 阀门、固定支架、伸缩器、膨胀水箱、集气罐等设施的平面位置。

3. 把平面图与系统图结合起来看，弄清系统图式及管道布置情况

采暖系统图主要表示采暖系统所有供回水（蒸汽、凝结水）干管、立管、支管及设备和附件的空间关系。识读采暖管道系统图时，包括以下几点内容。

① 弄清管道的空间走向和空间位置，管道直径及管道变径点的位置。

② 管道上阀门的位置及规格。

③ 散热器与管道的连接方式。

4. 最后看采暖施工详图及大样图

在平面图和系统图上不能表示清楚又无法用文字说明的地方，一般可用详图表示，采暖系统施工图的详图有以下几项。

① 地沟入口处详图，即热力入口详图。

② 地沟内支架安装大样图。

③ 膨胀水箱间安装详图等。

7.3 预算定额及施工图预算编制

7.3.1 管道定额及工程量计算规则

1. 管道界线的划分（图 7.24）

① 室内外管道以建筑物外墙皮 1.5m 为界；建筑物入口处设阀门者以阀门为界，室外设采暖入口装置者以入口装置循环管三通为界。

② 与工业管道界线以锅炉房或热力站外墙皮 1.5m 为界。

③ 与设在建筑物内的换热站管道以站房外墙皮为界。

④ 机房、加压泵间的管道均可执行第八册定额《工业管道工程》。

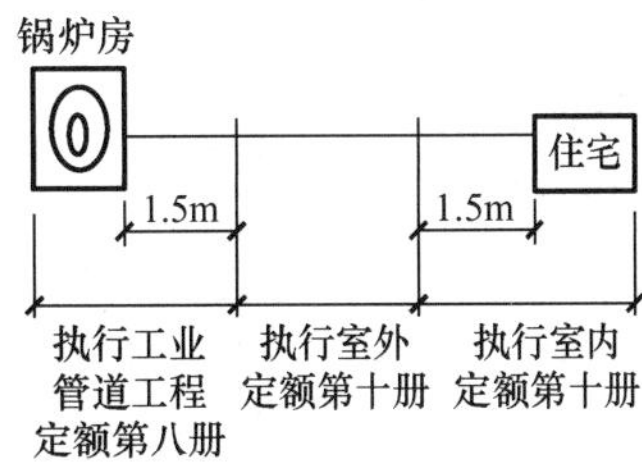

图 7.24　管道界线的划分

2. 管道定额

执行第十册定额《给排水、采暖、燃气工程》P. 157～193。

① 管道安装项目中，均包括相应管件含量、水压试验及冲洗工作内容。各种管件数量系综合取定，执行时参照本册“管道管件数量取定表”计算。本册定额管件含量中不含与螺纹阀门配套的活接、对丝，其用量含在螺纹阀门安装项目中。

② 钢管焊接安装项目中均综合考虑了成品管件和现场摵制弯管、摔制大小头、挖眼三通。

③ 除室内塑料管道中已包括管卡安装外，其他管道项目均不包括管道支架、管卡、托钩等制作安装，以及管道穿墙、楼板套管制作安装、预留孔洞、堵洞、打洞、凿槽等工作内容，发生时执行第十一章相应项目。

④ 镀锌钢管（螺纹连接）项目适用于室内外焊接钢管的螺纹连接。

⑤ 采暖室内直埋管道是指敷设于室内地坪下或墙内的由采暖分集水器连接散热器及管道井内立管的塑料采暖管段，不适用于地板辐射采暖管道。地板辐射采暖系统管道执行第七章相应项目。

⑥ 室内外采暖管道在过路口或跨绕梁、柱等障碍时，如发生类似于方形补偿器的管道安装形式，执行方形补偿器制作安装项目。

3. 工程量计算规则

① 区分室内外、区分公称直径 DN、区分连接方式，管材以中心线延长米计。

② 水平敷设的管道，一般在平面图中按比例量测；垂直敷设的管道在系统图中结合标高计算。

③ 管长不扣除阀门及温度计、压力表、除污器等器具所占长度。

【管道的特殊做法】

④ 供暖管道遇缩墙、躲管时应做灯叉弯和抱弯。灯叉弯增加长度：支管 35mm，立管 60mm；抱弯增加长度：支管 50mm，立管 60mm。

⑤ 方形补偿器所占长度计入管道安装工程量。

⑥ 与分集水器进出口连接的管道工程量应计算至分集水器中心线位置。

7.3.2 管道支架制作安装量的确定

1. 管道支架的设置原则

① 立管每层设一个支架。

② 管道的进出口处、水箱设备及较重的阀件和水表等处应加设支架。

③ 管长超过规定限值时，应加设支架。管道半固定或活动支架间距见表 7-4。

表 7-4 管道半固定或活动支架间距 单位：mm

公称直径		15	20～32	40	50～100	125～200
间距	保温	1.5	2.0	3.0	3.0	6.0
	不保温	3.0	3.0	3.0	6.0	6.0

2. 管道支架工程量的确定

方法 1：根据支架所用材料按以下公式计算。

管道支架工程量＝长度(m)×理论质量(kg/m)

方法 2：查表参见第十册定额《给排水、采暖、燃气工程》P.655～656。

3. 几种管道支架的质量

计算管道支架的质量，首先确定支架数量；其次确定一个支架所用材料种类及质量；最后求出总质量。一般粗略估算时支架所用型钢和圆钢卡见表 7-5 和表 7-6。

表 7-5 支架所用型钢规格与长度

管道类别	公称直径 (mm)	型钢规格	型钢长度 (mm)
单管不保温管道	≤50	L40×4	375
单管保温管道	40～50	L50×5	505
	≤32	L40×4	475

表 7-6 支架所用圆钢管卡规格与长度 单位：mm

公称直径	50	40	32	25
ϕ10 圆钢长度	220	190		
ϕ8 圆钢长度			172	150

① 沿墙安装不保温水平管道托钩支架，每个单立管卡子、单管托钩质量见表 7-7。

表 7-7 每个单立管卡子、单管托钩质量

公称直径 (mm)	15	20	25	32	40	50
单立管卡子 (kg)	0.17	0.19	0.20	0.22	0.23	0.25
单管托钩 (kg)	0.12	0.12	0.13	0.22	0.23	0.25

② 单管立式支架（一），如图 7.25 所示，其主材规格及质量见表 7－8。

③ 单管立式支架（二），如图 7.26 所示，其主材规格及质量见表 7－9。

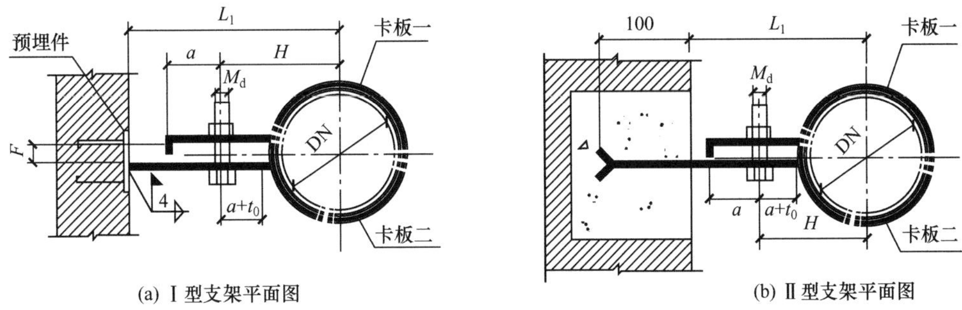

图 7.25 单管立式支架（一）

表 7－8 单管立式支架（一）主材规格及质量

序号	公称直径(mm)	扁钢					六角带帽螺栓(带垫)		单个支架质量(kg)	
	保温	规格	展开(mm)		质量(kg)		规格	质量(kg)	Ⅰ型	Ⅱ型
	不保温		Ⅰ型	Ⅱ型	Ⅰ型	Ⅱ型				
1	15	－30×3	237	337	017	024	M8×40	0.03	0.20	0.27
	15	－25×3	195	295	0.12	0.17	M8×40	0.03	0.15	0.20
2	20	－30×3	251	351	0.18	0.25	M8×40	0.03	0.21	0.28
	20	－25×3	219	319	0.13	0.19	M8×40	0.03	0.16	0.22
3	25	－35×3	282	382	0.23	0.31	M8×40	0.03	0.26	0.34
	25	0.17	0223	－25×3	237	337	0.14	0.20	M8×40	0.03
4	32	－35×3	316	416	0.35	0.46	M10×45	0.05	0.40	0.51
	32	－25×3	270	370	0.16	0.22	M8×40	0.03	0.19	0.25
5	40	－35×4	342	442	0.38	0.49	M10×45	0.05	0.43	0.54
	40	－25×3	296	396	0.17	0.23	M8×40	0.03	0.20	0.26
6	50	－35×4	374	474	0.41	0.52	M10×45	0.05	0.46	0.57
	50	－25×3	327	427	0.19	0.25	M8×40	0.03	0.22	0.28
7	70	－40×4	430	530	0.54	0.66	M10×45	0.05	0.59	0.71
	70	－25×3	379	479	0.22	0.28	M8×40	0.03	0.25	0.31
8	80	－45×4	475	575	0.67	0.81	M10×45	0.05	0.72	0.86
	80	－30×3	436	536	0.31	0.38	M8×40	0.03	0.34	0.41

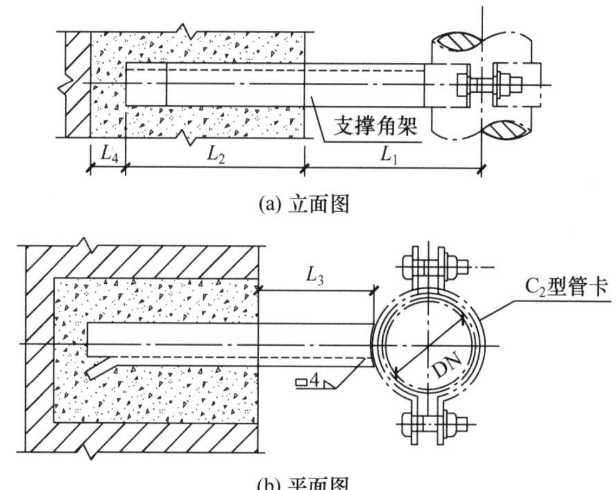

(a) 立面图

(b) 平面图

图 7.26 单管立式支架（二）

表 7－9 单管立式支架（二）主材规格及质量

公称直径(mm)	支撑角钢			扁钢管卡			六角带帽螺栓（带垫）			单个支架质量(kg)
	规格	长度(mm)	质量(kg)	规格	长度(mm)	质量(kg)	规格	长度(mm)	质量(kg)	
50	L30×4	184	0.33	－30×4	394	0.38	M10×45	2	0.11	0.82
70	L30×4	186	0.33	－40×4	480	0.60	M12×50	2	0.16	1.09
80	L6×4	200	0.43	－40×4	520	0.66	M12×50	2	0.16	1.25
100	L36×4	227	0.49	－40×4	600	0.76	M12×50	2	0.16	1.41
125	L40×4	234	0.57	－50×6	768	1.80	M16×60	2	0.34	2.71
150	L40×4	321	0.78	－50×6	846	2.00	M16×60	2	0.34	3.12
200	L40×4	324	0.79	－50×6	1008	2.38	M16×60	2	0.34	3.51

④ 双管立式支架。如图 7.27 所示，双管立式支架主材规格及质量见表 7－10。

【室内管道支架】

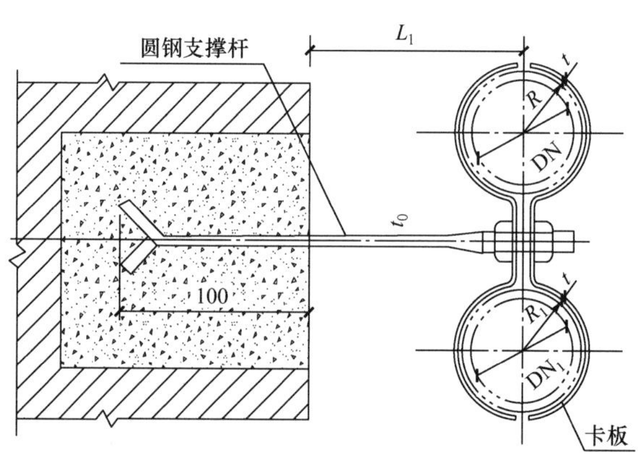

图 7.27 双管立式支架

表 7-10　双管立式支架主材规格及质量

序号	公称直径(mm)		扁钢卡板					螺母			圆钢支撑杆	
	DN	DN1	规格	展开(mm)	件数(个)	单重(kg)	总质量(kg)	规格	个数	质量(kg)(1000个)	全长(mm)	质量(kg)
1	15	15	—40×4	150	2	0.19	0.38	M12	2	16.32	238	0.21
			—35×3	148	2	0.12	0.24	M10	2	10.99	195	0.12
2	15	20	—40×4	156	2	0.20	0.40	M12	2	16.32	238	0.21
			—35×3	153	2	0.13	0.26	M10	2	10.99	205	0.13
3	15	25	—40×4	163	2	0.21	0.42	M12	2	16.32	248	0.22
			—35×3	161	2	0.13	0.26	M10	2	10.99	205	0.13
4	15	32	—45×4	173	2	0.25	0.50	M14	2	25.28	250	0.30
			—35×3	171	2	0.14	0.28	M10	2	10.99	215	0.13
5	20	20	—40×4	161	2	0.20	0.40	M12	2	16.32	238	0.21
			—35×3	159	2	0.13	0.26	M10	2	10.99	205	0.13
6	20	25	—40×4	168	2	0.21	0.42	M12	2	16.32	248	0.22
			—35×3	166	2	0.14	0.28	M10	2	10.99	205	0.13
7	20	32	—45×4	178	2	0.25	0.50	M14	2	25.28	250	0.30
			—35×3	176	2	0.15	0.30	M10	2	10.99	215	0.13
8	25	25	—45×4	176	2	0.25	0.50	M14	2	25.28	250	0.30
			—35×3	174	2	0.14	0.28	M10	2	10.99	205	0.13
9	25	32	—45×4	185	2	0.26	0.52	M14	2	25.28	250	0.30
			—40×4	185	2	0.23	0.46	M12	2	16.32	218	0.19

⑤ 可用于水平管及立管的支架，如图 7.28 所示。可用于水平管及立管的支架主材规格及质量见表 7-11。

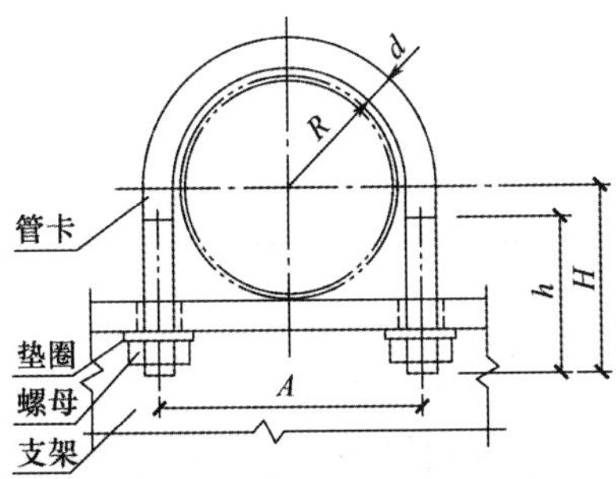

图 7.28　可用于水平管及立管的支架

表 7-11 可用于水平管及立管的支架主材规格及质量

序号	公称直径(mm) 保温/不保温	圆钢管卡 规格 d	展开(mm)	件数(个)	质量(kg)	螺母及垫圈 规格	件数(个)	质量(kg)	支撑角钢 规格	长度(mm)	件数(个)	质量(kg)	单个支架质量(kg)
1	15	8	460	1	0.182	M8	2	0.02	∟45×4	430	1	1.18	1.382
	15	8	152	1	0.06	M8	2	0.02	∟45×4	330	1	0.90	0.980
2	20	8	469	1	0.185	M8	2	0.02	∟45×4	430	1	1.18	1.385
	20	8	160	1	0.06	M8	2	0.02	∟45×4	340	1	0.93	1.010
3	25	8	489	1	0.193	M8	2	0.02	∟45×4	450	1	1.23	1.443
	25	8	181	1	0.07	M8	2	0.02	∟45×4	350	1	0.96	1.05
4	32	8	513	1	0.203	M8	2	0.02	∟45×4	450	1	1.23	1.453
	32	8	205	1	0.08	M8	2	0.02	∟45×4	360	1	0.98	1.08
5	40	8	533	1	0.211	M8	2	0.02	∟45×4	460	1	1.26	1.491
	40	8	224	1	0.09	M8	2	0.02	∟45×4	370	1	1.01	1.12
6	50	8	561	1	0.222	M8	2	0.02	∟45×4	470	1	1.29	1.532
	50	8	253	1	0.10	M8	2	0.02	∟45×4	380	1	1.04	1.16
7	65	10	610	1	0.376	M10	2	0.03	∟45×4	490	1	1.34	1.746
	65	10	301	1	0.19	M10	2	0.03	∟45×4	400	1	1.10	1.320
8	80	10	650	1	0.401	M10	2	0.03	∟50×5	510	1	1.40	1.831
	80	10	342	1	0.21	M10	2	0.03	∟50×5	430	1	1.18	1.420
9	100	10	711	1	0.439	M10	2	0.03	∟50×5	540	1	2.04	3.509
	100	10	403	1	0.25	M10	2	0.03	∟50×5	450	1	1.70	1.980
10	125	12	785	1	0.697	M12	2	0.04	∟50×5	570	1	2.15	2.887
	125	12	477	1	0.42	M12	2	0.04	∟50×5	450	1	1.85	2.310
11	150	12	854	1	0.758	M12	2	0.04	∟63×6	600	1	3.43	4.288
	150	12	546	1	0.49	M12	2	0.04	∟50×5	510	1	1.92	2.450
12	200	12	989	1	0.878	M12	2	0.04	∟63×6	660	1	3.78	4.698
	200	12	681	1	0.60	M12	2	0.04	∟63×6	570	1	3.26	3.900

【例 7-1】 某学校室外供暖管道（地沟敷设）中，如图 7.29 所示，有 $D133\times4.5$ 的无缝管道一段（20 元/m，管件 7 元/个，压制弯头 8 元/个），管沟起止长度为 120m，管道的供回水管分上、下两层安装，中间设正方形伸缩器一个，臂长 1.2m，该管道人工除轻锈，刷红丹漆两遍，珍珠岩瓦块绝热，绝热厚度为 50mm（180 元/m^3），玻璃丝布保护层外刷沥青漆两道，试计算该工程综合单价、人工费、材料费、机械费、管理费、利润（含脚手架）（型钢 3100 元/吨）。

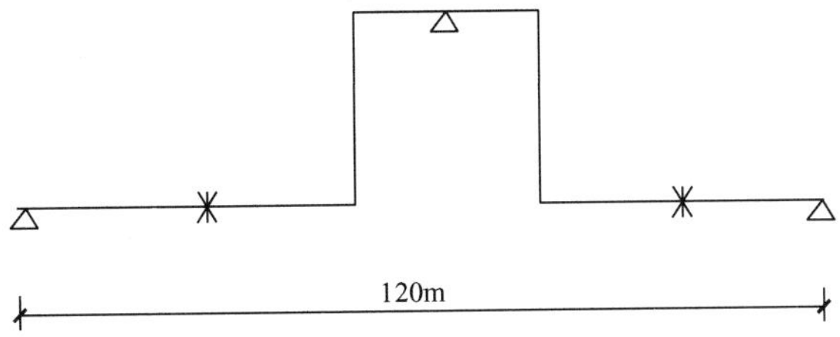

图 7.29 供暖管道

解：(1) 无缝管 ϕ133×4.5 的安装

L=(120+1.2×2)×2=24.48(10m)

查定额 10-2-29，得

人工费$_1$=24.48×191.10=4678.13(元)

材料费$_1$=24.48×17.88+24.48×10.14×20+24.48×0.61×7=5506.78(元)

机械费$_1$=24.48×92.89=2273.95(元)

管理费$_1$=24.48×43.07=1054.35(元)

利润$_1$=24.48×22.14=541.99(元)

综合单价$_1$=4678.13+5506.78+2273.95+1054.35+541.99=14055.20(元)

综合工日$_1$=24.48×1.66=40.64(工日)

(2) 方形伸缩器制作安装

工程量=2 个

制作查定额 10-5-382

人工费$_{2a}$=2×193.46=386.92(元)

材料费$_{2a}$=2×67.32+2×4×8=198.64(元)

机械费$_{2a}$=2×67.50=135.00(元)

管理费$_{2a}$=2×38.92=77.84(元)

利润$_{2a}$=2×20.00=20.00(元)

综合单价$_{2a}$=386.92+198.64+135.00+77.84+20.00=818.40(元)

综合工日$_{2a}$=2×1.50=3.00(工日)

安装查定额 10-5-401

人工费$_{2b}$=2×61.91=123.82(元)

材料费$_{2b}$=2×18.72=37.44(元)

机械费$_{2b}$=2×25.43=50.86(元)

管理费$_{2b}$=2×12.45=24.90(元)

利润$_{2b}$=2×6.40=12.80(元)

综合单价$_{2b}$=123.82+37.44+50.86+24.90+12.80=249.82(元)

综合工日$_{2b}$=2×0.48=0.96(工日)

(3) 管道支架制作安装

固定支架共 4 个；活动支架=[(120÷6+1+1)-2×2]×2=36(个)

每个固定支架减少 2 个活动支架；在伸缩器处加设一个活动支架。由标准图集查支架材料规格及数量。

固定支架材料规格及数量

L100×8：两根，长 0.725m/根（理论质量 12.276kg/m）

L100×8：一根，长 1.5m（理论质量 12.276kg/m）

ϕ8：两根，长 0.5m（理论质量 0.395kg/m）

—40×4：长 0.06m（理论质量 1.88kg/m）

M8：4 个 [质量 5.674kg/(1000 个)]

活动支架的规格与数量

L100×8：一根，长 0.725m

ϕ8：一根，长 0.5m

M8 螺母：2 个

支架工程量

固定支架＝(0.725×12.276×2＋1.5×12.276＋0.5×0.395×2＋0.06×1.88＋4×5.674/1000)×4

＝36.745×4＝146.978(kg)＝1.470(100kg)

活动支架＝(0.725×12.276＋0.5×0.395＋2×5.674/1000)×36

＝9.108×36＝327.922(kg)＝3.279(100kg)

查定额制作 10－11－2、10－11－4 得

人工费$_{3a}$＝1.470×612.74＋3.279×473.58＝2453.60(元)

材料费$_{3a}$＝1.470×34.27＋1.470×105.00×3.1＋3.279×31.14＋3.279×105.00×3.1＝1698.28(元)

机械费$_{3a}$＝1.470×166.00＋3.279×141.71＝708.69(元)

管理费$_{3a}$＝1.470×123.24＋3.279×106.63＝530.80(元)

利润$_{3a}$＝1.470×63.343.279×54.81＝272.83(元)

综合单价$_{3a}$＝2453.60＋1698.28＋708.69＋530.80＋272.83＝5664.20(元)

综合工日$_{3a}$＝1.470×4.75＋3.279×3.67＝19.02(工日)

查定额安装 10－11－7;10－11－9

人工费$_{3b}$＝1.470×330.04＋3.279×255.37＝1322.52(元)

材料费$_{3b}$＝1.470×87.15＋3.279×56.84＝314.49(元)

机械费$_{3b}$＝1.470×107.20＋3.279×68.31＝381.57(元)

管理费$_{3b}$＝1.470×66.42＋3.279×51.37＝266.08(元)

利润$_{3b}$＝1.470×34.14＋3.279×26.40＝136.75(元)

综合单价$_{3b}$＝1322.52＋314.49＋381.57＋266.08＋136.75＝2421.41(元)

综合工日$_{3b}$＝1.470×2.56＋3.279×1.98＝10.26(工日)

(4) 管道人工除轻锈

$S=\pi DL$＝3.14×0.133×244.8＝102.23(m^2)＝10.223($10m^2$)

查定额 12－1－1，得

综合单价$_4$＝358.62＋36.19＋79.53＋40.89＝515.23(元)

人工费$_4$=10.223×35.08=358.62(元)

材料费$_4$=10.223×3.54=36.19(元)

机械费$_4$=10.223×0=0(元)

管理费$_4$=10.223×7.78=79.53(元)

利润$_4$=10.223×4=40.89(元)

综合单价$_4$=358.62+36.19+79.53+40.89=515.23(元)

综合工日$_4$=10.223×0.30=3.07(工日)

(5)管道刷红丹漆两道 2.5 元/kg

工程量=10.223(10m^2)

查定额 12-2-1、12-2-2,得

人工费$_5$=10.223×(24.70+24.70)=505.02(元)

材料费$_5$=10.223×(0.83+0.74)+10.223×(1.47+1.30)×2.5=44.37(元)

机械费$_5$=10.223×0=0(元)

管理费$_5$=10.223×(5.71+5.71)=116.75(元)

利润$_5$=10.223×(2.93+2.93)=59.91(元)

综合单价$_5$=505.02+44.37+116.75+59.91=726.05(元)

综合工日$_5$=10.223×(0.22+0.22)=4.50(工日)

(6)管道支架除锈

工程量=1.470+3.279=4.749(100kg)

查定额 12-1-5,得

人工费$_6$=4.749×35.08=166.59(元)

材料费$_6$=4.749×2.61=12.39(元)

机械费$_6$=4.749×8.90=42.27(元)

管理费$_6$=4.749×8.30=39.42(元)

利润$_6$=4.749×4.27=20.28(元)

综合单价$_6$=166.59+12.39+42.27+39.42+20.28=280.95(元)

综合工日$_6$=4.749×0.32=1.52(工日)

(7) 支架刷油

工程量=4.749(100kg)

查定额 12-2-49、12-2-50,得

人工费$_7$=4.749×(23.31+22.42)=217.17(元)

材料费$_7$=4.749×(0.07+0.59)+4.749×(1.16+0.95)×2.5=28.19(元)

机械费$_7$=4.749×(4.45+4.45)=42.27(元)

管理费$_7$=4.749×(5.71+5.45)=53.00(元)

利润$_7$=4.749×(2.93+2.80)=27.21(元)

综合单价$_7$=217.17+28.19+42.27+53.00+27.21=367.84(元)

综合工日$_7$=4.749×(0.22+0.21)=2.04(工日)

(8) 管道绝热

工程量 $V=\pi\times(D+1.03\delta)\times1.03\delta\times L$

$V=3.14\times(0.133+1.03\times0.05)\times1.03\times0.05\times244.8=7.30(m^3)$

查定额 12－4－6，得

人工费$_8$＝7.30×228.66＝1669.2(元)

材料费$_8$＝7.30×58.50＋7.30×1.06×180＝1819.89(元)

机械费$_8$＝7.30×20.40＝148.92(元)

管理费$_8$＝7.30×50.59＝369.31(元)

利润$_8$＝7.30×26＝189.80(元)

综合单价$_8$＝1669.22＋1819.89＋148.92＋369.31＋189.80＝4197.14(元)

综合工日$_8$＝7.30×1.95＝14.24(工日)

(9) 保护层安装

工程量 $S=\pi\times(D+2.1\delta)\times L$

$=3.14\times(0.133+2.1\times0.05)\times244.8=182.94(m^2)$

$=18.294(10m^2)$

查定额 12－4－380，得

人工费$_9$＝18.294×42.75＝782.07(元)

材料费$_9$＝18.294×0.16＋18.294×14.00×2＝515.16(元)

机械费$_9$＝18.294×0 元＝0(元)

管理费$_9$＝18.294×8.82＝161.35(元)

利润$_9$＝18.294×4.53＝82.87(元)

综合单价$_9$＝782.07＋515.16＋161.35＋82.87＝1541.45(元)

综合工日$_9$＝18.294×0.34＝6.22(工日)

(10) 保护层刷沥青漆两道

工程量 $S=18.924(10m^2)$

查定额 12－2－162、12－2－163

人工费$_{10}$＝18.294×(78.51＋66.59)＝2654.46(元)

材料费$_{10}$＝18.294 ×(4.71＋3.65)＋18.294×(5.20＋3.85)×3＝649.62(元)

机械费$_{10}$＝18.924×0＝0(元)

管理费$_{10}$＝18.294×(17.90＋15.31)＝607.54(元)

利润$_{10}$＝18.294×(9.20＋7.87)＝312.28(元)

综合单价＝2654.46＋649.62＋607.54＋312.28＝4223.90(元)

综合工日$_{10}$＝18.294×(0.69＋0.59)＝23.42(工日)

(11) 系统调试费

工程量综合工日＝(1)＋(2)＝40.64＋(3.00＋0.96)＝0.446(100 工日)

查定额 10－12－Ha10，得

人工费$_{14}$＝0.446×304.85＝135.96(元)

材料费$_{14}$＝0.446×566.15＝252.50(元)

机械费$_{14}$＝0.446×0＝0(元)

管理费$_{14}$＝0.446×90.81＝40.50(元)

利润$_{14}$＝0.446×46.67＝20.81(元)

综合单价$_{14}$＝135.96＋252.5＋40.50＋20.81＝449.77(元)

综合工日$_{14}$＝0.446×3.50＝1.56(工日)

(12) 管道脚手架搭拆费

工程量综合工日＝(1)＋(2)＋(3)＝40.64＋(3.00＋0.96)＋(19.02＋10.26)

＝73.88(工日)＝0.7388(100工日)

查定额10-13-Ha1,得

人工费$_{11}$＝0.7388×152.43＝112.62(元)

材料费$_{11}$＝0.7388×283.07＝209.13(元)

机械费$_{11}$＝0.7388×0＝0(元)

管理费$_{11}$＝0.7388×45.40＝33.54(元)

利润$_{11}$＝0.7388×23.34＝17.24(元)

综合单价$_{11}$＝112.62＋209.13＋33.54＋17.24＝372.53(元)

综合工日$_{11}$＝0.7388×1.75＝1.29(工日)

(13) 刷油脚手架搭拆费

工程量综合工日＝[(4)＋(5)＋(6)＋(7)＋(10)]＝3.07＋4.50＋1.52＋2.04＋23.42

＝34.55(工日)＝0.3455(100工日)

查定额12-14-Ha1得

人工费$_{12}$＝0.345×213.40＝73.62(元)

材料费$_{12}$＝0.345×396.30＝136.72(元)

机械费$_{12}$＝0(元)

管理费$_{12}$＝0.345×63.56＝21.93(元)

利润$_{12}$＝0.345×32.67＝11.27(元)

综合单价$_{12}$＝73.62＋136.72＋21.93＋11.27＝243.54(元)

综合工日$_{12}$＝0.345×2.45＝0.85(工日)

(14) 绝热脚手架搭拆费

工程量综合工日＝(8)＋(9)＝14.24＋6.22＝20.46(工日)＝0.2046(100工日)

查定额12-14-Ha2

人工费$_{13}$＝ 0.2046×304.85＝62.37(元)

材料费$_{13}$＝ 0.2046×566.15＝115.83(元)

机械费$_{13}$＝ 0.2046×0＝0(元)

管理费$_{13}$＝ 0.2046×90.81＝18.58(元)

利润$_{13}$＝ 0.2046×46.67＝9.55(元)

综合单价$_{13}$＝62.37＋115.83＋18.58＋9.55＝206.33(元)

综合工日$_{13}$＝ 0.2046×3.50＝1.21(工日)

(15) 清单项目费用

综合单价＝[(1)＋(2)＋(3)＋(4)＋(5)＋(6)＋(7)＋(8)＋(9)＋(10)＋(11)]

＝33036.95元

人工费＝13000.50元

材料费＝11113.94元

机械费＝3783.53 元

管理费＝3421.37 元

利润＝1717.61 元

综合工日＝130.45 工日

(16) 单价措施费

综合单价＝[(12)＋(13)＋(14)]＝822.40 元

人工费＝248.61 元

材料费＝461.68 元

机械费＝0 元

管理费＝74.05 元

利润＝38.06 元

综合工日＝2.86 工日

7.3.3 立管工程量的计算

1. 单管顺流式

(1) 立管与干管垂直相交(图 7.30)

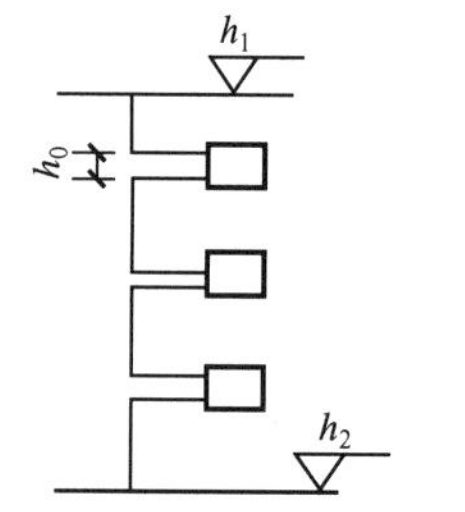

图 7.30 立管与干管垂直相交

$$立管=h_1-h_2-h_0\times n$$

(2) 立管与干管有水平距离 b(图 7.31)

$$立管=h_1-h_2-h_0\times n+2b$$

2. 单管跨越式

立管与干管垂直相交(图 7.32)。

$$立管_1=h_1-h_2-nh_0$$

$$立管_2=nh_0$$

式中,立管$_2$为跨越管,其管径与支管管径相同;h_0根据散热器规格定。

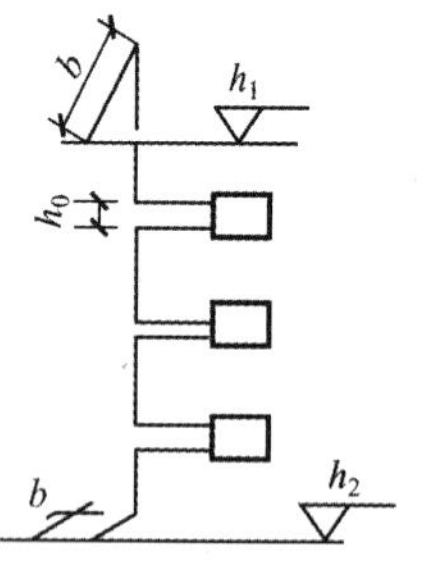

图 7.31 立管与干管有水平距离 b

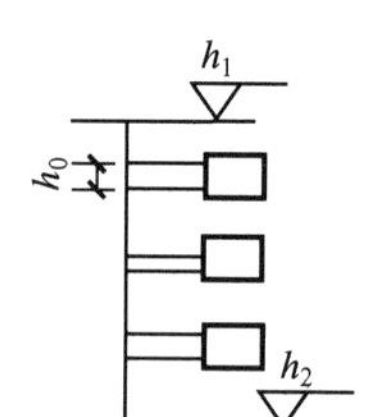

图 7.32 立管与干管垂直相交

3. 双立管布置图

【例 7-2】 图 7.33 所示为双立管布置图,供水立管上部为 DN20,下部为 DN15;回水立管上部为 DN15,下部为 DN20;均在三层变径,散热器的 $h_0=0.642\text{m}$,求立管工程量。

解:共六层,供水管计算如下。

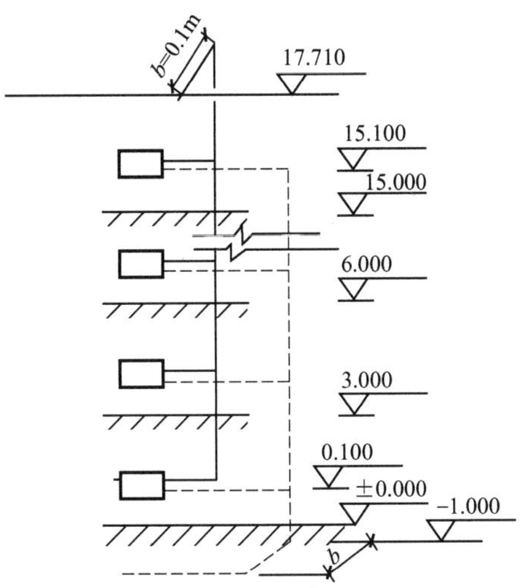

图 7.33 双立管布置图

DN20＝17.71－6.742＋0.1＋0.06×3＝11.25(m)

DN15＝6.742－0.742＋0.06×2＝6.12(m)

回水管计算如下。

DN20＝6.1＋1＋0.1＝7.2(m)

DN15＝15.1－6.1＝9(m)

DN20＝11.248＋7.2＝18.45(m)

DN15＝6.12＋9＝15.12(m)

7.3.4 支管工程量的计算

1. 立管在墙角，散热器在窗中（图 7.34）

$$支管＝\{[a-(d+c)]+b/2-L/2\}\times 2$$

式中，L＝散热器片数×每片厚度；d 表示两立管中心距离；c 表示墙厚 1/2。

2. 立管在墙角两边带散热器（图 7.35）

$$支管＝[2a+b-(L_1+L_2)\div 2+2\times 0.035]\times 2$$

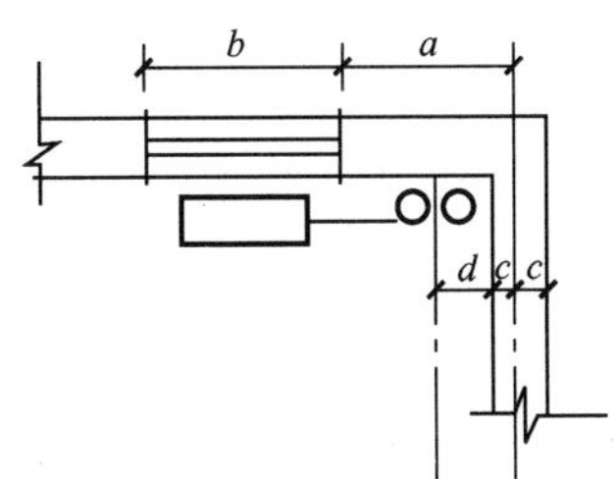

图 7.34 立管在墙角布置

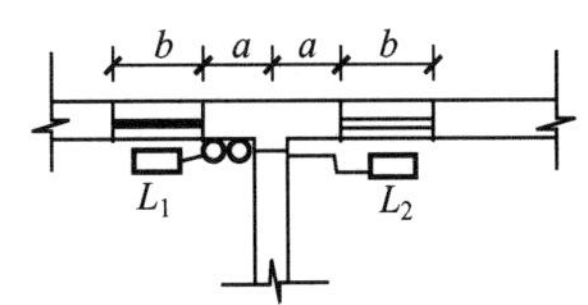

图 7.35 立管在墙角两边带散热器

【例 7-3】 如图 7.36 所示，散热器居窗中安装四柱 813 型铸铁散热器两组，每组 10 片，每片厚度 58mm，求支管长。

支管＝(3－10×0.058＋0.035×2)×2＝4.98(m)

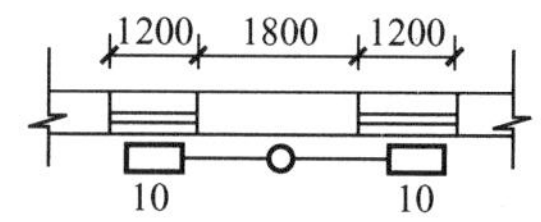

图 7.36　立管在窗间墙，两边带散热器

常用散热器的进、出水孔距为 h_0，厚度为 b。

四柱 813 型铸铁散热器：h_0=642mm，b=58mm

四柱 760 型铸铁散热器：h_0=600mm，b=58mm

四柱 640 型铸铁散热器：h_0=552mm，b=58mm

二柱 M132 型铸铁散热器：h_0=500mm，b=80mm

钢串片式散热器闭式铸铁散热器：240×100 型，h_0=120mm；300×80 型，h_0=220mm

钢制柱式铸铁散热器：640×120 型，h_0=540mm

7.3.5 散热器安装

(1) 定额及工程量计算规则

① 定额。执行第十册《给排水、采暖、燃气工程》P.459。

② 工程量计算规则。

A. 以“组”或“片”为计量单位。

B. 艺术造型的散热器按与墙面的正投影（高×长）计算面积，以“组”为计量单位。不规则形状以正投影轮廓的最大高度乘以最大长度计算面积。

C. 光排管散热器制作分 A 型和 B 型，区分排管公称直径，按图示散热器长度计算排管长度，以“10m”为计量单位，其中联管、支撑管不计入排管工程量；光排管散热器安装不分 A 型、B 型，区分排管公称直径，按光排管散热器长度计算散热器数量，以“组”为计量单位。

D. 地板辐射采暖管道区分管道外径，按设计图示中心线长度计算，以“10m”为计量单位。保护层（铝箔）、隔热板、钢丝网按设计图示尺寸计算实际铺设面积，以“$10m^2$”为计量单位。边界保温带按设计图示长度计算实际长度，以“10m”为计量单位。

(2) 定额使用说明

① 各型散热器均包括散热器成品支托架（钩、卡）安装和安装前的水压试验及系统水压试验。成品支托架安装是按采用膨胀螺栓固定编制的，如工程要求与定额不同时，可按第十一章有关项目调整。

② 各型散热器不分明、暗安装，均按材质、类型执行同一定额子目。

③ 铸铁散热器组对安装：未计价材不带足散热器片（6.91）；带足散热器片（3.19）。

④ 对于铸铁散热器安装，若散热器进出口前无阀门者，可另行计算接头材料费，若散热器进出口前有阀门，因阀门安装子目含接头，不再另计接头材料。

【例 7－4】 常用散热器散热面积见表 7－12，散热器为四柱 813 型铸铁散热器（22.5 元/片），求图 7.36 中散热器安装工程量及费用。

表 7-12 常用散热器散热面积

型 数	四柱 813 型	四柱 760 型	四柱 640 型	二柱 M132 型
面积（m^2/片）	0.28	0.235	0.20	0.24

解：工程量$=\frac{20}{10}=2$（10 片）

查定额 10-7-11

人工费＝2×48.66＝97.32(元)

材料费＝2×80.19＋2×10.10×22.5＝614.88(元)

机械费＝2×0.17＝0.34(元)

管理费＝2×9.86＝19.72(元)

利润＝2×5.07＝10.14(元)

综合单价＝19.72 元

综合工日＝2×0.38＝0.76(工日)

7.3.6 散热器刷油

(1) 定额及工程量计算规则

① 定额。执行第十二册定额《刷油、防腐蚀、绝热工程》。

② 工程量计算。工程量计算规则为：散热器的散热面积为工程量，以“$10m^2$”为计量单位。

(2) 定额使用说明

暖气片安装完毕还需刷油，可按就地刷油考虑。定额中没有第三遍刷油，若需第三遍刷油，可执行第二遍刷油子目。

【例 7-5】 见表 7-12，求散热器刷油面积及费用。

解：S＝20 片×0.28m^2/片＝5.6m^2

工程量＝5.6÷10＝0.56（$10m^2$）

刷银粉漆一道，查定额 12-2-120 得

人工费＝0.56×32.42＝18.16(元)

材料费＝0.56×2.03＋0.56×0.54×12＝4.77(元)（银粉漆 12 元/kg）

管理费＝0.56×7.52＝4.21(元)

利润＝0.56×3.87＝2.17(元)

综合工日＝0.56×0.29＝0.16(工日)

综合单价＝18.16＋4.77＋4.21＋2.17＝29.31(元)

7.3.7 自动排气阀、手动跑风门、集气罐

(1) 定额及工程量计算规则

① 定额。执行第十册定额《给排水、采暖、燃气工程》。

自动排气阀：P.293，手动跑风门：P.294；除污器：P.355。

集气罐：参照第八册定额《工业管道工程》执行。

② 工程量计算。工程量计算规则如下。

自动排气阀、集气罐：区分公称直径，以“个”为计量单位。

手动放风阀：以“个”为计量单位。

除污器：以“组”为单位计量。

(2) 定额使用说明

集气罐在第十册《给排水、采暖、燃气工程》中没有编制，在实际工程中用到时，可执行第八册《工业管道工程》相关项目。

压力表、温度计可执行第六册《自动化控制仪表安装工程》。

7.4 清单计价及施工图预算编制

7.4.1 工程量清单项目设置及工程量计算规则 (GB 50856—2013)

1. 管道工程

管道工程、除锈刷油、保温绝热工程、支架工程量清单计算规则同给排水工程。

2. 供暖器具 (表 7-13 和表 7-14)

表 7-13 供暖器具 (编码：031005)

项目编码	项目名称	项目特征	计量单位	工程量计算规则	工作内容
031005001	铸铁散热器	1. 型号、规格 2. 安装方式 3. 托架形式 4. 器具、托架除锈、刷油设计要求	片(组)	按设计图示数量计算	1. 组对、安装 2. 水压试验 3. 托架制作、安装 4. 除锈、刷油
031005002	钢制散热器	1. 结构形式 2. 型号、规格 3. 安装方式 4. 托架刷油设计要求	组(片)		1. 安装 2. 托架安装 3. 托架刷油
031005003	其他成品散热器	1. 材质、类型 2. 型号、规格 3. 托架刷油设计要求			

续表

项目编码	项目名称	项目特征	计量单位	工程量计算规则	工作内容
031005004	光排管散热器	1. 材质、类型 2. 型号、规格 3. 托架形式及做法 4. 器具、托架除锈、刷油设计要求	m	按设计图示排管长度计算	1. 制作、安装 2. 水压试验 3. 除锈、刷油
031005005	暖风机	1. 质量 2. 型号、规格 3. 安装方式	台	按设计图示数量计算	安装
031005006	地板辐射采暖	1. 保温层材质、厚度 2. 钢丝网设计要求 3. 管道材质、规格 4. 压力试验及吹扫设计要求	1. m^2 2. m	1. 以 m^2 计量，按设计图示采暖房间净面积计算 2. 以 m 计量，按设计图示管道长度计算	1. 保温层及钢丝网铺设 2. 管道排布、绑扎、固定 3. 与分集水器连接 4. 水压试验、冲洗 5. 配合地面浇筑
031005007	热媒集配装置	1. 材质 2. 规格 3. 附件名称、规格、数量	台	按设计图示数量计算	1. 制作 2. 安装 3. 附件安装
031005008	集气罐	1. 材质 2. 规格	个		1. 制作 2. 安装

注：① 铸铁散热器项目包括拉条制作安装。

② 钢制散热器结构形式包括钢制闭式、板式、壁板式、扁管式及柱式散热器等，应分别列项计算。

③ 光排管散热器包括联管制作安装。

④ 地板辐射采暖项目包括与分集水器连接和配合地面浇筑用工。

表 7－14 采暖、给排水设备（编码：031006）

项目编码	项目名称	项目特征	计量单位	工程量计算规则	工作内容
031006001	变频给水设备	1. 设备名称 2. 型号、规格 3. 水泵主要技术参数 4. 附件名称、规格、数量 5. 减震装置形式	套	按设计图示数量计算	1. 设备安装 2. 附件安装 3. 调试 4. 减震装置制作、安装
031006002	稳压给水设备				
031006003	无负压给水设备				

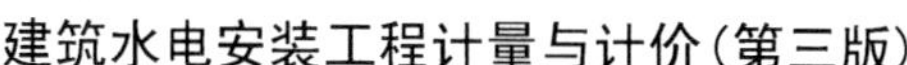

续表

项目编码	项目名称	项目特征	计量单位	工程量计算规则	工作内容
031006004	气压罐	1. 型号、规格 2. 安装方式	台	按设计图示数量计算	1. 安装 2. 调试
031006005	太阳能集热装置	1. 型号、规格 2. 安装方式 3. 附件名称、规格、数量	套		1. 安装 2. 附件安装
031006006	地源（水源、气源）热泵机组	1. 型号、规格 2. 安装方式 3. 减震装置形式	组		1. 安装 2. 减震装置制作、安装
031006007	除砂器	1. 型号、规格 2. 安装方式	台		安装
031006008	水处理器	1. 类型 2. 型号、规格			
031006009	超声波灭藻设备				
031006010	水质净化器				
031006011	紫外线杀菌设备	1. 名称 2. 规格			
031006012	热水器、开水炉	1. 能源种类 2. 型号、容积 3. 安装方式			1. 安装 2. 附件安装
031006013	消毒器、消毒锅	1. 类型 2. 型号、规格			安装
031006014	直饮水设备	1. 名称 2. 规格	套		安装
031006015	水箱	1. 材质、类型 2. 型号、规格	台		1. 制作 2. 安装

注：① 变频给水设备、稳压给水设备、无负压给水设备安装，说明如下。

a. 压力容器包括气压罐、稳压罐、无负压罐；

b. 水泵包括主泵及备用泵，应注明数量；

c. 附件包括给水装置中配备的阀门、仪表、软接头，应注明数量，含设备、附件之间的管路连接；

d. 泵组底座安装，不包括基础砌（浇）筑，应按《房屋建筑与装饰工程工程量计量规范》相关项目编码列项；

e. 控制柜安装及电气接线、调试应按 GB 50856—2013 附录 D 电气设备安装工程相关项目编码列项。

② 地源热泵机组，接管及接管上的阀门、软接头、减震装置和基础另行计算，应按相关项目编码列项。

7.4.2 案例

如前例7－4，试进行综合单价分析（表7－15和表7－16）。

表7－15 综合单价分析表

工程名称：某室内采暖工程　　　　标段：　　　　第　页共　　页

项目编码	031005001001	项目名称	铸铁散热器安装	计量单位		片	工程量		1		
清单综合单价组成明细											
定额编码	定额项目名称	定额单位	数量	单价(元)				合价(元)			
				人工费	材料费	机械费	管理费和利润	人工费	材料费	机械费	管理费和利润
10－7－11	铸铁散热器	10片	0.1	48.66	80.19	0.19	14.93	4.87	8.02	0.02	1.49
12－2－120	暖气片刷油	$10m^2$	0.028	32.42	2.03	0.00	11.39	0.91	0.08	0.00	0.32
人工单价		小　计						5.78	8.10	0.02	1.81
87.1元/工日		未计价材料费						22.74			
清单项目综合单价								38.45			

材料费明细	主要材料名称、规格、型号	单位	数量	单价（元）	合价（元）	暂估单价（元）	暂估合价（元）
	四柱813型铸铁散热器	片	10.10×0.1	22.50	22.73		
	银粉漆	kg	0.028×0.45	12	0.01		
	其他材料费						
	材料费小计				22.74		

表7－16 分部分项工程和单价措施项目清单与计价表

工程名称：某室内给排水工程　　　　标段：　　　　第　页共　　页

序号	项目编码	项目名称	项目特征	计量单位	工程量	金额（元）		
						综合单价	合价	其中
								暂估价
1	031005001001	铸铁散热器	四柱813型铸铁散热器	片	20	31.25	621.50	
本页小计							621.50	
合　计							621.50	

模块小结

本模块主要讲述以下三方面内容。

(1) 采暖工程简介：采暖工程组成及采暖图式、施工图的识读。

(2) 采暖工程施工图预算：采暖管道（干管、立管、支管）、散热器、集气罐、支架等采暖工程定额及工程量计算规则。

(3) 工程量清单项目设置及工程量计算规则。

复习思考题

一、简答题

1. 热水采暖系统的组成有哪些?

2. 常用采暖图例有哪些?

3. 采暖工程进行工程量计算，通常划分为哪些项目?

二、计算题

某室外架空供热管道中，高度3.2m处有$D108\times6$的无缝管管道一段，经过工程量计算的长度为325m，按现场先安装后除锈、刷油、绝热施工考虑，试按定额规定和项目划分计算该段管道的保温绝热（包括除锈、刷油、外壳保护层及脚手架搭拆费）的清单项目费用及措施项目费用。

说明：

(1) 管道人工除锈（轻锈），刷红丹漆两遍（2.5元/kg）。

(2) 铁丝捆扎珍珠岩瓦块绝热，绝热厚度50mm；珍珠岩瓦块220.50元/m^3。

(3) 外壳采用玻璃丝布保护层（2元/m^2）。外刷沥青漆两遍（3元/kg）。

【模块7在线答题】

模块8 电气照明工程施工图预算编制

教学目标

本模块介绍了电气工程的基本知识，重点讲解室内电气照明工程、防雷接地工程的定额及工程量计算规则。学生通过本模块的学习，应掌握室内照明工程工程量计算规则，熟悉相关定额；掌握防雷接地工程工程量计算规则，熟悉相关定额；能编制建筑电气施工图预算。

教学要求

知 识 要 点	能 力 要 求	相 关 知 识
电气工程基本知识及识图	能识读室内电气照明施工图	进户装置、配电装置、室内配线、照明线路设备
室内电气照明工程的定额及工程量计算规则、计算顺序；防雷接地工程的定额及工程量计算规则；清单计价及施工图预算的编制	掌握进户装置、配电装置、室内配线、照明线路设备的定额及工程量计算规则；掌握防雷接地工程定额及工程量计算规则	架空进线、电缆敷设、照明配电装置、室内配线、防雷接地工程定额及工程量计算

8.1 电气工程简介

建筑电气是以电能、电气设备和电气技术为手段，创造、维持与改善限定空间和环境的一门学科。电气工程是指按建筑电气施工图设计内容，将规定的线路材料、电气设备及装置性材料等，按照规程规范的要求安装到各用电点，并经调试验收的全部过程。

8.1.1 建筑电气的分类

建筑电气工程按照用途分为高低压变配电系统、动力配电系统、电气照明系统、防雷接地系统、消防报警与控制系统、楼宇自动控制系统、结构化布线系统、电缆电视系统。本书重点讲解电气照明系统、防雷接地系统。

强电一般是指电压在 24V 以上的交流电。例如家庭中的电灯、插座等电压为 110～220V。家用电器中的照明灯具、电热水器、取暖器、冰箱、电视机、空调、音响设备等电器均为强电电气设备。

弱电一般是指直流电路或音频线路、视频线路、网络线路、电话线路，直流电压一般在 24V 以内。家用电器中的电话、计算机、电视机的信号输入（有线电视线路）及音响设备（输出端线路）等电器均为弱电电气设备。

8.1.2 建筑电气设备安装工程的主要内容

(1) 外线工程

室外电源供电线路包括架空电力线路和电力电缆线路。

(2) 内线工程

室内动力、照明线路和其他电气线路。

(3) 动力及照明工程

分为动力工程和照明工程。

① 动力工程。包括各种动力设备的安装，主要是指各种形式的电动机。施工内容主要是设备安装（电气设备的就位、调平、找正、固定、接线、接地等)。

② 照明工程。照明灯具、电扇、空调器、电热设备、插座、配电箱及其他电气装置的安装。

(4) 变配电工程

变配电设备为变压器、高低压配电装置、继电保护与电气计量等二次设备和二次接线构成的室内外变电所（站、室)。变配电工程是对变配电系统中的变配电设备进行检查、安装的施工过程。

(5) 防雷工程

建筑物和电气装置的防雷设施。

(6) 电气接地工程

电气接地工程包括各种电气装置的保护接地、工作接地、防静电接地装置等。

8.1.3 室外配电线路及施工

室外线路是指建筑物以外的供配电线路，包括架空线路和电缆敷设。

1. 架空线路

架空线路是采用电杆、横担将导线悬空架设，向用户传送电能的配电线路。架空线路由导线、绝缘子、横担、电杆、拉线及线路金具组成。架空线路的施工按如图 8.1 所示的程序进行，架空线路的敷设如图 8.2 所示。

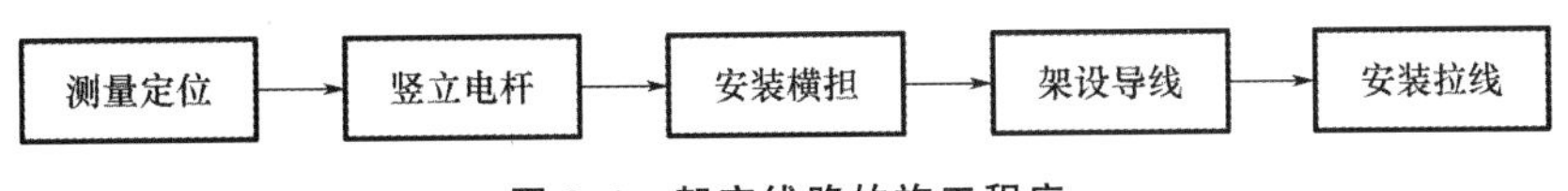

图 8.1 架空线路的施工程序

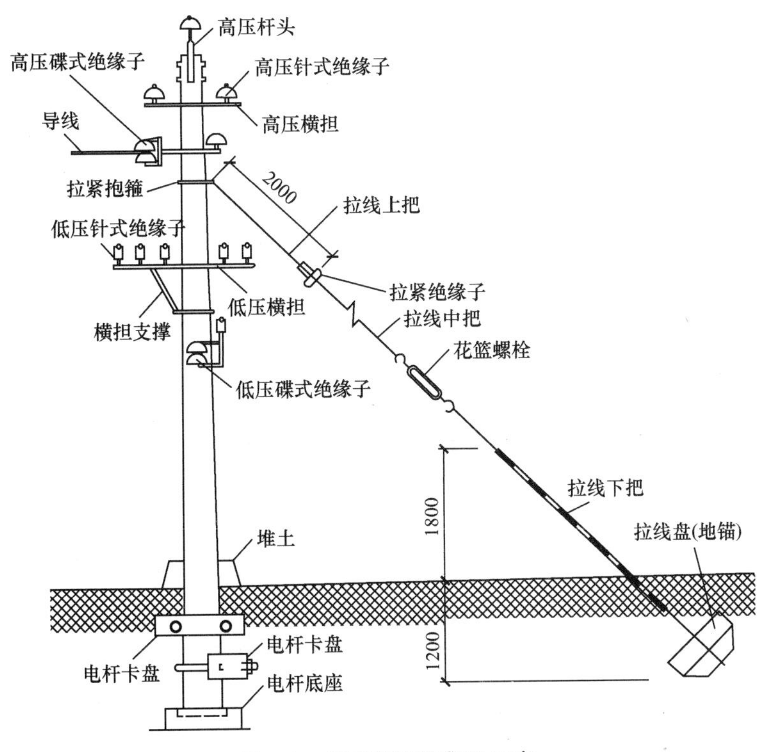

图 8.2 架空线路的敷设示意

2. 电缆敷设

(1) 电缆的种类

电缆是一种多芯导线，即在一个绝缘软套内裹有多根互相绝缘的线芯。电缆主要由线芯、绝缘层、外护套 3 部分组成。电缆的分类见表 8-1。电力电缆是用来输送和分配大功率电能的，控制电缆是在配电装置中传递操作电流、连接电气仪表、继电保护和控制自动回路的。电缆型号的表示见表 8-2。

表 8-1　电缆的分类

分类方法	类别
用途	电力电缆、控制电缆、通信电缆
绝缘	油浸纸绝缘、橡皮绝缘、塑料绝缘
芯数	单芯、三芯、五芯
导线材质	铜芯、铝芯
敷设方式	直埋电缆、非直埋电缆

表 8-2　电缆型号的表示

绝缘代号	导体代号	内护层代号	特征代号	外护层代号	
				第 1 数字	第 2 数字
Z—纸绝缘 X—橡皮绝缘 V—聚氯乙烯 YJ—交联聚乙烯	T—铜 (可省略) L—铝	Q—铅包 L—铝包 H—橡套 V—聚氯乙烯 Y—聚乙烯	D—不滴流 P—贫油式(即干绝缘) F—分相铅包	2—双钢带 3—细圆钢丝 4—粗圆钢丝	1—纤维绕包 2—聚氯乙烯 3—聚乙烯

例如，YJV22-1kV(4×150)-SC150-FC 为交联聚乙烯绝缘，聚氯乙烯护套，双钢带铠装铜芯电力电缆，额定电压 1kV，4 根线芯，每根截面面积 $150mm^2$，穿钢管敷设，钢管直径 150mm，沿地板暗敷。

(2) 电缆敷设方式

电缆线路多为暗敷设，电缆线路的敷设方式主要有埋地敷设、电缆沟式敷设、排管式敷设、电缆桥架敷设等。

① 埋地敷设。将电缆直接埋设在地下的敷设方法称为埋地敷设。埋地敷设的电缆必须使用铠装及防腐层保护的电缆，裸装电缆不允许埋地敷设。一般电缆沟深度不超过 0.7m，埋地敷设还需要铺砂及在上面盖砖和保护板。埋地敷设电缆的施工程序如图 8.3 所示，具体情况如图 8.4 所示。

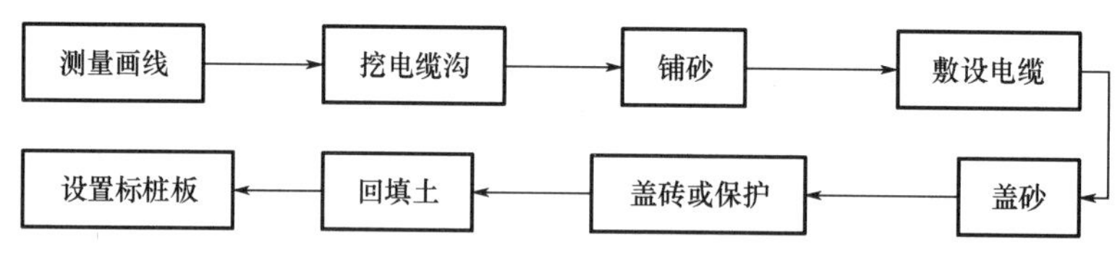

图 8.3　埋地敷设电缆的施工程序

② 电缆沟式敷设，即电缆沿支架敷设。电缆一般在车间、厂房和电缆沟内沿支架敷设，在安装支架上用卡子将电缆固定。电力电缆支架之间的水平距离为 1m，控制电缆支架之间的水平距离为 0.8m。电力电缆和控制电缆一般可以同沟敷设，电缆敷设一般为卡设，电力电缆卡距为 1.5m，控制电缆卡距为 1.8m (图 8.5)。

③ 排管式敷设，即电缆穿保护管敷设。将保护管预先敷设好，再将电缆穿入管内，管道内径不应小于电缆外径的 1.5 倍。一般用钢管作为保护管。单芯电缆不允许穿钢管敷设。

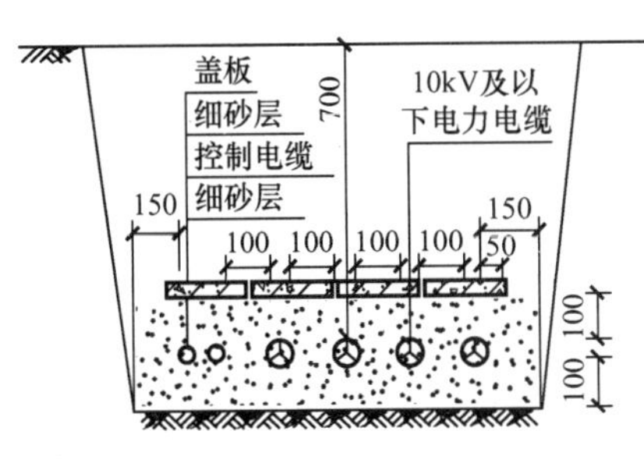

图 8.4 埋地敷设

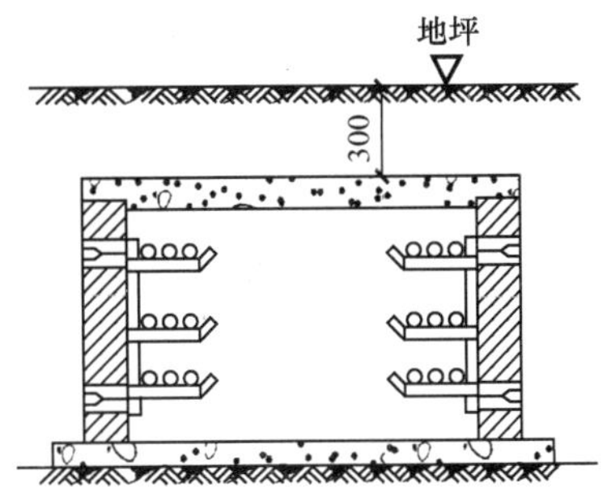

图 8.5 电缆沟式敷设

④ 电缆桥架敷设。电缆桥架是架设电缆的一种构架，通过电缆桥架把电缆从配电室或控制室送到用电设备处。电缆桥架的形式多样。电缆桥架是由托盘和梯架的直线段、弯通、附件及支吊架等构成，是用以支撑电缆的连续性刚性结构系统的总称。

桥架敷设电缆已被广泛应用。电缆桥架布线适用于电缆数量较多或较集中的室内及电气竖井内等场所架空敷设，也可用在电缆沟和电缆隧道内敷设。电缆桥架不仅可以用来敷设电力电缆、照明电缆，还可以用于敷设自动控制系统的控制电缆。电缆桥架的优点是制作工厂化、系列化，质量容易控制，安装方便，安装后的电缆桥架及支架整齐美观。

8.1.4 室内电气照明工程

电气照明工程是建筑工程的重要组成部分。它是由变配电设施通过线路连接各种电器具组成一个完整的照明系统，室内电气照明线路如图 8.6 所示。

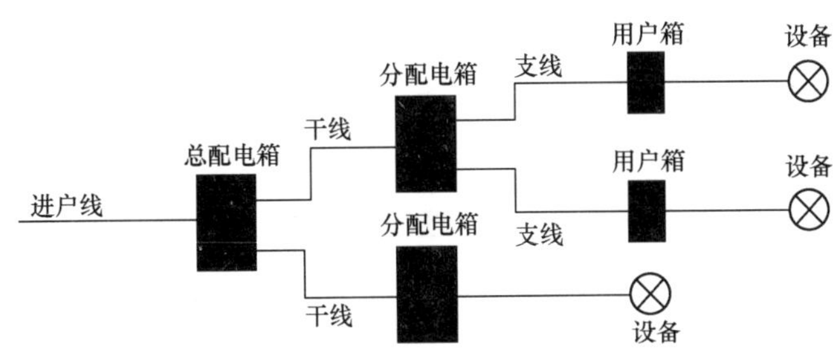

图 8.6 室内电气照明线路示意

1. 进户装置

电源进户的形式有两种——架空进线和电缆进线。

(1) 架空进线

架空进线是指室内电源从室外低压配电线路上接线入户，室外接入电源线有三相四线制、三相三线制、单相两线制，如图 8.7 所示。

三相五线制（TN－S 接地系统）中性点直接接地包括：三根相线［L1(A)相、L2(B)相、L3(C)相］及一根零线 N 和一根地线 PE，是工作零线与保护零线分开设置或部分分开设置的接零保护系统（图 8.8）。PE 线在供电变压器侧和 N 线接到一起，但进入用户侧后则不能当作零线使用。三相五线制通常用于安全要求较高、设备要求统一接地的场所及住宅。

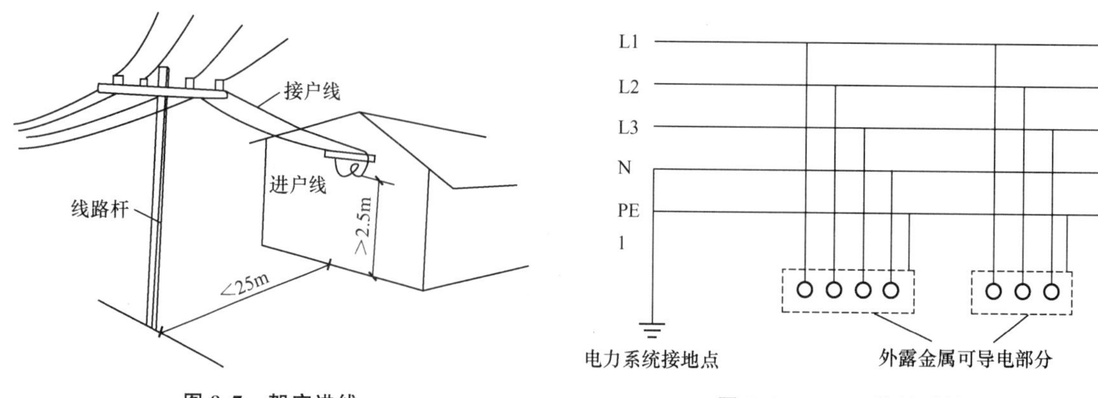

图 8.7 架空进线

图 8.8 TN－S 接地系统

为了安全地将室外电源引入室内，引入时设进户装置，进户装置由接户线、进户线、横担（木制和铁制）、绝缘子、防水弯头/套管（瓷管、钢管和硬塑料管）组成。横担如果需要安装在支架上，还应设置支架。

(2) 电缆进线

电缆敷设有直埋、电缆沟、排管、架空等方式，直埋电缆必须采用有铠装保护的电缆，埋设深度不小于 0.7m。电缆敷设应选择路径最短、转弯最少、少受外界因素影响的路线。地面上在电缆拐弯处或进建筑物处应埋设标示桩，以备日后施工维护参考（图 8.9）。

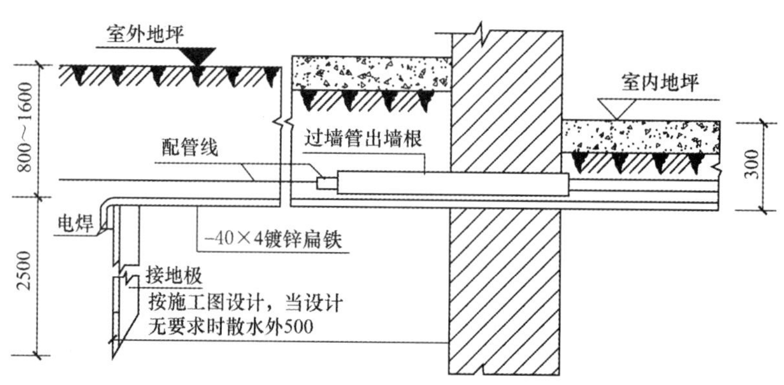

图 8.9 电缆进线

直埋式电缆沟结构较为简单，一般挖成截面为倒梯形，沟底铲平，铺上 100mm 厚软土或细砂，再将电缆敷设在上面。普通电缆沟由砖砌或混凝土浇筑而成，侧壁装有电缆支架。

2. 配电装置——配电箱

配电箱是接受电能和分配电能的装置。进户线至室内后先经总闸刀开关，然后再分支供给分路负荷。配电箱是控制室内电源的设施。进户后设置的配电箱为总配电箱，控制分支电路的配电箱为分配电箱。

配电箱分铁制和木制。配电箱的安装方式有明装（落地式、悬挂式）和暗装（嵌入式）。

配电箱有成品配电箱和自制配电箱两种。自制配电箱内部包括配电箱（体）、配电板

（盘）、刀开关、低压断路器、漏电保护开关、熔断器、电度表、箱内配线。

照明配电箱适用于工业及民用建筑在交流50Hz、额定电压500V以下的照明和小动力控制回路中，作线路的过载、短路保护及线路的正常转换之用。照明配电箱基本型号为XM系列，有“R”表示嵌入式，无“R”表示悬挂式。

动力配电箱的基本型号是XL系列，XRL为嵌入式，XXL为悬挂式。在电力和照明系统中还有其他配电箱，如多种电源配电箱、事故照明配电箱、控制箱。

配电箱安装高度如无设计要求，一般暗装配电箱底边距地面1.5m，明装配电箱底边距地面不小于1.8m。

3. 室内配线

室内配线工程也称为内线工程。

干线是指总配电箱至分配电箱的线路，有放射式、树干式、混合式3种方式。支线是指由分配电箱引出至照明器具的线路，也称支路。每一支线连接灯数不超过20盏（插座也按灯计）。

（1）干线

① 封闭式母线。室内配线工程中，封闭式母线应用的场所是低电压、大电流的供配电干线系统，一般安装在电气竖井内，使用其内部的母线系统向每层楼内供配电。

母线分为硬母线和软母线两种。硬母线是将导体封闭在金属外壳内，又称为汇流排，用于20kV以下户内外配电；软母线包括组合母线，用于35kV以上户外配电。

母线按照材质可分为铜母线、铝母线、钢母线3种（图8.10）。母线按形状可分为带形、槽形、封闭插接及重型等。安装方式有一片式、二片式、三片式和四片式，组合软母线分2～26根不等。

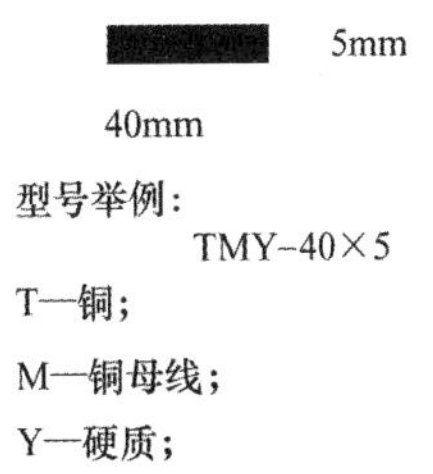

图8.10 母线型号

绝缘子的主要作用是绝缘和固定母线及导线，可分为户内和户外两种。户内绝缘子有1～4孔，户外绝缘子为1孔、2孔和4孔。绝缘子一般安装在高、低压开关柜上，母线桥上，墙或支架上。

② 电缆。目前在低压配电系统中常用的电力电缆有YJV交联聚乙烯绝缘聚氯乙烯护套电力电缆和VV聚氯乙烯绝缘聚氯乙烯护套电力电缆两种，一般优选YJV交联聚乙烯绝缘聚氯乙烯护套电力电缆。电缆桥架如图8.11所示。

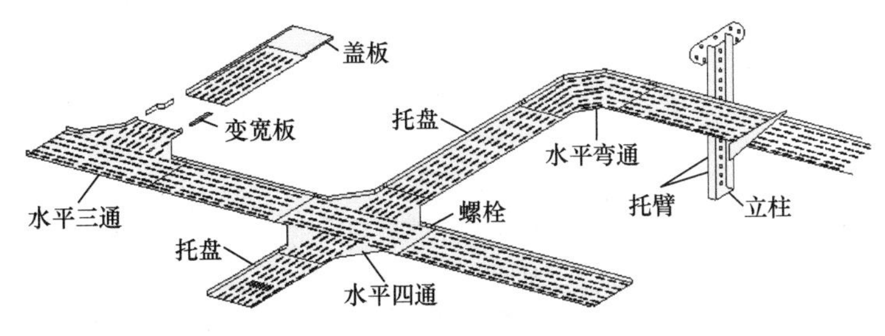

图8.11 电缆桥架

电缆与设备连接，其终端要做电缆终端头（简称电缆头），电缆头主要有热缩电缆头（图8.12）、冷缩电缆头（图8.13）和干包电缆头等。

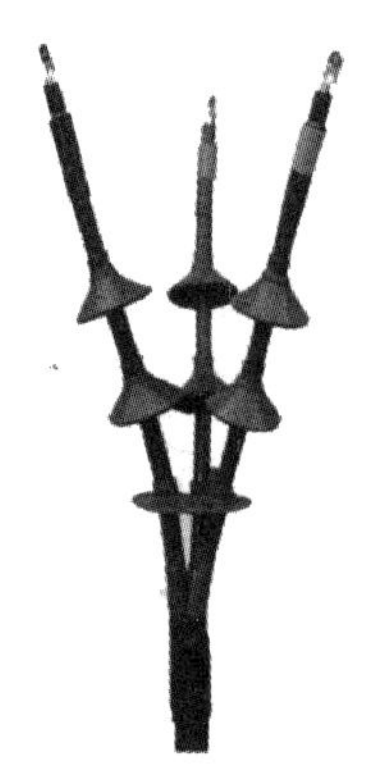
图 8.12 热缩电缆头

图 8.13 冷缩电缆头

(2) 照明支线

① 绝缘导线。室内照明常用的导线是绝缘导线。

绝缘导线按线芯材料分为铜芯(T,可省略)和铝芯(L);按线芯股数分为单股和多股;按线芯结构分为单芯、双芯和多芯;按绝缘材料分为橡皮绝缘导线(X)和塑料绝缘导线(V、YJ 等)。BLV-500-25 表示铝芯塑料绝缘塑料导线,额定电压为 500V,线芯截面面积为 $25mm^2$。导线的型号表示如图 8.14 所示。

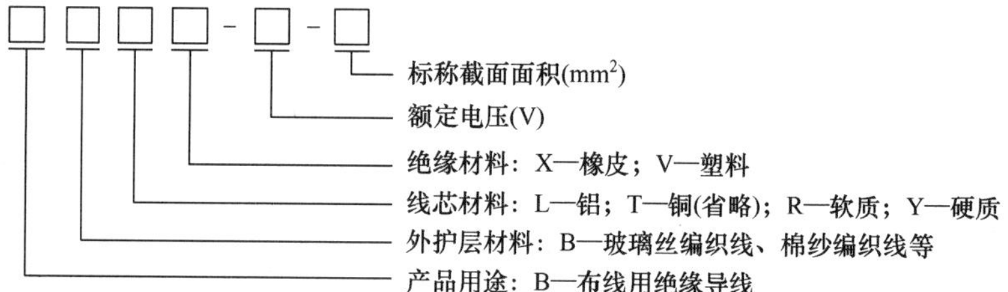

图 8.14 导线的型号

② 导线安装。民用建筑中照明支线常用线管配线和线槽配线(表 8-3)。

表 8-3 线路敷设方式的代号

序号	名　称	文字符号
1	穿焊接钢管(钢导管)敷设	SC
2	穿普通碳素钢电线管敷设	MT
3	穿可挠金属电线管敷设	CP
4	穿硬塑料导管敷设	PC
5	穿阻燃半硬塑料导管敷设	FPC
6	穿塑料波纹电线管敷设	KPC
7	电缆托盘敷设	CT
8	电缆梯架敷设	CL
9	金属槽盒敷设	MR
10	塑料槽盒敷设	PR

续表

序号	名　　称	文字符号
11	钢索敷设	M
12	直埋敷设	DB
13	电缆沟敷设	TC
14	电缆排管敷设	CE

A. 配管配线。按照敷设方法有明敷和暗敷两种。

a. 明敷是用固定卡子将管子固定在墙、梁、顶板和钢结构上。明配线管的敷设方式有支架敷设、吊架敷设和管卡敷设。

b. 暗敷需要配合土建施工，将管子预埋在墙、梁、顶板和柱内。

配管材料有金属管和塑料管。常用的金属管有水煤气管、薄壁钢管、金属软管等，金属管不宜用在潮湿、腐蚀性环境中。常用的塑料管有硬塑料管、半硬塑料管、软塑料管等。

暗敷线宜沿最近线路敷设，并减少弯曲。埋于地下的管道不能对接焊接，宜穿套管焊接。明敷不允许焊接，只能用螺纹连接。

B. 线槽材料。线槽材料主要有塑料线槽和金属线槽，适用于正常环境中室内明布线，钢制线槽不宜在有腐蚀性气体或液体环境中使用。

C. 配管附件。包括灯头盒、接线盒、开关盒等。配管附件也分明装式和暗装式。选择配管附件时，金属配线只能用金属附件；塑料配线只能用塑料附件，严禁混用。

穿线的要求（钢、塑管相同）：管子长度＞30m 且无弯曲时，中途加装一个接线盒；管子全长＞20m 且有一个弯曲时，加装一个接线盒；管子全长＞12m 且有两个弯曲时，加装一个接线盒；管子全长＞8m 且有三个弯曲时，加装一个接线盒。

对于明敷，直角弯曲不得超过 4 个；而对于暗敷，直角弯曲不得超过 3 个。

管内敷设的导线绝缘电压应不低于 500V 交流电压。管内所穿的导线总面积（包括导线外皮）不应超过管孔面积的 40％。在同一管内导线数目不应超过 10 根。

管子弯曲角度不得小于 90°，管子弯曲半径不应小于管子直径的 6 倍。管内不允许出现接头，所有导线的接头和分支都应在接线盒内进行。钢管之间及钢管与灯座盒、插座盒、开关盒、接线盒、配电箱等电器设备之间均用金属导线跨接，并紧密连接（如焊接）使整个线管系统的金属外壳连成一体，并接地（接零），以确保安全。

③ 线路敷设代号格式。电力线路或照明线路在平面图中，只要走向相同，无论导线的根数多少，都可用一条图线表示，同时在图线上打上短斜线表示根数，对于两根导线，可用一条图线表示，不必标注根数，这在电力及照明平面图中已成惯例。

电力线路和照明线路的编号、导线型号、规格、根数、敷设方式、管径、敷设部位等的表示，可以在图线旁直接标注线路安装代号。其基本格式如下。

$$a-b-c\times d-e-f$$

式中，a 表示线路编号或线路用途；b 表示导线型号；c 表示导线根数；d 表示导线截面面积（mm^2），不同截面要分别标注；e 表示配线方式和穿管管径（mm）；f 表示敷设部位。

4. 照明线路设备

照明线路的设备主要有灯具、开关、插座、风扇等。

(1) 灯具

常用灯具代号见表 8-4,灯具安装方式代号见表 8-5。

表 8-4 常用灯具代号

灯具类型	代号	灯具类型	代号
普通吊灯	P	投光灯	T
壁灯	B	工厂灯、防爆灯	C
花灯	H	荧光灯	Y
吸顶灯	D	防水防尘灯	F
柱灯	Z	搪瓷伞形罩灯	S
卤钨探照灯	L		

表 8-5 灯具安装方式代号

序号	安装方式	文字符号	序号	安装方式	文字符号
1	线吊式	SW	6	吸顶式	C
2	链吊式	CS	7	吸顶嵌入式	R
3	管吊式	DS	8	墙装内安装	WR
4	壁装式	W	9	吊顶内安装	CR
5	支架上安装	S	10	座装	HM

(2) 开关

开关有拉线开关、扳把开关、按钮开关等。开关的安装方式有明装和暗装两种。按开闭灯具的要求有单控、双控、三控、四控等形式。按外壳防护形式分普通式、防水防尘式、防爆式等。常用开关类型如图 8.15 所示,照明灯具与线路的连接如图 8.16 所示。

(a) 单控开关

(b) 双控开关

(c) 三控开关

(d) 四控开关

(e) 防水防尘式开关

(f) 防爆式开关

图 8.15 常用开关类型

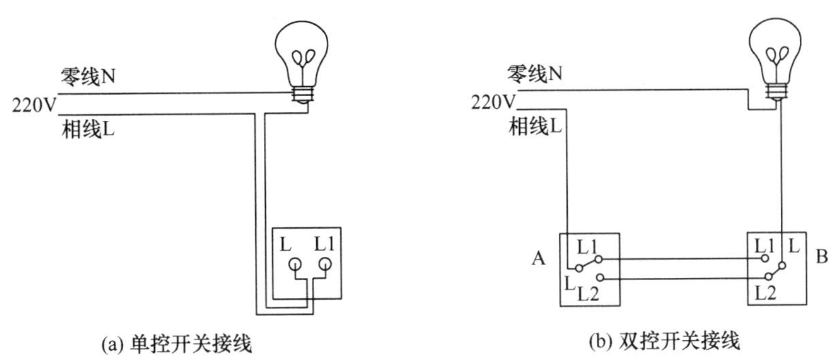

(a) 单控开关接线　　(b) 双控开关接线

图 8.16　照明灯具与线路的连接

（3）插座

插座主要用来插接移动电气设备和家用电器设备。按相数，分单相插座、三相插座；按安装方式分明装和暗装；按防护方式分普通式、防水防尘式、防爆式等。插座（开关）型号说明如图 8.17 所示，常用插座类型及插座线路连接如图 8.18 和图 8.19 所示。

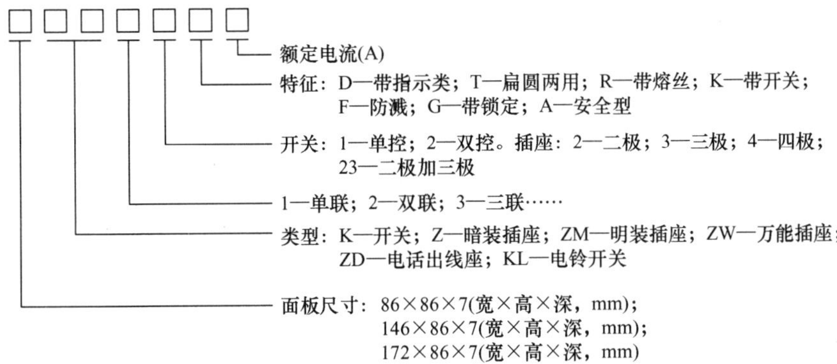

图 8.17　插座（开关）型号说明

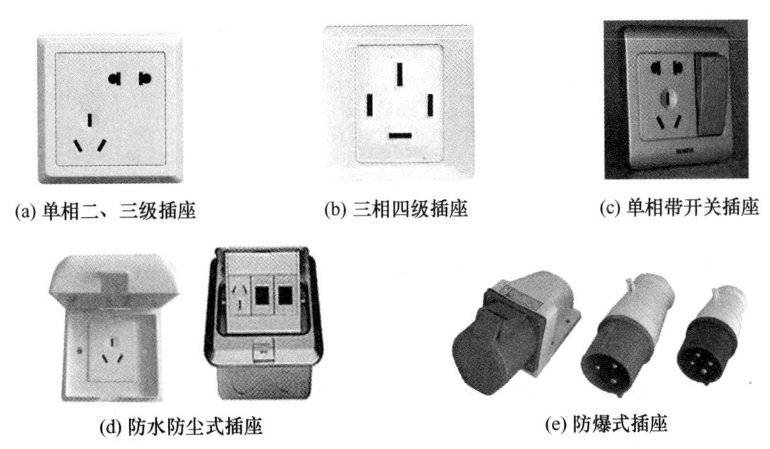
(a) 单相二、三级插座　　(b) 三相四级插座　　(c) 单相带开关插座

(d) 防水防尘式插座　　(e) 防爆式插座

图 8.18　常用插座类型

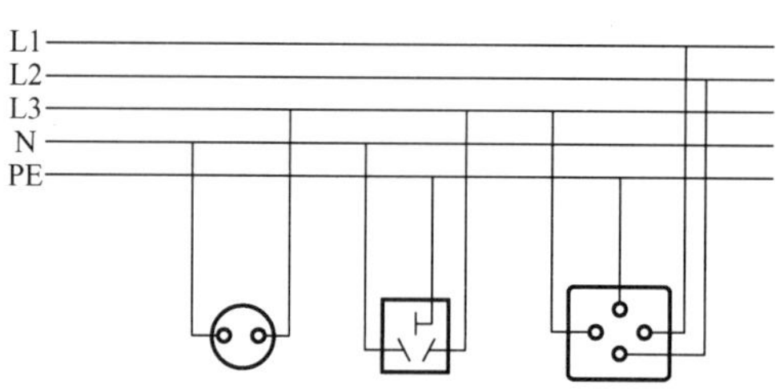

图 8.19 插座线路连接

8.1.5 防雷接地

1. 防雷装置

雷电容易损坏建筑物和击穿电气设备的绝缘物质，从而造成对人体的伤害，为预防雷电的破坏和伤害，在建筑物或构筑物上必须安装防雷设施。防雷主要由接闪器、引下线和接地装置等组成，如图 8.20 所示。

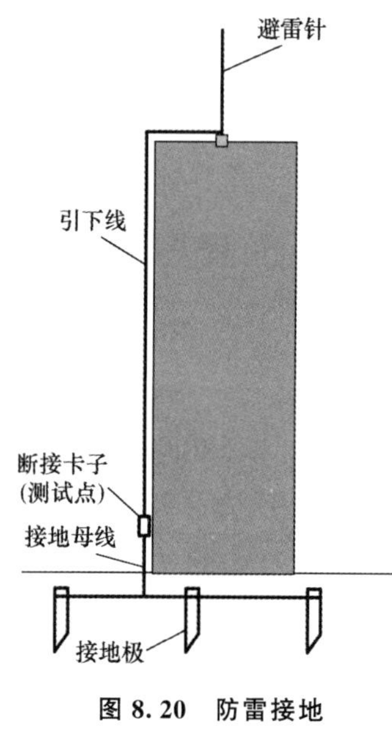

图 8.20 防雷接地

(1) 接地装置

① 接地极。接地极由钢管、角钢、圆钢和铜板或钢板制作而成，一般长度为 2.5m，每组 3～6 根不等，直接打入地下，与室外接地母线连接。

② 接地母线。其敷设分为户内和户外。户内接地母线一般沿墙用卡子固定敷设，户外接地母线一般埋设在地下，沟的挖填土方按上口宽 0.5m，下底宽 0.4m，深 0.75m，每米沟长挖土量 0.34m^3。接地母线多采用扁钢或圆钢作为接地材料。

③ 接地跨越线。接地跨越线是指接地母线遇到障碍物（如建筑物伸缩缝、沉降缝）需跨越时的连接线，或是利用金属构件作为接地线时需要焊接的连接线。

高层建筑多采用铝合金窗，为了防止侧面雷击，损坏建筑物或伤人，按照规范要求，需安装接地线与墙或柱主筋连接。

(2) 引下线

引下线是从避雷针或屋顶避雷网向下沿建筑物、构筑物和金属构件引下的导线。一般采用扁钢或者圆钢作为引下线。目前大多数建筑物引下线设计利用构造柱内两根主筋作为引下线，与基础钢筋网焊接形成一个大的接地网。

为了便于测量接地电阻，在引下线（明装）距地面 1.8m 处装设断接卡子，即接地电阻测试点，并在引下线地上 1.7m 至地下 0.3m 处加装塑料管或竹管保护。利用建筑物钢筋作为引下线时，不能设断接卡子，一般在距地面 0.5m 处用短的扁钢或镀锌钢筋从柱筋焊接引出，作为测试电阻的测试点（图 8.21）。

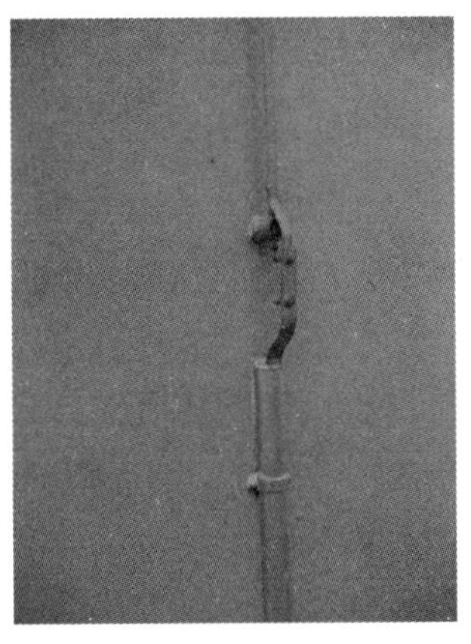

(a) 明敷引下线与断接卡

(b) 暗敷引下线与断接卡

图 8.21 断接卡子（接地电阻测试点）

(3) 接闪器

① 避雷针。它是一种接受雷电的装置，安装在建筑物和构筑物的最高点，一些重要的场所如变电站等需安装独立避雷针，避雷针由镀锌钢管和圆钢制成。

② 避雷网（带）。它用于屋面大的建筑。设置于建筑物的顶部，一般采用圆钢作为避雷网。一些建筑物用不锈钢作为避雷网，造价较高，根据规范要求，高层建筑中每隔三层设置均压环，均压环可利用圈梁钢筋或另设一根扁钢或者圆钢与圈梁内作均压环（图 8.22），主要防止侧向雷电对建筑物造成的破坏。

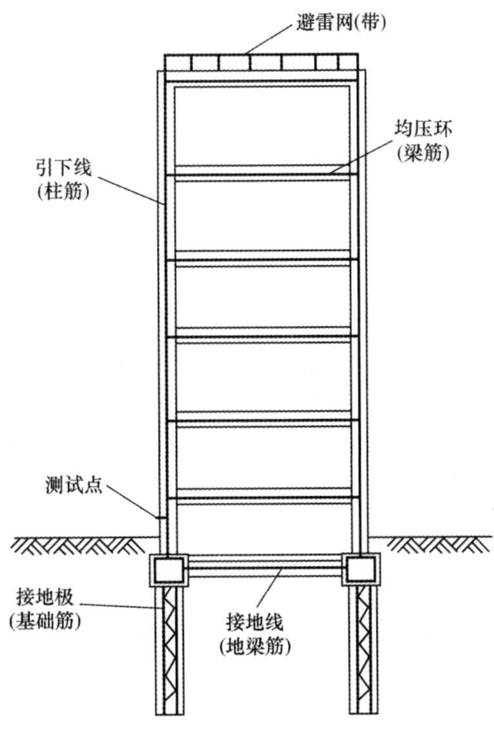

图 8.22 利用建筑物内钢筋形成避雷网

③ 避雷线。常用于架空线路上，材料采用截面面积不小于 35mm^2 的镀锌钢绞线。

④ 避雷器。用来防护雷电沿线路侵入建筑物内，以损坏电气设备。常用避雷器的形式有阀式避雷器、管式避雷器、金属氧化物避雷器、保护间隙和击穿保险器等。

2. 接地与接零

(1) 接地

接地情况如图 8.23 所示，可分以下几种。

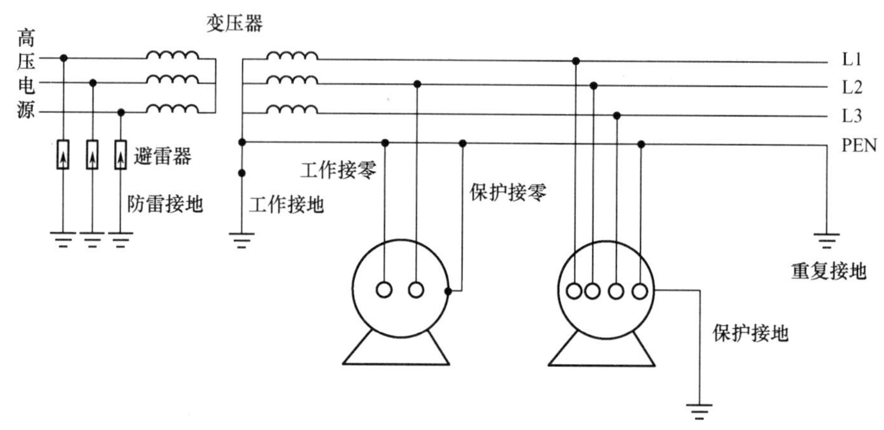

图 8.23 接地情况

① 工作接地。工作接地指变压器中性点与接地装置连接。

② 保护接地。保护接地指设备金属外壳与接地装置连接。

③ 重复接地。当线路较长或接地电阻要求较高时，为尽可能降低零线的电阻，除变压器低压侧中性点直接接地外，将零线上一处或多处再进行接地，这种接地方式称为重复接地。

④ 防雷接地。为泄掉雷电电流而设置的防雷接地装置，称为防雷接地。

(2) 接零

① 工作接零。单相用电设备为取得单相电压而接的零线，称为工作接零。其连接线称为中性线（N）或零线，与保护线（PE）共用的称为 PEN 线。

② 保护接零。为防止电气设备因绝缘损坏而使人身遭受触电危险，将电气设备的金属外壳与电源的中性线（零线）用导线连接起来，称为保护接零。其连接线也称为保护线或保护零线。

3. 等电位连接

等电位连接就是电气装置的各外露导电部分和装置外导电部分的电位实质上相等的连接（图 8.24）。等电位连接能够消除或减少各部分间的电位差，降低保护电器动作不可靠的危险，消除或降低从建筑物外窜入电气装置外露导电部分的危险电压。

等电位连接分为总等电位连接（MEB）、局部等电位连接（LEB）、辅助等电位连接（SEB）。

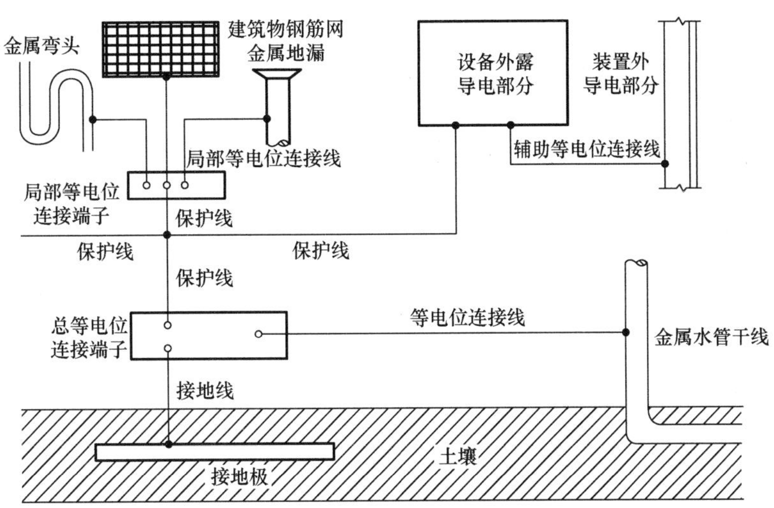

图 8.24 等电位连接示意

8.1.6 电气设备

1. 变配电设备

变配电工程是对变配电系统中的变配电设备进行检查、安装的施工过程。

变配电设备是变电设备和配备设备的总称，其主要作用是变换电压和分配电能，由变压器（图 8.25）、断路器、开关、互感器、电抗器、电容器，以及高、低压配电柜等组成。变配电设备安装分室内、室外和杆上 3 种，一般均安装在室内（变电所或变电站）。

（1）变压器安装

① 变压器的搬运方式。单件质量在 10t 以内的变压器一般采用汽车和起重机进行搬运。

② 变压器检查。一般采用汽车式起重机或链式起重机做吊芯、吊罩检查。

③ 变压器干燥。变压器干燥时间的长短取决于变压器受潮程度，以及选择的干燥工艺。变压器的干燥方法有短路干燥和涡流干燥等。

（2）其他变配电设备安装

空气开关、熔断器、电抗器、电容器、负荷开关、高压配电柜（图 8.26～图 8.30）等的搬运和安装一般采用机械施工。

2. 控制设备与低压电器

电气控制设备安装主要是低压盘（屏）、柜、箱的安装，以及各式开关、低压电气器具、盘柜、配线、接线端子等动力和照明工程常用的控制设备与低压电器的安装。

其中配电箱（盘）根据用途的不同分为电力配电箱（盘）和照明配电箱（盘）两种。安装方式分为明装（悬挂式）和暗装（嵌入式）及半明半暗装等。按照制作材质可分为铁制、木制及塑料制品。现场运用较多的是铁制配电箱。

(a) S11-M-30/10三相油浸式电力变压器

(b) SC10-50/35-0.4干式变压器

(c) 杆上变压器

(d) 自耦变压器

图 8.25　变压器

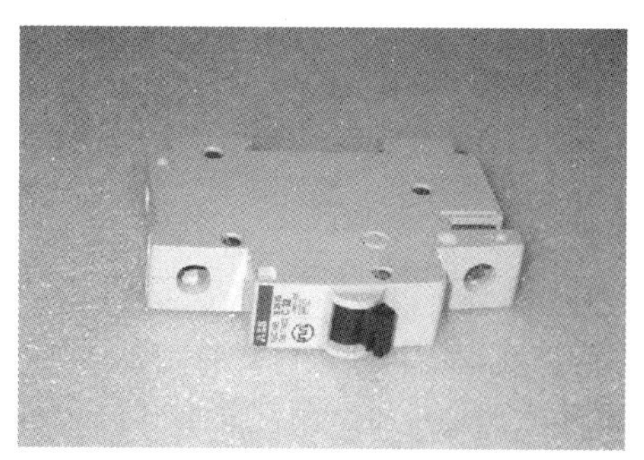

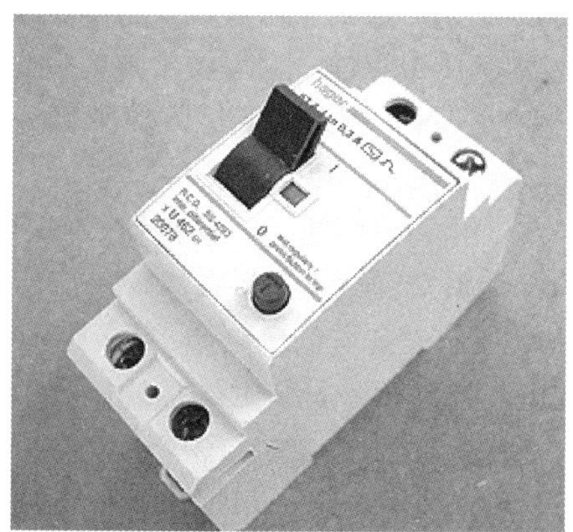

图 8.26　空气开关和带漏电保护的空气开关

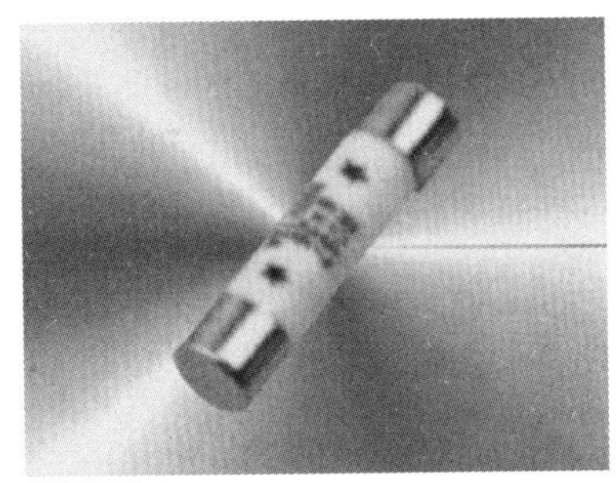

图 8.27 螺旋式熔断器和圆筒形帽熔断器

图 8.28 三相串联电抗器

图 8.29 电容器

(a) 负荷开关

(b) 高压配电柜

图 8.30 负荷开门、高压配电柜

配电箱（盘）按产品划分有成品配电箱、自制配电箱及自制配电箱的箱内接线（图 8.31）。

3. 电机

电机是发电机和电动机的统称，而建筑工程中的电机一般指电动机（图 8.32）。电动机的种类较多：①按照工作电源分为直流电动机和交流电动机，交流电动机又划分为单相电动机和三相电动机；②按结构和工作原理可划分异步电动机和同步电动机；③按启动和运行方式分为电容起动式单相异步电动机、电容起动运转式单相异步电动机和分相式单相异步电动机；④按用途可划分为驱动用电电动机和控制用电电动机；⑤按转子的结构分为笼式感应电动机和绕线转子感应电动机。

(a) 成品配电箱　　(b) 自制配电箱

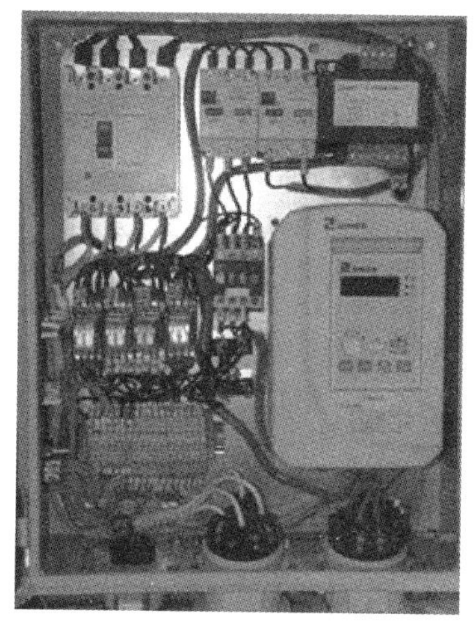

(c) 自制配电箱的箱内接线

图 8.31　配电箱

(a) 直流电动机　　(b) 交流电动机

图 8.32　电动机

4. 电气设备安装材料

① 扁钢。扁钢如图 8.33(a) 所示，用于制作支架、吊架、避雷带、接地线等。规格为—50×5。

② 角钢。角钢如图 8.33(b) 和图 8.33(c) 所示，用于制作支架、吊架、避雷装置等。规格为L50×50×6 和L40×25×3。

③ 圆钢。圆钢如图 8.33(d) 所示，用于制作螺栓、钢索、接地线、避雷针等。规格为 8 号，直径 8mm。

以上是导体用的钢材料，以下是安装用的钢材料。

④ 槽钢。槽钢如图 8.33(e) 所示，用于制作配电屏支座等。规格为 20 号，h=200mm。

⑤ 工字钢。工字钢如图 8.33(f) 所示，常用于各种电气设备的固定底座、变压器台架等。规格：腹板高度 (h)×腹板厚度(d)，工字钢型号以腹高（单位：cm）数表示。如 10 号工字钢，表示其腹高为 10cm。

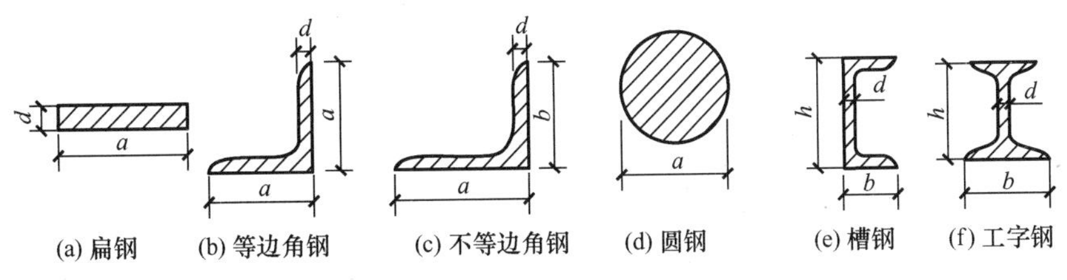

图 8.33　电气设备安装材料

8.2　电气施工图识读

8.2.1　电气工程图纸的组成

电气工程图由首页、系统图、平面图、电气原理接线图、安装接线图、设备布置图和大样图等组成。

电力及照明工程施工图是建筑设计单位提供给施工单位从事动力及照明工程安装的图纸，是电气工程图最基本的图纸之一。

1. 首页

首页即文字部分，主要包括图纸目录、设计说明、图例及主要材料表等。

① 图纸目录。图纸目录包括图纸的名字和编号。

② 设计说明。设计说明主要阐述该电气工程的概况、设计依据、基本指导思想、图纸中未能标明的施工方法、施工注意事项、施工工艺等。

③ 图例及主要材料表。图例及主要材料表一般包括该图纸内的图例、图例名称、设备型号规格、设备数量、安装方法、生产厂家等。

2. 系统图

系统图是表现整个工程或工程一部分的供配电方式的图纸，它集中反映了电气工程的规模。常用的供电方式有放射式、树干式、链式、混合式。系统图可以单线表示也可以多线表示。

3. 平面图

平面图是表现电气设备与线路平面布置的图纸，是进行电气安装的重要依据。

平面图包括电气总平面图、电力平面图、照明平面图、变电所平面图、防雷与接地平面图等。平面图应按建筑物不同标高的楼层地面分别画出，每一楼层的电力平面图与照明平面图要分开绘制。

电力平面图及照明平面图主要表现电力及照明线路的敷设位置、敷设方式；导线型号、截面、根数，线管的种类及线管管径；各种用电设备（照明灯、吊扇、风机泵、插座）及配电设备（配电箱、控制箱、开关）的型号、数量、安装方式和相对位置。

4. 电气原理接线图

电气原理接线图是表现某设备或系统的电气工作原理的图纸。用来指导设备与系统的安装、接线、调试、使用与维护。电气原理接线图分为整体式原理接线图和展开式原理接线图。

① 整体式原理接线图特点。以电气元件为单位，显示出器件间接线情况，从而表示出电气回路的动作原理，但不表示各电气设备元件的结构尺寸、安装位置和实际配线方法。

② 展开式原理接线图特点。将电路图中有关设备元件解体，将每个元件的线圈和辅助触头及其他控制、保护、监测、信号等有关元件，按所完成的动作回路而分别画在不同的功能回路中，同一动作回路画在一条线上，但同一元件的各线圈、触点和接点要以同一文字符号标注。

5. 安装接线图

安装接线图是表现设备或系统内部各种电气元件之间连线的图纸，用来指导接线与查线，它与电气原理接线图对应。其特点为：图中只表示电气元件的安装地点和实际尺寸、位置和配线方式等，但不能直观地表示电路的原理和电气元件间的控制关系。

6. 设备布置图

设备布置图是表现各种电气设备之间的位置、安装方式和相互关系的图纸。设备布置图主要由平面图、立面图、断面图、剖面图及构件详图等组成。

7. 大样图

大样图是表现电气工程中某一部分或某一部件的具体安装要求与做法的图纸。其中一部分的大样图选用的是国家标准图。

识读时，施工图中各图纸应协调配合阅读，对于具体工程来说，为说明配电关系时需有配电系统图；为说明电气设备、器件的具体安装位置时需有平面布置图；为说明设备工作原理时需有控制原理图；为表示元件连接关系时需有安装接线图；为说明设备、材料的特性、参数时需有设备材料表等。

这些图纸各自的用途不同，但它们之间是相互联系并协调一致的。在识读时应根据需要，将各图纸结合起来识读，以达到对整个工程或分部项目全面了解的目的。

8.2.2 识图方法

1. 识读程序

先看图纸目录，再看施工说明，了解图例符号，系统结合平面，电气结合土建，熟悉施工顺序。

针对一套电气工程图，一般应先按以下顺序阅读，然后再对某部分内容进行重点识读。

① 看标题栏及图纸目录。了解工程名称、项目内容、设计日期及图纸内容和数量等。

② 看设计说明。了解工程概况、设计依据等，了解图纸中未能表达清楚的各有关事项。

③ 看设备材料表。了解工程中所使用的设备和材料的型号、规格和数量。

④ 熟悉电气图例符号，弄清图例、符号所代表的内容。常用的电气工程图例及文字符号可参见国家颁布的《电气简图用图形符号》（GB/T 4728—2008）及《建筑电气制图标准》（GB/T 50786—2012）。

⑤ 看系统图。了解系统基本组成，主要电气设备和元件之间的连接关系，以及它们的规格、型号、参数等，掌握该系统的组成概况。

⑥ 看平面图。例如，看照明平面图、防雷接地平面图等。了解电气设备的规格、型号、数量，了解线路的起始点、敷设部位、敷设方式和导线根数等。平面图的阅读可按以下顺序进行：电源进线→总配电箱→干线→分配电箱→支线→电气设备。

⑦ 看电气原理接线图。了解系统中电气设备的电气自动控制原理，以指导设备安装调试工作。

⑧ 看安装接线图。了解电气设备的布置与接线。

⑨ 看大样图。了解电气设备的具体安装方法、安装部件的具体尺寸等。

2. 识读要点

识图时应抓住以下要点进行识读。

① 供电方式和相数。明确是高压还是低压供电，是单相供电还是三相供电。了解供电电源的来源、引入方式及路数。

② 进户方式。明确是电杆进户、沿墙边埋角钢进户还是地下电缆进户。

③ 线路分配情况。明确配电方式是放射式、树干式还是混合式，明确各配电回路的相序、路径。

④ 线路敷设。明确线路的敷设方式是绝缘子布线、管子布线、线槽布线还是电缆布线等，弄清线路的敷设部位、敷设方式及导线的型号和根数。

⑤ 照明设备器具的布置。明确安装高度及平面位置。

⑥ 接地防雷情况。

3. 识读脉络

识读顺序为：进户线→总配电箱→干线→分配电箱→支线→用电设备。

4. 施工顺序

熟悉施工顺序，便于阅读电气施工图。如识读配电系统图、照明与插座平面图时，就应首先了解室内配线的施工顺序。

① 根据电气施工图确定设备安装位置、导线敷设方式、敷设路径及导线穿墙或楼板的位置。

② 结合土建施工进行各种预埋件、线管、接线盒、保护管的预埋。

③ 装设绝缘支持物、线夹等，敷设导线。

④ 安装灯具、开关、插座及电气设备。

⑤ 进行导线绝缘测试、检查及通电试验。

⑥ 工程验收。

8.2.3 常用电气图形符号

常用电气图形符号见表8－6，主接线中主要电气元件的图形符号和文字符号见表8－7。强电设备辅助符号见表8－8。

表8－6 常用电气图形符号

图形符号	文字说明	图形符号	文字说明	图形符号	文字说明
	常开触点		常闭触点		断路器
	隔离器		负荷隔离开关		熔断器
	屏、台、箱柜的一般符号		动力配电箱（盘）		照明配电箱
	事故照明配电箱（屏）		多种电源箱（计量箱）		电源自动切换箱
	自动开关箱		带熔断器的刀开关箱		按钮的一般符号
	带指示灯的按钮		单级开关		单极暗装开关
	双极开关		三级开关		单极开关（密封防水）
	防爆型单极开关		单极拉线开关		双控开关（单极三线）
	钥匙开关		电铃	3 n	导线（电路、电缆线路、母线符号）；3根线；n根线
	单相插座 暗装 密闭防水 防爆		带接地三相插座 暗装 密闭防水 防爆		带接地单相插座 暗装 密闭防水 防爆
	灯的一般符号		投光灯	E	应急疏散指示标
	自带电源的应急照明灯		防水防尘灯		球形灯
	天棚灯		花灯		单管日光灯
	弯灯		壁灯		双管日光灯
	双稳格栅灯		向上配线		向下配线
	垂直通过配线		无接地极 有接地极		接地的一般符号

表 8-7 主接线中主要电气元件的图形符号和文字符号

元件名称	图形符号	文字符号	元件名称	图形符号	文字符号
变压器		T	热继电器		KF
断路器		QA	电流互感器		BE
隔离开关		QB	电压互感器		BE
隔离器		QB	避雷器		F
熔断器		FA	移相电容器		CA
接触器动合触点		QAC			

表 8-8 强电设备辅助符号

强电	文字符号	中文名称	强电	文字符号	中文名称
1	DB	配电屏（箱）	11	LB	照明配电箱
2	UPS	不间断电源装置（箱）	12	ELB	应急照明配电箱
3	EPS	应急电源装置（箱）	13	WB	电度表箱
4	MEB	总等电位端子箱	14	IB	仪表箱
5	LEB	局部等电位端子箱	15	MS	电动机启动器
6	SB	信号箱	16	SDS	Y-△启动器
7	TB	电源切换箱	17	SAT	自耦降压启动器
8	PB	动力配电箱	18	ST	软启动器
9	EPB	应急动力配电箱	19	HDR	烘手器
10	CB	控制箱、操作箱			

8.3 预算定额及施工图预算编制

8.3.1 电气照明工程的有关预算定额

执行《河南省通用安装工程预算定额》（HA02-31—2016）第四册《电气设备安装工程》，本定额适用于工业与民用新建、扩建和改建工程，10kV 以下变配电设备及线路安装工程、车间动力电气设备及电气照明器具、防雷接地装置安装、配管配线、电气调整试验等的安装工程。用于电气照明工程的有关章节如下。

① 第二章配电装置安装工程。

② 第九章配电、输电电缆敷设工程。

③ 第十章防雷与接地装置安装工程。

④ 第十一章电压等级 10kV 及以下架空线路输电工程。

⑤ 第十二章配管工程。

⑥ 第十三章配线工程。

⑦ 第十四章照明器具安装工程。

⑧ 第十五章低压电器设备安装。

⑨ 第十七章电气设备调试工程。

8.3.2 电气照明工程量计算顺序

电气照明工程量根据该项工程电气设计施工图的照明平面图、照明系统图及设备材料表等进行计算。照明线路的工程量按施工图上标明的敷设方式和导线的型号规格，用比例尺量出其长度并进行计算。根据施工图上标明的图例和文字符号分别进行照明设备、用电器具统计。一般先算干线，后算支线，按不同的敷设方式、不同的导线进行计算。工程量划分应与定额一致，单位与定额一致。除了施工图中表示的工程量外，还应计算施工图中没有表示出来而施工中又必须进行的工程项目。如在暗配管工程中，遇有建筑沉降缝时应做接线箱过渡。

通常我们按照下列顺序进行计算。

① 进户装置。从进户横担到总配电箱的线路工程量。

② 总配电箱。配电箱的安装工程量。

③ 配电线路。总配电箱至分配电箱（干线），配电箱至照明灯具、开关或用电器具（支线）的配管配线。

④ 照明器具安装。包括灯具、开关及用电器具安装。

⑤ 照明工程量分项汇总。

8.3.3 进户装置

室内照明的电源是通过进户装置从室外引入室内的。导线进入室内有两种进线方式，一种为架空进户，另一种为电缆进户。

对于低压架空进线，通常根据电气施工图的划分，进户装置的进户线横担以前部分列入外网安装工程。进户横担则属于室内照明工程。

对于从户外以电缆入户内的进线，在照明工程中只考虑低压电缆终端头的制作与安装，其引接电缆的安装计入外网工程。

1. 架空进户

架空进户装置由横担、绝缘子、防水弯头等组成。

(1) 定额及工程量计算规则

① 定额。执行第四册《电气设备安装工程》“进户横担”项目 P. 362；“绝缘子安装” P. 363；“进户线架设” P. 375。

② 工程量计算规则为：以“组”“片（只）”“m”为计量单位计算。

进户线工程量的计算如下。

$$进户线=(1.5m+配管+预留长度)\times导线根数$$

式中，1.5m表示自进户管外端口算起的进户线室外预留长度；配管＝0.15m＋墙厚＋室内图示尺寸，0.15m为伸出外墙皮部分的管长；预留长度按总配电箱的预留长度计，预留长度＝宽＋高。

（2）定额使用说明

① 未计价材：横担损耗率0.5％，绝缘子2％，防水弯头3％，支撑铁件5％，螺栓2％，电力电缆1.8％。

② 街码金具安装定额适用于沿建（构）筑物外墙架设的输配电线路工程。

2. 电缆进户

电缆进户按其工作内容进行工程量计算。

（1）电缆沟土方

① 定额及工程量计算规则。

a. 定额。执行第四册《电气设备安装工程》P.205。

b. 工程量计算规则。

以“m^3”为计量单位。

一般情况下，直埋电缆沟的挖填土（石）方量按表8-9计算。

表8-9 直埋电缆沟的挖填土（石）方量

项　　目	电缆根数	
	1～2根	每增1根
每米沟长挖方量（m^3）	0.450	0.153

注：① 两根以内的电缆沟系按上口宽600mm、下口宽400mm、深900mm计算常规土方量（深度按规范的最低标准）。

② 每增加一根电缆，其宽度增加170mm。

③ 以上土方量系按埋深从自然地坪算起，如设计埋深超过900mm，多挖的土方应另行计算。

电缆保护管埋地敷设，其土方量凡有施工图注明的，按施工图计算；无施工图的，一般按沟深0.9m、沟宽按最外边的保护管两侧边缘外各增加0.3m工作面计算。

② 定额使用说明。

沟槽挖填定额包括土石方开挖、回填、余土外运等，适用于电缆保护管土石方施工，定额是按人工施工考虑的，工程采用机械施工时，执行人工施工定额，不做调整。

（2）电缆沟的铺砂盖砖及移动盖板

① 定额及工程量计算规则。

A. 定额。

执行第四册《电气设备安装工程》P.206、P.207。

B. 工程量计算规则。

以“10m”为计量单位。移动盖板以揭一次与盖一次或者移出一次与移回一次为计算基础。按照实际揭与盖或移出与移回的次数乘以其长度，以“m”为计量单位。移动盖板或揭或盖，定额均按一次考虑的，如又揭又盖，则按两次计算。

② 定额使用说明。

A. 揭、盖、移动盖板定额综合考虑了不同工序，执行定额时不因工序的多少而调整。

B. 电缆沟盖板采用金属盖板时，根据设计图纸分工执行相应的定额。属于电气安装专业设计范围的电缆沟金属盖板制作与安装，执行《电气设备安装工程》第七章金属构件、穿墙套板安装工程，按相应定额乘以系数 0.6。

(3) 电缆保护管敷设

① 定额及工程量计算规则。

A. 定额。

执行第四册《电气设备安装工程》P. 208。

B. 工程量计算规则。

电缆保护管铺设根据电缆敷设路径区别不同敷设方式、敷设位置、管材材质、规格，按照设计图示敷设，数量以“m”为计量单位。

工程量=设计长度+增加长度

式中，增加长度表示为以下几种。

a. 横穿马路时，按路基宽度两端各增加 2m；

b. 保护管需要出地面时，弯头管口距地面增加 2m；

c. 穿过建（构）筑物外墙时，从基础外缘起增加 1m；

d. 穿过沟（隧）时，从沟（隧）道壁外缘以外增加 1m。

② 定额使用说明。

电缆保护管铺设定额分为地下铺设、地上铺设两部分。入室后需要电缆保护管时，执行《电气设备安装工程》定额第十二章配管工程相关定额。

地下铺设不论人工或机械铺设、铺设深度，均执行定额，不做调整。地上铺设保护管定额不分角度与方向，综合考虑不同壁厚与长度，执行定额时不做调整。

(4) 电缆敷设

① 定额及工程量计算规则。

A. 定额。

执行第四册《电气设备安装工程》P. 231。

B. 工程量计算规则。

工程量=(电缆线路长+预留长度)×(1+2.5%)

电缆敷设长度应根据敷设路径的水平和垂直敷设长度，按表 8-10 的规定增加电缆敷设的附加长度。

表 8-10　电缆敷设的附加长度

序号	项　　目	预留长度	说　　明
1	电缆敷设弛度、波形弯度、交叉	2.50%	按电缆全长计算
2	电缆进入建筑物	2.0m	规范规定最小值
3	电缆进入沟内或吊架时引上（下）预留	1.5m	规范规定最小值
4	变电所进、出线	1.5m	规范规定最小值
5	电力电缆终端头	1.5m	检修余量最小值
6	电缆中间接头盒	两端各留 2.0m	检修余量最小值
7	电缆进控制、保护屏及模拟盘等	高+宽	按盘面尺寸

续表

序号	项　　目	预留长度	说　　明
8	高压开关柜及低压配电盘、柜	2.0m	盘下进出线
9	电缆至电动机	0.5m	从电动机接线盒算起
10	厂用变压器	3.0m	从地坪算起
11	电缆绕过梁柱等增加长度	按实际计算	按被绕物的断面情况计算增加长度
12	电梯电缆与电缆架固定点	每处 0.5m	规范最小值

注：电缆附加及预留长度是电缆敷设长度的组成部分，应计入电缆长度工程量之内。

② 定额使用说明。

A. 未包括电缆终端头和电缆中间盒的制作安装。

B. 未考虑波形增加长度、弛度增加长度、绕梁（柱）及接头等预留长度。

C. 电缆定额均按三芯（包括三芯连地）编制的，电缆每增加一芯相应定额增加 15%。五芯定额乘以系数 1.15；六芯定额乘以系数 1.3；单芯电力电缆按同截面电缆定额乘以系数 0.7；两芯电缆按照三芯电缆定额执行。400～800mm^2的单芯电力电缆敷设按 400mm^2电力电缆定额乘以系数 1.35 执行；800～1600mm^2的单芯电力电缆敷设按 400mm^2电力电缆乘以系数 1.85 执行。

D. 室内敷设电力电缆定额综合考虑了用户区内室外电缆沟、室内电缆沟、室内桥架、室内支架、室内线槽、室内管道等不同环境敷设，执行时不做调整。

E. 室外电力电缆敷设定额是按照平原地区施工条件编制的，未考虑在积水区、水底、深井下等特殊条件下的电缆敷设。电缆在一般山地、丘陵地区敷设时，其定额人工乘以系数 1.30。该地段施工所需的额外材料（如固定桩、夹具等）应根据施工组织设计另行计算。

F. 竖井通道内敷设电缆定额适用于单段高度大于 3.6m 的竖井。在单段高度小于或等于 3.6m 竖井时，应执行“室内敷设电力电缆”相关定额。

G. 电缆敷设定额中不包括支架的制作与安装，工程应用时，执行第四册《电气设备安装工程》第七章金属构件、穿墙套板安装工程相关定额。

H. 铝合金电缆敷设根据规格执行相应的铝芯电缆敷设定额。

I. 电缆敷设需要钢索及拉紧装置安装时，应执行第四册《电气设备安装工程》第十三章配线工程相应定额。

（5）电缆终端头

① 定额及工程量计算规则。

A. 定额。

执行第四册《电气设备安装工程》P. 245。

B. 工程量计算规则。

以“个”为计量单位。

a. 电力电缆和控制电缆均按一根电缆有两个终端头考虑。

b. 中间电缆头设计有图示的，按设计确定；设计没有规定的以单根长度 400m 为标准，每增加 400m 计算一个中间头，增加长度小于 400m 时计算一个中间头。

② 定额使用说明。定额使用说明包括以下内容。

A. 电缆终端头制作安装定额中包括镀锡裸铜线、扎索管、接线端子、压接管、螺栓等消耗性材料。

B. 定额不包括终端盒、中间盒、保护盒、插接式成品头、铅套管主材及支架安放。

C. 双屏蔽电缆头制作安装执行相应定额人工乘以系数1.05。

8.3.4 控制设备及低压电器——配电箱安装

【配电箱】

照明配电装置常用的有箱、盘、板等不同结构，最常用的是照明配电箱。照明配电箱一般为工厂生产的定型产品，适用于工业与民用建筑，根据照明的不同要求也可以做成非标准的。

1. 成套配电箱安装

(1) 定额及工程量计算规则

① 定额。

执行第四册《电气设备安装工程》P.65。

② 工程量计算规则。

区分半周长，以“台”为计量单位。

(2) 定额使用说明

① 基础槽钢、角钢未包括在定额中，实际发生时另行计算，执行《电气设备安装工程》第七章金属构件、穿墙套板安装工程相关定额。

② 成品配套空箱体安装执行相应的“成套配电箱”安装定额乘以系数0.5。

③ 未计价材：成套配电箱。

2. 自制配电箱

(1) 定额及工程量计算规则

① 配电箱空箱体的安装。

A. 定额。执行《电气设备安装工程》P.65。

按半周长套“成套配电箱”相应项目，未计价材为空箱体。

B. 工程量计算规则：以“台”为计量单位。

② 熔断器安装。

A. 定额：执行第四册《电气设备安装工程》P.618。

B. 工程量计算规则：以“个”为计量单位。

③ 刀开关。

A. 定额：执行第四册《电气设备安装工程》P.613/4-15-13，根据实际工程，也可以是其他开关。

B. 工程量计算规则：以“个”为计量单位。

④ 电度表安装。

A. 定额：执行第四册《电气设备安装工程》P.75/4-2-114。

B. 工程量计算规则：以“块”为计量单位。

⑤ 箱内配线。

A. 定额：执行第四册《电气设备安装工程》盘、柜、箱、板配线P.484。

B. 工程量计算规则：区分导线截面，以“10m”为计量单位。

工程量=半周长×回路数

盘柜配线仅适用于盘柜上设备元件的少量现场配线，不适用于工厂设备的修、配、改工程。

（2）定额使用说明

① 电表箱、明装配电箱及各种配电箱均按半周长套用“成套配电箱”相应项目。

② 盘柜配线仅适用于盘柜上设备元件的少量现场配线，不适用于工厂设备的修、配、改工程。

③ 定额不包括接线端子、保护盒、箱体等的安装，工程实际发生时，执行相关项目。

④ 定额中未包括支架制作安装，发生时支架执行《电气设备安装工程》第七章相关定额。

盘、箱、柜的外部进出线预留长度按表8-11计算。

表8-11 盘、箱、柜的外部进出线预留长度

序号	项　　目	预留长度	说　　明
1	各种箱、柜、盘、板、盒	高+宽	盘面尺寸
2	单独安装的铁壳开关、自动开关、刀开关、启动器、箱式电阻器、变阻器	0.5m	从安装对象中心算起
3	继电器、控制开关、信号灯、按钮、熔断器等小电器	0.3m	从安装对象中心算起
4	分支接头	0.2m	分支线预留

说明：

1. 端子板安装通常用于电气动力工程及配变电工程中的非标准屏、箱、柜台制作预算。

2. 盘柜配线是指在非标准屏、柜、箱、台内部的各电器元件之间及与端子板之间的配线。

3. 端子板外部接线适用于控制线及小截面的动力线和照明用线在盘箱柜台端子板上的外部接线。

4. 导线的接线端子俗称“线鼻子”。铜接线端子与铜导线的连接用锡焊焊接，铝接线端子与铝导线的连接则采用外力压接。

焊（压）接线端子定额只适用于导线，电缆终端头制作安装定额中已包括压接线端子，不得重复计算。

5. 总等电位箱。按照半周长0.5m的成套配电箱安装子目乘以系数0.4。

6. 电缆π接箱按室内端子箱套用。

8.3.5 配电线路

1. 配管

【配管】

配管方式有明配与暗配两种形式。明配管通常用管卡子固定于砖、混凝土结构上或固定于钢结构支架及钢索上。暗配管是配合土建施工把管子预先埋入墙壁楼板或天棚内，使用年限长，造价偏高，但由于在建筑物内看不到电气管线，不影响建筑物的美观，因此暗配管被广泛用于民用住宅或工业建筑中。

此外，在工业厂房中，由于动力用电设备遍布于厂房内各处，且管路错综复杂，故需在混凝土地面下暗敷管线。这种动力配管需在土建工程浇筑混凝土地坪前或支架浇筑模板时，便将管子预先敷设完毕。

(1) 定额及工程量计算规则

① 定额。

常用的几种配管定额为《电气设备安装工程》如下项目。

P. 388 套接紧定式镀锌钢导管 (JDG)(由钢导管、连接套管及其金属附件采用螺钉紧定连接技术组成，是敷设电压 1kV 及以下绝缘电线专用保护管路的一种形式)。

P. 393 镀锌钢管敷设。

P. 413 防爆钢管敷设。

P. 423 可挠金属套管敷设。

P. 427 塑料管敷设。

② 工程量计算规则。

A. 各种配管应区别不同敷设方式、敷设位置、管材材质、规格 (公称直径)，以“m”为计量单位，不扣除管路中间的接线箱 (盒)、灯头盒、开关盒所占长度。

B. 水平敷设的配管，在平面图中按比例量测，垂直敷设的配管据其位置或高度计算。

C. 计算配管时，应严格区分导线根数。

(2) 定额使用说明

① 钢管材质是按镀锌钢管考虑的，定额不包括采用焊接钢管刷油，需要时执行第十二册《刷油、防腐蚀、绝热工程》。

② 定额中未包括配管支架的制作安装，配管支架执行《刷油、防腐蚀、绝热工程》第七章金属构件、穿墙套板安装工程。

③ 工程采用镀锌电线管时，执行镀锌钢管定额。镀锌电线管主材费按照镀锌钢管用量另行计算。

④ 工程采用扣压式薄壁钢导管 (KBG) 时，执行套接紧定式镀锌钢导管 (JDG) 定额。主材费按照镀锌钢管用量另行计算。计算其管主材费用时应包括管件费用。

⑤ 配管定额是按照各专业间配合施工考虑的，定额中不考虑凿槽、刨沟、凿孔 (洞) 等费用。

⑥ 室外埋设配线管的土石方施工，参照《刷油、防腐蚀、绝热工程》第九章电缆沟沟槽挖填定额执行。室内埋设配线管的土石方原则上不单独计算。

2. 配线

(1) 管内穿线

管内穿线是管线工程的最后一道工序。

① 定额及工程量计算规则。

A. 定额。

执行第四册《电气设备安装工程》P. 447。

B. 工程量计算规则。

管内穿线工程量应区别线路性质、导线材质、导线截面，以单线“m”为计量单位。线路分支接头线的长度已综合考虑在定额中，不得另行计算。

工程量=(配管长度+预留长度)×导线根数

式中，当导线与配电箱相接时，预留长度等于半周长，半周长=（宽+高），导线进出户预留长度为1.5m。配线进入开关箱、柜、板的预留线按表8-12规定的长度，分别计入相应工程量。

表8-12 配线进入箱、柜、板的预留长度（每一根线）

序号	项　目	预留长度	说　明
1	各种开关箱、柜、板	高+宽	盘面尺寸
2	单独安装（无箱、盘）的铁壳开关、闸刀开关、启动器、线槽进出线盒	0.3m	从安装对象中心算起
3	由地面管子出口引至动力接线箱	1.0m	从管口计算
4	电源与管内导线连接（管内穿线与软、硬母线接点）	1.5m	从管口计算
5	出户线	1.5m	从管口计算

② 定额使用说明。照明线路中的导线截面面积大于或等于6mm²时，应执行动力线路穿线相应项目。

(2) 塑料护套线明敷设

① 定额及工程量计算规则。

A. 定额。

执行第四册《电气设备安装工程》P.465。

B. 工程量计算规则。

区别导线截面、导线芯数（二芯、三芯）、敷设位置（木结构、砖混结构、沿钢索），以单根线路计算，“m”为计量单位。

② 定额使用说明。

定额中未考虑接线盒，须另行计算。

(3) 线槽配线

线槽配线整齐美观、方便。

① 定额及工程量计算规则。

A. 定额。

执行第四册《电气设备安装工程》线槽配线P.463。

B. 工程量计算规则。

区别导线截面，以单根线路计算，“m”为计量单位。

② 定额使用说明。

定额中未包括线槽的安装，线槽安装另执行线槽相应项目，见P.441。

线槽配线子目仅按照单芯导线截面面积编制，如实际为多芯导线时，不换算，将多芯导线截面折合成单芯截面进行套用。

8.3.6 接线盒安装

导线在线槽和线管内不得有接头，当导线在线路中有分支时，分支处应设接线盒，线管配线在导线的每一出处都应设接线盒。此外，管线超过规定长度也应设接线盒。

1. 接线盒

(1) 定额及工程量计算规则

① 定额。

执行第四册《电气设备安装工程》P. 482。

② 工程量计算规则。

区别安装形式（明装、暗装、钢索上）及接线盒类型，以“个”为计量单位计算。

接线盒数量的确定规则如下。

① 配管长超过规定限值时，必须设接线盒；管长超过 30m，无弯曲；有一个弯曲，管长超过 20m；有两个弯曲，管长超过 12m；有 3 个弯曲，管长超过 8m。两接线盒间，对于暗配管，其直角弯曲不得超过 3 个；对于明配管，其直角弯曲不得超过 4 个。

② 层间无分配电箱，干线分支处必须设接线盒。

③ T 形配管必须设接线盒。

(2) 定额使用说明

适用电压等级小于或等于 380V 电压等级用电系统。定额中不包括接线盒的材料费，一般按成品盒以未计价材考虑。户内等电位盒执行接线盒子目。

2. 开关盒

(1) 定额及工程量计算规则

① 定额。

执行第四册《电气设备安装工程》P. 482。

② 工程量计算规则。

开关盒、插座盒、灯头盒都算作开关盒的工程量，以“个”为计量单位。

(2) 定额使用说明

开关盒、插座盒、灯头盒均执行开关盒子目。

8.3.7 照明器具

【照明灯具】

照明器具（编码：030412）包括各种灯具、控制开关，以及小型电器具，如风扇、电铃等。

1. 照明灯具

(1) 普通灯具

① 定额。

吸顶灯具安装见定额第四册 P. 494。其他普通灯具安装见定额第四册 P. 495，普通灯具安装定额适用范围见表 8－13。

表 8-13 普通灯具安装定额适用范围

定额名称	说明
圆球吸顶灯	材质为玻璃的螺口、卡口圆球独立吸顶灯
半圆球吸顶灯	材质为玻璃的半圆球吸顶灯、扁钢罩吸顶灯、平圆形吸顶灯
方形吸顶灯	材质为玻璃的独立矩形罩吸顶灯、方形罩吸顶灯、大口方罩吸顶灯
软线灯	软线作为垂吊材料，独立材质为玻璃、塑料、搪瓷，形状如碗伞、平盘顶罩组成的各式软线吊灯
吊链灯	吊链作为辅助悬吊材料，独立材质为玻璃、塑料罩的各式链灯
防水灯	一般防水吊灯
一般弯脖灯	圆球弯脖灯、风雨壁灯
一般墙壁灯	各种材质的一般壁灯、镜前灯
软线吊灯头	一般吊灯头
声光控座头灯	一般声控、光控座灯头
座灯头	一般塑胶、瓷质座灯头

② 工程量计算规则。

区别灯具的种类、型号、规格，以“套”为计量单位计算。

(2) 荧光灯具

① 定额及工程量计算规则。

A. 定额。

定额见第四册 P.542。

B. 工程量计算规则。

根据灯具安装形式、灯具种类、灯管数量，以“套”为计量单位计算。

② 定额使用说明。

各种灯具的引导线，除注明者外，均已综合考虑在定额内，执行时不得另算。定额内已包括利用摇表测量绝缘及一般灯具的试亮工作，但不包括调试工作。

(3) 装饰灯

① 定额及工程量计算规则。

A. 定额见第四册 P.497。

B. 工程量计算规则：以“套”或“m”为计量单位计算。

② 定额使用说明。

安装定额考虑了超高因素，并包括了脚手架搭拆费。

2. 开关、插座和风扇安装

此处的开关指控制照明器具用的灯具开关，有板式（翘板）、板把、拉线、密闭开关。

(1) 定额及工程量计算规则

① 定额(见第四册)。

开关:P.588;插座:P.593;风扇:P.631;风扇接线:P.635/4-15-83;风扇调速器安装:P.616/4-15-27。

② 工程量计算规则。

开关:区别安装形式、种类、开关极数及单控与双控,以“套”为计量单位计算。

插座:区别电源相数、额定电流、插座安装形式、插座插孔个数,以“套”为计量单位计算。

风扇:区别风扇种类,以“台”为计量单位计算。

(2) 定额使用说明

① 开关、插座等的预留线已综合在相应定额内,不得另行计算。

② 风扇安装已包含调速开关的安装及开关接线,但未包括风扇接线定额,另执行风扇接线定额。风扇调速器开关定额用于仅安装调速开关时使用。

③ 带开关插座按照插座的种类套用单相或三相插座。

8.3.8 送配电装置系统调试

送配电设备系统是指送配电用的开关、控制设备及一、二次回路,系统调试即指对上述各个电气设备及电气回路的调试。

(1) 定额及工程量计算规则

① 定额。

定额见第四册 P.662/4-17-28。

② 工程量计算规则。

A. 每一个民用安装工程至少计算“一个系统”。

B. 若分配电箱内设有仪表、继电器、电磁开关、漏电保护装置(不包括闸刀开关、保险器),每个分配电箱可计一个调试系统。

C. 若分配电箱内只有电度表、刀开关、熔断器,则不能作为单独调试系统。

(2) 定额使用说明

① 送配电设备系统调试定额适用于各种送配电设备和低压供电回路的系统调试。其中的交流 1kV 以下定额适用于所有的低压供电回路,如从低压配电装置至分配电箱的供电回路,但从配电箱至电动机的供电回路已包括在电动机的系统调试定额内。

A. 供电系统调试包括系统内的电缆试验、瓷瓶耐压等全套试验工作。

B. 供电桥回路中的断路器、母线分段断路器皆作为独立系统计算。

C. 定额皆按一个系统一侧配一台断路器考虑,若两侧皆有断路器时,则按两个系统计算。

② 各项调试定额均已包括该系统范围内所有设备的本体调试工作,一般情况下不做调整。

③ 定额的调试范围只限于电气设备本身的调整试验,不包括电动机带动机械设备的试运行工作,应另行计算。

④ 各项调试定额均包括熟悉资料、核对设备、填写试验记录、整理和编写报告等附属工作，但不包括试验仪表装置的转移费用。

8.3.9 电气照明工程案例

【例8-1】 按安装工程量计算规则及定额项目划分，计算图8.34所示电气照明的定额人工费、材料费、机械费、管理费、利润及综合工日（配电箱的工程量及进线部分不必计算）。

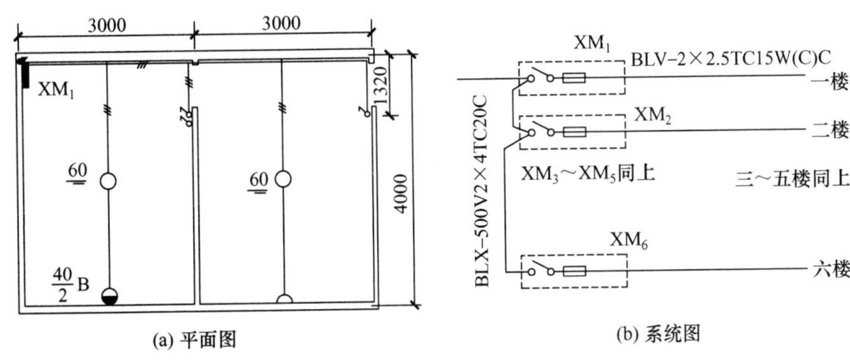

图8.34 电气照明

说明：

(1) 建筑物为6层，层高3.2m，砖混结构，楼板厚0.15m，墙厚0.24m（不考虑抹灰厚度）。

(2) 各层平面布置相同，每层均配置明装照明配电箱一台，配电箱高500mm、宽400mm，安装高度箱底边距地面1.6m。

(3) 扳把开关安装距地1.4m，插座安装距地0.9m。

(4) 各层间干线采用DN20电线管暗敷，各层配电箱引出至本层的线路，全部采用沿墙或天棚穿电线管配线。

(5) 未计价材料预算价格见表8-14。

表8-14 未计价材料预算价格

名　称	规　格	单价（元/m）	名　称	规　格	单价（元/套）
塑料绝缘线	BLV-2.5	0.70	翘板开关	暗装	3.26
橡皮绝缘线	BLX-4	0.75	单相插座	10A	8.00
电线管	DN15	6.20	壁灯	一般	42.00
电线管	DN20	6.20	软线吊灯具	60W	15.00

解：(1) 工程量计算

① 干线 $\begin{cases}\text{配管 MT20}=(3.2-0.5)\times 5=13.5(\text{m})\\ \text{管内穿线 BLX}-2\times 4=[13.5+(0.5+0.4)\times 10]\times 2=45(\text{m})\end{cases}$

② 一层配电线路

二线段：

配管 MT15 (15.34m)：水平＝0.2＋(1.5－0.12)＋3.00＋(1.32－0.12)＋(2－0.12)×2＝9.54(m)

竖直＝(3.2－0.15－1.6－0.5)＋(3.2－0.15－1.4)＋(3.2－0.15－0.9)＋(3.2－0.15－2.0)＝5.80(m)

管内穿线 BLV－2×2.5＝[15.34＋(0.5＋0.4)]×2＝32.48(m)

六层共计：BLV－2×2.5＝32.48×6＝194.88(m)，MT15＝15.34×6＝92.04(m)

三线段：

配管 MT15 (6.61m)：水平＝(1.32－0.12)＋(2－0.12)×2＝4.96(m)

竖直＝3.2－0.15－1.4＝1.65(m)

管内穿线 BLV－3×2.5＝6.61×3＝19.83(m)

六层共计：BLV－3×2.5＝19.83×6＝118.98(m)，MT15＝6.61×6＝39.66(m)

四线段：

配管 MT15＝1.5－0.12＝1.38(m)

管内穿线 BLV－4×2.5＝1.38×4＝5.52(m)

六层共计：BLV－4×2.5＝5.52×6＝33.12(m)，MT15＝1.38×6＝8.28(m)

合计：

BLV－2.5＝194.88＋118.98＋33.12＝346.98(m)

MT15＝92.04＋39.66＋8.28＝139.98(m)

③ 翘板开关（暗装）：3×6＝18(套)

④ 单相插座 10A：1×6＝6(个)

⑤ 一般壁灯 40W：1×6＝6(套)

⑥ 软线吊灯具 60W：2×6＝12(套)

⑦ 接线盒：18 个

⑧ 开关盒：42 个

(2) 费用计算

配管 MT20，工程量＝13.5m＝1.35(10m)

查定额 4－12－35，得

人工费＝1.35×56.64＝76.46(元)

材料费＝1.35×13.07＋1.35×10.30×6.2＝103.86(元)

管理费＝1.35×12.19＝16.46(元)

利润＝1.35×6.27＝8.46(元)

综合单价＝76.46＋103.86＋16.46＋8.46＝205.24(元)

综合工日＝1.35×0.47＝0.63(工日)

配管 MT15　工程量＝139.98m＝13.998(10m)

查定额 4－12－34，得

人工费＝13.998×56.64＝792.85(元)

材料费＝13.998×10.93＋13.998×10.30×6.2＝1046.91(元)

管理费＝13.998×12.19＝170.64(元)

利润＝13.998×6.27＝87.77(元)

综合单价＝792.85＋1046.91＋170.64＋87.77＝2098.17(元)

综合工日＝13.998×0.47＝6.58(工日)

管内穿线 BLX-2×4　工程量=45.00m=4.50(10m)

查定额 4-13-2，得

人工费=4.50×6.99=31.46(元)

材料费=4.50×0.85+4.5×11.0×0.75=40.95(元)

管理费=4.50×1.30=5.85(元)

利润=4.50×0.67=3.02(元)

综合单价=31.46+40.95+5.85+3.02=81.28(元)

综合工日=4.50×0.05=0.23(工日)

管内穿线 BLV-2.5　工程量=34.698(10m)

查定额 4-13-1，得

人工费=34.698×10.19=353.57(元)

材料费=34.698×1.31+34.698×11.6×0.7=327.20(元)

机械费=0 元

管理费=34.698×2.08=72.17(元)

利润=34.698×1.07=37.13(元)

综合单价=353.57+327.20+72.17+37.13=790.07(元)

综合工日=34.698×0.08=2.78(工日)

翘板开关（暗装）　工程量=18 套

查定额 4-14-379，得

人工费=18×7.04=126.72(元)

材料费=18×1.36+18×1.02×3.26=84.33(元)

机械费=0 元

管理费=18×1.56=28.08(元)

利润=18×0.80=14.40(元)

综合单价=126.72+84.33+28.08+14.40=253.53(元)

综合工日=18×0.06=1.08(工日)

单相插座 10A　工程量=6 套

查定额 4-14-399，得

人工费=6×7.04=42.24(元)

材料费=6×1.12+6×1.02×8=55.68(元)

机械费=0 元

管理费=6×1.56=9.36(元)

利润=6×0.80=4.80(元)

综合单价=42.24+55.68+9.36+4.80=112.08(元)

综合工日=6×0.06=0.36(工日)

一般壁灯 40W　工程量=6 套

查定额 4-14-8，得

人工费=6×16.26=97.56(元)

材料费=6×22.51+6×1.01×42=398.58(元)

机械费=0 元

管理费=6×3.37=20.22(元)

利润=6×1.73=10.38(元)

综合单价=97.56+398.58+20.22+10.38=526.74(元)

综合工日=6×0.13=0.78(工日)

软线吊灯具 60W　工程量=12 套

查定额 4-14-4，得

人工费=12×11.40=136.80(元)

材料费=12×8.39+12×1.01×15=282.48(元)

机械费=0 元

管理费=12×2.34=28.08(元)

利润=12×1.20=14.40(元)

综合单价=136.80+282.48+28.08+14.40=461.76(元)

综合工日=12×0.09=1.08(工日)

接线盒　工程量=18 个

查定额 4-13-179，得

人工费=18×3.87=69.66(元)

材料费=18×1.25+18×1.02×3=77.58(元)

机械费=0 元

管理费=18×0.78=14.04(元)

利润=18×0.40=7.20(元)

综合单价=69.66+77.58+14.04+7.20=168.48(元)

综合工日=18×0.03=0.54(工日)

开关盒　工程量=42 个

查定额 4-13-178，得

人工费=42×4.29=1386.42(元)

材料费=42×0.37+42×1.02×3.2=152.63(元)

机械费=0 元

管理费=42×0.78=32.76(元)

利润=42×0.40=16.80(元)

综合单价=1386.42+152.63+32.76+16.80=1588.61(元)

综合工日=42×0.03=1.26(工日)

【例 8-2】 图 8.35 所示为某工程电气照明图，按《河南省通用安装工程预算定额》的工程量计算规则及定额项目划分，进行工程量计算（电源进户线不计算）。

说明：

(1) 建筑物 2 层，层高 3.0m，砖混结构，楼板厚 0.15m，墙厚均为 0.24m（不考虑抹灰厚度）。

(2) 一、二层平面布置相同，每层均设于墙洞一台照明配电箱，尺寸高 500mm×宽 400mm，安装高度底边距地面 1.6m。拉线开关距楼板（天棚）底面 40cm。

(3) 配线及楼层间干线。采用电线管穿 BLV－2×4 线暗配，每层配电箱引出至本层线路，全部采用电线管穿 BLV－2.5 线墙或沿楼板顶面向下暗配。配电箱内部配线不考虑，要计算配电箱内的电器安装。

(4) 电线管。穿 2×4、2×2.5、3×2.5 线者采用 DN20，穿 4×2.5 线采用 DN25，不考虑接线盒、灯头盒。

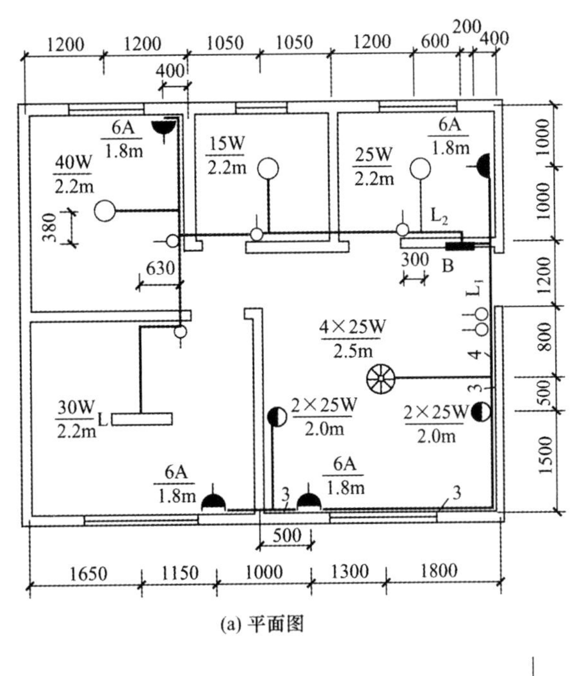

(a) 平面图

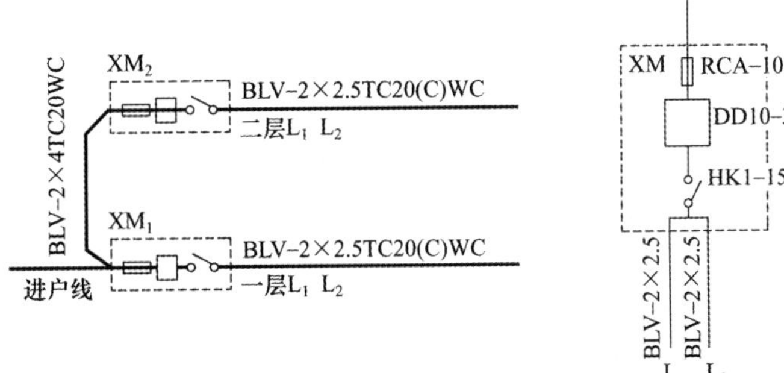

(b) 盘面系统图

图 8.35　电气照明图

解：(1) 配电箱

配电箱包括如下几个。

① 配电箱的安装：2 台。

② 熔断器安装：2 个。

③ 闸刀开关安装：2 个。

④ 电度表安装：2 块。

⑤ 箱内配线：(0.5＋0.4)×2×2＝3.6(m)。

(2) 干线

干线包括:

配管 MT20=3m−0.5m=2.50m

配线 BLV-2×4=[2.5+(0.5+0.4)×2]m×2=8.60m

(3) 各层配管配线

各层配管配线包括如下几个。

① 二线。

L_1 回路:

配管 MT20 (12.86m) 水平=[0.2+(0.4−0.12)+(1.2−0.12)+(1.8−0.12)+(1.5−0.12)+(0.5+0.12)+(1+0.12)]m=6.36m

竖直=[(3−1.6−0.5)+(3−1.8)×3+(3−2.0)×2]m=6.50m

L_2 回路:

配管 MT20 (16.13m) 水平=[0.24+0.6+(1.2−0.3)+1.05+(1.05+0.12)+(2−0.24−0.38)+(0.4−0.12)+(1.2−0.12)+(1−0.12)×2+(1.2+0.12+0.12)+0.63+1.3]m=11.83m

竖直=[(3−1.6−0.5)+(3−1.8)+(0.4+0.15)×4]m=4.30m

合计 MT20=(12.86+16.13)m=28.99m

配线 BLV-2.5=[28.99+(0.5+0.4)×2]m×2=61.58m

② 三线。

L_1 回路:

配管 MT20 (5.79m) 水平=[0.5+(1.5−0.12)+(3.1−0.12)+(0.5−0.12)]m=5.24m

竖直=(0.15+0.4)m=0.55m

L_2 回路:

配管 MT20　　水平=(0.3+0.38)m=0.68m

合计 配管 MT20=(5.79+0.68)m=6.47m

配线 BLV-2.5=(6.47×3)m=19.41m

③ 四线。

配管 MT25=0.80m

配线 BLV-2.5=(0.8×4)m=3.20m

④ 二层合计。

BLV-2×4=8.60m

BLV-2.5=[(61.58+19.41+3.20)×2]m=168.38m

配管 MT20=[2.50+(28.99+6.47)×2]m=73.42m

配管 MT25=(0.8×2)m=1.60m

一般壁灯安装:4 套

白炽吊灯:6 套

日光灯:2 套

花灯:2 套

单相暗插座:8 套

拉线开关：12 个

送配电系统调试：1 系统

【例 8-3】 图 8.36 所示为某工程电气照明图，按照《河南省通用安装工程预算定额》的工程量计算规则及定额项目划分，进行工程量计算（电源进户线不计算）。

说明：

(1) 建筑物 3 层，层高 3.5m，楼板厚 0.15m，墙厚 0.24m，各层平面布置相同（不考虑抹灰厚度）。

(2) 每层均设配电箱一台，配电箱高 400mm、宽 600mm，箱中心距地面安装高度为 1.5m，插座距地面 1.2m，暗装扳把开关距地面 1.5m。

(3) 配线及楼层间干线。采用电线管穿 BLV-2×4 线暗配，每层配电箱引出至本层线路，全部采用电线管穿 BLV-2×2.5 线沿墙或楼板顶面向下暗配。配电箱内部配线考虑，应计算配电箱电气安装、接线盒和灯头盒。

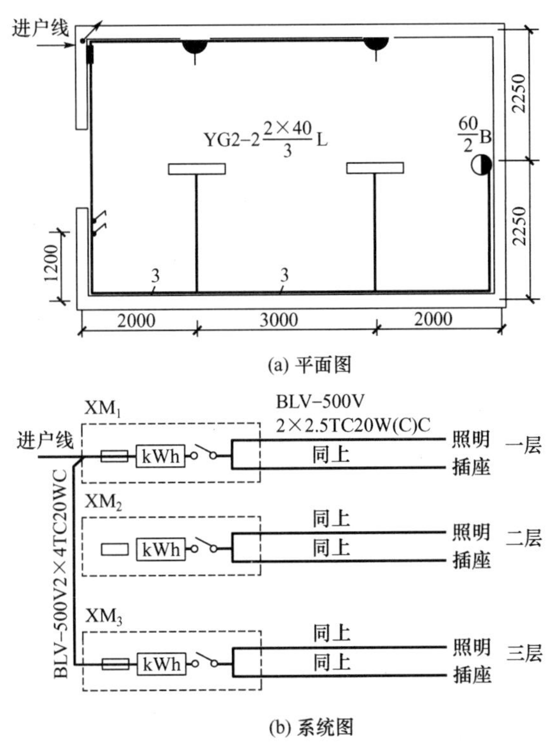

图 8.36 电气照明图

解：(1) 配电箱

配电线包括如下几个。

① 配电箱的安装：3 台。

② 熔断器安装：3 个。

③ 闸刀开关安装：3 个。

④ 电度表安装：3 块。

⑤ 箱内配线：(0.4+0.6)×2×3=6(m)。

(2) 干线

干线包括:

配管 MT20=(3.5−0.4)m×2=6.20m

配线 BLV-2×4=[6.20+(0.4+0.6)×4]m×2=20.40m

(3) 各层配管配线

各层配管配线包括:

二线:
- 配管 MT20 (26.03m):
  - 水平=[(5−0.12+0.3)+(4.5−1.2−0.12−0.3)+(2.25−0.12)×3+(2−0.12)]m=16.33m
  - 竖直=[(3.5−1.5−0.2)×2+(3.5−1.2)×2+(3.5−2)]m=9.70m
- 配线 BLV-2×2.5=[(26.03+(0.4+0.6)×2]m×2=56.06m

三线:
- 配管 MT20 (7.96m):
  - 水平=[(5−0.12)+(1.2−0.12)]m=5.96m
  - 竖直=(3.5−1.5)m=2m
- 配线 BLV−3×2.5=(7.96×3)m=23.88m

三层合计:

配管 MT20=[(26.03+7.96)×3+6.20]m=108.17m

配线 BLV-2.5=[(56.06+23.88)×3]m=239.82m

配线 BLV-4=20.40m

(4) YG2 荧光灯:2 套×3=6 套

(5) 壁灯 60W:1 套×3=3 套

(6) 单相暗插座:2 套×3=6 套

(7) 扳把开关(暗装):2 套×3=6 套

(8) 接线盒:4 个×3=12 个

(9) 开关盒:7 个×3=21 个

(10) 送配电系统调试:1 系统

8.3.10 防雷接地工程定额及工程量计算

为防止建筑物、构筑物遭到雷电的破坏,需要采取防雷击措施,对于具体工程的建筑物防雷类别,由工程设计确定(图 8.37)。

防雷接地预算定额适用于各种建筑物和构筑物的防雷接地、变配电系统接地、设备接地及避雷针的接地装置。

防雷接地预算定额不适用于采用爆破法施工敷设接地线、安装接地极,也不包括高土壤电阻率地区采用换土或化学处理的接地装置及接地电阻的测定工作。

除避雷网安装定额外,其他定额均已考虑高空作业。

为防止漏项,可按以下顺序进行防雷接地工程量的统计:接闪器→引下线→断接卡子→接地母线→接地极→接地系统调试。

1. 避雷带(网)

(1) 定额及工程量计算规则

① 定额。

定额见第四册 P.285。

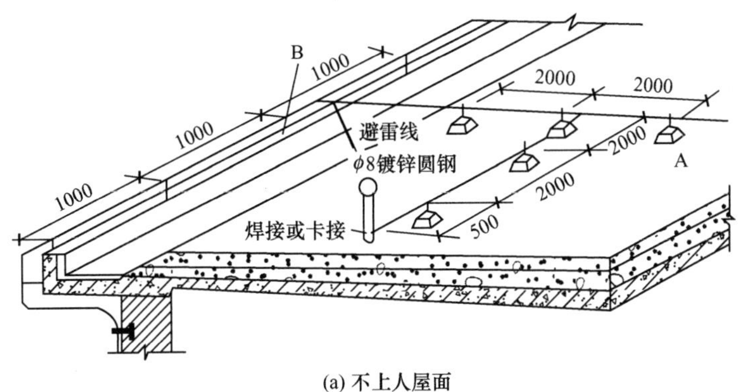

(a) 不上人屋面

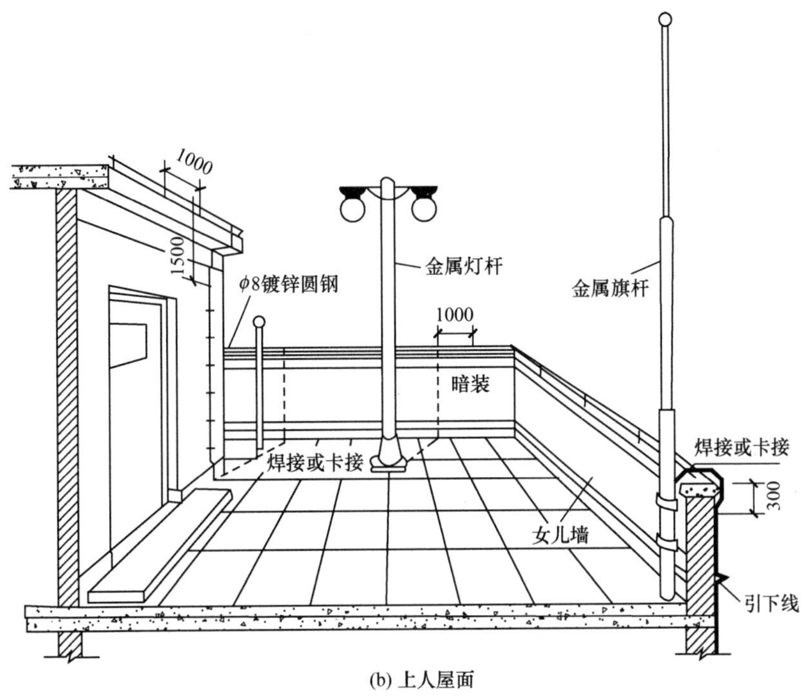

(b) 上人屋面

图 8.37 屋面防雷接地示意

② 工程量计算规则。

工程量＝图示工程量×(1＋3.9％)

式中，3.9％表示附加长度，是指转弯、上下波动、避绕障碍物、搭接头所占长度。

(2) 定额使用说明

① 沿混凝土块敷设，定额中未包括混凝土，另按《房屋建筑与装饰预算定额》相应项目计算。

② 沿支架敷设，定额中包括支架制作安装费。

③ 高层建筑物屋顶防雷接地装置安装应执行避雷网安装定额。

④ 避雷带是未计价材，损耗率为5％。

2. 避雷针

(1) 定额及工程量计算规则

① 定额。

制作见第四册 P. 275，安装见第四册 P. 276，已考虑高空作业的因素。

② 工程量计算规则。

以“根”为计量单位。

(2) 定额使用说明

① 独立避雷针制作、安装定额不包括避雷针底座及埋件的制作与安装。工程实际发生时，应根据设计划分，分别执行相关定额。

② 避雷针安装定额综合考虑了高空作业因素，执行定额时不做调整。避雷针安装在木杆和水泥杆上时，包括了其避雷引下线的安装。

③ 独立避雷针安装包括避雷针塔、避雷引下线安装，不包括基础浇筑。塔架制作执行第四册第十章防雷与接地装置安装 P. 286。

3. 避雷引下线

(1) 定额及工程量计算规则

① 定额。

定额见第四册 P. 284。

② 工程量计算规则。

$$工程量=图示工程量\times(1+3.9\%)$$

利用建筑物内主筋作接地引下线安装，以“m”为计量单位，每一柱内按焊接两根主筋考虑，如果焊接主筋数超过两根时，可按此比例调整。

(2) 定额使用说明

① 引下线所用固定卡子，均已包含在定额内，不得另计。

② 利用柱内主筋引下时，不得计未计价材，不考虑附加长度。

③ 未计价材：引下线损耗率为 5%。

④ 利用铜绞线作为接地引下线时，其配管、穿铜绞线执行同规格相关规定（配管配线定额)。

4. 接地母线

(1) 定额及工程量计算规则

① 定额。

定额见第四册 P. 288。

② 工程量计算规则。

$$工程量=图示工程量\times(1+3.9\%)$$

(2) 定额使用说明

① 户外接地母线敷设定额是按照室外整平标高和一般土质综合编制的，包括地沟的挖填土和夯实，执行本定额时不应再计算土方量。户外接地沟挖深为 0.75m，每米沟长土

方量 0.34m^3。如设计要求埋设深度与定额不同时，应按照实际土方量调整。

② 电缆支架的接地线安装执行第四册“户内接地母线敷设”定额。

③ 利用基础梁内两根主筋焊接连通作为接地母线时，执行第四册“均压环敷设”定额。

④ 定额不包括采用爆破法施工，对接地电阻率高的土质换土。

5. 接地极

(1) 定额及工程量计算规则

① 定额。

执行第四册第十章 P.286。

② 工程量计算规则。

以“根”为计量单位，其长度按设计长度计算，设计无规定时，每根长度按 2.5m 计算。

(2) 定额使用说明

① 定额内不包括测试接地电阻的内容。

② 定额不包括采用爆破法施工、对接地电阻率高的土质换土。

6. 断接卡子制作安装

(1) 定额及工程量计算规则

① 定额。

执行第四册第十章 P.284。

② 工程量计算规则。

以“套”为计量单位，按设计规定装设的断接卡子数量计算工程量，接地检查井内的断接卡子安装按每井一套计算。

(2) 定额使用说明

未计价材：断接卡子损耗率为 5%。

7. 接地跨接线

接地跨接线指母线遇障碍物（如建筑物伸缩缝、沉降缝）需跨越时的连接线，或是利用金属构件作接地线时需要焊接的连接线。

(1) 定额及工程量计算规则

① 定额。

执行第四册第十章 P.289。

② 工程量计算规则。

以“处”为计量单位。

按规程规定凡需做接地的工程内容，每跨接一次应按“一处”计算。

钢、铝窗接地以“处”为计量单位（高层建筑 6 层以上的金属窗设计一般要求接地），按设计规定的金属窗数进行计算。

(2) 定额使用说明

① 对于较大工程的接地跨接线，由于在施工图中并不明确指定，且无章可循，所以工程量难以准确统计。一般来说，可以根据应属于接地网内的金属构件之间，凡是断开之处（如配线钢管与电动机）及连接可能不良之处（如吊车轨道间连接），均应考虑跨接，在统计基础上稍打余量，便可作为预算中的工程量。定额中包括了材

料费。

② 利用建（构）筑物梁、柱、桩承台等接地时，柱内主筋与梁、柱内主筋与桩承台跨接不另行计算。其工作量已综合在相应项目中。

8. 防雷接地工程系统调试

接地工程系统调试主要测试接地电阻是否符合设计要求。

(1) 定额及工程量计算规则

① 定额。

执行第四册第十章 P. 297。

② 工程量计算规则。

a. 6 根接地极以下按 4-10-78，以“组”为计量单位；

b. 6 根接地极以上按 4-10-79，以“系统”为计量单位；

c. 每个避雷针的接地调试均可套一次 4-10-78。

(2) 定额使用说明

接地极不论由一根还是多根接地极组成，均做一次试验，记一次试验调试费。如果接地极电阻达不到要求时再打一个接地极，再做试验，则应再记一次调试费。

9. 案例

【例 8-4】 根据图 8.38 计算工程量。

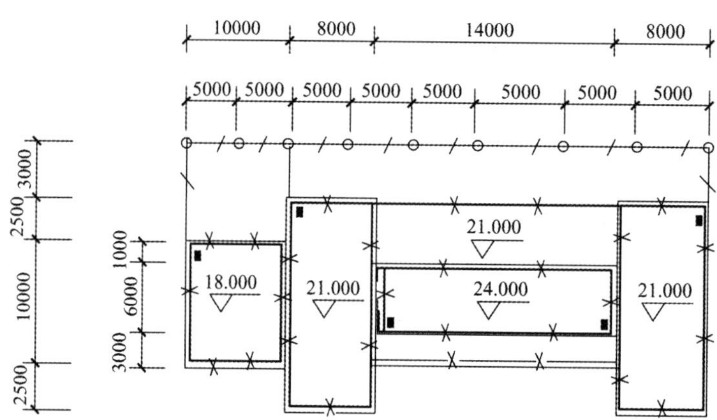

图 8.38 防雷接地平面图

说明：

(1) 避雷网及引下线均沿墙边敷设，不考虑墙厚。图 8.38 所示标高以室外地坪为±0.000m（室内外无高差）。

(2) 室外接地母线埋深 0.75m。

(3) 避雷网沿建筑物顶部预埋支架敷设。

(4) 引下线据地坪 1.8m 处，设断接卡子一个，其材料为-25×4。

(5) 24m 标高引至 21m 标高，避雷网连线有两个引下点。

(6) 材料规格：①避雷网 $\phi8$；②引下线 $\phi8$；③接地极∟50×5×2500；④接地母线-25×4。

解：(1) 避雷网

避雷网包括图示工程量

24.000m 标高：(14+6)×2=40(m)

21.000m 标高：(15×4+30×2)=120(m)

18.000m 标高：10×4=40(m)

21.000～24.000m 标高：6m

工程量=206×(1+3.9%)=214.03(m)

(2) 引下线

[(21−1.8)×2+(18−1.8)]×(1+3.9%)=56.73(m)

(3) 接地母线

图示工程量(1.8+0.75)×3+(5.5+3+3+40)=59.15(m)

工程量=59.15×(1+3.9%)=61.46(m)

(4) 断接卡子

工程量=3 套

(5) 接地极

∟50×5：工程量=9 根

(6) 避雷系统调试

工程量=1 系统

8.4 清单计价及施工图预算编制

8.4.1 工程量清单项目设置及工程量计算规则 [《通用安装工程工程量计算规范》(GB 50856—2013)]

(1)《电器设备安装工程》内容

① 变压器安装（030401）。

② 配电装置安装（030402）。

③ 母线安装（030403）。

④ 控制设备及低压电器安装（030404）。

⑤ 蓄电池安装（030405）。

⑥ 电机检查接线及调试（030406）。

⑦ 滑触线装置安装（030407）。

⑧ 电缆安装（030408）。

⑨ 防雷及接地装置（030409）。

⑩ 10kV 以下架空配电线路（0304010）。

⑪ 配管、配线（030411）。

⑫ 照明器具安装（030412）。

⑬ 附属工程（030413）。

⑭ 电气调整试验（030414）。

本书根据教学内容的需要，选编了其中部分内容，其他的如在工作中用到，可在 GB 50856—2013 中查找。其工作内容中的计量单位、工程量计算规则见表 8-15～表 8-22。

（2）相关问题及说明

① 电气设备安装工程适用于 10kV 以下变配电设备及线路的安装工程、车间动力电器及电气照明、防雷及接地装置安装、配管配线、电气调试等。

② 挖土、填土工程应按现行国家标准《房屋建筑与装饰工程工程量计算规范》（GB 50854—2013）相关项目编码列项。

③ 开挖路面应按现行国家标准《市政工程工程量计算规范》（GB 50857—2013）相关项目列项。

④ 过梁、墙、楼板的钢（塑料）套管，应按 GB 50856—2013 中“给排水、采暖、燃气工程”相关项目编码列项。

⑤ 除锈、刷漆（补刷漆除外）、保护层安装，应按 GB 50856—2013 中“刷油、防腐蚀、绝热工程”相关项目编码列项。

⑥ 由国家或地方检测验收部门进行的检测验收应按 GB 50856—2013 中“措施项目”相关项目编码列项。

表 8-15　控制设备及低压电器安装（编号：030404 节选）

项目编码	项目名称	项目特征	计量单位	工程量计算规则	工作内容
030404001	控制屏	1. 名称 2. 型号 3. 规格 4. 种类 5. 基础型钢形式、规格 6. 接线端子材质、规格 7. 端子板外部接线材质、规格 8. 小母线材质、规格 9. 屏边规格	台	按设计图示数量计算	1. 本体安装 2. 基础型钢制作、安装 3. 端子板安装 4. 焊、压接线端子 5. 盘柜配线、端子接线 6. 小母线安装 7. 屏边安装 8. 补刷（喷）油漆 9. 接地
030404002	继电、信号屏				
030404003	模拟屏				
030404004	低压开关柜（屏）				1. 本体安装 2. 基础型钢制作、安装 3. 端子板安装 4. 焊、压接线端子 5. 盘柜配线、端子接线 6. 屏边安装 7. 补刷（喷）油漆 8. 接地

续表

项目编码	项目名称	项目特征	计量单位	工程量计算规则	工作内容
030404016	控制箱	1. 名称 2. 型号 3. 规格 4. 基础形式、材质、规格 5. 接线端子材质、规格 6. 端子板外部接线材质、规格 7. 安装方式	台	按设计图示数量计算	1. 本体安装 2. 基础型钢制作、安装 3. 焊、压接线端子 4. 端子接线 5. 补刷（喷）油漆 6. 接地
030404017	配电箱				
030404018	插座箱	1. 名称 2. 型号 3. 规格 4. 安装方式			1. 本体安装 2. 接地
030404019	控制开关	1. 名称 2. 型号 3. 规格 4. 接线端子材质、规格 5. 额定电流（A）	个		1. 本体安装 2. 焊、压接线端子 3. 接线
030404020	低压熔断器	1. 名称 2. 型号 3. 规格 4. 接线端子材质、规格			
030404021	限位开关				
030404022	控制器		台		
030404023	接触器				
030404024	磁力启动器				
030404025	Y-△自耦减压启动器				
030404026	电磁铁（电磁制动器）				
030404027	快速自动开关				
030404028	电阻器		箱		
030404029	油浸频敏变阻器		台		
030404030	分流器	1. 名称 2. 型号 3. 规格 4. 容量（A） 5. 接线端子材质、规格	个		
030404031	小电器	1. 名称 2. 型号 3. 规格 4. 接线端子材质、规格	个（套、台）		

续表

项目编码	项目名称	项目特征	计量单位	工程量计算规则	工作内容
030404032	端子箱	1. 名称 2. 型号 3. 规格 4. 安装部位	台	按设计图示数量计算	1. 本体安装 2. 接线
030404033	风扇	1. 名称 2. 型号 3. 规格 4. 安装方式			1. 本体安装 2. 调速开关安装
030404034	照明开关	1. 名称 2. 材质 3. 规格 4. 安装方式	个		1. 本体安装 2. 接线
030404035	插座				
030404036	其他电器	1. 名称 2. 规格 3. 安装方式	个（套、台）		1. 安装 2. 接线

注：① 控制开关包括：自动空气开关、刀形开关、铁壳开关、胶盖刀闸开关、组合控制开关、万能转换开关、风机盘管三速开关、漏电保护开关等。

② 小电器包括：按钮、电笛、电铃、水位电气信号装置、测量表计、继电器、电磁锁、屏上辅助设备、辅助电压互感器、小型安全变压器等。

③ 其他电器指本表未列的电器项目。

④ 其他电器必须根据电器实际名称确定项目名称。明确描述工作内容、项目特征、计量单位、计算规则。

⑤ 盘、箱、柜的外部进出电线预留长度见 GB 50856—2013 表 D. 15. 7 - 3。

表 8 - 16　电缆安装（编码：030408）

项目编码	项目名称	项目特征	计量单位	工程量计算规则	工作内容
030408001	电力电缆	1. 名称 2. 型号 3. 规格 4. 材质 5. 敷设方式、部位 6. 电压等级（kV） 7. 地形	m	按设计图示尺寸以长度计算（含预留长度及附加长度）	1. 电缆敷设 2. 揭（盖）盖板
030408002	控制电缆				
030408003	电缆保护管	1. 名称 2. 材质 3. 规格 4. 敷设方式		按设计图示尺寸以长度计算	保护管敷设
030408004	电缆槽盒	1. 名称 2. 材质 3. 规格 4. 型号			槽盒安装

续表

项目编码	项目名称	项目特征	计量单位	工程量计算规则	工作内容
030408005	铺砂、盖保护板（砖）	1. 种类 2. 规格	m	按设计图示尺寸以长度计算	1. 铺砂 2. 盖板（砖）
030408006	电力电缆头	1. 名称 2. 型号 3. 规格 4. 材质、类型 5. 安装部位 6. 电压等级（kV）	个	按设计图示数量计算	1. 电力电缆头制作 2. 电力电缆头安装 3. 接地
030408007	控制电缆头	1. 名称 2. 型号 3. 规格 4. 材质、类型 5. 安装方式			
030408008	防火堵洞	1. 名称 2. 材质 3. 方式 4. 部位	处	按设计图示数量计算	安装
030408009	防火隔板		m^2	按设计图示尺寸以面积计算	
030408010	防火涂料		kg	按设计图示尺寸以质量计算	
030408011	电缆分支箱	1. 名称 2. 型号 3. 规格 4. 基础形式、材质、规格	台	按设计图示数量计算	1. 本体安装 2. 基础制作、安装

注：① 电缆穿刺线夹按电缆头编码列项。

② 电缆井、电缆排管、顶管应按现行国家标准《市政工程工程量计算规范》（GB 50857—2013）相关项目编码列项。

③ 电缆敷设预留长度及附加长度见 GB 50856—2013 表 D. 15. 7 - 5

表 8 - 17　防雷及接地装置（编码：030409 节选）

项目编码	项目名称	项目特征	计量单位	工程量计算规则	工作内容
030409001	接地极	1. 名称 2. 材质 3. 规格 4. 土质 5. 基础接地形式	根（块）	按设计图示数量计算	1. 接地极（板、桩）制作、安装 2. 基础接地网安装 3. 补刷（喷）油漆

续表

项目编码	项目名称	项目特征	计量单位	工程量计算规则	工作内容
030409002	接地母线	1. 名称 2. 材质 3. 规格 4. 安装部位 5. 安装形式	m	按设计图示尺寸以长度计算(含附加长度)	1. 接地母线制作、安装 2. 补刷（喷）油漆
030409003	避雷引下线	1. 名称 2. 材质 3. 规格 4. 安装部位 5. 安装形式 6. 断接卡子、箱材质、规格			1. 避雷引下线制作、安装 2. 断接卡子、箱制作、安装 3. 利用主钢筋焊接 4. 补刷（喷）油漆
030409004	均压环	1. 名称 2. 材质 3. 规格 4. 安装形式			1. 均压环敷设 2. 钢铝窗接地 3. 柱主筋与圈梁焊接 4. 利用圈梁钢筋焊接 5. 补刷（喷）油漆
030409005	避雷网	1. 名称 2. 材质 3. 规格 4. 安装形式 5. 混凝土块强度等级			1. 避雷网制作、安装 2. 跨接 3. 混凝土块制作 4. 补刷（喷）油漆

表 8－18　10kV 以下架空配电线路（编码：030410）

项目编码	项目名称	项目特征	计量单位	工程量计算规则	工作内容
030410001	电杆组立	1. 名称 2. 材质 3. 规格 4. 类型 5. 地形 6. 土质 7. 底盘、拉盘、卡盘规格 8. 拉线材质、规格、类型 9. 现浇基础类型、钢筋类型、规格，基础垫层要求 10. 电杆防腐要求	根(基)	按设计图示数量计算	1. 施工定位 2. 电杆组立 3. 土（石）方挖填 4. 底盘、拉盘、卡盘安装 5. 电杆防腐 6. 拉线制作、安装 7. 现浇基础、基础垫层 8. 工地运输
030410002	横担组装	1. 名称 2. 材质 3. 规格 4. 类型 5. 电压等级（kV） 6. 瓷瓶、型号、规格 7. 金具品种规格	组		1. 横担安装 2. 瓷瓶、金具组装

续表

项目编码	项目名称	项目特征	计量单位	工程量计算规则	工作内容
030410003	导线架设	1. 名称 2. 型号 3. 规格 4. 地形 5. 跨越类型	km	按设计图示尺寸以单线长度计算（含预留长度）	1. 导线架设 2. 导线跨越及进户线架设 3. 工地运输
030410004	杆上设备	1. 名称 2. 型号 3. 规格 4. 电压等级（kV） 5. 支撑架种类、规格 6. 接线端子材质、规格 7. 接地要求	台（组）	按设计图示数量计算	1. 支撑架安装 2. 本体安装 3. 焊压接线端子、接线 4. 补刷（喷）油漆 5. 接地

注：① 杆上设备调试应按 GB 50856—2013 D. 14 相关项目编码列项。
② 架空导线预留长度见 GB 50856—2013 中表 D. 15. 7 - 7。

表 8 - 19　配管、配线（编码：030411）

项目编码	项目名称	项目特征	计量单位	工程量计算规则	工作内容
030411001	配管	1. 名称 2. 材质 3. 规格 4. 配置形式 5. 接地要求 6. 钢索材质、规格	m	按设计图示尺寸以长度计算	1. 电线管路敷设 2. 钢索架设（拉紧装置安装） 3. 预留沟槽 4. 接地
030411002	线槽	1. 名称 2. 材质 3. 规格			1. 本体安装 2. 补刷（喷）油漆
030411003	桥架	1. 名称 2. 型号 3. 规格 4. 材质 5. 类型 6. 接地方式			1. 本体安装 2. 接地
030411004	配线	1. 名称 2. 配线形式 3. 型号 4. 规格 5. 材质 6. 配线部位 7. 配线线制 8. 钢索材质、规格		按设计图示尺寸以单线长度计算（含预留长度）	1. 配线 2. 钢索架设（拉紧装置安装） 3. 支持体（夹板、绝缘子、槽板等）安装

续表

项目编码	项目名称	项目特征	计量单位	工程量计算规则	工作内容
030411005	接线箱	1. 名称 2. 材质 3. 规格 4. 安装形式	个	按设计图示数量计算	本体安装
030411006	接线盒				

注：① 配管、线槽安装不扣除管路中间的接线箱（盒）、灯头盒、开关盒所占长度。
② 配管名称指电线管、钢管、防爆管、塑料管、软管、波纹管等。
③ 配管配置形式指明配、暗配、吊顶内、钢结构支架、钢索配管、埋地敷设、水下敷设、砌筑沟内敷设等。
④ 配线名称指管内穿线、瓷夹板配线、塑料夹板配线、绝缘子配线、槽板配线、塑料护套配线、线槽配线、车间带形母线等。
⑤ 配线形式指照明线路、动力线路、木结构、顶棚内、砖、混凝土结构，沿支架、钢索、屋架、梁、柱、墙，以及跨屋架、梁、柱等形式。
⑥ 配线保护管遇到下列情况之一时，应增设管路接线盒和拉线盒：a. 管长度每超过 30m，无弯曲；b. 管长度每超过 20m，有 1 个弯曲；c. 管长度每超过 15m，有 2 个弯曲；d. 管长度每超过 8m，有 3 个弯曲。垂直敷设的电线保护管遇到下列情况之一时，应增设固定导线用的拉线盒：a. 管内导线截面面积为 $50m^2$ 及以下，长度每超过 30m；b. 管内导线截面面积为 $70\sim95mm^2$，长度每超过 20m；c. 管内导线截面面积为 $120\sim240mm^2$，长度每超过 18m。在配管清单项目计量时，设计无要求时上述规定可以作为计量接线盒、拉线盒的依据。
⑦ 配管安装中不包括凿槽、刨沟项目，应按 GB 50856—2013 附录 D. 14 相关项目编码列项。

与 GB 50500—2013 不同，GB 50856—2013 中配管工作内容不再包含接线盒（箱）、灯头盒、开关盒、插座盒安装。接线盒（箱）、灯头盒、开关盒、插座盒安装执行编码 030411006。

表 8-20　照明器具安装（编码：030412）

项目编码	项目名称	项目特征	计量单位	工程量计算规则	工作内容
030412001	普通灯具	1. 名称 2. 型号 3. 规格 4. 类型	套	按设计图示数量计算	本体安装
030412002	工厂灯	1. 名称 2. 型号 3. 规格 4. 安装形式			
030412003	高度标志（障碍）灯	1. 名称 2. 型号 3. 规格 4. 安装部位 5. 安装高度			
030412004	装饰灯	1. 名称 2. 型号 3. 规格 4. 安装形式			
030412005	荧光灯				

续表

项目编码	项目名称	项目特征	计量单位	工程量计算规则	工作内容
030412006	医疗专用灯	1. 名称 2. 型号 3. 规格	套	按设计图示数量计算	本体安装
030412007	一般路灯	1. 名称 2. 型号 3. 规格 4. 灯杆的材质、规格 5. 灯架的形式及臂长 6. 附件配置要求 7. 灯杆形式（单、双） 8. 基础形式、砂浆配合比 9. 杆座材质、规格 10. 接线端子材质、规格 11. 编号 12. 接地要求			1. 基础制作、安装 2. 立灯杆 3. 杆座安装 4. 灯架及灯具附件安装 5. 焊、压接线端子 6. 补刷（喷）油漆 7. 灯杆编号 8. 接地
030412008	中杆灯	1. 名称 2. 灯杆的材质及高度 3. 灯架的型号、规格 4. 附件配置 5. 光源数量 6. 基础形式、浇筑材质 7. 杆座材质、规格 8. 接线端子材质、规格 9. 铁构件规格 10. 编号 11. 灌浆配合比 12. 接地要求			1. 基础浇筑 2. 立灯杆 3. 杆座安装 4. 灯架及灯具附件安装 5. 焊、压接线端子 6. 铁构件安装 7. 补刷（喷）油漆 8. 灯杆编号 9. 接地
030412009	高杆灯	1. 名称 2. 灯杆高度 3. 灯架形式（成套或组装、固定或升降） 4. 附件配置 5. 光源数量 6. 基础形式、浇筑材质 7. 杆座材质、规格 8. 接线端子材质、规格 9. 铁构件规格 10. 编号 11. 灌浆配合比 12. 接地要求			1. 基础浇筑 2. 立灯杆 3. 杆座安装 4. 灯架及灯具附件安装 5. 焊、压接线端子 6. 铁构件安装 7. 补刷（喷）油漆 8. 灯杆编号 9. 升降机构接线调试 10. 接地

续表

项目编码	项目名称	项目特征	计量单位	工程量计算规则	工作内容
030412010	桥栏杆灯	1. 名称 2. 型号 3. 规格 4. 安装形式	套	按设计图示数量计算	1. 灯具安装 2. 补刷（喷）油漆
030412011	地道涵洞灯				

注：① 普通灯具包括圆球吸顶灯、半圆球吸顶灯、方形吸顶灯、软线吊灯、座灯头、吊链灯、防水吊灯、壁灯等。

② 工厂灯包括工厂罩灯、防水灯、防尘灯、碘钨灯、投光灯、泛光灯、混光灯、密闭灯等。

③ 调试标志（障碍）灯包括烟囱标志灯、高塔标志灯、高层建筑屋顶障碍指示灯等。

④ 装饰灯包括吊式艺术装饰灯、荧光艺术装饰灯、几何型组合艺术装饰灯、标志灯、诱导装饰灯、水下（上）艺术装饰灯、点光源艺术灯、歌舞厅灯具、草坪灯具等。

⑤ 医疗专用灯包括病房指示灯、病房暗脚灯、紫外线杀菌灯、无影灯等。

⑥ 中杆灯是指安装在高度≤19m 的灯杆上的照明器具。

⑦ 高杆灯是指安装在高度>19m 的灯杆上的照明器具。

表 8－21　附属工程（编码：030413 节选）

项目编码	项目名称	项目特征	计量单位	工程量计算规则	工作内容
030413001	铁构件	1. 名称 2. 材质 3. 规格	kg	按设计图示尺寸以质量计算	1. 制作 2. 安装 3. 补刷（喷）油漆
030413002	凿（压）槽	1. 名称 2. 规格 3. 类型 4. 填充（恢复）方式 5. 混凝土标准	m	按设计图示尺寸以长度计算	1. 开槽 2. 恢复处理
030413003	打洞（孔）	1. 名称 2. 规格 3. 类型 4. 填充（恢复）方式 5. 混凝土标准	个	按设计图示数量计算	1. 开孔、洞 2. 恢复处理
030413004	管道包封	1. 名称 2. 规格 3. 混凝土强度等级	m	按设计图示长度计算	1. 灌注 2. 养护
030413005	人（手）孔砌筑	1. 名称 2. 规格 3. 类型	个	按设计图示数量计算	砌筑
030413006	人（手）孔防水	1. 名称 2. 类型 3. 规格 4. 防水材质及做法	m^2	按设计图示防水面积计算	防水

注：电气铁构件适用于电气工程的各种支架、铁构件的制作安装。

表8－22 电气调整试验（编码：030414）

项目编码	项目名称	项目特征	计量单位	工程量计算规则	工作内容
030414001	电力变压器系统	1. 名称 2. 型号 3. 容量（kV·A）	系统	按设计图示系统计算	系统调试
030414002	送配电装置系统	1. 名称 2. 型号 3. 电压等级（kV） 4. 类型			
030414003	特殊保护装置	1. 名称 2. 类型	台（套）	按设计图示数量计算	调试
030414004	自动投入装置		系统（台、套）		

8.4.2 案例

如例8－1，经计算得出电线管TC15工程量为139.98m，试填写综合单价分析表8－23和表8－24。

表8－23 综合单价分析表

工程名称：某室内电气照明工程　　标段：　　第　页共　页

项目编码	030411001001		项目名称	配管敷设安装	计量单位			m	工程量		1
清单综合单价组成明细											
定额编码	定额项目名称	定额单位	数量	单价(元)				合价(元)			
				人工费	材料费	机械费	管理费和利润	人工费	材料费	机械费	管理费和利润
4－12－34	砖混结构暗配	10m	0.1	56.64	10.93	0	18.46	5.66	1.09	0	1.85
人工单价		小计						5.66	1.09	0	1.85
普通技工87.1元/工日，一般技工134元/工日，高级技工201元/工日		未计价材料费						6.39			
清单项目综合单价								14.99			

材料费明细	主要材料名称、规格、型号	单位	数量	单价（元）	合价（元）	暂估单价(元)	暂估合价(元)
	电线管DN15	m	0.1×10.30	6.20	6.39		
	其他材料费						
	材料费小计				6.39		

表 8-24 分部分项工程和单价措施项目清单与计价表

工程名称：某室内电气照明工程　　　　标段：　　　　第　页共　　页

序号	项目编码	项目名称	项目特征	计量单位	工程量	金额（元）		
						综合单价	合价	其中 暂估价
1	030411001001	电气配管	1. 电线管 TC15 2. 砖混结构暗配	m	139.98	14.99	2098.30	
本页小计							2098.30	
合　计							2098.30	

模块小结

本模块主要讲述以下两方面内容。

(1) 电气工程的基本知识：室外配电线路工程、室内电气照明工程、防雷接地工程。

(2) 室内电气照明工程施工图预算：电缆敷设、架空进线、配电装置——配电箱(盘)、室内配线、防雷接地工程的定额及工程量计算规则。

复习思考题

一、简答题

1. 防雷接地工程计算哪些工程量?
2. 避雷网的工程量如何计算? 为什么附加 3.9%?
3. 配管配线工程量计算规则是怎么规定的? 导线与配电箱相接时预留长度应为多少?
4. 电气工程支架执行哪一子目?
5. 利用柱内主筋做引下线时，工程量计算是否还考虑附加长度?
6. 进入接线盒的导线是否考虑预留长度?

二、计算题

1. 图 8.39 所示为某工程电气照明施工图，试按《河南省通用安装工程预算定额（HA 02-31—2016)》的工程量计算规则及定额项目划分，进行工程量计算（电源进户线不计)。

说明：

(1) 建筑物 3 层，层高 3m，砖混结构，楼板厚 0.16m，墙厚均为 0.24m（不考虑抹灰厚度)。

(2) 各层平面布置相同，每层均设照明配电箱一台，箱高 500mm、宽 300mm，安装高度底边距地面 1.5m，安装扳把开关距地面 1.6m，插座距地面 0.9m。

(3) 配线，楼层间干线采用 PC 管穿 BLV－2×4 线暗配，每层配电箱引出至本层线路，全部采用电线管穿 BLV－2.5 线沿墙或沿楼板顶面向下暗配。配电箱内部配线不考虑，要计算配电箱内电器安装。

(4) PC 管规格：穿 2×4、2×2.5、3×2.5 线者采用 DN20、穿 4×2.5 线采用 DN25。

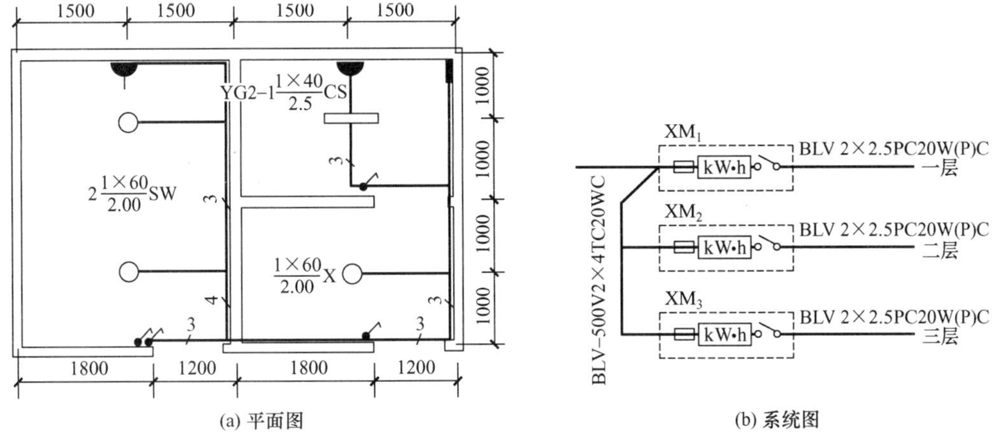

图 8.39　电气照明

2. 根据表 8－25 中工程量及表 8－26 中的预算单价进行综合单价分析，并求出其合价。

表 8－25　计算工程量

序号	工程项目	规格	单位	数量
1	钢管沿砖-混凝土暗配	DN25	m	210
2	管内穿线	BV－500 4	m	480
3	吸顶日光灯安装	成套型 YG2－2×40W	套	42

表 8－26　未计价材预算单价

名称	规格	单位	单价
钢管	DN25	m	3.58 元/m
铜芯塑料线	BV－4	m	0.90 元/m
铝芯塑料线	BLV－2.5	m	0.30 元/m
日光灯	YG2－2×40W 不包括灯管	套	38.0 元/套
日光灯管	40W、220V	支	5.00 元/支

【模块8在线答题】

通风空调工程施工图预算编制

教学目标

本模块介绍通风空调工程的基本知识，重点讲解通风空调工程预算定额及工程量计算规则，学生通过本模块学习，应掌握通风空调工程工程量计算规则，熟悉相关预算定额；能编制通风空调工程施工图预算。

教学要求

知识要点	能力要求	相关知识
通风空调工程组成、施工图识读	能识读通风空调工程施工图	通风系统分类、组成
通风空调工程预算定额及工程量的计算规则	掌握通风空调设备及部件，通风空调管道及部件制作安装、设备刷油绝热的定额及工程量计算规则	通风空调设备及部件、通风空调管道及部件制作安装、设备刷油绝热的定额及工程量计算规则、系统调试

9.1 通风空调工程简介

通风就是把室外新鲜空气适当地处理（如净化、加湿、去湿等）后送进室内，把室内的废气经消毒、除害后排到室外，从而保持室内空气的新鲜和洁净。空气调节不仅保证送进室内空气的温度和洁净度，同时还必须保持一定的干湿度和速度，所以空气调节是更高一级的通风。

通风系统指一般送、排风及除尘和排毒工程，包括风管（全称通风管道）、配件、部件的制作安装，通风除尘设备的安装；空气调节包括进风和滤尘装置、通风机、管道及部件的制作安装及空调设备等的安装。

9.1.1 建筑通风系统

建筑通风的任务是把室内被污染的空气直接或经过净化后排至室外，将室外新鲜空气或经过净化的空气补充进来，并保持室内的空气环境符合卫生标准和生产工艺的要求或人们的生活需要。

1. 通风系统的分类

按照通风动力的不同，通风系统可分为自然通风和机械通风两类；按照通风作用范围的不同，通风系统可分为全面通风和局部通风。

2. 机械通风系统的组成

机械通风系统分为机械排风系统（图 9.1）和机械送风系统（图 9.2）两种。机械排风系统一般由有害物收集器（吸风口）、净化设备、风管、阀门、通风机、排风口、风帽等组成；机械送风系统由进气室（进风口）、风道、风机、送风口、空气处理设备组成。

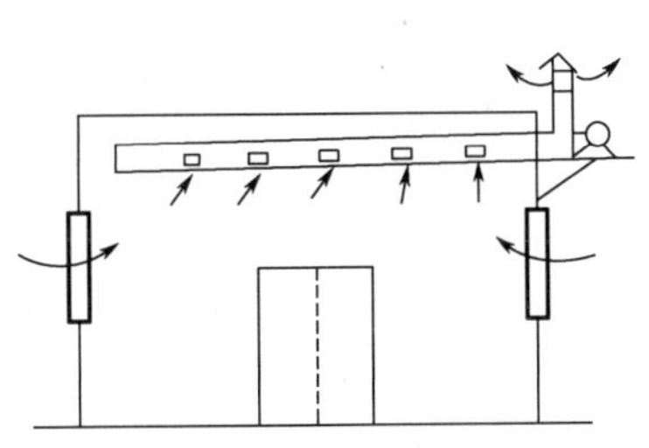

图 9.1 机械排风系统

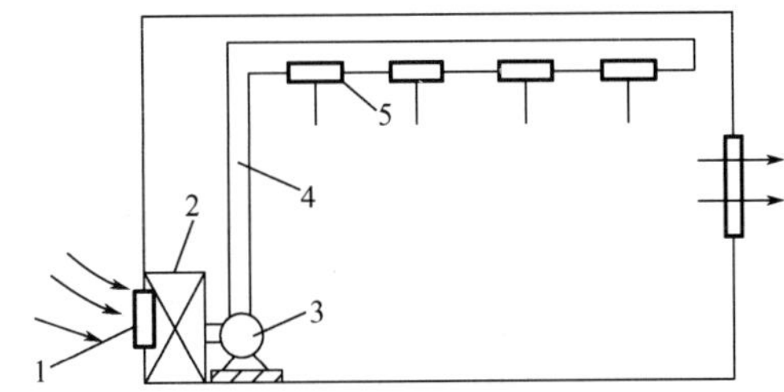

图 9.2 机械送风系统

1—进风口；2—空气处理设备；
3—风机；4—风道；5—送风口

（1）风道

风道是通风系统中的主要部件，是用于输送空气的管道。风道的断面有圆形、矩形等形状，风道通常由普通薄钢板、镀锌薄钢板制作，也可由塑料、混凝土、砖等其他材料制作。连接方式有咬口、焊接和法兰连接 3 种。

(2) 阀门

阀门是通风系统中用来调节风量或防止系统发生火灾的附件。阀门装于风机出口的风道、主下风道、分支风道或空气分布器之前等位置，常见的有闸板阀、蝶阀、多叶调节阀、止回阀、排烟阀、防火阀等，如图 9.3～图 9.8 所示。

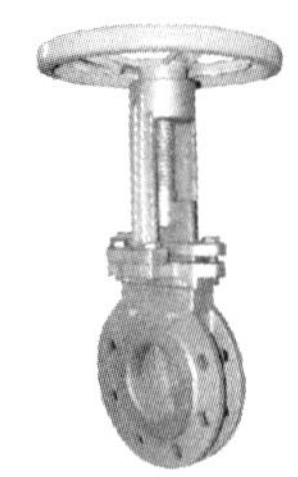

图 9.3 闸板阀

图 9.4 蝶阀

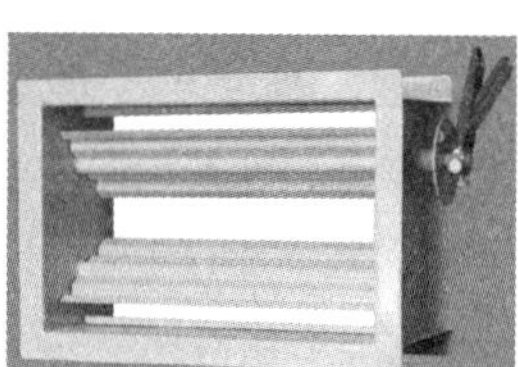

图 9.5 多叶调节阀

图 9.6 止回阀

图 9.7 排烟阀

图 9.8 防火阀

(3) 进、排风装置

进风装置是从室外采集洁净空气（即送风）的装置，如空调新风系统的新风口、进风塔、进风窗口。排风装置是将室内被污染的空气直接排到大气中去的装置，如排风口(罩)、排风塔、排风帽等。

(4) 室内送、排风口

室内送风口是送风系统中风道的末端装置，常见的送风口形式有双层侧送、方形散流器、孔板、喷射式等，如图 9.9～图 9.12 所示。室内排风口是排风系统的始端吸入装置，常见的排风口形式有格栅、单层百叶、金属网格等，如图 9.13～图 9.15 所示。

图 9.9 双层侧送风口

图 9.10 方形散流器送风口

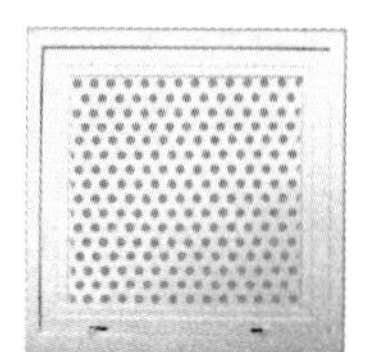

图 9.11 孔板送风口

图 9.12 喷射式送风口

图 9.13 格栅排风口

图 9.14 单层百叶排风口

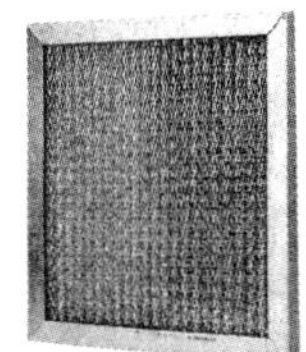

图 9.15 金属网格排风口

(5) 风机

风机是为通风系统中的空气流动提供动力的机械设备。风机按工作原理可分为离心式风机和轴流式风机。离心式风机主要由叶轮、机壳、机轴、吸气口、排气口等部件组成。离心式风机主要性能参数有全压(P)、风量(L)、功率和效率、转速。

(6) 风管

通风系统中采用的风管有弯头、来回弯、三通、四通、变径管(天圆地方),如图 9.16 所示。

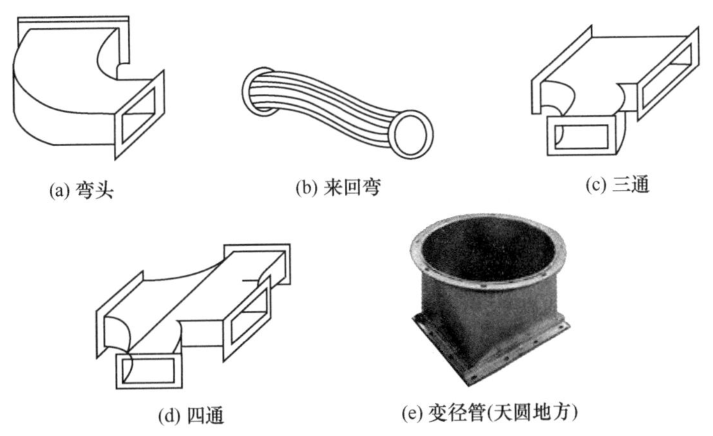

图 9.16 风管

9.1.2 空气调节系统

空气调节(简称空调)系统是对空气温度、湿度、空气流动速度及清洁度进行人工调节,以满足人体舒适和生产工艺过程的要求。

1. 空调系统的组成

空调系统一般由空调房间、空气处理设备、空气输配系统和冷热源组成,如图 9.17 所示。

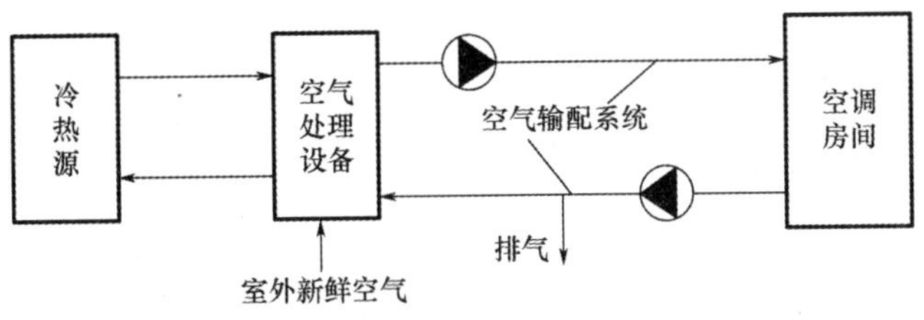

图 9.17 空调系统的组成

2. 空调系统的分类

根据空调系统空气处理设备布置的不同，空调系统可分为集中式空调系统、半集中式空调系统、分散式空调系统。

(1) 集中式空调系统

集中式空调系统是将空气处理设备包括风机、冷却器、加热器、加湿器、过滤器等都集中设置在一个空调机房里，空气经过集中处理后，再送往各个空调房间，如图 9.18 所示。集中式空调系统的组成一般有空调处理设备、冷冻（热）水系统和空气系统。

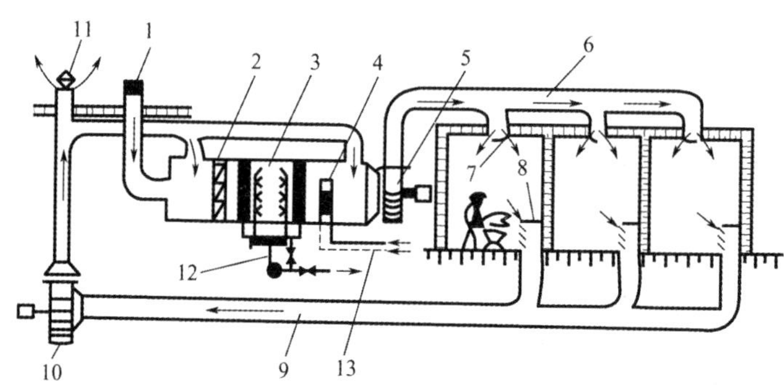

图 9.18 集中式空调系统

1—新风入口；2—过滤器；3—喷雾室；4—加热器；5—送风机；
6—送风管道；7—送风口；8—回风口；9—回风管道；10—回风机；
11—排风口；12—冷冻水管；13—热水或蒸汽管

(2) 半集中式空调系统

半集中式空调系统的大部分空气处理设备在空调机房内，少量二次处理设备（又称末端装置）分散在各空调房间内。空调机房经过集中处理的部分或全部风量，送到各个空调房间或空调区域后再由末端装置进行补充处理。

(3) 分散式空调系统

分散式空调系统又称局部空调机组，是将冷热源和空气处理设备、输送设备、控制设备等集中设置在一个箱体内，组成一个紧凑的空调机组，一般不需要专门设置空调机房，如窗式空调机、分体式空调机、柜式空调机等。

3. 空调设备

(1) 空气过滤器

空气过滤器是去除空气中的灰尘，使被处理的空气有一定洁净度的设备，如图 9.19 所示，通常分为初效、中效和高效过滤器 3 种类型。

(2) 空气加热器

空气加热器是对空气进行加热，使空气温度升高的设备，如图 9.20 所示。目前广泛使用的加热设备有表面式空气加热器和电加热器两种类型，前者用于集中式空调系统的空气处理室和半集中式空调系统的末端装置中，后者主要用在各空调房间的送风支管上作为精密设备及用于空调机组中。

(3) 空气加湿器

空气加湿器是用于对空气进行加湿处理的设备，如图 9.21 所示，如干蒸汽加湿器、电加湿器、超声波加湿器、高压喷雾加湿器、远红外线加湿器、湿膜式加湿器。

图 9.19 空气过滤器

图 9.20 空气加热器

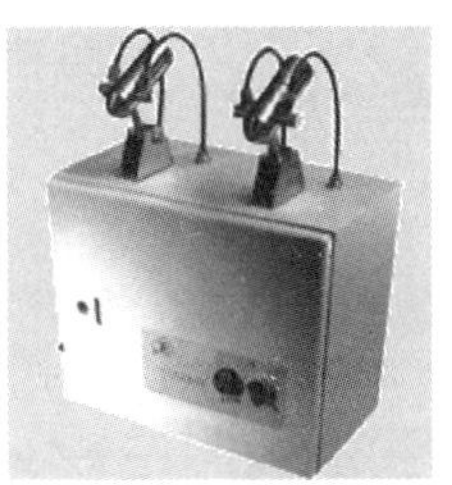
图 9.21 空气加湿器

(4) 喷水室

喷水室是空调系统中夏季对空气冷却除湿、冬季对空气加湿的设备。它通过水直接与被处理的空气接触来进行热湿交换，在喷水室中喷入不同温度的水，可以实现空气的加热、冷却、加湿和减湿等过程。它由喷嘴、喷嘴排管、前后挡水板、底池、附属管道、水泵和外壳等组成。

(5) 空气除湿设备

空气除湿的方法有通风法、制冷除湿机减湿法、固体吸湿剂法、液体吸湿剂法。除湿机除湿安装方便、简单易行。常用的除湿机有制冷除湿机，制冷减湿就是利用制冷除湿机来降低空气的含湿量。

(6) 空调机组

空调机组是一种对空气进行过滤和冷湿处理且内设风机的装置。空调机组有组合式空调机组、整体式空调机组、组装立柜式空调机组、新风机组、变风量空调机组等。组合式空调机组由过滤段、混合段、处理段、加热段、中间段、风机段等组成，是集中空调系统的空气处理设备。整体式空调机组由制冷压缩机、冷凝器、蒸发器、风机、加热器、加湿器、过滤器、自动调节装置和电气控制装置等组成于一个箱体内。组装立柜式空调机组是将整体式空调机组的制冷压缩冷凝机组移出箱内，安装于空调器附近。

(7) 风机盘管

风机盘管是半集中式空调系统中的末端装置，如图9.22所示，由风机、电动机、盘管、过滤器、室温调节器、机箱组成，具有布置灵活、安装方便、节省建筑空间、独立调节等优点。

图 9.22 风机盘管

9.2 通风空调工程识图

在通风空调工程施工图识图过程中，按照介质的流动方向识图，看图时应将平面图、剖面图、系统图结合原理图相互联系和对照。

9.2.1 通风空调工程施工图的组成

通风空调工程施工图由文字部分和图示部分组成。文字部分包括设计施工说明、图纸目录、图例及主要设备材料表等，图示部分包括平面图、剖面图、系统图和详图。

9.2.2 通风空调工程施工图图例

1. 风道

风道代号见表 9－1。

表 9－1 风道及系统代号（GB/T 50114—2010）

代号	风道名称	备注	代号	风道名称	备注
SF	送风管		HF	回风管	一、二次回风可附加 1、2 区别
XF	新风管		PF	排风管	
ZY	加压送风管		PY	消防排烟风管	
K	空调系统		C	除尘系统	
J	净化系统		S	送风系统	
H	回风系统		P	排风系统	
XP	新风换气系统		JY	加压送风系统	
PY	排烟系统		P（PY）	排风兼排烟系统	
RS	人防送风系统		RP	人防排风系统	

风道、阀门及附件常用图例见表 9－2。

表 9－2 风道、阀门及附件图例（GB/T 50114—2010）

序号	名称	图例	附注
1	矩形风管	***×***	宽×高（mm×mm）
2	圆形风管	φ***	φ 直径（mm）
3	消声器		也可表示为
4	插板阀		
5	天圆地方		左接矩形风管，右接圆形风管
6	蝶阀		
7	对开多叶调节阀		
8	止回风阀		

续表

序号	名　　称	图　　例	附　　注
9	三通调节阀	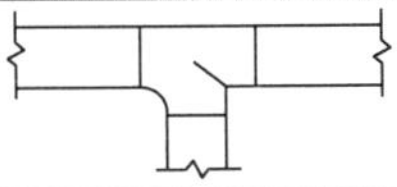	
10	防烟、防火阀	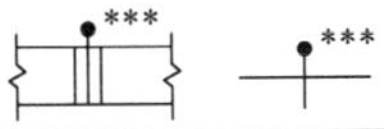 *** ***	***表示防烟、防火阀代号
11	风管软接头	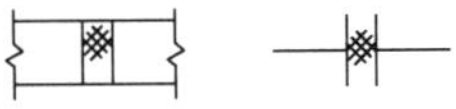	
12	消声弯头		
13	带导流片的矩形弯头		
14	方形风口	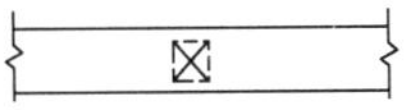	
15	条形风口		
16	矩形风口	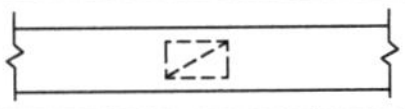	
17	圆形风口	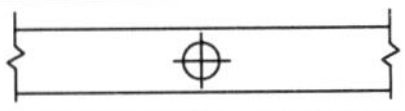	
18	侧面风口	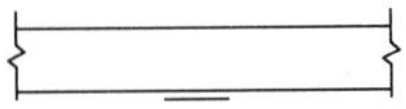	
19	防雨百叶	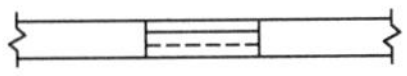	
20	检修门	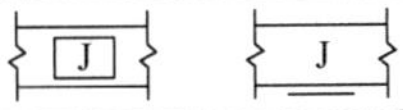 J J	

2. 通风空调设备

通风空调施工图常用图例见表9-3。

表9-3　通风空调施工图常用图例（GB/T 50114—2010）

序号	名　　称	图　　例	附　　注
1	轴流风机	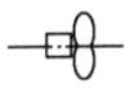	
2	轴（混）流式管道风机	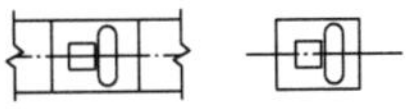	
3	离心式管道风机	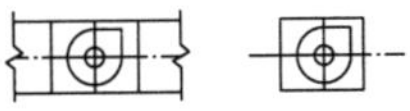	
4	吊顶式排气扇	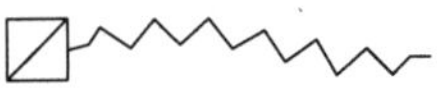	
5	水泵	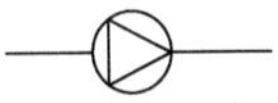	
6	空调机组加热盘管、冷却盘管	 + / − / +−	左到右分别为加热盘管、冷却盘管、双功能盘管

续表

序号	名　称	图　例	附　注
7	板式换热器		
8	空气过滤器		从左至右依次为粗效、中效、高效
9	电加热器		
10	加湿器		
11	挡水板		
12	窗式空调器		
13	分体空调器	室内机 室外机	
14	立式明装风机盘管		
15	立式安装风机盘管		
16	卧式明装风机盘管		
17	卧式暗装风机盘管		
18	减振器	⊙　△	左为平面图，右为剖面图

9.2.3 通风空调工程施工图的识读

1. 阅读文字部分

(1) 先看设计施工说明

设计施工说明包括以下几方面的内容。

① 建筑概况。介绍建筑物的面积和空调面积、高度、使用功能，对通风空调工程的要求。

② 设计标准。包括室外气象参数，夏季和冬季的温湿度及风速；室内设计标准，各空调房间夏季和冬季的设计温度、湿度、新风量要求及噪声标准等。

③ 空调系统及其设备。包括对整栋建筑的空调方式和各空调房间所采用的空调设备的简要说明。空调装置，如风机盘管、风机、空调器等的安装要求。风管及其附件的选用、保温、防腐、安装要求。

④ 空调水系统。包括系统类型、所选管材和保温材料的安装要求，系统防腐、试压和排污要求。

⑤ 防排烟系统。包括机械送风、机械排风或排烟的设计要求和标准。

⑥ 空调冷冻机房。包括冷冻机组和水泵等设备的规格型号、性能、台数及要求。

（2）看图例

弄清各符号代表的含义。

（3）看主要设备材料表

通风空调工程施工图中的主要设备材料表是将工程中所选用的设备和材料的规格、型号、数量列出，作为建设单位采购、订货的依据。

2. 平面图

通风空调系统平面图表示通风空调系统管道和设备的平面布置情况，其中包括以下几项。

① 风管，送、回（排）风口，风量调节阀，测定孔等部件和设备的平面位置，与建筑物墙面的距离及各部位尺寸。

② 送、回（排）风口的空气流动方向。

③ 通风空调设备的外形轮廓、规格型号及平面位置。

3. 剖面图

通风空调系统的剖面图表示通风空调系统管道和设备的高度布置情况，其中包括以下几项。

① 建筑物地面和楼面的标高。

② 通风空调设备和管道的位置尺寸和标高。图中所注的平面尺寸是以 mm 计的，标高尺寸是以 m 计的。风管标高一般指管底标高，水管标高一般指管中心标高。在标注管道标高时，为便于管道安装，地上层管道的标高可标为相对于本层地面的标高，地下层管道的标高为绝对标高。

③ 风管的截面尺寸，风口的大小。

4. 系统图

通风空调系统的系统图表示通风空调系统管道和设备在空间的立体走向，可以形象地把风管、部件及设备之间的相对位置及空间关系反映出来。系统图中还注明了风管、部件及设备的标高，各段风管的规格尺寸，送、排风口的形式和风量值。

5. 详图

详图表示通风空调系统设备的具体构造和安装情况，并注明相应的尺寸，如制冷机房的安装详图、新风机房的安装详图等。通风空调系统设备及附件安装通常采用国家标准图集，需注明标准图编号。

9.3 预算定额及施工图预算编制

9.3.1 通风空调设备及部件制作安装

通风空调工程施工图预算执行第七册《通风空调工程》，本定额适用于新建扩建工程通风空调设备及部件制作安装、通风管道制作安装、通风管道部件制作安装工程。

【各种设备台数及各种部件】

为便于工程量计算，应依施工图纸顺序分部、分项依次计算，不易漏项，通风空调工程的工程量计算可按下列顺序进行。

① 各种设备台数及各种部件；

② 通风管道制作安装；

③ 管道部件制作安装；

④ 刷油绝热工程量计算；

⑤ 系统调试。

通风空调设备是指空气加热器（冷却器）、通风机、除尘设备、空调器、风机盘管和冷却塔等。空调设备部件包括密闭门、挡水板、滤水器、溢水盘、金属壳体、过滤器、净化台、风淋室及设备支架。

1. 定额及工程量计算规则

（1）定额

通风空调设备及部件制作安装执行第七册《通风空调工程》P.21～44。

（2）工程量计算规则

① 空气加热器（冷却器）、除尘设备安装。按质量不同，以“台”为计量单位。

② 整体式空调机组、空调器安装（一拖一分体空调以室内机、室外机之和），区分安装位置、质量，以“台”为计量单位。

③ 组合式空调机组安装，区别设计风量，以“台”为计量单位。

④ 多联体空调机室外机安装，区别制冷量，以“台”为计量单位。

⑤ 通风机安装，依据不同形式、规格，区别通风量，以“台”为计量单位。

⑥ 风机箱安装，区别安装位置、风量，以“台”为计量单位。

⑦ 风机盘管安装，按安装方式不同，以“台”为计量单位。

⑧ 设备支架制作安装，按设计图示尺寸，以“kg”为计量单位。

⑨ 风机减振台座制作安装，执行设备支架定额，定额内不包括减振器，应按设计规定另行计算。

2. 定额使用说明

① 通风机安装定额。其内容包括电动机安装，其安装形式包括 A、B、C、D 等类型，适用于碳钢、不锈钢和塑料风机安装。

② 设备安装项目的基价。其中不包括设备费和应配备的地脚螺栓价格（应另行计算）。

③ 诱导器安装执行风机盘管安装子目。

④ 风机盘管的配管。执行第十册《给排水、采暖、燃气工程》相应项目。

⑤ 通风空调设备的电气接线。执行第四册《电气设备安装》相应项目。

⑥ 表 9－4 中一些项目制作、安装未分别列出，其制作费与安装费的比例可按表 9－4 划分。

表 9-4 部分项目的制作费与安装费的比例 单位：%

序号	项目名称	制作			安装		
		人工	材料	机械	人工	材料	机械
1	空调部件及设备支架制作安装	86	98	95	14	2	5
2	镀锌薄钢板法兰通风管道制作安装	60	95	95	40	5	5
3	镀锌薄钢板共板法兰通风管道制作安装	40	95	95	60	5	5
4	薄钢板法兰通风管道制作安装	60	95	95	40	5	5
5	净化通风管道及部件制作安装	40	85	95	60	15	5
6	不锈钢板通风管道及部件制作安装	72	95	95	28	5	5
7	铝板通风管道及部件制作安装	68	95	95	32	5	5
8	塑料通风管道及部件制作安装	85	95	95	15	5	5
9	复合型风管制作安装	60	—	99	40	100	1
10	风帽制作安装	75	80	99	25	20	1
11	罩类制作安装	78	98	95	22	2	5

【例 9-1】 某空调系统装有 HF26D-Ⅰ型恒温恒湿机组一台，制冷量 26.4kW，室内机重 288kg，室外机重 190kg；试求其人工费、材料费、机械费、管理费、利润、综合单价、综合工日。

解： 工程量=1 台<1t

查定额 7-1-11 得

人工费=1×1408.52=1408.52(元)

材料费=1×6.06=6.06(元)

管理费=1×307.96=307.96(元)

利润=1×158.29=158.29(元)

综合单价=1408.52+6.06+307.96+158.29=1880.83(元)

综合工日=1×11.87=11.87(工日)

设备费=1×设备单价（可随市场价）

9.3.2 通风管道制作安装

通风管道制作安装的内容包括镀锌薄钢板法兰通风管道、净化通风管道、铝板通风管道、塑料通风管道、玻璃钢通风管道、复合型通风管道、柔性软风管道等的制作安装。

1. 定额及工程量计算规则

（1）定额

【通风管道介绍】

① 镀锌薄钢板法兰通风管道制作、安装（碳钢通风管道制作安装）。其定额执行第七册《通风空调工程》P.50～51。

② 薄钢板法兰风管制作、安装。其定额见第七册《通风空调工程》P.53。

③ 净化通风管道制作、安装。其定额见第七册《通风空调工程》P.57。

④ 不锈钢板通风管道制作、安装。其定额见第七册《通风空调工程》P. 58。

⑤ 铝板通风管道制作、安装。其定额见第七册《通风空调工程》P. 62。

⑥ 塑料通风管道制作、安装。其定额见第七册《通风空调工程》P. 69。

⑦ 玻璃钢通风管道安装。其定额见第七册《通风空调工程》P. 71。

⑧ 复合型通风管道制作、安装。其定额见第七册《通风空调工程》P. 73。机制玻镁复合管、彩钢复合管、铝箔复合管定额见第七册《通风空调工程》P. 148～150。

⑨ 软管接头（口）。其定额见第七册《通风空调工程》P. 77。

⑩ 柔性软风管道安装。其定额见第七册《通风空调工程》P. 75。

⑪ 温度、风量测定孔。其定额见第七册《通风空调工程》P. 77。

（2）工程量计算规则

① 风管制作安装。以施工图规格不同按展开面积计算，不扣除检查孔、测定孔、送风口、吸风口等所占面积。

$$圆管\ F=\pi\times D\times L$$

式中，F 表示圆形风管展开面积（m^2）；D 表示圆形风管直径；L 表示管道中心线长度。

矩形风管按图示周长乘以管道中心线长度计算。

玻璃钢风管、复合型风管按设计图示外径尺寸以展开面积计算。

② 风管长度。一律以设计图示中心线长度为准（主管与支管以其中心线交点划分），包括弯头、三通、变径管等管件的长度，但不包括部件所占长度。直径和周长按图示尺寸展开，咬口重叠部分已包括在定额内，不得另行增加。

部分通风部件长度如下（参见第七册《通风空调工程》附录二 P. 169）。

a. 蝶阀：$L=150$mm。

b. 止回阀：$L=300$mm。

c. 密闭式对开多叶调节阀：$L=210$mm。

d. 圆形风管防火阀：$L=300\sim380$mm。

e. 矩形风管防火阀：$L=300\sim380$mm。

f. 密闭式斜插板阀（表 9-5）。

表 9-5　密闭式斜插板阀　　单位：mm

型号	1	2	3	4	5	6	7	8	9	10	11	12	13	14	15	16
D	80	85	90	95	100	105	110	115	120	125	130	135	140	145	150	155
L	280	285	290	300	305	310	315	320	325	330	335	340	345	350	355	360

③ 风管导流叶片的制作安装。按图示叶片的面积计算（见定额第七册 P. 169）。

④ 渐缩管送风。整个通风系统设计采用渐缩管送风的，圆形风管按平均直径、矩形风管按平均周长计算。

⑤ 柔性软风管道安装。按图示管道中心线长度，以“m”为计量单位。

⑥ 软管（帆布接口）制作安装。按图示尺寸，以“m^2”为计量单位。在风机、新风箱（空调箱）与风管的接口处及风机盘管与出风口的接口处、风管与散流器的接口处常设帆布接口，以降低噪声。

⑦ 风管检查孔。按设计图示尺寸质量计算，以“kg”为计量单位。风管检查孔质量也可参考“国标通风部件标准质量表”计算。

⑧ 温度、风量测定孔制作安装。按其型号以“个”为计量单位。

2. 定额使用说明

（1）薄钢板通风管道制作安装

① 薄钢板通风管道制作安装项目。其中，包括弯头、三通、变径管等管件，以及法兰、加固框和吊托支架的制作安装，但不包括过跨风管落地支架。落地支架执行设备支架项目（第七册 P.44）。

② 整个通风系统设计采用渐缩管均匀送风的，圆形风管按平均直径、矩形风管按平均周长参照相应规格子目，其人工乘以系数 2.5。

③ 镀锌薄钢板通风管道项目。其中的板材是按镀锌薄钢板编制的，如设计要求不用镀锌薄钢板的，板材可以换算，其他不变。

④ 薄钢板通风管道项目。其中的板材，如设计要求厚度不同者可以换算，但人工、机械不变。

⑤ 项目中的法兰垫料。如设计要求使用材料品种不同者可以换算，但人工不变。使用泡沫塑料者每 1kg 橡胶板换算为泡沫塑料 0.125kg；使用闭孔乳胶海绵者每 1kg 橡胶板换算为闭孔乳胶海绵 0.5kg。

（2）净化通风管道制作安装

① 圆形风管。执行矩形通风管道有关项目。

② 通风管道涂密封胶。其按全部口缝外表面涂抹考虑，如设计要求口缝不涂抹而只在法兰处涂抹的，每 $10m^2$ 风管应减去密封胶 1.5kg 和一般技工 0.37 工日。

③ 型钢。其中未包括镀锌费，如设计要求镀锌时，另加镀锌费。

（3）不锈钢板通风管道制作安装

① 不锈钢板通风管道咬口连接制作安装执行镀锌薄钢板风管法兰连接子目。

② 不锈钢板通风管道制作安装子目中包括管件，但不包括法兰和吊托支架，应单独列项计算，执行相应子目。

（4）铝板通风管道制作安装

① 铝板通风管道制作安装子目中包括管件，但不包括法兰和吊托支架，应单独列项计算执行相应子目。

② 通风管道项目中的板材。如设计要求厚度不同者可以换算，人工费、机械费不变。

（5）塑料通风管道制作安装

① 通风管道项目规格。其表示的直径为内径，周长为内周长。

② 通风管道制作安装项目。其中包括管件、法兰、加固框，但不包括吊托支架，吊托支架执行有关项目。

③ 项目中的法兰垫料。如设计要求使用品种不同者可以换算，但人工消耗量不变。

④ 塑料通风管道管件制作的胎具摊销材料费未包括在定额内，按以下规定另行计算：风管工程量在 $30m^2$ 以上的，每 $10m^2$ 通风管道的胎具摊销木材为 $0.06m^2$；通风管道工程量在 $30m^2$ 以下的，每 $10m^2$ 通风管道的胎具摊销木材为 $0.09m^2$。按本地区材料预算价格计算胎具材料费。

(5) 玻璃钢通风管道制作安装

① 管道安装项目中包括弯头、三通、变径管等管件的安装，以及法兰、加固框和吊托价的制作安装，不包括跨风管落地支架。落地支架执行设备支架项目。

② 玻璃钢通风管道及管件以图示工程量加损耗计算，按外加工定做考虑。

(6) 复合通风管道制作安装

① 通风管道项目规格表示的直径为内径，周长为内周长。

② 通风管道制作安装项目中包括管件、法兰、加固框、吊托支架。

(7) 软管接头 (口)

软管接头使用人造革而不用帆布者可以换算。

(8) 柔性软风管安装

定额适用于金属、涂塑化纤织物、聚酯、聚乙烯、聚氯乙烯薄膜、铝箔等材料制成的软风管。

(9) 通风管道导流叶片不论单叶片还是香蕉形双叶片均执行同一子目

通风管道制作费与安装费的比例可按表 9-4 划分。

【例 9-2】 图 9.23 所示为一段空调管道平面图，通风管道为普通薄钢板 ($\delta=1.0$mm) 咬口制作，试计算通风管道安装工程量、综合单价、人工费、机械费、管理费、利润、综合工日 (已知普通钢板 3.12 元/kg，$\delta=1.0$mm，每平方米质量为 7.85kg)。

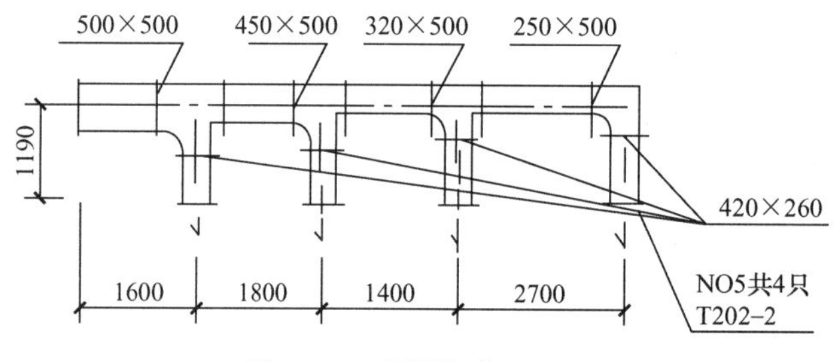

图 9.23 空调管道平面图

解： 通风管道工程量计算见表 9-6。

表 9-6 通风管道工程量计算表

断面 (mm)	断面周长 (m)	管段长度 (m)	工程量 (m^2)
500×500	0.5×4=2	1.6	2×1.6=3.2
400×500	(0.4+0.5)×2=1.8	1.8	1.8×1.8=3.24
320×500	(0.32+0.5)×2=1.64	1.4	1.64×1.4=2.30
250×500	(0.25+0.5)×2=1.5	2.7	1.5×2.7=4.05
260×420	(0.26+0.42)×2=1.36	1.19×4=4.76	1.36×4.76=6.47
通风管道安装工程量=(3.2+3.24+2.30+4.05)÷10=1.28			6.47÷10=0.65

注：表中工程量指通风管道的展开面积。

定额无普通薄钢板咬口连接的子目，所以套用镀锌薄钢板咬口连接子目。通风管道断面是分段变化的，均在三通处呈渐缩形，整个通风管道近似渐缩管均匀送风，所以在套用定额子目后，其人工费乘以系数 2.5。

长边长 420mm≤450mm，500mm≤1000mm

查定额 7-2-7、7-2-8 得

人工费＝0.65×700.38×2.5＋1.28×526.31×2.5＝2822.31(元)

材料费＝(0.65×224.66＋0.65×11.38×7.85×3.12)＋
(1.28×526.31＋1.28×11.38×7.85×3.12)
＝27486.12(元)

机械费＝0.65×23.97＋1.28×13.93＝33.41(元)

管理费＝0.65×153.07＋1.28×114.93＝246.61(元)

利润＝0.65×78.68＋1.28×59.07＝126.75(元)

综合单价＝2822.31＋27486.12＋33.41＋246.61＋126.75＝30715.20(元)

综合工日＝0.65×5.9＋1.28×4.43＝9.51(工日)

9.3.3 通风管道部件制作安装

通风管道部件指各种阀门、风孔、散流器、风帽、罩类、消声器、静压箱、柔性接口及伸缩节等。本部分采用定额为第七册。

1. 定额及工程量计算规则

(1) 定额

① 碳钢调节阀安装 (P.83～88)。

② 柔性软风管道阀门安装 (P.89)。

③ 碳钢风口、散流器、百叶窗安装 (P.90～104)。

④ 不锈钢风口安装、法兰、吊托支架制作、安装 (P.105)；不锈钢散流器安装 (P.151)。

⑤ 塑料散流器、塑料空气分布器安装 (P.107～108)。

⑥ 碳钢风帽制作安装 (P.111)。

⑦ 塑料风帽、伸缩节制作、安装 (P.115～116)。

⑧ 消声器安装 (见 P.125～129)。

(2) 工程量计算规则

① 碳钢调节阀安装按图示规格尺寸 (周长或直径)，以“个”为计量单位。

② 柔性软风管阀门安装。按图示规格尺寸 (直径)，以“个”为计量单位。

③ 碳钢各种风口、散流器的安装。

按图示规格尺寸 (周长或直径)，以“个”为计量单位。

钢百叶窗及活动金属百叶风口安装，区别面积或周长，以“个”为计量单位。

④ 塑料通风管道柔性接口及伸缩节制作安装，区分有无法兰，按图示尺寸，以展开面积计算，以“m^2”为计量单位。

⑤ 不锈钢风口安装按图示成品质量计算，以“kg”为计量单位。

⑥ 塑料散流器、塑料空气分布器安装，按其成品质量，以“kg”为计量单位。

⑦ 碳钢风帽制作安装，按其成品质量，以“kg”为计量单位。风帽为成品安装时，制作不再计取。

⑧ 碳钢风帽泛水制作、安装。按图示展开面积，以“m^2”为计量单位。

⑨ 消声器安装。

微穿孔板消声器、管式消声器、阻抗式消声器按设计图示数量计算，区分种类、周长，以“节”为计量单位。

消声弯头安装区分周长，以“个”为计量单位。

⑩ LWP 型滤尘器制作安装按设计图示尺寸以面积计算，以“m^2”为计量单位。

2. 定额使用说明

（1）密闭式对开多叶调节阀与对开多叶调节阀执行同一子目（P.87）

① 电动密闭阀安装执行对开多叶调节阀子目，人工乘以系数 1.05。

② 手（电）动密闭阀安装子目包括一副法兰、两副法兰螺栓及橡胶石棉垫圈。如为一侧接管时，人工乘以系数 0.6，材料、机械乘以系数 0.5。不包括吊托支架制作与安装，发生时执行“设备支架制作安装”子目另行计算。

（2）碳钢百叶风口安装子目

碳钢百叶风口安装子目适用于带调节板活动百叶风口、单层百叶风口、双层百叶风口、三层百叶风口、连动百叶风口、135 型单层百叶风口、135 型带导流叶片百叶风口、活动金属百叶风口。风口的宽与长之比≤0.125，为条形风口，执行百叶风口子目，人工乘以系数 1.1。

（3）蝶阀安装子目（P.84）

蝶阀安装子目适用于圆形保温蝶阀，方形、矩形保温蝶阀，圆形蝶阀，方形、矩形蝶阀。

（4）风管止回阀安装子目（P.85）

风管止回阀安装子目适用于圆形风管止回阀、方形风管止回阀。

（5）铝合金或其他材料制作的调节阀安装应执行本模块定额相应子目

（6）碳钢散流器安装子目（P.94）

碳钢散流器安装子目适用于圆形直片散流器、方形直片散流器、流线型散流器。

（7）碳钢送吸风口安装子目（P.99）

碳钢送吸风口安装子目适用于单面送吸风口、双面送吸风口。

（8）铝合金风口安装执行碳钢风口子目

铝合金风口安装执行碳钢风口子目，人工乘以系数 0.9。

（9）其他材质和形式的排气罩制作安装可执行本模块定额中相近的子目

（10）管式消声器安装适用于各类管式消声器

（11）除尘过滤器、过滤吸收器安装子目

除尘过滤器、过滤吸收器安装子目不包括支架制作安装，执行“设备支架制作安装”子目。

【例 9-3】 图 9.23 所示的送风口采用 T202-2NO5，共 4 只，求其综合单价、人工费、机械费、管理费、利润、综合工日。

解： T202-2NO5（双层）每个风口周长＝(420＋260)×2＝1360(mm)≤1800mm

制作安装工程量＝4 个

查定额 7-3-36，得

人工费＝4×43.78＝175.12(元)

材料费＝4×5.47＝21.88(元)

机械费＝4×0.12＝0.48(元)

管理费＝4×10.38＝41.52(元)

利润=4×5.33=21.32(元)

综合单价=175.12+21.88+0.48+41.52+21.32=260.32(元)

综合工日=4×0.4=1.6(工日)

【例9-4】某排风系统使用T609NO9圆伞形风帽一个，试计算其制作安装工程量、综合单价、人工费、机械费、管理费、利润、综合工日。

解：查国标通风部件标准质量表T609NO9，得D=500mm，每个质量为5.01kg

工程量=5.01÷100=0.050（单位工程量）

查定额7-3-146，得

人工费=0.050×2086.18=104.31(元)

材料费=0.050×1835.17=91.76(元)

机械费=0.050×63.59=3.18(元)

管理费=0.050×461.55=23.08(元)

利润=0.050×237.23=11.86(元)

综合单价=104.31+91.76+3.18+23.08+11.86=234.19(元)

综合工日=0.050×17.79=0.89(工日)

【例9-5】某排风系统，电机防雨罩Ⅱ型（1个，机座型号J041T110)，求制作安装的工程量及费用。

解：查标准图T110，得J041Ⅱ型防雨罩每个质量为7.1kg

制作安装工程量=7.1÷100=0.071（单位工程量）

查定额7-3-160，得

人工费=0.071×1044.26=74.14(元)

材料费=0.071×506.40=35.95(元)

机械费=0.071×10.64=0.76(元)

管理费=0.071×226.50=16.08(元)

利润=0.071×116.41=8.27(元)

综合单价=74.14+35.95+0.76+16.08+8.27=135.20(元)

综合工日=0.071×8.73=0.62(工日)

【例9-6】某排风系统有调节阀250×250绝热手柄式钢制蝶阀一个，320×320蝶阀一个，求其安装费用。

解：250mm×250mm，每个周长1000mm≤1600mm；320mm×320mm，每个周长1280mm≤1600mm

安装工程量=2个

查定额7-3-8，得

人工费=2×32.50=65(元)

材料费=2×6.02=12.04(元)

机械费=2×2.63=5.26(元)

管理费=2×7.52=15.04(元)

利润=2×3.87=7.74(元)

综合单价=65+12.04+5.26+15.04+7.74=105.08(元)

综合工日＝2×0.29＝0.58(工日)

【例9-7】 某空气调节系统，安装矿棉管式消声器T701-2NO5一台，试求其安装费用。

解： 查标准图集T701-2NO5，消声器370mm×495mm

周长＝(370＋495)mm×2＝1730mm≤2400mm

消声器制作安装工程量＝1节

查定额7-3-193得

人工费＝1×157.00＝157.00(元)

材料费＝1×52.38＝52.38(元)

管理费＝1×33.99＝33.99(元)

利润＝1×17.47＝17.47(元)

综合单价＝157.00＋52.38＋33.99＋17.47＝260.84(元)

综合工日＝1×1.31＝1.31(工日)

9.3.4 通风空调管道及设备刷油绝热工程

金属管道（设备）受空气湿度、环境中腐蚀性介质等的影响，使用寿命会缩短，因此应对其做防腐处理。为减少通风空调管道里输送热（冷）量损失，通常对管道进行保温（冷）绝热处理。

1. 定额及工程量计算规则

（1）定额

执行第十二册《刷油、防腐蚀、绝热工程》，区分油漆种类、遍数，并区分绝热材料种类。

（2）工程量计算规则

① 薄钢板通风管道（简称风管）刷油。按其展开面积，以"$10m^2$"为计量单位。

② 通风管道部件刷油。按其质量，以"100kg"为计量单位。

③ 管道及设备绝热主材，以"m^3"为计量单位。

④ 保护层刷油，以"$10m^2$"为计量单位。

2. 定额使用说明

① 薄钢板通风管道刷油按其工程量执行相应项目，仅外（或内）面刷油的，定额乘以系数1.2；内外均刷油者，定额乘以系数1.1（其法兰加固框、吊托支架已包括在此系数内）。

② 薄钢板部件刷油按其工程量执行金属结构刷油项目，定额乘以系数1.15。

③ 薄钢板通风管道、部件及单独列项的支架，其除锈不分锈蚀程度，均按其第一遍刷油的工程量执行除轻锈项目。

④ 未包括在通风管道工程量内而单独列项的各种支架（不锈钢吊托支架除外）的刷油，按其工程量执行相应项目。

⑤ 刷油定额是按安装地点就地刷（喷）油考虑的，如安装前集中刷油，人工费乘以系数0.7。

⑥ 矩形通风管道绝热需要加防雨坡度时，其人工费、材料费另计。

⑦ 设备、管道绝热定额中均按现场先安装、后绝热施工考虑的；若先绝热、后安装，其人工费乘以系数0.9。

【例9-8】 试计算例9-2中，通风管道的刷油（内外皆刷油）、绝热工程量及费用。

说明：

(1) 通风管道内外表面均刷红丹漆两遍（9元/kg）。

(2) 绝热层为自熄型泡沫塑料（240元/m^2），$\delta=35$mm，外包玻璃丝布保护层（4.00元/m^2）。

解：(1) 刷油

工程量 $S=19.3\div10=1.93$（单位工程量）

查定额12-2-24、12-2-25，得

人工费=1.93×（18.09+17.34）×1.1=75.22(元)

材料费=1.93×（0.83+0.74）×1.1+1.93×（1.518+1.331）×9=52.82(元)

管理费=1.93×（4.15+3.89）×1.1=17.07(元)

利润=1.93×（2.13+2.00）×1.1=13.01(元)

综合单价=75.22+52.82+17.07+13.01=158.12(元)

综合工日=1.93×（0.16+0.15）=0.60(工日)

(2) 绝热

工程量 $V=19.3\times0.035=0.68(m^3)$

查定额第十二册《刷油、防腐蚀、绝热工程》附录二，可知聚氨酯泡沫板损耗率为6%；定额中未给出矩形管道绝热定额，借用圆形管道定额，求当量直径 $d=2ab/(a+b)$，a、b 为管道的边长。

$d_{最大}=2\times500\times500/(500+500)=500(mm)$

$d_{最小}=2\times260\times420/(260+420)=321(mm)$

其中小于500mm的管道绝热体积 $V_1=(3.2+3.24+2.30+4.05)\times0.035=0.45(m^3)$

小于321mm的管道绝热体积 $V_2=6.47\times0.035=0.23(m^3)$

直径≤500mm的体积为 $0.45+0.23=0.68(m^3)$

查定额绝热层安装12-4-116，得

人工费=0.68×411.47=279.80(元)

材料费=0.68×17.24+0.68×1.06×240=184.72(元)

机械费=0.68×20.40=13.87(元)

管理费=0.68×88.73=60.34(元)

利润=0.68×45.61=31.01(元)

综合单价=279.80+184.72+13.87+60.34+31.01=569.74(元)

综合工日=0.68×3.42=2.33(工日)

(3) 保护层安装

玻璃丝布保护层安装工程量 $S=(2.14\times1.6+1.94\times1.8+1.64\times2.7+1.5\times4.76)\div10$
$=1.85(10m^2)$

查定额12-4-380，得

人工费=1.85×42.75=79.09(元)

材料费=1.85×0.16+1.85×14.00×4.00=103.90(元)

管理费=1.85×8.82=16.32(元)

利润=1.85×4.53=8.38(元)

综合单价=79.09+103.90+16.32+8.38=207.69(元)

综合工日=1.85×0.34=0.63(工日)

9.3.5 通风空调检测、调试

当通风空调工程安装完毕，需要对整个系统进行检测和设备试运转、调试。

1. 定额及工程量计算规则

(1) 定额

定额见第十二册 P.158。

(2) 工程量计算规则

按各系统组成项目所有综合工日为工程量，以“100 工日”为计量单位。

清单项目以“系统”为计量单位。

2. 定额使用说明

系统调整费按各系统工程计算，包括漏风量测试和漏光法测试费用。

9.4 清单计价及施工图预算

9.4.1 工程量清单项目设置及工程量计算规则 (GB 50856—2013)

(1) 通风空调工程包含的内容

① 通风及空调设备及部件制作安装（编码：030701)。

② 通风管道制作安装（编码：030702)。

③ 通风管道部件制作安装（编码：030703)。

④ 通风工程检测、调试（编码：030704)。

(2) 相关问题及说明

① 通风空调工程适用于通风（空调）设备及部件，通风管道及部件的制作安装工程。

② 冷冻机组站内的设备安装、通风机安装及人防两用通风机安装，应按 GB 50856—2013 中“机械设备安装工程”相关项目编码列项。

③ 冷冻机组站内的管道安装，应按 GB 50856—2013 中“工业管道工程”相关项目编码列项。

④ 冷冻站外墙皮以外通往通风空调设备的供热、供冷、供水等管道，应按 GB 50856—2013 中“给排水、采暖、燃气工程”相关项目编码列项。

⑤ 设备和支架的除锈、刷油、保温及保护层安装，应按 GB 50856—2013 中“刷油、防腐蚀、绝热工程”相关项目编码列项。

工程量计算规则、计量单位、项目编码执行表 9-7～表 9-12。

表 9－7 通风及空调设备及部件制作安装（编码：030701）

项目编码	项目名称	项目特征	计量单位	工程量计算规则	工作内容
030701001	空气加热器（冷却器）	1. 名称 2. 型号 3. 规格 4. 质量 5. 安装形式 6. 支架形式、材质	台	按设计图示数量计算	1. 本体安装、调试 2. 设备支架制作、安装 3. 补刷（喷）油漆
030701002	除尘设备				
030701003	空调器	1. 名称 2. 型号 3. 规格 4. 安装形式 5. 质量 6. 隔振垫（器）、支架形式、材质	台（组）		1. 本体安装或组装、调试 2. 设备支架制作、安装 3. 补刷（喷）油漆
030701004	风机盘管	1. 名称 2. 型号 3. 规格 4. 安装形式 5. 减振器、支架形式、材质 6. 试压要求	台		1. 本体安装、调试 2. 支架制作、安装 3. 试压 4. 补刷（喷）油漆
030701005	表冷器	1. 名称 2. 型号 3. 规格			1. 本体安装 2. 型钢制作、安装 3. 过滤器安装 4. 挡水板安装 5. 调试及运转 6. 补刷（喷）油漆
030701006	密闭门	1. 名称 2. 型号 3. 规格 4. 形式 5. 支架形式、材质	个		1. 本体制作 2. 本体安装 3. 支架制作、安装
030701007	挡水板				
030701008	滤水器、溢水盘				
030701009	金属壳体				
030701010	过滤器	1. 名称 2. 型号 3. 规格 4. 形式 5. 框架形式、材质	1. 台 2. m^2	1. 以台计量，按设计图示数量计算 2. 以面积计量，按设计图示尺寸以过滤面积计算	1. 本体安装 2. 框架制作、安装 3. 补刷（喷）油漆
030701011	净化工作台	1. 名称 2. 型号 3. 规格 4. 类型	台	按设计图示数量计算	1. 本体安装 2. 补刷（喷）油漆

续表

<table>
<tr><th>项目编码</th><th>项目名称</th><th>项目特征</th><th>计量单位</th><th>工程量计算规则</th><th>工作内容</th></tr>
<tr><td>030701012</td><td>风淋室</td><td rowspan="2">1. 名称
2. 型号
3. 规格
4. 类型
5. 质量</td><td rowspan="4">台</td><td rowspan="4">按设计图示数量计算</td><td rowspan="2">1. 本体安装
2. 补刷（喷）油漆</td></tr>
<tr><td>030701013</td><td>洁净室</td></tr>
<tr><td>030701014</td><td>除湿机</td><td>1. 名称
2. 型号
3. 规格
4. 类型</td><td>本体安装</td></tr>
<tr><td>030701015</td><td>人防过滤吸收器</td><td>1. 名称
2. 规格
3. 形式
4. 材质
5. 支架形式、材质</td><td>1. 过滤吸收器安装
2. 支架制作安装</td></tr>
</table>

注：通风空调设备安装的地脚螺栓按设备自带考虑。

表 9-8 通风管道制作安装（编码：030702）

<table>
<tr><th>项目编码</th><th>项目名称</th><th>项目特征</th><th>计量单位</th><th>工程量计算规则</th><th>工作内容</th></tr>
<tr><td>030702001</td><td>碳钢通风管道</td><td rowspan="2">1. 名称
2. 材质
3. 形状
4. 规格
5. 板材厚度
6. 管件、法兰等附件及支架设计要求
7. 接口形式</td><td rowspan="6">m^2</td><td rowspan="5">按设计图示内径尺寸以展开面积计算</td><td rowspan="5">1. 通风管道、管件、法兰、零件、支吊架制作、安装
2. 过跨风管落地支架制作、安装</td></tr>
<tr><td>030702002</td><td>净化通风管道</td></tr>
<tr><td>030702003</td><td>不锈钢板通风管道</td><td rowspan="3">1. 名称
2. 形状
3. 规格
4. 板材厚度
5. 管件、法兰等附件及支架设计要求
6. 接口形式</td></tr>
<tr><td>030702004</td><td>铝板通风管道</td></tr>
<tr><td>030702005</td><td>塑料通风管道</td></tr>
<tr><td>030702006</td><td>玻璃钢通风管道</td><td>1. 名称
2. 形状
3. 规格
4. 板材厚度
5. 支架形式、材质
6. 接口形式</td><td>按设计图示外径尺寸以展开面积计算</td><td>1. 通风管道、管件安装
2. 支吊架制作、安装
3. 过跨风管落地支架制作、安装</td></tr>
</table>

续表

项目编码	项目名称	项目特征	计量单位	工程量计算规则	工作内容
030702007	复合型通风管道	1. 名称 2. 材质 3. 形状 4. 规格 5. 板材厚度 6. 接口形式 7. 支架形式、材质	m^2	按设计图示外径尺寸以展开面积计算	1. 通风管道、管件安装 2. 支吊架制作、安装 3. 过跨通风管道落地支架制作、安装
030702008	柔性软风管	1. 名称 2. 材质 3. 规格 4. 风管接头、支架形式、材质	1. m 2. 节	1. 以m计量，按设计图示中心线以长度计算 2. 以节计量，按设计图示数量计算	1. 通风管道安装 2. 通风管道接头安装 3. 支吊架制作、安装
030702009	弯头导流叶片	1. 名称 2. 材质 3. 规格 4. 形式	1. m^2 2. 组	1. 以面积计量，按设计图示以展开面积 m^2 计算 2. 以组计量，按设计图示数量计算	1. 制作 2. 组装
030702010	通风管道检查孔	1. 名称 2. 材质 3. 规格	1. kg 2. 个	1. 以kg计量，按通风管道检查孔质量计算 2. 以个计量，按设计图示数量计算	1. 制作 2. 安装
030702011	温度、风量测定孔	1. 名称 2. 材质 3. 规格 4. 设计要求	个	按设计图示数量计算	1. 制作 2. 安装

注：① 通风管道展开面积，不扣除检查孔、测定孔、送风口、吸风口等所占面积：通风管道长度一律以设计图示中心线长度为准（主管与支管以其中心线交点划分），包括弯头、三通、变径管、天圆地方等管件的长度，但不包括部件所占的长度。通风管道展开面积不包括通风管道与管口重叠部分面积。通风管道渐缩管：圆形风管按平均直径，矩形风管按平均周长。

② 穿墙套管按展开面积计算，计入通风管道工程量中。

③ 通风管道的法兰垫料或封口材料，按图纸要求应在项目特征中描述。

④ 净化通风管道的空气洁净度按100000级标准编制，净化通风管道使用的型钢材料如要求镀锌时，工作内容应注明支架镀锌。

⑤ 弯头导流叶片数量，按设计图纸或规范要求计算。

⑥ 通风管道检查孔、温度测定孔、风量测定孔数量，按设计图纸或规范要求计算。

表 9-9　通风管道部件制作安装（编码：030703）

项目编码	项目名称	项目特征	计量单位	工程量计算规则	工作内容
030703001	碳钢阀门	1. 名称 2. 型号 3. 规格 4. 质量 5. 类型 6. 支架形式、材质	个	按设计图示数量计算	1. 阀体制作 2. 阀体安装 3. 支架制作、安装
030703002	柔性软风管阀门	1. 名称 2. 规格 3. 材质 4. 类型			阀体安装
030703003	铝蝶阀	1. 名称 2. 规格 3. 质量 4. 类型			
030703004	不锈钢蝶阀				
030703005	塑料阀门	1. 名称 2. 型号 3. 规格 4. 类型			
030703006	玻璃钢蝶阀				
030703007	碳钢风口、散流器、百叶窗	1. 名称 2. 型号 3. 规格 4. 质量 5. 类型 6. 形式			1. 风口制作、安装 2. 散流器制作、安装 3. 百叶窗安装
030703008	不锈钢风口、散流器、百叶窗	1. 名称 2. 型号 3. 规格 4. 质量 5. 类型 6. 形式			
030703009	塑料风口、散流器、百叶窗				
030703010	玻璃钢风口	1. 名称 2. 型号 3. 规格 4. 类型 5. 形式			风口安装
030703011	铝及铝合金风口、散流器				1. 风口制作、安装 2. 散流器制作、安装

续表

项目编码	项目名称	项目特征	计量单位	工程量计算规则	工作内容
030703012	碳钢风帽	1. 名称 2. 规格 3. 质量 4. 类型 5. 形式 6. 风帽筝绳、泛水设计要求	个	按设计图示数量计算	1. 风帽制作、安装 2. 筒形风帽滴水盘制作、安装 3. 风帽筝绳制作、安装 4. 风帽泛水制作、安装
030703013	不锈钢风帽				
030703014	塑料风帽				
030703015	铝板伞形风帽				1. 铝板伞形风帽制作、安装 2. 风帽筝绳制作、安装 3. 风帽泛水制作、安装
030703016	玻璃钢风帽				1. 玻璃钢风帽安装 2. 筒形风帽滴水盘安装 3. 风帽筝绳安装 4. 风帽泛水安装
030703017	碳钢罩类	1. 名称 2. 型号 3. 规格 4. 质量 5. 类型 6. 形式			1. 罩类制作 2. 罩类安装
030703018	塑料罩类				
030703019	柔性接口	1. 名称 2. 规格 3. 材质 4. 类型 5. 形式	m^2	按设计图示尺寸以展开面积计算	1. 柔性接口制作 2. 柔性接口安装
030703020	消声器	1. 名称 2. 规格 3. 材质 4. 形式 5. 质量 6. 支架形式、材质	个	按设计图示数量计算	1. 消声器制作 2. 消声器安装 3. 支架制作安装

续表

项目编码	项目名称	项目特征	计量单位	工程量计算规则	工作内容
030703021	静压箱	1. 名称 2. 规格 3. 形式 4. 材质 5. 支架形式、材质	1. 个 2. m^2	1. 以个计量，按设计图示数量计算 2. 以 m^2 计量，按设计图示尺寸以展开面积计算	1. 静压箱制作、安装 2. 支架制作、安装
030703022	人防超压自动排气阀	1. 名称 2. 型号 3. 规格 4. 类型	个	按设计图示数量计算	安装
030703023	人防手动密闭阀	1. 名称 2. 型号 3. 规格 4. 支架形式、材质	个	按设计图示数量计算	1. 密闭阀安装 2. 支架制作、安装
030703024	人防其他部件	1. 名称 2. 型号 3. 规格 4. 类型	个（套）	按设计图示数量计算	安装

注：① 碳钢阀门包括：空气加热器上通阀、空气加热器旁通阀、圆形瓣式启动阀、通风管道蝶阀、通风管道止回阀、密闭式斜插板阀、矩形通风管道三通调节阀、对开多叶调节阀、通风管道防火阀、各型风罩调节阀。

② 塑料阀门包括：塑料蝶阀、塑料插板阀、各型风罩塑料调节阀。

③ 碳钢风口、散流器、百叶窗包括：百叶风口、矩形送风口、矩形空气分布器、通风管道插板风口、旋转吹风口、圆形散流器、方形散流器、流线型散流器、送吸风口、活动箅式风口、网式风口、钢百叶窗等。

④ 碳钢罩类包括：皮带防护罩、电动机防雨罩、侧吸罩、中小型零件焊接台排气罩、整体分组式槽边侧吸罩、吹吸式槽边通风罩、条缝槽边抽风罩、泥心烘炉排气罩、升降式回转排气罩、上下吸式圆形回旋罩、升降式排气罩、手锻炉排气罩。

⑤ 塑料罩类包括：塑料槽边侧吸罩、塑料槽边风罩、塑料条缝槽边抽风罩。

⑥ 柔性接口包括：金属、非金属软接口及伸缩节。

⑦ 消声器包括：片式消声器、矿棉管式消声器、聚酯泡沫管式消声器、卡普隆纤维管式消声器、弧形声流式消声器、阻抗复合式消声器、微孔穿板消声器、消声弯头。

⑧ 通风部件如图纸要求制作安装或用成品部件只安装不制作，这类特征在项目特征中应明确描述。

⑨ 静压箱的面积计算：按设计图示尺寸以展开面积计算，不扣除开口的面积。

表 9－10　通风工程检测、调试（编码：030704）

项目编码	项目名称	项目特征	计量单位	工程量计算规则	工作内容
030704001	通风工程检测、调试	通风管道工程量	系统	按通风系统计算	1. 通风管道风量测定 2. 风压测定 3. 温度测定 4. 各系统风口、阀门调整
030704002	通风管道漏光试验、漏风试验	漏光试验、漏风试验、设计要求	m^2	按设计图纸或规范要求以展开面积计算	通风管道漏光试验、漏风试验

9.4.2 案例

如例9－2，通风管道工程量12.8m，试进行综合单价分析（表9－11、表9－12）。

表9－11 综合单价分析表

工程名称：某室内通风空调工程　　　标段：　　　第　页共　页

<table>
<tr><td>项目编码</td><td colspan="2">030702001001</td><td>项目名称</td><td colspan="2">碳钢通风管道安装</td><td>计量单位</td><td colspan="2">m²</td><td>工程量</td><td colspan="2">1</td></tr>
<tr><td colspan="12">清单综合单价组成明细</td></tr>
<tr><td rowspan="2">定额编码</td><td rowspan="2">定额项目名称</td><td rowspan="2">定额单位</td><td rowspan="2">数量</td><td colspan="4">单价(元)</td><td colspan="4">合价(元)</td></tr>
<tr><td>人工费</td><td>材料费</td><td>机械费</td><td>管理费和利润</td><td>人工费</td><td>材料费</td><td>机械费</td><td>管理费和利润</td></tr>
<tr><td>7－2－8</td><td>镀锌薄钢板矩形通风管道</td><td>10m²</td><td>0.1</td><td>526.31×2.5</td><td>227.08</td><td>13.93</td><td>174.00</td><td>131.58</td><td>22.71</td><td>1.39</td><td>17.40</td></tr>
<tr><td></td><td></td><td></td><td></td><td></td><td></td><td></td><td></td><td></td><td></td><td></td><td></td></tr>
<tr><td colspan="2">人工单价</td><td colspan="6">小　计</td><td>131.58</td><td>22.71</td><td>1.39</td><td>17.40</td></tr>
<tr><td colspan="2">87.1元/工日</td><td colspan="6">未计价材料费</td><td colspan="4">27.87</td></tr>
<tr><td colspan="8">清单项目综合单价</td><td colspan="4">200.95</td></tr>
<tr><td rowspan="4">材料费明细</td><td colspan="3">主要材料名称、规格、型号</td><td>单位</td><td colspan="3">数量</td><td>单价(元)</td><td>合价(元)</td><td>暂估单价(元)</td><td>暂估合价(元)</td></tr>
<tr><td colspan="3">普通薄钢板δ＝1.0mm，咬口连接，周长<2000mm</td><td>m²</td><td colspan="3">0.1×11.38＝1.138</td><td>3.12×7.85</td><td>27.87</td><td></td><td></td></tr>
<tr><td colspan="7">其他材料费</td><td></td><td></td><td></td><td></td></tr>
<tr><td colspan="7">材料费小计</td><td></td><td>27.87</td><td></td><td></td></tr>
</table>

表9－12 分部分项工程和单价措施项目清单与计价表

工程名称：　　　标段：　　　第　页共　页

<table>
<tr><td rowspan="3">序号</td><td rowspan="3">项目编码</td><td rowspan="3">项目名称</td><td rowspan="3">项目特征</td><td rowspan="3">计量单位</td><td rowspan="3">工程量</td><td colspan="3">金额（元）</td></tr>
<tr><td rowspan="2">综合单价</td><td rowspan="2">合价</td><td>其中</td></tr>
<tr><td>暂估价</td></tr>
<tr><td>1</td><td>030702001001</td><td>碳钢通风管道</td><td>普通薄钢板δ＝1.0mm，咬口连接，周长<2000mm</td><td>m²</td><td>12.8</td><td>200.95</td><td>2572.16</td><td></td></tr>
<tr><td></td><td></td><td></td><td></td><td></td><td></td><td></td><td></td><td></td></tr>
<tr><td colspan="7">本页小计</td><td>2572.16</td><td></td></tr>
<tr><td colspan="7">合　计</td><td>2572.16</td><td></td></tr>
</table>

模块小结

本模块主要讲述的以下两方面内容。

(1) 通风空调工程简介：介绍了通风空调的组成、部件、施工图的识读。

(2) 通风空调工程施工图预算：通风空调设备及部件制作安装、通风管道制作安装（圆管 $F=\pi \times D \times L$；矩形 $F=$周长×管长）、通风管道部件制作安装、通风空调管道及设备刷油绝热工程、通风空调检测、调试的定额及工程量计算规则，注意不同设备计量单位不同。

(3) 工程量清单项目设置及工程量计算规则。

复习思考题

一、简答题

1. 通风空调工程常用的阀门有哪些？

2. 通风空调系统组成有哪些？各有哪些常用设备？

3. 通风管道工程量如何计算？管道刷油执行什么定额？

二、计算题

1. 不锈钢通风管道规格为 800mm×400mm，长 20m，计算工程量，并说明应套用的定额子目。

2. 图集号为 T302－9 的钢制蝶阀，规格为 800mm×400mm，共 12 只，试套用其定额子目。

3. 钢制矩形蝶阀（手柄式）尺寸为 200mm×200mm，图集号为 T302－8，制作与安装共计 15 只，请套用定额。

4. 镀锌薄钢板矩形风管 630mm×320mm（$\delta=1.2$mm，咬口），以“$10m^2$”为计量单位，求其制作与安装的人工费、材料费、机械费、管理费和利润。

【模块9在线答题】

模块10 建筑水电工程施工图预算书编制案例

教学目标

本模块主要通过对室内电气照明工程施工图预算和清单计价案例分析及室内给排水与消防工程施工图预算、工程量清单和清单计价案例分析，使学生系统地掌握安装工程工程量计算规则、预算定额、清单计价规范及预算的编制方法与步骤。

教学要求

知识要点	能力要求	相关知识
室内电气照明工程施工图预算书的编制	掌握室内电气照明工程的工程量计算规则和方法；掌握室内电气照明工程计价规范，并能正确套用定额子目，掌握室内电气照明工程清单计价的编制步骤	室内电气照明工程的计价规范相关文件
室内给排水与消防工程施工图预算书的编制	掌握室内给排水及消防工程的工程量计算规则和方法；掌握室内给排水及消防工程计价规范，并能正确套用定额子目；掌握室内给排水及消防工程清单计价的编制步骤	室内给排水及消防工程的计价规范相关文件

10.1 室内电气照明工程施工预算书的编制

某学校宿舍楼电气照明工程施工图见本书所附图纸，根据施工图编制该项目电气照明工程施工图预算书。

某学校宿舍楼______工程

招 标 控 制 价

招　标　人：________________
（单位盖章）

造价咨询人：________________
（单位盖章）

年　月　日

河南省建设工程造价计价软件测评合格编号：2017－RJ004

某学校宿舍楼　　工程

招 标 控 制 价

招标控制价　　（小写）：276105.31 元

（大写）：贰拾柒万陆仟壹佰零伍元叁角壹分

招　标　人：________________　　造价咨询人：________________

（单位盖章）　　（单位资质专用章）

法定代表人　　法定代表人

或其授权人：________________　　或其授权人：________________

（签字或盖章）　　（签字或盖章）

编　制　人：________________　　复　核　人：________________

（造价人员签字盖专用章）　　（造价工程师签字盖专用章）

编制时间：　　年　月　日　　复核时间：　　年　月　日

总 说 明

项目名称：某学校宿舍楼 第 1 页 共 1 页

一、工程概况

本工程地上六层，屋面为上人屋面。建筑面积 3965.5m^2，建筑高度 20.35m。本工程主要涉及室内电气照明工程和室内给排水及消防工程。

二、编制依据

1. 工程量计算：施工图纸、招标公告、投标须知等。

2. 定额及计价依据：执行《河南省通用安装工程预算定额》（HA02－31—2016）及《通用安装工程工程量清单计算规范》（GB 50856—2013）；《建设工程工程量清单计算规范》（GB 50500 —2013）；《河南省市政工程预算定额》（HA A1－31－2016）。

3. 材料价格：未计价材按市场价计入。计价材暂按基期价格计取。

三、编制说明

1. 人工费按基期价格计取。

2. 增值税税率 9％。

建设项目招标控制价汇总表

工程名称：某学校宿舍楼　　　　第 1 页 共 1 页

序号	单项工程名称	金额（元）	其中(元)		
			暂估价	安全文明施工费	规　费
1	学生宿舍楼室内照明及给排水、消防工程	276105.31		8269.51	10679.80
合 计		276105.31		8269.51	10679.80

注：本表适用于建设项目招标控制价或投标报价的汇总。

单项工程招标控制价汇总表

工程名称：单项工程　　　　第1页共1页

序号	单项工程名称	金额（元）	其中(元)		
			暂估价	安全文明施工费	规　费
	单项工程				
1	室内给排水及消防	78837.77		2010.01	2538.73
2	室内电气照明工程	197267.54		6259.50	8141.07
合计		276105.31		8269.51	10679.80

注：本表适用于单项工程招标控制价或投标报价的汇总。暂估价包括分部分项工程中的暂估价和专业工程暂估价。

室内电气照明 工程

招 标 控 制 价

招标控制价 (小写): 197091.11元

(大写): 拾玖万柒仟零玖拾壹元壹角壹分

招　标　人: ____________ (单位盖章)

造价咨询人: ____________ (单位资质专用章)

法定代表人
或其授权人: ____________ (签字或盖章)

法定代表人
或其授权人: ____________ (签字或盖章)

编　制　人: ____________ (造价人员签字盖专用章)

复　核　人: ____________ (造价工程师签字盖专用章)

编制时间: 　年　月　日

复核时间: 　年　月　日

总 说 明

工程名称：室内电气照明　　　　第 1 页 共 1 页

一、工程概况

本工程地上六层，屋面为上人屋面。建筑面积 3965.5m^2，建筑高度 20.35m，本工程配电室在一楼，每宿舍安装一台容量为 1.5kW 的电度表箱。

二、编制依据

1. 工程量计算：施工图纸、招标公告、投标须知等。
2. 定额及计价依据：执行《河南省通用安装工程预算定额》(HA02－31—2016) 及《通用安装工程工程量清单计算规范》(GB 50856—2013)；《建设工程工程量清单计算规范》(GB 50500 —2013)；《河南省市政工程预算定额》(HA A1－31－2016)。
3. 材料价格：未计价材按市场价计入。计价材暂按基期价格计取。

三、编制说明

1. 配电箱为成套安装。
2. 电缆进户前长度按实际长度计算。
3. 线槽为普通型塑料线槽，其内配线单独计算。
4. 电缆桥架为强电桥架，仅垂直方向敷设。

各分项工程量表

编号	项目名称	单位	工程量	计算式
	一、进户装置			
1	土方工程	m^3	4.23	图示水平长(5.3+0.3)×挖土系数(0.45+0.153×2)=4.23
2	SC100 埋地管道	m	8.3	图示水平长(5.3+0.3)+埋设深度 0.8+配电箱半高 0.9+附加长度 1=8.3
	二、配电箱			
1	AL1 柜(800×1800×600)	台	1	图示个数 1
2	1AL1 箱(400×240×106)	台	1	图示个数 1
3	1AL 箱(400×240×106)	台	1	图示个数 1
4	2-6AL 箱(400×240×106)	台	5	图示个数 5
5	1BX 箱(1000×800×180)	台	1	图示个数 1
6	2-6BX 箱(1000×800×180)	台	5	图示个数 5
	三、配管配线			
1	配电箱间干管 SC40	m	76.9	(AL1-1BX)水平长 2.1+0.8+垂直长 1.5+(AL1-2BX)水平长 1.9+1.2+垂直长 3.3+1.5+(AL1-3BX)水平长 1.9+1.2+垂直长 3.3×2+1.5+(AL1-4BX)水平长 1.9+1.2+垂直长 3.3×3+1.5+(AL1-5BX)水平长 1.9+1.2+垂直长 3.3×4+1.5+(AL1-6BX)水平长 1.9+1.2+垂直长 3.3×5+ 1.5=76.9
2	配电箱间干管 SC32	m	20.4	AL1-(1AL~6AL)水平长 5+2.3+1.6+垂直长(3.3-1)× 5=20.4
3	配电箱间干管 SC25	m	3.4	AL1-1AL1 水平长 1.6+0.2+垂直长 1.6=3.4
4	进线槽前配管 PC20	m	60.84	三线管:(3.3-1.5-1-0.12-0.05-0.2)×18×6+Ⓒ~Ⓓ轴连线管:2.4×6=60.84
5	一层北面宿舍配管 PC16	m	41.6	水平二线管:(1.2+0.3+2.4+1.3)×8=41.6
	PC20	m	64.1	水平三线管:(1.2+3.9+2.3+0.3+0.5)×3+(1.2+3.6+2.3+0.3+0.5)×5=64.1
	PC20	m	29.6	水平四线管:(1.3+2.4)×8=29.6
	PC16	m	32	垂直二线管:开关(3.3-1.3)×2×8=32
	PC20	m	108	垂直三线管:插座(3.3-0.3)×4×8+空调插座(3.3-1.8)×8=108
6	一层南面宿舍配管 PC16	m	52	水平二线管:(1.2+0.3+2.4+1.3)×10=52
	PC20	m	80.2	水平三线管:(1.2+3.9+2.3+0.3+0.5)×4+(1.2+3.6+2.3+0.3+0.5)×6=80.2
	PC20	m	37	水平四线管:(1.3+2.4)×10=37
	PC16	m	40	垂直二线管:开关(3.3-1.3)×2×10=40
	PC20	m	126	垂直三线管:插座(3.3-0.3)×4×7+空调插座(3.3-1.8)×10+插座(3.3-0.3)×3×3=126
7	值班室与配电间配管 PC16	m	12.18	二线管:水平(1.5+0.2+0.12+2.5+1.2+1.2)+开关垂直(3.3-1.3)×2+出配电箱(3.3-0.24-1.6)=12.18
	PC20	m	14.42	三线管:水平(1.6+2+0.4)+出配电箱(3.3-0.24-1.6)×2+插座(3.3-0.3)×2+空调插座(3.3-1.8)=14.42

续表

编号	项目名称	单位	工程量	计算式
8	一层走廊配管 PC16	m	87.94	二线管：水平走廊内 3.9×3+3+3.6×2+0.5+1+应急灯处(0.4+2.2)×2+轴线⑩～⑪处(6+2×2)+轴线⑥～⑧处(4.3+3.4+3+2.3)+轴线③～④处(7.5+1.7+0.9+1.5+1.5×2+1.5+0.24)+1.2×7+开关垂直(3.3−1.3)×5+应急灯垂直(3.3−2.5)×2=87.94
	PC20	m	29.16	三线管：水平 3.6×5+1+3.6/2+2.3+0.6+2+配电箱垂直(3.3−1.6−0.24)+开关垂直(3.3−1.3)=29.16
	PC20	m	1.3	四线管：1.3
9	二～六层宿舍配管 PC16	m	520	水平二线管：(1.2+0.3+2.4+1.3)×20×5=520
	PC20	m	800.5	水平三线管：[(1.2+3.9+2.3+0.3+0.5)×7+(1.2+3.6+2.3+0.3+0.5)×13]×5=800.5
	PC20	m	370	水平四线管：(1.3+2.4)×20×5=370
	PC16	m	400	垂直二线管：(3.3−1.3)×2×20×5=400
	PC20	m	950	垂直三线管：[(3.3−1.3)×4×20+(3.3−1.8)×20]×5=950
10	二～六层走廊配管 PC16	m	332.5	二线管：[走廊内水平 3.9×2+3.6×2+应急灯水平(0.4+2+0.3+1)+2.4/2×6+轴线⑩～⑪处(2+6+2×2)+轴线⑥～⑧处(4+3.5+2+3)+轴线③～④处(6.5+2×2)+垂直距离(3.3−1.3)×2+(3.3−2.5)×2]×5=332.5
	PC20	m	129.8	三线管：水平(3.6×6+0.7+2.2)×5+垂直(3.3−1.6−0.24)×5=129.8
11	线槽	m	524.52	一层(44.4−0.24)×2+二～六层(44.64−0.24)×2 ×5−3.9/3×6=524.52
12	配管小计			
	PC16	m	1518.22	综合二线管长：41.6+32+52+40+12.18+520+400+87.94+332.5=1518.22
	PC20	m	2800.92	综合三线管和四线管长：60.84+64.1+108+80.2+126+14.42+800.5+950+29.16+129.8+29.6+37+370+1.3=2800.92
13	管内穿线			
	BV-2.5	m	279.72	进配电箱前：管长 60.84×根数 3+预留长度(1+0.8)×几处 18×根数 3=279.72
	BV-2.5	m	10304	宿舍配线：二线管长(41.6+32+52+40+520+400)×根数 2+三线管长(64.1+108+80.2+126+800.5+950)×根数 3+四线管长(29.6+37+370)×根数 4=10304
	BV-2.5	m	1324.24	走廊配线：(87.94+332.5)×2+(29.16+129.8)×3+1.3×4+预留长度(0.4+0.24)×2=1324.24
	BV-2.5	m	70.18	值班室与配电室配线：12.18×2+14.42×3+(0.4+0.24)×(2+3+3)=70.18
	YJV-16	m	104.96	SC40 干管内配线：(76.9+2×2×6+1.5)×(1+2.5%)=104.96
	YJV-10	m	47.05	SC32 干管内配线：(20.4+2×2×6+1.5)×(1+2.5%)=47.05

续表

编号	项目名称	单位	工程量	计算式
	BV-6	m	17.52	SC25干管内配线:3.4×3+(1+0.8)×3+(0.24+0.4)×3=17.52
14	线槽配线	m	4619.64	L1;N1=(2.4+3.6×4-3.6/3)×3=46.8;L2;N2=(2.4+3.6×3+3.6/3)×3=36
				L3;N3=(2.4+3.6×2/3)×3=14.4;L1;N4=(2.4+3.6/3)×3=10.8
				L2;N5=10.8+3.6×3×3=43.2;L3;N6=43.2+(3.6×2/3+3.9/3)×3=54.3
				L1;N7=54.3+3.9×2×3=77.7;L2;N8=77.7+3.9×3=89.4
				L3;N9=(0.24+3.6×4-3.6/3)×3=40.32;L1;N10=40.32-3.6×3=29.52
				L2;N11=0.5×3=1.5;L3;N12=1.5+3.6×3=12.3
				L1;N13=12.3+3.6×3=23.1;L2;N14=23.1+3.6×3=33.9
				L3;N15=33.9+(3.6×2/3+3.9/3)×3=45;L1;N16=45+3.9×3=56.7
				L2;N17=56.7+3.9×3=68.4;L3;N18=68.4+3.9×3=80.1
				合计=763.44×6+2.6×3×5=4619.64
	四、电缆桥架(300×100)	m	18	垂直电缆桥架:3.3×5+1.5=18
	五、照明器具			
1	吸顶灯	套	136	26+22×5=136
2	双管荧光灯	套	118	18+20×5=118
3	双管荧光灯(带蓄电)	套	2	2
4	应急照明灯	套	12	2+2×5=12
5	单控单联暗开关	个	254	(18×2+8)+(20×2+2)×5=254
6	单联双控暗开关	个	1	1
7	声控开关	个	57	7+10×5=57
8	单项五孔插座	个	471	(15×4+3×3+2)+20×4×5=471
9	空调插座	个	119	19+20×5=119
10	接线盒	个	946	7×18+20+(7×20+20)×5=946
11	开关盒	个	1170	254+1+57+471+119+136+118+2+12=1170
	六、送配电系统调试	系统	2	2
	七、防雷接地工程			
1	避雷网 $\phi10$ 镀锌圆钢	m	160.5	沿折板支架敷设:(15.6×2+44.64×2+3.6×2+6.7×4)×(1+3.9%)=160.5
2	避雷网 $\phi10$ 镀锌圆钢	m	28.68	沿混凝土敷设:(7.5×2+12.6)×(1+3.9%)=28.68
3	混凝土块(2m一个)	块	12	2×3+6=12
4	引下线	m	288	(21.3+2.7)×2×6=288
5	接地母线	m	271.2	(15.6×3+44.4×2)×2=271.2
6	接地网系统调试	系统	1	1

单位工程招标控制价汇总表

工程名称：室内电气照明　标段：学生宿舍楼　　第 1 页 共 2 页

序　　号	汇 总 内 容	金 额 （元）	其中：暂估价 （元）
1	分部分项工程	156043.11	
1.1	土石方工程	282.10	
1.2	配电箱安装	6852.57	
1.3	配管、配线安装	89699.82	
1.4	电缆桥架	1047.06	
1.5	照明器具	38709.62	
1.6	送配电系统调试	683.2	
1.7	防雷接地工程	18945.17	
2	措施项目	13375.38	
2.1	安全文明施工费	6259.5	
2.2	其他措施费（费率类）	3016.97	
2.3	单价措施费	4098.91	
3	其他项目		
3.1	暂列金额		
3.2	专业工程暂估价		
3.3	计日工		
3.4	总承包服务费		
3.5	其他		
4	规费	8141.07	
4.1	定额规费	8141.07	
4.2	工程排污费		
4.3	其他		
5	不含税工程造价合计	177559.56	
6	增值税	19531.55	
7	含税工程造价合计	197267.54	

注：本表适用于单位工程招标控制价或投标报价的汇总，如无单位工程划分，单项工程也使用本表汇总。

单位工程招标控制价汇总表

工程名称：室内电气照明　标段：学生宿舍楼　　　　第 2 页 共 2 页

招标控制价合计＝1＋2＋3＋4＋6	197091.11	

注：本表适用于单位工程招标控制价或投标报价的汇总，如无单位工程划分，单项工程也使用本表汇总。

分部分项工程和单价措施项目清单与计价表

工程名称：室内电气照明　　　　标段：学生宿舍楼　　　　第 1 页 共 4 页

序号	项目编码	项目名称	项目特征	计量单位	工程量	金额（元）		
						综合单价	合价	其中 暂估价
		土石方工程					105.67	
		土方工程					105.67	
1	010101002001	挖土量	1. 土壤类别：一、二类土 2. 挖土深度：2m 内	m^3	4.23	66.69	282.10	
		分部小计					282.10	
		配电箱安装					6852.57	
1	030404017007	配电箱	1. 名称：AL1 配电柜 2. 规格：800×1800×600	台	1	2202.61	2202.61	
2	030404017008	配电箱	1. 名称：1AL1 配电箱 2. 规格：400×240×106	台	1	213.26	213.26	
3	030404017009	配电箱	1. 名称：1AL 配电箱 2. 规格：400×240×106	台	1	213.26	213.26	
4	030404017010	配电箱	1. 名称：2－6AL 配电箱 2. 规格：400×240×106	台	5	213.26	1066.3	
5	030404017011	配电箱	1. 名称：1BX 配电箱 2. 规格：1000×800×180	台	1	526.19	526.19	
6	030404017012	配电箱	1. 名称：2－6BX 配电箱 2. 规格：1000×800×180	台	5	526.19	2630.95	
		分部小计					6852.57	
		配管、配线安装					89699.82	
		配管安装					46926.1	
1	030411001001	配管	1. 名称：SC100 埋地管道 2. 材质：钢管 3. 规格：SC100 4. 配置形式：埋地铺设	m	8.3	90.33	749.74	
2	030411001002	配管	1. 名称：配电箱间干管 SC40 2. 材质：钢管 3. 规格：SC40 4. 配置形式：砖混暗敷	m	76.9	36.17	2781.47	
本页小计							10665.88	

注：为计取规费等的使用，可在表中增设其中：定额人工费。

分部分项工程和单价措施项目清单与计价表

工程名称：室内电气照明　　标段：学生宿舍楼　　第 2 页 共 4 页

序号	项目编码	项目名称	项目特征	计量单位	工程量	金额（元）		
						综合单价	合价	其中 暂估价
3	030411001003	配管	1. 名称：配电箱间干管 SC32 2. 材质：钢管 3. 规格：SC32 4. 配置形式：砖混暗敷	m	20.4	27.65	564.06	
4	030411001004	配管	1. 名称：配电箱间干管 SC25 2. 材质：钢管 3. 规格：SC25 4. 配置形式：砖混暗敷	m	3.4	22.4	76.16	
5	030411001005	配管	1. 名称：配管 PC20 2. 规格：PC20 3. 配置形式：砖混暗配	m	2800.96	8.59	24060.25	
6	030411001006	配管	1. 名称：配管 PC16 2. 规格：PC16 3. 配置形式：砖混暗配	m	1518.12	7.37	11188.54	
7	030411002001	线槽	1. 名称：线槽 2. 材质：塑料	m	524.52	14.31	7505.88	
		配线					42773.72	
1	030411004001	配线	1. 名称：BV－2.5 2. 配线形式：管内穿线 3. 型号：BV	m	10786.14	2.71	29230.44	
2	030408001001	电力电缆	1. 名称：VJV－16 2. 型号：YJV（JV） 3. 规格：16 4. 材质：铜芯	m	104.96	17.18	1803.21	
3	030408001002	电力电缆	1. 名称：VJV－10 2. 型号：YJV（JV） 3. 规格：10 4. 材质：铜芯	m	47.05	14.27	671.4	
4	030411004002	配线	1. 名称：BV－6 2. 配线形式：管内穿线 3. 型号：BV 4. 规格：6	m	17.52	4.22	73.93	
本页小计							75173.87	

注：为计取规费等的使用，可在表中增设其中：定额人工费。

分部分项工程和单价措施项目清单与计价表

工程名称：室内电气照明　　　　标段：学生宿舍楼　　　　第 3 页 共 4 页

序号	项目编码	项目名称	项目特征	计量单位	工程量	金额（元）		
						综合单价	合价	其中 暂估价
5	030411004003	线槽配线	1. 名称：线槽配线 2. 配线形式：照明线路 3. 型号：BV 4. 规格：2.5	m	4619.64	2.38	10994.74	
		分部小计					89699.82	
		电缆桥架					1047.06	
1	030411003001	桥架	1. 名称：垂直电缆桥架安装 2. 规格：300×100	m	18	58.17	1047.06	
		分部小计					1047.06	
		照明器具					38709.62	
1	030412001001	吸顶灯	1. 名称：吸顶灯	套	136	86.69	11789.84	
2	030412001002	双管荧光灯	1. 名称：双管荧光灯 2. 规格：双管	套	118	85.75	10118.5	
3	030412001003	双管荧光灯（带蓄电）	1. 名称：双管荧光灯（带蓄电） 2. 规格：双管	套	2	198.27	396.54	
4	030412001004	应急照明灯	1. 名称：应急照明灯	套	12	99.35	1192.2	
5	030404034001	单控单联暗开关	1. 名称：单控单联开关 2. 安装方式：暗装	个	254			
6	030404034002	单控双联暗开关	1. 名称：单控双联开关 2. 安装方式：暗装	个	1			
7	030404034003	声控开关	1. 名称：声控开关	个	57			
8	030404035001	单项五孔插座	1. 名称：五孔插座 2. 安装方式：暗装	个	471			
9	030404035002	空调插座	1. 名称：空调插座	个	119			
10	030411006001	接线盒	1. 名称：接线盒	个	946	7.04	6659.84	
11	030411006002	开关盒	1. 名称：开关盒	个	1170	7.31	8552.7	
		分部小计					38709.62	
		送配电系统调试					683.2	
本页小计							50751.42	

注：为计取规费等的使用，可在表中增设其中：定额人工费。

分部分项工程和单价措施项目清单与计价表

工程名称：室内电气照明　　　　标段：学生宿舍楼　　　　第 4 页 共 4 页

序号	项目编码	项目名称	项目特征	计量单位	工程量	金额（元）		
						综合单价	合价	其中 暂估价
1	030414002001	送配电装置系统		系统	2	341.6	683.2	
		分部小计					683.2	
		防雷接地工程					18945.17	
1	030409005001	避雷网	1. 名称：避雷网 2. 材质：ϕ10 镀锌圆钢 3. 安装形式：沿折板支架敷设	m	160.5	33	5296.5	
2	030409005002	避雷网	1. 名称：避雷网 2. 材质：ϕ10 镀锌圆钢 3. 安装形式：沿混凝土敷设	m	28.68	19.87	569.87	
3	030409005003	避雷装置	1. 名称：混凝土块制作	m	12	11	132	
4	030409003001	避雷引下线	1. 名称：避雷引下线 2. 安装形式：利用建筑物钢筋引下	m	288	10.96	3156.48	
5	030409002001	接地母线	1. 名称：接地母线	m	271.2	36.1	9790.32	
6	030409005004	接地网系统调试	1. 名称：接地网系统调试	m	1			
		分部小计					18945.17	
		措施项目					4098.91	
1	031301017001	脚手架搭拆		项	1	4098.91	4098.91	
本页小计							23727.28	
合　　计							160142.02	

注：为计取规费等的使用，可在表中增设其中：定额人工费。

综合单价分析表

工程名称：室内电气照明　　　　标段：学生宿舍楼　　　　第 1 页　共 39 页

<table>
<tr><td colspan="2">项目编码</td><td>010101002001</td><td>项目名称</td><td>挖土方</td><td>计量单位</td><td>m^3</td><td>工程量</td><td>1</td><td></td></tr>
<tr><td colspan="10">清单综合单价组成明细</td></tr>
<tr><td rowspan="2">定额编号</td><td rowspan="2">定额项目名称</td><td rowspan="2">定额单位</td><td rowspan="2">数量</td><td colspan="4">单价（元）</td><td colspan="4">合价（元）</td></tr>
<tr><td>人工费</td><td>材料费</td><td>机械费</td><td>管理费和利润</td><td>人工费</td><td>材料费</td><td>机械费</td><td>管理费和利润</td></tr>
<tr><td>4-9-17</td><td>普通土</td><td>m^3</td><td>1</td><td>36.37</td><td>0.03</td><td>13.40</td><td>16.89</td><td>36.37</td><td>0.03</td><td>13.40</td><td>16.89</td></tr>
<tr><td colspan="2">人工单价</td><td colspan="6">小计</td><td>36.37</td><td></td><td></td><td>16.89</td></tr>
<tr><td colspan="2">普通技工 87.1 元/工日</td><td colspan="6">未计价材料费</td><td></td><td></td><td></td><td></td></tr>
<tr><td colspan="8">清单项目综合单价</td><td colspan="4">66.69</td></tr>
<tr><td rowspan="3">材料费明细</td><td colspan="5">主要材料名称、规格、型号</td><td>单位</td><td>数量</td><td>单价（元）</td><td>合价（元）</td><td>暂估单价（元）</td><td>暂估合价（元）</td></tr>
<tr><td colspan="7">其他材料费</td><td>—</td><td>0.00</td><td>—</td><td></td></tr>
<tr><td colspan="7">材料费小计</td><td>—</td><td></td><td>—</td><td></td></tr>
</table>

注：1. 如不使用省级或行业建设主管部门发布的计价依据，可不填定额编号、名称等。
2. 招标文件提供了暂估单价的材料，按暂估的单价填入表内“暂估单价”栏及“暂估合价”栏。

综合单价分析表

工程名称：室内电气照明　　　　标段：学生宿舍楼　　　　第 2 页　共 39 页

项目编码		030404017007		项目名称		配电箱		计量单位	台	工程量	1
清单综合单价组成明细											
定额编号	定额项目名称	定额单位	数量	单价（元）				合价（元）			
				人工费	材料费	机械费	管理费和利润	人工费	材料费	机械费	管理费和利润
4-2-74	成套配电箱安装落地式	台	1	212.25	18.22	82.03	90.11	212.25	18.22	82.03	90.11
人工单价		小计						212.25	18.22	82.03	90.11
普通技工 87.1 元/工日；一般技工 134 元/工日；高级技工 201 元/工日		未计价材料费						1800			
清单项目综合单价								2202.61			

材料费明细	主要材料名称、规格、型号	单位	数量	单价（元）	合价（元）	暂估单价（元）	暂估合价（元）
	AL1 配电柜（800×1800×600）	台	1	1800	1800		
	其他材料费			—	18.22	—	
	材料费小计			—	1818.22	—	

注：1. 如不使用省级或行业建设主管部门发布的计价依据，可不填定额编号、名称等。

2. 招标文件提供了暂估单价的材料，按暂估的单价填入表内“暂估单价”栏及“暂估合价”栏。

综合单价分析表

工程名称：室内电气照明　　　　标段：学生宿舍楼　　　　第 3 页　共 39 页

项目编码		030404017008		项目名称		配电箱		计量单位	台	工程量	1
清单综合单价组成明细											
定额编号	定额项目名称	定额单位	数量	单价（元）				合价（元）			
				人工费	材料费	机械费	管理费和利润	人工费	材料费	机械费	管理费和利润
4-2-76	成套配电箱安装悬挂、嵌入式半周长1.0m	台	1	105.24	27.71		40.31	105.24	27.71		40.31
人工单价		小计						105.24	27.71		40.31
普通技工 87.1 元/工日；一般技工 134 元/工日；高级技工 201 元/工日		未计价材料费						40			
清单项目综合单价								213.26			
材料费明细	主要材料名称、规格、型号				单位	数量		单价（元）	合价（元）	暂估单价（元）	暂估合价（元）
	1AL1 配电箱（400×240×106）				台	1		40	40		
	其他材料费							—	27.71	—	
	材料费小计							—	67.71	—	

注：1. 如不使用省级或行业建设主管部门发布的计价依据，可不填定额编号、名称等。

2. 招标文件提供了暂估单价的材料，按暂估的单价填入表内“暂估单价”栏及“暂估合价”栏。

综合单价分析表

工程名称：室内电气照明　　　　标段：学生宿舍楼　　　　第 4 页　共 39 页

项目编码		030404017009		项目名称		配电箱		计量单位	台	工程量	1
清单综合单价组成明细											
定额编号	定额项目名称	定额单位	数量	单价（元）				合价（元）			
				人工费	材料费	机械费	管理费和利润	人工费	材料费	机械费	管理费和利润
4-2-76	成套配电箱安装悬挂、嵌入式半周长 1.0m	台	1	105.24	27.71		40.31	105.24	27.71		40.31
人工单价		小计						105.24	27.71		40.31
普通技工 87.1 元/工日；一般技工 134 元/工日；高级技工 201 元/工日		未计价材料费						40			
清单项目综合单价								213.26			
材料费明细	主要材料名称、规格、型号					单位	数量	单价（元）	合价（元）	暂估单价（元）	暂估合价（元）
	1AL1 配电箱（400×240×106）					台	1	40	40		
	其他材料费							—	27.71	—	
	材料费小计							—	67.71	—	

注：1. 如不使用省级或行业建设主管部门发布的计价依据，可不填定额编号、名称等。

2. 招标文件提供了暂估单价的材料，按暂估的单价填入表内“暂估单价”栏及“暂估合价”栏。

综合单价分析表

工程名称：室内电气照明　　　　标段：学生宿舍楼　　　　第 5 页　共 39 页

项目编码		030404017010		项目名称		配电箱		计量单位	台	工程量	5
清单综合单价组成明细											
定额编号	定额项目名称	定额单位	数量	单价（元）				合价（元）			
				人工费	材料费	机械费	管理费和利润	人工费	材料费	机械费	管理费和利润
4-2-76	成套配电箱安装悬挂、嵌入式半周长1.0m	台	1	105.24	27.71		40.31	105.24	27.71		40.31
人工单价		小计						105.24	27.71		40.31
普通技工 87.1 元/工日；一般技工 134 元/工日；高级技工 201 元/工日		未计价材料费						40			
清单项目综合单价								213.26			
材料费明细	主要材料名称、规格、型号					单位	数量	单价（元）	合价（元）	暂估单价（元）	暂估合价（元）
	2-6AL 配电箱（400×240×106）					台	1	40	40		
	其他材料费							—	27.71	—	
	材料费小计							—	67.71	—	

注：1. 如不使用省级或行业建设主管部门发布的计价依据，可不填定额编号、名称等。

2. 招标文件提供了暂估单价的材料，按暂估的单价填入表内“暂估单价”栏及“暂估合价”栏。

综合单价分析表

工程名称：室内电气照明　　　　标段：学生宿舍楼　　　　第 6 页　共 39 页

项目编码		030404017011		项目名称		配电箱		计量单位	台	工程量	1
清单综合单价组成明细											
定额编号	定额项目名称	定额单位	数量	单价（元）				合价（元）			
				人工费	材料费	机械费	管理费和利润	人工费	材料费	机械费	管理费和利润
4-2-78	成套配电箱安装悬挂、嵌入式半周长 2.5m	台	1	163.84	42.32	5.19	62.84	163.84	42.32	5.19	62.84
人工单价		小计						163.84	42.32	5.19	62.84
普通技工 87.1 元/工日；一般技工 134 元/工日；高级技工 201 元/工日		未计价材料费						252			
清单项目综合单价								526.19			
材料费明细	主要材料名称、规格、型号					单位	数量	单价（元）	合价（元）	暂估单价（元）	暂估合价（元）
	1BX 配电箱（1000×800×108）					台	1	252	252		
	其他材料费							—	42.33	—	
	材料费小计							—	294.33	—	

注：1. 如不使用省级或行业建设主管部门发布的计价依据，可不填定额编号、名称等。

2. 招标文件提供了暂估单价的材料，按暂估的单价填入表内“暂估单价”栏及“暂估合价”栏。

综合单价分析表

工程名称：室内电气照明　　　　标段：学生宿舍楼　　　　第 7 页　共 39 页

项目编码		030404017012		项目名称		配电箱		计量单位	台	工程量	5
清单综合单价组成明细											
定额编号	定额项目名称	定额单位	数量	单价（元）				合价（元）			
				人工费	材料费	机械费	管理费和利润	人工费	材料费	机械费	管理费和利润
4-2-78	成套配电箱安装悬挂、嵌入式半周长 2.5m	台	1	163.84	42.32	5.19	62.84	163.84	42.32	5.19	62.84
人工单价		小计						163.84	42.32	5.19	62.84
普通技工 87.1 元/工日；一般技工 134 元/工日；高级技工 201 元/工日		未计价材料费						252			
清单项目综合单价								526.19			

材料费明细	主要材料名称、规格、型号	单位	数量	单价（元）	合价（元）	暂估单价（元）	暂估合价（元）
	2-6BX 配电箱（1000×800×106）	台	1	252	252		
	其他材料费			—	42.33	—	
	材料费小计			—	294.33	—	

注：1. 如不使用省级或行业建设主管部门发布的计价依据，可不填定额编号、名称等。

2. 招标文件提供了暂估单价的材料，按暂估的单价填入表内“暂估单价”栏及“暂估合价”栏。

综合单价分析表

工程名称：室内电气照明　　　　标段：学生宿舍楼　　　　第 8 页　共 39 页

项目编码		030411001001		项目名称		配电箱		计量单位	m	工程量	8.3
清单综合单价组成明细											
定额编号	定额项目名称	定额单位	数量	单价（元）				合价（元）			
				人工费	材料费	机械费	管理费和利润	人工费	材料费	机械费	管理费和利润
4-12-74	镀锌钢管敷设，埋地敷设（公称直径 DN≤100mm）	10m	0.1	189.54	89.62	1.9	79.05	18.95	8.96	0.19	7.91
人工单价		小计						18.95	8.96	0.19	7.91
普通技工 87.1 元/工日；一般技工 134 元/工日；高级技工 201 元/工日		未计价材料费						54.32			
清单项目综合单价								90.33			
材料费明细	主要材料名称、规格、型号					单位	数量	单价（元）	合价（元）	暂估单价（元）	暂估合价（元）
	镀锌钢管公称直径 DN≤100mm					m	1.03	52.74	54.32		
	其他材料费							—	8.96	—	
	材料费小计							—	63.28	—	

注：1. 如不使用省级或行业建设主管部门发布的计价依据，可不填定额编号、名称等。

2. 招标文件提供了暂估单价的材料，按暂估的单价填入表内“暂估单价”栏及“暂估合价”栏。

综合单价分析表

工程名称：室内电气照明　　　　标段：学生宿舍楼　　　　第 9 页　共 39 页

项目编码		030411001002		项目名称		配电箱		计量单位	m	工程量	76.9
清单综合单价组成明细											
定额编号	定额项目名称	定额单位	数量	单价（元）				合价（元）			
				人工费	材料费	机械费	管理费和利润	人工费	材料费	机械费	管理费和利润
4-12-38	镀锌钢管敷设，砖、混凝土结构，暗配，公称直径DN≤40mm	10m	0.1	87.12	35.3		36.36	8.71	3.53		3.64
人工单价		小计						8.71	3.53		3.64
普通技工 87.1 元/工日；一般技工 134 元/工日；高级技工 201 元/工日		未计价材料费						20.29			
清单项目综合单价								36.17			

材料费明细	主要材料名称、规格、型号	单位	数量	单价（元）	合价（元）	暂估单价（元）	暂估合价（元）
	镀锌钢管（公称直径DN≤40mm）	m	1.03	19.7	20.29		
	其他材料费			—	3.53	—	
	材料费小计			—	23.82	—	

注：1. 如不使用省级或行业建设主管部门发布的计价依据，可不填定额编号、名称等。

2. 招标文件提供了暂估单价的材料，按暂估的单价填入表内“暂估单价”栏及“暂估合价”栏。

综合单价分析表

工程名称：室内电气照明　　　　标段：学生宿舍楼　　　　第 10 页　共 39 页

项目编码				030411001003		项目名称		配电箱		计量单位	m	工程量	20.4

清单综合单价组成明细											
定额编号	定额项目名称	定额单位	数量	单价（元）				合价（元）			
				人工费	材料费	机械费	管理费和利润	人工费	材料费	机械费	管理费和利润
4-12-37	镀锌钢管敷设，砖、混凝土结构，暗配，公称直径DN≤32mm	10m	0.1	52.8	24.3		22.14	5.28	2.43		2.21
人工单价		小计						5.28	2.43		2.21
普通技工 87.1 元/工日；一般技工 134 元/工日；高级技工 201 元/工日		未计价材料费						17.72			
清单项目综合单价								27.65			

材料费明细	主要材料名称、规格、型号	单位	数量	单价（元）	合价（元）	暂估单价（元）	暂估合价（元）
	镀锌钢管（公称直径 DN≤32mm）	m	1.03	17.2	17.72		
	其他材料费			—	2.43	—	
	材料费小计			—	20.15	—	

注：1. 如不使用省级或行业建设主管部门发布的计价依据，可不填定额编号、名称等。

2. 招标文件提供了暂估单价的材料，按暂估的单价填入表内“暂估单价”栏及“暂估合价”栏。

综合单价分析表

工程名称：室内电气照明　　　　标段：学生宿舍楼　　　　第 11 页　共 39 页

<table>
<tr><td colspan="2">项目编码</td><td colspan="2">030411001004</td><td>项目名称</td><td colspan="2">配电箱</td><td>计量单位</td><td>m</td><td>工程量</td><td>3.4</td></tr>
<tr><td colspan="12">清单综合单价组成明细</td></tr>
<tr><td rowspan="2">定额编号</td><td rowspan="2">定额项目名称</td><td rowspan="2">定额单位</td><td rowspan="2">数量</td><td colspan="4">单价（元）</td><td colspan="4">合价（元）</td></tr>
<tr><td>人工费</td><td>材料费</td><td>机械费</td><td>管理费和利润</td><td>人工费</td><td>材料费</td><td>机械费</td><td>管理费和利润</td></tr>
<tr><td>4-12-36</td><td>镀锌钢管敷设，砖、混凝土结构，暗配，公称直径DN≤25mm</td><td>10m</td><td>0.1</td><td>52.8</td><td>21.14</td><td></td><td>22.14</td><td>5.28</td><td>2.11</td><td></td><td>2.21</td></tr>
<tr><td colspan="2">人工单价</td><td colspan="6">小计</td><td>5.28</td><td>2.11</td><td></td><td>2.21</td></tr>
<tr><td colspan="2">普通技工 87.1 元/工日；一般技工 134 元/工日；高级技工 201 元/工日</td><td colspan="6">未计价材料费</td><td colspan="4">12.79</td></tr>
<tr><td colspan="8">清单项目综合单价</td><td colspan="4">22.4</td></tr>
<tr><td rowspan="4">材料费明细</td><td colspan="5">主要材料名称、规格、型号</td><td>单位</td><td>数量</td><td>单价（元）</td><td>合价（元）</td><td>暂估单价（元）</td><td>暂估合价（元）</td></tr>
<tr><td colspan="5">镀锌钢管（公称直径 DN≤25mm）</td><td>m</td><td>1.03</td><td>12.42</td><td>12.79</td><td></td><td></td></tr>
<tr><td colspan="7">其他材料费</td><td>—</td><td>2.11</td><td>—</td><td></td></tr>
<tr><td colspan="7">材料费小计</td><td>—</td><td>14.9</td><td>—</td><td></td></tr>
</table>

注：1. 如不使用省级或行业建设主管部门发布的计价依据，可不填定额编号、名称等。

2. 招标文件提供了暂估单价的材料，按暂估的单价填入表内“暂估单价”栏及“暂估合价”栏。

综合单价分析表

工程名称：室内电气照明　　　　标段：学生宿舍楼　　　　第 12 页　共 39 页

项目编码		030411001005		项目名称		配电箱		计量单位	m	工程量	2800.96
清单综合单价组成明细											
定额编号	定额项目名称	定额单位	数量	单价（元）				合价（元）			
				人工费	材料费	机械费	管理费和利润	人工费	材料费	机械费	管理费和利润
4-12-148	半硬质塑料管敷设，砖、混凝土结构，暗配，外径 20mm	10m	0.1	48.13	0.93		19.76	4.81	0.09		1.98
人工单价		小计						4.81	0.09		1.98
普通技工 87.1 元/工日；一般技工 134 元/工日；高级技工 201 元/工日		未计价材料费						1.71			
清单项目综合单价								8.59			
材料费明细	主要材料名称、规格、型号					单位	数量	单价（元）	合价（元）	暂估单价（元）	暂估合价（元）
	半硬质塑料管（外径 20mm）					m	1.06	1.61	1.71		
	其他材料费							—	0.09	—	
	材料费小计							—	1.80	—	

注：1. 如不使用省级或行业建设主管部门发布的计价依据，可不填定额编号、名称等。

2. 招标文件提供了暂估单价的材料，按暂估的单价填入表内“暂估单价”栏及“暂估合价”栏。

综合单价分析表

工程名称：室内电气照明　　　　标段：学生宿舍楼　　　　第 13 页　共 39 页

项目编码		030411001006		项目名称		配电箱		计量单位	m	工程量	1518.12
清单综合单价组成明细											
定额编号	定额项目名称	定额单位	数量	单价（元）				合价（元）			
				人工费	材料费	机械费	管理费和利润	人工费	材料费	机械费	管理费和利润
4-12-147	半硬质塑料管敷设，砖、混凝土结构，暗配，外径 16mm	10m	0.1	41.19	0.87		17	4.12	0.09		1.7
人工单价		小计						4.12	0.09		1.7
普通技工 87.1 元/工日；一般技工 134 元/工日；高级技工 201 元/工日		未计价材料费						1.46			
清单项目综合单价								7.37			
材料费明细	主要材料名称、规格、型号					单位	数量	单价（元）	合价（元）	暂估单价（元）	暂估合价（元）
	半硬质塑料管（外径 16mm）					m	1.06	1.38	1.46		
	其他材料费							—	0.09	—	
	材料费小计							—	1.55	—	

注：1. 如不使用省级或行业建设主管部门发布的计价依据，可不填定额编号、名称等。

2. 招标文件提供了暂估单价的材料，按暂估的单价填入表内“暂估单价”栏及“暂估合价”栏。

综合单价分析表

工程名称：室内电气照明　　　　标段：学生宿舍楼　　　　第 14 页　共 39 页

<table>
<tr><td colspan="2">项目编码</td><td>030411002001</td><td>项目名称</td><td colspan="2">线槽</td><td>计量单位</td><td>m</td><td>工程量</td><td colspan="3">524.52</td></tr>
<tr><td colspan="12">清单综合单价组成明细</td></tr>
<tr><td rowspan="2">定额编号</td><td rowspan="2">定额项目名称</td><td rowspan="2">定额单位</td><td rowspan="2">数量</td><td colspan="4">单价（元）</td><td colspan="4">合价（元）</td></tr>
<tr><td>人工费</td><td>材料费</td><td>机械费</td><td>管理费和利润</td><td>人工费</td><td>材料费</td><td>机械费</td><td>管理费和利润</td></tr>
<tr><td>4-12-196</td><td>塑料线槽敷设，线槽断面周长≤120mm</td><td>10m</td><td>0.1</td><td>75.36</td><td>27.11</td><td></td><td>31.22</td><td>7.54</td><td>2.71</td><td></td><td>3.12</td></tr>
<tr><td colspan="2">人工单价</td><td colspan="6">小计</td><td>7.54</td><td>2.71</td><td></td><td>3.12</td></tr>
<tr><td colspan="2">普通技工 87.1 元/工日；一般技工 134 元/工日；高级技工 201 元/工日</td><td colspan="6">未计价材料费</td><td colspan="4">0.95</td></tr>
<tr><td colspan="8">清单项目综合单价</td><td colspan="4">14.31</td></tr>
<tr><td rowspan="5">材料费明细</td><td colspan="5">主要材料名称、规格、型号</td><td>单位</td><td>数量</td><td>单价（元）</td><td>合价（元）</td><td>暂估单价（元）</td><td>暂估合价（元）</td></tr>
<tr><td colspan="5">塑料线槽配件，线槽断面周长 120mm 内</td><td>个</td><td>0.7007</td><td>3.8</td><td>2.66</td><td></td><td></td></tr>
<tr><td colspan="5">塑料线槽</td><td>m</td><td>1.05</td><td>0.9</td><td>0.95</td><td></td><td></td></tr>
<tr><td colspan="7">其他材料费</td><td>—</td><td>0.05</td><td>—</td><td></td></tr>
<tr><td colspan="7">材料费小计</td><td>—</td><td>3.66</td><td>—</td><td></td></tr>
</table>

注：1. 如不使用省级或行业建设主管部门发布的计价依据，可不填定额编号、名称等。

2. 招标文件提供了暂估单价的材料，按暂估的单价填入表内“暂估单价”栏及“暂估合价”栏。

综合单价分析表

工程名称：室内电气照明　　　　标段：学生宿舍楼　　　　第 15 页　共 39 页

项目编码		030411004001		项目名称		配线		计量单位	m	工程量	10786.14
清单综合单价组成明细											
定额编号	定额项目名称	定额单位	数量	单价（元）				合价（元）			
				人工费	材料费	机械费	管理费和利润	人工费	材料费	机械费	管理费和利润
4-13-5	穿照明线，铜芯导线截面面积≤2.5mm²	10m	0.1	7.97	1.79		3.17	0.8	0.18		0.32
人工单价		小计						0.8	0.18		0.32
普通技工 87.1 元/工日；一般技工 134 元/工日；高级技工 201 元/工日		未计价材料费						1.41			
清单项目综合单价								2.71			
材料费明细	主要材料名称、规格、型号					单位	数量	单价（元）	合价（元）	暂估单价（元）	暂估合价（元）
	锡基钎料					kg	0.002	57.5	0.12		
	BV-2.5 铜芯，导线截面面积≤2.5mm²					m	1.16	1.213	1.41		
	其他材料费							—	0.06	—	
	材料费小计							—	1.59	—	

注：1. 如不使用省级或行业建设主管部门发布的计价依据，可不填定额编号、名称等。

2. 招标文件提供了暂估单价的材料，按暂估的单价填入表内“暂估单价”栏及“暂估合价”栏。

综合单价分析表

工程名称：室内电气照明　　标段：学生宿舍楼　　第 16 页　共 39 页

项目编码		030404080010 01		项目名称		电力电缆		计量单位	m	工程量	104.96
清单综合单价组成明细											
定额编号	定额项目名称	定额单位	数量	单价（元）				合价（元）			
				人工费	材料费	机械费	管理费和利润	人工费	材料费	机械费	管理费和利润
4-9-139	排管内电力电缆敷设，电缆截面面积≤50mm²	10m	0.1	48.18	11.18	8.89	20.55	4.82	1.12	0.89	2.06
人工单价		小计						4.82	1.12	0.89	2.06
普通技工 87.1 元/工日；一般技工 134 元/工日；高级技工 201 元/工日		未计价材料费						8.3			
清单项目综合单价								17.18			
材料费明细	主要材料名称、规格、型号					单位	数量	单价（元）	合价（元）	暂估单价（元）	暂估合价（元）
	YJV-16，截面面积≤50mm²					m	1.01	8.22	8.3		
	其他材料费							—	1.12	—	
	材料费小计							—	9.42	—	

注：1. 如不使用省级或行业建设主管部门发布的计价依据，可不填定额编号、名称等。

2. 招标文件提供了暂估单价的材料，按暂估的单价填入表内“暂估单价”栏及“暂估合价”栏。

综合单价分析表

工程名称：室内电气照明　　　　标段：学生宿舍楼　　　　第 17 页　共 39 页

项目编码		030408001002		项目名称	电力电缆		计量单位	m	工程量	47.05	
清单综合单价组成明细											
定额编号	定额项目名称	定额单位	数量	单价（元）				合价（元）			
				人工费	材料费	机械费	管理费和利润	人工费	材料费	机械费	管理费和利润
4-9-139	排管内电力电缆敷设，电缆截面面积≤50mm²	10m	0.1	48.18	11.18	8.89	20.55	4.82	1.12	0.89	2.06
人工单价		小计						4.82	1.12	0.89	2.06
普通技工 87.1 元/工日；一般技工 134 元/工日；高级技工 201 元/工日		未计价材料费						5.39			
清单项目综合单价								14.27			
材料费明细	主要材料名称、规格、型号				单位	数量		单价（元）	合价（元）	暂估单价（元）	暂估合价（元）
	YJV-10，截面面积≤50mm²				m	1.01		5.34	5.39		
	其他材料费							—	1.12	—	
	材料费小计							—	6.51	—	

注：1. 如不使用省级或行业建设主管部门发布的计价依据，可不填定额编号、名称等。

2. 招标文件提供了暂估单价的材料，按暂估的单价填入表内“暂估单价”栏及“暂估合价”栏。

综合单价分析表

工程名称：室内电气照明　　　　标段：学生宿舍楼　　　　第 18 页　共 39 页

项目编码		030411004002		项目名称		配线		计量单位	m	工程量	17.52
清单综合单价组成明细											
定额编号	定额项目名称	定额单位	数量	单价（元）				合价（元）			
				人工费	材料费	机械费	管理费和利润	人工费	材料费	机械费	管理费和利润
4-13-3	穿照明线，铝芯导线截面面积≤$6mm^2$	10m	0.1	5.47	1.34		1.98	0.55	0.13		0.2
人工单价		小计						0.55	0.13		0.2
普通技工 87.1 元/工日；一般技工 134 元/工日；高级技工 201 元/工日		未计价材料费						3.34			
清单项目综合单价								4.22			
材料费明细	主要材料名称、规格、型号					单位	数量	单价（元）	合价（元）	暂估单价（元）	暂估合价（元）
	BV-6 铝芯，导线截面面积≤$6mm^2$					m	1.1	3.032	3.34		
	其他材料费							—	0.13	—	
	材料费小计							—	3.47	—	

注：1. 如不使用省级或行业建设主管部门发布的计价依据，可不填定额编号、名称等。

2. 招标文件提供了暂估单价的材料，按暂估的单价填入表内“暂估单价”栏及“暂估合价”栏。

综合单价分析表

工程名称：室内电气照明　　　　标段：学生宿舍楼　　　　第 19 页　共 39 页

<table>
<tr><td colspan="2">项目编码</td><td colspan="2">030411004003</td><td colspan="2">项目名称</td><td colspan="2">线槽配线</td><td>计量单位</td><td>m</td><td>工程量</td><td>4619.64</td></tr>
<tr><td colspan="12">清单综合单价组成明细</td></tr>
<tr><td rowspan="2">定额编号</td><td rowspan="2">定额项目名称</td><td rowspan="2">定额单位</td><td rowspan="2">数量</td><td colspan="4">单价（元）</td><td colspan="4">合价（元）</td></tr>
<tr><td>人工费</td><td>材料费</td><td>机械费</td><td>管理费和利润</td><td>人工费</td><td>材料费</td><td>机械费</td><td>管理费和利润</td></tr>
<tr><td>4-13-95</td><td>线槽配线，导线截面面积≤2.5mm²</td><td>10m</td><td>0.1</td><td>7.36</td><td>1</td><td></td><td>2.77</td><td>0.74</td><td>0.1</td><td></td><td>0.28</td></tr>
<tr><td colspan="2">人工单价</td><td colspan="6">小计</td><td>0.74</td><td>0.1</td><td></td><td>0.28</td></tr>
<tr><td colspan="2">普通技工 87.1 元/工日；一般技工 134 元/工日；高级技工 201 元/工日</td><td colspan="6">未计价材料费</td><td colspan="4">1.27</td></tr>
<tr><td colspan="8">清单项目综合单价</td><td colspan="4">2.38</td></tr>
<tr><td rowspan="4">材料费明细</td><td colspan="4">主要材料名称、规格、型号</td><td>单位</td><td>数量</td><td>单价（元）</td><td>合价（元）</td><td>暂估单价（元）</td><td>暂估合价（元）</td></tr>
<tr><td colspan="4">BV-2.5，导线截面面积≤2.5mm²</td><td>m</td><td>1.05</td><td>1.213</td><td>1.27</td><td></td><td></td></tr>
<tr><td colspan="6">其他材料费</td><td>—</td><td>0.1</td><td>—</td><td></td></tr>
<tr><td colspan="6">材料费小计</td><td>—</td><td>1.37</td><td>—</td><td></td></tr>
</table>

注：1. 如不使用省级或行业建设主管部门发布的计价依据，可不填定额编号、名称等。

2. 招标文件提供了暂估单价的材料，按暂估的单价填入表内“暂估单价”栏及“暂估合价”栏。

综合单价分析表

工程名称：室内电气照明　　　　标段：学生宿舍楼　　　　第 20 页　共 39 页

<table>
<tr><td colspan="2">项目编码</td><td colspan="2">030411003001</td><td>项目名称</td><td colspan="2">桥架</td><td>计量单位</td><td>m</td><td>工程量</td><td colspan="2">18</td></tr>
<tr><td colspan="12">清单综合单价组成明细</td></tr>
<tr><td rowspan="2">定额编号</td><td rowspan="2">定额项目名称</td><td rowspan="2">定额单位</td><td rowspan="2">数量</td><td colspan="4">单价（元）</td><td colspan="4">合价（元）</td></tr>
<tr><td>人工费</td><td>材料费</td><td>机械费</td><td>管理费和利润</td><td>人工费</td><td>材料费</td><td>机械费</td><td>管理费和利润</td></tr>
<tr><td>4-9-102</td><td>铝合金槽式桥架安装，（宽＋高）≤400mm</td><td>10m</td><td>0.1</td><td>116.98</td><td>9.71</td><td>4.67</td><td>46.25</td><td>11.7</td><td>0.97</td><td>0.47</td><td>4.63</td></tr>
<tr><td colspan="2">人工单价</td><td colspan="6">小计</td><td>11.7</td><td>0.97</td><td>0.47</td><td>4.63</td></tr>
<tr><td colspan="2">普通技工 87.1 元/工日；一般技工 134 元/工日；高级技工 201 元/工日</td><td colspan="6">未计价材料费</td><td colspan="4">40.4</td></tr>
<tr><td colspan="8">清单项目综合单价</td><td colspan="4">58.17</td></tr>
<tr><td rowspan="4">材料费明细</td><td colspan="3">主要材料名称、规格、型号</td><td>单位</td><td>数量</td><td>单价（元）</td><td>合价（元）</td><td>暂估单价（元）</td><td>暂估合价（元）</td><td></td><td></td></tr>
<tr><td colspan="3">电缆桥架，（宽＋高）≤400mm</td><td>m</td><td>1.01</td><td>40</td><td>40.4</td><td></td><td></td><td></td><td></td></tr>
<tr><td colspan="5">其他材料费</td><td>—</td><td>0.97</td><td>—</td><td></td><td></td><td></td></tr>
<tr><td colspan="5">材料费小计</td><td>—</td><td>41.37</td><td>—</td><td></td><td></td><td></td></tr>
</table>

注：1. 如不使用省级或行业建设主管部门发布的计价依据，可不填定额编号、名称等。

2. 招标文件提供了暂估单价的材料，按暂估的单价填入表内“暂估单价”栏及“暂估合价”栏。

综合单价分析表

工程名称：室内电气照明　　　　标段：学生宿舍楼　　　　第 21 页　共 39 页

项目编码		030412001001		项目名称		吸顶灯		计量单位	套	工程量	136
清单综合单价组成明细											
定额编号	定额项目名称	定额单位	数量	单价（元）				合价（元）			
				人工费	材料费	机械费	管理费和利润	人工费	材料费	机械费	管理费和利润
4-14-1	吸顶灯具安装，灯罩周长≤800mm	套	1	13.6	22.51		5.53	13.6	22.51		5.53
人工单价		小计						13.6	22.51		5.53
普通技工 87.1 元/工日；一般技工 134 元/工日；高级技工 201 元/工日		未计价材料费						45.05			
清单项目综合单价								86.69			
材料费明细	主要材料名称、规格、型号					单位	数量	单价（元）	合价（元）	暂估单价（元）	暂估合价（元）
	铜接线端子，20A					个	1.015	20	20.3		
	吸顶灯，灯罩周长≤800mm					套	1.01	44.6	45.05		
	其他材料费							—	2.21	—	
	材料费小计							—	67.56	—	

注：1. 如不使用省级或行业建设主管部门发布的计价依据，可不填定额编号、名称等。

2. 招标文件提供了暂估单价的材料，按暂估的单价填入表内“暂估单价”栏及“暂估合价”栏。

综合单价分析表

工程名称：室内电气照明　　　　标段：学生宿舍楼　　　　第 22 页　共 39 页

项目编码		030412001002		项目名称		双管荧光灯		计量单位	套	工程量	118
清单综合单价组成明细											
定额编号	定额项目名称	定额单位	数量	单价（元）				合价（元）			
				人工费	材料费	机械费	管理费和利润	人工费	材料费	机械费	管理费和利润
4-14-205	荧光灯具安装，吸顶式，双管	套	1	17.13	22.92		6.72	17.13	22.92		6.72
人工单价		小计						17.13	22.92		6.72
普通技工 87.1 元/工日；一般技工 134 元/工日；高级技工 201 元/工日		未计价材料费						38.98			
清单项目综合单价								85.75			

材料费明细	主要材料名称、规格、型号	单位	数量	单价（元）	合价（元）	暂估单价（元）	暂估合价（元）
	铜接线端子，20A	个	1.015	20	20.3		
	双管荧光灯	套	1.01	38.59	38.98		
	其他材料费			—	2.62	—	
	材料费小计			—	61.90	—	

注：1. 如不使用省级或行业建设主管部门发布的计价依据，可不填定额编号、名称等。

2. 招标文件提供了暂估单价的材料，按暂估的单价填入表内“暂估单价”栏及“暂估合价”栏。

综合单价分析表

工程名称：室内电气照明　　　　标段：学生宿舍楼　　　　第 23 页　共 39 页

项目编码		030412001003		项目名称		双管荧光灯（带蓄电）		计量单位	套	工程量	2
清单综合单价组成明细											
定额编号	定额项目名称	定额单位	数量	单价（元）				合价（元）			
				人工费	材料费	机械费	管理费和利润	人工费	材料费	机械费	管理费和利润
4-14-205	荧光灯具安装，吸顶式，双管	套	1	17.13	22.92		6.72	17.13	22.92		6.72
人工单价		小计						17.13	22.92		6.72
普通技工 87.1 元/工日；一般技工 134 元/工日；高级技工 201 元/工日		未计价材料费						151.5			
清单项目综合单价								198.27			

材料费明细	主要材料名称、规格、型号	单位	数量	单价（元）	合价（元）	暂估单价（元）	暂估合价（元）
	铜接线端子，20A	个	1.015	20	20.3		
	双管荧光灯（带蓄电）	套	1.01	150	151.5		
	其他材料费			—	2.62	—	
	材料费小计			—	174.42	—	

注：1. 如不使用省级或行业建设主管部门发布的计价依据，可不填定额编号、名称等。

2. 招标文件提供了暂估单价的材料，按暂估的单价填入表内“暂估单价”栏及“暂估合价”栏。

综合单价分析表

工程名称：室内电气照明　　标段：学生宿舍楼　　第 24 页　共 39 页

项目编码		030412001004		项目名称		应急照明灯		计量单位	套	工程量	12
清单综合单价组成明细											
定额编号	定额项目名称	定额单位	数量	单价（元）				合价（元）			
				人工费	材料费	机械费	管理费和利润	人工费	材料费	机械费	管理费和利润
4－14－241	密封灯具安装，应急灯	套	1	20.59	1.55		7.91	20.59	1.55		7.91
人工单价		小计						20.59	1.55		7.91
普通技工 87.1 元/工日；一般技工 134 元/工日；高级技工 201 元/工日		未计价材料费						69.3			
清单项目综合单价								99.35			

材料费明细	主要材料名称、规格、型号	单位	数量	单价（元）	合价（元）	暂估单价（元）	暂估合价（元）
	成套灯具，应急灯	套	1.01	68.61	69.3		
	其他材料费			—	1.55	—	
	材料费小计			—	70.85	—	

注：1. 如不使用省级或行业建设主管部门发布的计价依据，可不填定额编号、名称等。

2. 招标文件提供了暂估单价的材料，按暂估的单价填入表内“暂估单价”栏及“暂估合价”栏。

综合单价分析表

工程名称：室内电气照明　　　　标段：学生宿舍楼　　　　第 25 页　共 39 页

<table>
<tr><td colspan="2">项目编码</td><td colspan="2">030404034001</td><td>项目名称</td><td colspan="2">单控单联暗开关</td><td>计量单位</td><td>个</td><td>工程量</td><td>254</td></tr>
<tr><td colspan="12">清单综合单价组成明细</td></tr>
<tr><td rowspan="2">定额编号</td><td rowspan="2">定额项目名称</td><td rowspan="2">定额单位</td><td rowspan="2">数量</td><td colspan="4">单价（元）</td><td colspan="4">合价（元）</td></tr>
<tr><td>人工费</td><td>材料费</td><td>机械费</td><td>管理费和利润</td><td>人工费</td><td>材料费</td><td>机械费</td><td>管理费和利润</td></tr>
<tr><td>4-14-379</td><td>跷板暗开关安装，单控≤3联</td><td>套</td><td></td><td>5.51</td><td>1.36</td><td></td><td>2.37</td><td></td><td></td><td></td><td></td></tr>
<tr><td colspan="2">人工单价</td><td colspan="6">小计</td><td></td><td></td><td></td><td></td></tr>
<tr><td colspan="2">普通技工 87.1 元/工日；一般技工 134 元/工日；高级技工 201 元/工日</td><td colspan="6">未计价材料费</td><td colspan="4"></td></tr>
<tr><td colspan="8">清单项目综合单价</td><td colspan="4"></td></tr>
<tr><td rowspan="4">材料费明细</td><td colspan="5">主要材料名称、规格、型号</td><td>单位</td><td>数量</td><td>单价（元）</td><td>合价（元）</td><td>暂估单价（元）</td><td>暂估合价（元）</td></tr>
<tr><td colspan="5">照明开关，跷板暗开关，单控≤3联</td><td>只</td><td></td><td></td><td></td><td></td><td></td></tr>
<tr><td colspan="7">其他材料费</td><td>—</td><td>0.00</td><td>—</td><td></td></tr>
<tr><td colspan="7">材料费小计</td><td>—</td><td></td><td>—</td><td></td></tr>
</table>

注：1. 如不使用省级或行业建设主管部门发布的计价依据，可不填定额编号、名称等。

2. 招标文件提供了暂估单价的材料，按暂估的单价填入表内“暂估单价”栏及“暂估合价”栏。

综合单价分析表

工程名称：室内电气照明　　　　标段：学生宿舍楼　　　　第 26 页　共 39 页

项目编码		030404034002		项目名称		单控双联暗开关		计量单位	个	工程量	1
清单综合单价组成明细											
定额编号	定额项目名称	定额单位	数量	单价（元）				合价（元）			
				人工费	材料费	机械费	管理费和利润	人工费	材料费	机械费	管理费和利润
4-14-381	跷板暗开关安装，双控≤3 联	套		5.95	1.55		2.37				
人工单价		小计									
普通技工 87.1 元/工日；一般技工 134 元/工日；高级技工 201 元/工日		未计价材料费									
清单项目综合单价											
材料费明细	主要材料名称、规格、型号					单位	数量	单价（元）	合价（元）	暂估单价（元）	暂估合价（元）
	照明开关，跷板暗开关，双控≤3 联					只					
	其他材料费							—	0.00	—	
	材料费小计							—		—	

注：1. 如不使用省级或行业建设主管部门发布的计价依据，可不填定额编号、名称等。

2. 招标文件提供了暂估单价的材料，按暂估的单价填入表内“暂估单价”栏及“暂估合价”栏。

综合单价分析表

工程名称：室内电气照明　　　　标段：学生宿舍楼　　　　第 27 页　共 39 页

项目编码	030404034003	项目名称	声控开关	计量单位	个	工程量	57				
清单综合单价组成明细											
定额编号	定额项目名称	定额单位	数量	单价（元）				合价（元）			
				人工费	材料费	机械费	管理费和利润	人工费	材料费	机械费	管理费和利润
4-14-388	声控延时开关安装	套		5.23	1.12		1.98				
人工单价		小计									
普通技工 87.1 元/工日；一般技工 134 元/工日；高级技工 201 元/工日		未计价材料费									
清单项目综合单价											

材料费明细	主要材料名称、规格、型号	单位	数量	单价（元）	合价（元）	暂估单价（元）	暂估合价（元）
	声控延时开关（红外线感应）	个					
	其他材料费			—	0.00	—	
	材料费小计			—		—	

注：1. 如不使用省级或行业建设主管部门发布的计价依据，可不填定额编号、名称等。
2. 招标文件提供了暂估单价的材料，按暂估的单价填入表内“暂估单价”栏及“暂估合价”栏。

综合单价分析表

工程名称：室内电气照明　　　　　　标段：学生宿舍楼　　　　　　第 28 页　共 39 页

项目编码		030404035001		项目名称		单相五孔插座		计量单位	个	工程量	471
清单综合单价组成明细											
定额编号	定额项目名称	定额单位	数量	单价（元）				合价（元）			
				人工费	材料费	机械费	管理费和利润	人工费	材料费	机械费	管理费和利润
4-14-401	普通插座安装，单相带接地，暗插座电流≤15A	套		6.83	1.36		2.77				
人工单价		小计									
普通技工 87.1 元/工日；一般技工 134 元/工日；高级技工 201 元/工日		未计价材料费									
清单项目综合单价											

材料费明细	主要材料名称、规格、型号	单位	数量	单价（元）	合价（元）	暂估单价（元）	暂估合价（元）
	成套插座，单相五孔插座	套					
	其他材料费			—	0.00	—	
	材料费小计			—		—	

注：1. 如不使用省级或行业建设主管部门发布的计价依据，可不填定额编号、名称等。

2. 招标文件提供了暂估单价的材料，按暂估的单价填入表内“暂估单价”栏及“暂估合价”栏。

综合单价分析表

工程名称：室内电气照明　　标段：学生宿舍楼　　第 29 页　共 39 页

项目编码		030404035002		项目名称	空调插座		计量单位	个	工程量	119	
清单综合单价组成明细											
定额编号	定额项目名称	定额单位	数量	单价（元）				合价（元）			
				人工费	材料费	机械费	管理费和利润	人工费	材料费	机械费	管理费和利润
4-14-401	普通插座安装，单相带接地，暗插座电流≤15A	套		6.83	1.36		2.77				
人工单价		小计									
普通技工 87.1 元/工日；一般技工 134 元/工日；高级技工 201 元/工日		未计价材料费									
清单项目综合单价											

材料费明细	主要材料名称、规格、型号	单位	数量	单价（元）	合价（元）	暂估单价（元）	暂估合价（元）
	成套插座，空调插座	套					
	其他材料费			—	0.00	—	
	材料费小计			—		—	

注：1. 如不使用省级或行业建设主管部门发布的计价依据，可不填定额编号、名称等。

2. 招标文件提供了暂估单价的材料，按暂估的单价填入表内“暂估单价”栏及“暂估合价”栏。

综合单价分析表

工程名称：室内电气照明　　标段：学生宿舍楼　　第 30 页　共 39 页

项目编码		030411006001	项目名称	接线盒		计量单位	个	工程量	946		
清单综合单价组成明细											
定额编号	定额项目名称	定额单位	数量	单价（元）				合价（元）			
				人工费	材料费	机械费	管理费和利润	人工费	材料费	机械费	管理费和利润
4－13－179	暗装接线盒安装	个	1	3.03	1.25		1.19	3.03	1.25		1.19
人工单价		小计						3.03	1.25		1.19
普通技工 87.1 元/工日；一般技工 134 元/工日；高级技工 201 元/工日		未计价材料费						1.57			
清单项目综合单价								7.04			
材料费明细	主要材料名称、规格、型号					单位	数量	单价（元）	合价（元）	暂估单价（元）	暂估合价（元）
	镀锌锁紧螺母 DN20×3					10 个	0.223	4	0.89		
	接线盒					个	1.02	1.54	1.57		
	其他材料费							—	0.36	—	
	材料费小计							—	2.82	—	

注：1. 如不使用省级或行业建设主管部门发布的计价依据，可不填定额编号、名称等。

2. 招标文件提供了暂估单价的材料，按暂估的单价填入表内“暂估单价”栏及“暂估合价”栏。

综合单价分析表

工程名称：室内电气照明　　　　标段：学生宿舍楼　　　　第 31 页　共 39 页

项目编码		030411006002		项目名称			开关盒	计量单位	个	工程量	1170
清单综合单价组成明细											
定额编号	定额项目名称	定额单位	数量	单价（元）				合价（元）			
				人工费	材料费	机械费	管理费和利润	人工费	材料费	机械费	管理费和利润
4-13-179	暗装接线盒安装	个	1	3.03	1.25		1.19	3.03	1.25		1.19
人工单价		小计						3.03	1.25		1.19
普通技工 87.1 元/工日；一般技工 134 元/工日；高级技工 201 元/工日		未计价材料费						1.84			
清单项目综合单价								7.31			

材料费明细	主要材料名称、规格、型号	单位	数量	单价（元）	合价（元）	暂估单价（元）	暂估合价（元）
	镀锌锁紧螺母 DN20×3	10 个	0.223	4	0.89		
	开关盒	个	1.02	1.8	1.84		
	其他材料费			—	0.36	—	
	材料费小计			—	3.09	—	

注：1. 如不使用省级或行业建设主管部门发布的计价依据，可不填定额编号、名称等。
2. 招标文件提供了暂估单价的材料，按暂估的单价填入表内“暂估单价”栏及“暂估合价”栏。

综合单价分析表

工程名称：室内电气照明　　　　标段：学生宿舍楼　　　　第 32 页　共 39 页

项目编码		030414002001		项目名称		送配电装置系统		计量单位	系统	工程量	2
清单综合单价组成明细											
定额编号	定额项目名称	定额单位	数量	单价（元）				合价（元）			
				人工费	材料费	机械费	管理费和利润	人工费	材料费	机械费	管理费和利润
4-17-28	输配电装置系统调试，≤1kV交流供电	系统	1	222.63	2.21	43.64	73.12	222.63	2.21	43.64	73.12
人工单价		小计						222.63	2.21	43.64	73.12
普通技工 87.1 元/工日；一般技工 134 元/工日；高级技工 201 元/工日		未计价材料费									
清单项目综合单价								341.6			

材料费明细	主要材料名称、规格、型号	单位	数量	单价（元）	合价（元）	暂估单价（元）	暂估合价（元）
	其他材料费			—	2.21	—	
	材料费小计			—	2.21	—	

注：1. 如不使用省级或行业建设主管部门发布的计价依据，可不填定额编号、名称等。

2. 招标文件提供了暂估单价的材料，按暂估的单价填入表内“暂估单价”栏及“暂估合价”栏。

综合单价分析表

工程名称：室内电气照明　　　　标段：学生宿舍楼　　　　第 33 页　共 39 页

项目编码		030409005001	项目名称	避雷网		计量单位	m	工程量	160.5		
清单综合单价组成明细											
定额编号	定额项目名称	定额单位	数量	单价（元）				合价（元）			
				人工费	材料费	机械费	管理费和利润	人工费	材料费	机械费	管理费和利润
4-10-45	避雷网安装，沿折板支架敷设	m	1	16.35	2.3	1.34	6.32	16.35	2.3	1.34	6.32
人工单价		小计						16.35	2.3	1.34	6.32
普通技工 87.1 元/工日；一般技工 134 元/工日；高级技工 201 元/工日		未计价材料费						6.69			
清单项目综合单价								33			
材料费明细	主要材料名称、规格、型号					单位	数量	单价（元）	合价（元）	暂估单价（元）	暂估合价（元）
	镀锌圆钢 $\phi16$					m	1.05	6.369	6.69		
	其他材料费							—	2.3	—	
	材料费小计							—	8.99	—	

注：1. 如不使用省级或行业建设主管部门发布的计价依据，可不填定额编号、名称等。

2. 招标文件提供了暂估单价的材料，按暂估的单价填入表内“暂估单价”栏及“暂估合价”栏。

综合单价分析表

工程名称：室内电气照明　　标段：学生宿舍楼　　第 34 页　共 39 页

项目编码		030409005002		项目名称	避雷网		计量单位	m	工程量	28.68	
清单综合单价组成明细											
定额编号	定额项目名称	定额单位	数量	单价（元）				合价（元）			
				人工费	材料费	机械费	管理费和利润	人工费	材料费	机械费	管理费和利润
4-10-44	避雷网安装，沿混凝土块敷设	m	1	8.41	0.93	0.67	3.17	8.41	0.93	0.67	3.17
人工单价		小计						8.41	0.93	0.67	3.17
普通技工 87.1 元/工日；一般技工 134 元/工日；高级技工 201 元/工日		未计价材料费						6.69			
清单项目综合单价								19.87			

材料费明细	主要材料名称、规格、型号	单位	数量	单价（元）	合价（元）	暂估单价（元）	暂估合价（元）
	镀锌圆钢 ϕ10	m	1.05	6.369	6.69		
	其他材料费			—	0.94	—	
	材料费小计			—	7.63	—	

注：1. 如不使用省级或行业建设主管部门发布的计价依据，可不填定额编号、名称等。

2. 招标文件提供了暂估单价的材料，按暂估的单价填入表内“暂估单价”栏及“暂估合价”栏。

综合单价分析表

工程名称：室内电气照明　　标段：学生宿舍楼　　第 35 页　共 39 页

项目编码		030409005003	项目名称		避雷装置		计量单位	m	工程量	12	
清单综合单价组成明细											
定额编号	定额项目名称	定额单位	数量	单价（元）				合价（元）			
				人工费	材料费	机械费	管理费和利润	人工费	材料费	机械费	管理费和利润
补子目 1	混凝土块制作	块	1								
人工单价		小计									
		未计价材料费						11			
清单项目综合单价								11			
材料费明细	主要材料名称、规格、型号				单位	数量		单价（元）	合价（元）	暂估单价（元）	暂估合价（元）
	混凝土块制作				块	1		11	11		
	其他材料费							—	0.00	—	
	材料费小计							—	11	—	

注：1. 如不使用省级或行业建设主管部门发布的计价依据，可不填定额编号、名称等。

2. 招标文件提供了暂估单价的材料，按暂估的单价填入表内“暂估单价”栏及“暂估合价”栏。

综合单价分析表

工程名称：室内电气照明　　　　标段：学生宿舍楼　　　　第 36 页　共 39 页

项目编码		030409003001		项目名称		避雷引下线		计量单位	m	工程量	288
清单综合单价组成明细											
定额编号	定额项目名称	定额单位	数量	单价（元）				合价（元）			
				人工费	材料费	机械费	管理费和利润	人工费	材料费	机械费	管理费和利润
4－10－42	避雷引下线敷设，利用建筑结构钢筋引下	m	1	4.95	0.74	3.29	1.98	4.95	0.74	3.29	1.98
人工单价		小计						4.95	0.74	3.29	1.98
普通技工 87.1 元/工日；一般技工 134 元/工日；高级技工 201 元/工日		未计价材料费									
清单项目综合单价								10.96			
材料费明细	主要材料名称、规格、型号					单位	数量	单价（元）	合价（元）	暂估单价（元）	暂估合价（元）
	其他材料费							—	0.75	—	
	材料费小计							—	0.75	—	

注：1. 如不使用省级或行业建设主管部门发布的计价依据，可不填定额编号、名称等。

2. 招标文件提供了暂估单价的材料，按暂估的单价填入表内“暂估单价”栏及“暂估合价”栏。

综合单价分析表

工程名称：室内电气照明　　　　标段：学生宿舍楼　　　　第 37 页　共 39 页

<table>
<tr><td colspan="2">项目编码</td><td colspan="2">030409002001</td><td>项目名称</td><td colspan="2">接地母线</td><td>计量单位</td><td>m</td><td>工程量</td><td colspan="2">271.2</td></tr>
<tr><td colspan="12">清单综合单价组成明细</td></tr>
<tr><td rowspan="2">定额编号</td><td rowspan="2">定额项目名称</td><td rowspan="2">定额单位</td><td rowspan="2">数量</td><td colspan="4">单价（元）</td><td colspan="4">合价（元）</td></tr>
<tr><td>人工费</td><td>材料费</td><td>机械费</td><td>管理费和利润</td><td>人工费</td><td>材料费</td><td>机械费</td><td>管理费和利润</td></tr>
<tr><td>4-10-56</td><td>户内接地母线敷设</td><td>m</td><td>1</td><td>8.31</td><td>13.8</td><td>0.56</td><td>3.17</td><td>8.31</td><td>13.8</td><td>0.56</td><td>3.17</td></tr>
<tr><td colspan="2">人工单价</td><td colspan="6">小计</td><td>8.31</td><td>13.8</td><td>0.56</td><td>3.17</td></tr>
<tr><td colspan="2">普通技工 87.1 元/工日；一般技工 134 元/工日；高级技工 201 元/工日</td><td colspan="6">未计价材料费</td><td colspan="4">10.26</td></tr>
<tr><td colspan="8">清单项目综合单价</td><td colspan="4">36.1</td></tr>
<tr><td rowspan="5">材料费明细</td><td colspan="5">主要材料名称、规格、型号</td><td>单位</td><td>数量</td><td>单价（元）</td><td>合价（元）</td><td>暂估单价（元）</td><td>暂估合价（元）</td></tr>
<tr><td colspan="5">钢管保护管 $\phi40\times400$</td><td>根</td><td>0.1</td><td>133.17</td><td>13.32</td><td></td><td></td></tr>
<tr><td colspan="5">镀锌扁钢，综合</td><td>kg</td><td>2.5</td><td>4.102</td><td>10.26</td><td></td><td></td></tr>
<tr><td colspan="7">其他材料费</td><td>—</td><td>0.48</td><td>—</td><td></td></tr>
<tr><td colspan="7">材料费小计</td><td>—</td><td>24.06</td><td>—</td><td></td></tr>
</table>

注：1. 如不使用省级或行业建设主管部门发布的计价依据，可不填定额编号、名称等。

2. 招标文件提供了暂估单价的材料，按暂估的单价填入表内“暂估单价”栏及“暂估合价”栏。

综合单价分析表

工程名称：室内电气照明　　　　标段：学生宿舍楼　　　　第 38 页　共 39 页

<table>
<tr><td colspan="2">项目编码</td><td colspan="2">030409005004</td><td>项目名称</td><td colspan="3">接地网系统调试</td><td>计量单位</td><td>m</td><td>工程量</td><td>1</td></tr>
<tr><td colspan="12">清单综合单价组成明细</td></tr>
<tr><td rowspan="2">定额编号</td><td rowspan="2">定额项目名称</td><td rowspan="2">定额单位</td><td rowspan="2">数量</td><td colspan="4">单价（元）</td><td colspan="4">合价（元）</td></tr>
<tr><td>人工费</td><td>材料费</td><td>机械费</td><td>管理费和利润</td><td>人工费</td><td>材料费</td><td>机械费</td><td>管理费和利润</td></tr>
<tr><td>4-10-79</td><td>接地系统测试接地网</td><td>系统</td><td></td><td>631.93</td><td>34.94</td><td>222.25</td><td>216.2</td><td></td><td></td><td></td><td></td></tr>
<tr><td colspan="2">人工单价</td><td colspan="6">小计</td><td></td><td></td><td></td><td></td></tr>
<tr><td colspan="2">普通技工 87.1 元/工日；一般技工 134 元/工日；高级技工 201 元/工日</td><td colspan="6">未计价材料费</td><td colspan="4"></td></tr>
<tr><td colspan="8">清单项目综合单价</td><td colspan="4"></td></tr>
<tr><td rowspan="4">材料费明细</td><td colspan="5">主要材料名称、规格、型号</td><td>单位</td><td>数量</td><td>单价（元）</td><td>合价（元）</td><td>暂估单价（元）</td><td>暂估合价（元）</td></tr>
<tr><td colspan="5"></td><td></td><td></td><td></td><td></td><td></td><td></td></tr>
<tr><td colspan="7">其他材料费</td><td>—</td><td>0.00</td><td>—</td><td></td></tr>
<tr><td colspan="7">材料费小计</td><td>—</td><td></td><td>—</td><td></td></tr>
</table>

注：1. 如不使用省级或行业建设主管部门发布的计价依据，可不填定额编号、名称等。

2. 招标文件提供了暂估单价的材料，按暂估的单价填入表内“暂估单价”栏及“暂估合价”栏。

综合单价分析表

工程名称：室内电气照明　　　　标段：学生宿舍楼　　　　第 39 页　共 39 页

<table>
<tr><td colspan="2">项目编码</td><td>031301017001</td><td colspan="2">项目名称</td><td colspan="2">脚手架搭拆</td><td>计量单位</td><td>项</td><td>工程量</td><td>1</td></tr>
<tr><td colspan="12">清单综合单价组成明细</td></tr>
<tr><td rowspan="2">定额编号</td><td rowspan="2">定额项目名称</td><td rowspan="2">定额单位</td><td rowspan="2">数量</td><td colspan="4">单价（元）</td><td colspan="4">合价（元）</td></tr>
<tr><td>人工费</td><td>材料费</td><td>机械费</td><td>管理费和利润</td><td>人工费</td><td>材料费</td><td>机械费</td><td>管理费和利润</td></tr>
<tr><td>4-20-HA1</td><td>脚手架搭拆费</td><td>100 工日</td><td>8.6937</td><td>119.24</td><td>283.07</td><td></td><td>69.17</td><td>1036.64</td><td>2460.93</td><td></td><td>601.34</td></tr>
<tr><td colspan="2">人工单价</td><td colspan="6">小计</td><td>1036.64</td><td>2460.93</td><td></td><td>601.34</td></tr>
<tr><td colspan="2">普能技工 87.1 元/工日</td><td colspan="6">未计价材料费</td><td colspan="4"></td></tr>
<tr><td colspan="8">清单项目综合单价</td><td colspan="4">4098.91</td></tr>
<tr><td rowspan="4">材料费明细</td><td colspan="5">主要材料名称、规格、型号</td><td>单位</td><td>数量</td><td>单价（元）</td><td>合价（元）</td><td>暂估单价（元）</td><td>暂估合价（元）</td></tr>
<tr><td colspan="5">周转性材料费（占人工费）</td><td>元</td><td>2460.9653</td><td>1</td><td>2460.97</td><td></td><td></td></tr>
<tr><td colspan="7">其他材料费</td><td>—</td><td>0.00</td><td>—</td><td></td></tr>
<tr><td colspan="7">材料费小计</td><td>—</td><td>2460.97</td><td>—</td><td></td></tr>
</table>

注：1. 如不使用省级或行业建设主管部门发布的计价依据，可不填定额编号、名称等。

2. 招标文件提供了暂估单价的材料，按暂估的单价填入表内“暂估单价”栏及“暂估合价”栏。

总价措施项目清单与计价表

工程名称：室内电气照明　　　　标段：学生宿舍楼　　　　第 1 页 共 1 页

序号	项目编码	项 目 名 称	计 算 基 础	费率(%)	金额(元)	调整费率(%)	调整后金额(元)	备注
1	031302001001	安全文明施工费	分部分项安全文明施工费＋单价措施安全文明施工费		6259.5			
2		其他措施费（费率类）			3016.97			
2.1	031302002001	夜间施工增加费	分部分项其他措施费＋单价措施其他措施费	25	754.24			
2.2	031302004001	二次搬运费	分部分项其他措施费＋单价措施其他措施费	50	1508.49			
2.3	031302005001	冬雨季施工增加费	分部分项其他措施费＋单价措施其他措施费	25	754.24			
3		其他（费率类）						
合　计					12293.44			

编制人（造价人员）：　　　　复核人（造价工程师）：

注：1.“计算基础”中安全文明施工费可为“定额基价”“定额人工费”“定额人工费＋定额机械费”，其他项目可为“定额人工费”或“定额人工费＋定额机械费”。

2. 按施工方案计算的措施费，若无“计算基础”和“费率”的数值，也可只填“金额”数值，但应在备注栏说明施工方案出处或计算方法。

其他项目清单与计价汇总表

工程名称：室内电气照明　　　　　　　　标段：学生宿舍楼　　　　　　　　第 1 页 共 1 页

序号	项 目 名 称	金额（元）	结算金额（元）	备　注
1	暂列金额	0		明细详见暂列金额明细表
2	暂估价	0		
2.1	材料（工程设备）暂估价	—		明细详见材料（工程设备）暂估单价及调整表
2.2	专业工程暂估价	0		明细详见专业工程暂估价及结算价表
3	计日工	0		明细详见计日工表
4	总承包服务费	0		明细详见总承包服务费计价表
合　计				

注：材料（工程设备）暂估单价进入清单项目综合单价，此处不汇总。

暂列金额明细表

工程名称：室内电气照明　　　　标段：学生宿舍楼　　　　第 1 页 共 1 页

序号	项 目 名 称	计 量 单 位	暂定金额（元）	备　　注
合　　计				

注：此表由招标人填写，如不能详列，也可只列暂定金额总额，投标人应将上述暂定金额计入投标总价中。

材料（工程设备）暂估单价及调整表

工程名称：室内电气照明　　标段：学生宿舍楼　　第 1 页 共 1 页

序号	材料（工程设备）名称、规格、型号	计量单位	数量		暂估（元）		确认（元）		差额（元）		备　注
			暂估	确认	单价	合价	单价	合价	单价	合价	
合　计											

注：此表由招标人填写“暂估单价”，并在备注栏说明暂估价的材料、工程设备拟用在哪些清单项目上，投标人应将上述材料、工程设备暂估单价计入工程量清单综合单价报价中。

专业工程暂估价及结算价表

工程名称：室内电气照明　　　　　　　　标段：学生宿舍楼　　　　　　　　第 1 页 共 1 页

序号	工 程 名 称	工程内容	暂估金额（元）	结算金额（元）	差额（元）	备注
合　　计						

注：此表“暂估金额”由招标人填写，投标人应将“暂估金额”计入投标总价中。结算时按合同约定结算金额填写。

计 日 工 表

工程名称：室内电气照明　　　　标段：学生宿舍楼　　　　第 1 页 共 1 页

编号	项 目 名 称	单位	暂定数量	实际数量	综合单价（元）	合价（元）	
						暂定	实际
一	人工						
1							
人工小计							
二	材料						
1							
材料小计							
三	施工机械						
1							
施工机械小计							
四、企业管理费和利润							
总　　计							

注：此表“项目名称”“暂定数量”由招标人填写，编制招标控制价时，单价由招标人按有关计价规定确定；投标时，单价由投标人自主报价，按暂定数量计算合价计入投标总价中。结算时，按发承包双方确认的实际数量计算合价。

总承包服务费计价表

工程名称：室内电气照明　　　　　　标段：学生宿舍楼　　　　　　第 1 页 共 1 页

序号	项 目 名 称	项目价值(元)	服务内容	计算基础	费率(%)	金额(元)
	合　　计	—	—		—	

注：此表“项目名称”“服务内容”由招标人填写，编制招标控制价时，“费率”及“金额”由招标人按有关计价规定确定；投标时，“费率”及“金额”由投标人自主报价，计入投标总价中。

规费、税金项目计价表

工程名称：室内电气照明　　　　标段：学生宿舍楼　　　　第 1 页 共 1 页

序号	项目名称	计算基础	计算基数	计算费率（%）	金额（元）
1	规费	定额规费＋工程排污费＋其他	8141.07		8141.07
1.1	定额规费	分部分项规费＋单价措施规费	8141.07		8141.07
1.2	工程排污费				
1.3	其他				
2	增值税	不含税工程造价合计	177559.56	11	19531.55
合计					27672.62

编制人（造价人员）：　　　　复核人（造价工程师）：

10.2 室内给排水与消防工程施工图预算书的编制

某学校宿舍楼给排水与消防工程施工图见本书所附图纸，编制该项目给排水与消防工程施工图预算书。

室内给排水及消防　　工程

招 标 控 制 价

招　标　人：________________

（单位盖章）

造价咨询人：________________

（单位盖章）

年　月　日

河南省建设工程造价计价软件测评合格编号：2019－RJ004；2017－RJ004

室内给排水及消防　　工程

招 标 控 制 价

招标控制价　　（小写）：78837.77 元

（大写）：柒万捌仟捌佰叁拾柒元柒角柒分

招　标　人：＿＿＿＿＿＿＿＿　　造价咨询人：＿＿＿＿＿＿＿＿

（单位盖章）　　（单位资质专用章）

法定代表人　　法定代表人

或其授权人：＿＿＿＿＿＿＿＿　　或其授权人：＿＿＿＿＿＿＿＿

（签字或盖章）　　（签字或盖章）

编　制　人：＿＿＿＿＿＿＿＿　　复　核　人：＿＿＿＿＿＿＿＿

（造价人员签字盖专用章）　　（造价工程师签字盖专用章）

编制时间：　　年　　月　　日　　复核时间：　　年　　月　　日

总 说 明

工程名称：室内给排水及消防　　　　第 1 页 共 1 页

一、工程概况

本工程地上六层，屋面为上人屋面。建筑面积 3965.5m^2，建筑高度 20.35m，本工程设有生活给水系统、生活污水系统、消火栓给水系统和灭火装置。

二、编制依据

1. 工程量计算：施工图纸、招标公告、投标须知等。
2. 定额及计价依据：执行《河南省通用安装工程预算定额》(HA02－31—2016) 及《通用安装工程工程量清单计算规范》(GB 50856—2013)；《建设工程工程量清单计算规范》(GB 50500 —2013)；《河南省市政工程预算定额》(HA A1－31－2016)。
3. 材料价格：未计价材按市场价计入。计价材暂按基期价格计取。

三、编制说明

1. 卫生器具只记取水龙头、排水栓、水箱等。
2. 进户管道算至阀门处。
3. 套管全部采用钢套管。

各分项工程量表

编号	项目名称	单位	工程量	计算式
	一、给水管道			
1	DN65 镀锌钢管	m	16.89	水平:2.5 外墙-水表井+0.24+0.024+(0.85+6×0.7+0.3)+(3.6/2−0.12)=9.794 竖直:1.1+3.3+2.7=7.1
2	DN50 镀锌钢管	m	6.6	6.6:两层层高
3	DN40 镀锌钢管	m	3.3	3.3:一层层高
4	DN32 镀锌钢管	m	40.92	水平:[0.24+0.024×2+(0.85+0.7×6+0.3)+0.63]×6=37.62 垂直:3.3
5	DN25 镀锌钢管	m	74.94	水平:[(3.6−0.5−0.024−0.24)+(0.73+0.255+0.055+0.3)+(3.6−0.63−0.24−0.024)+(6.6−0.73−0.24−0.024)]×6=74.94
	二、排水管道			
1	De160UPVC 管	m	30.34	P/1 水平管:1.5+0.24+0.024+(0.4+0.15−0.024+0.4−0.024)×6=7.18 P/1 垂直管:1.1+16.5−0.45+0.45×6=19.85 P/2 水平管:1.764+垂直管 0.45+1.1=3.314
2	De110UPVC 管	m	41.24	P/1 垂直管:22.48−16.5+0.45+2=8.43 P/2 水平管:(0.4−0.024+0.5−0.024)×6+0.024+0.24+0.7+垂直管 22.48+2−0.45+0.45×6=32.81
3	De75UPVC 管	m	89	P/1 水平管:[3.6−0.5+0.57/2+0.73+0.225+0.055+0.3+垂直管 3.3−2.5−0.45+0.35×2]×5=32 P/2 水平管:(0.24+0.024×2+0.72+0.74)×5+(1.25−0.5)×6+一层管(3.6−0.7−0.24−0.024)+(6.6−0.73−0.24−0.024)+(0.73+0.255+0.055+0.3+0.15)×5+(3.6−0.24−0.57)×5+0.73×5=46.19 P/2 垂直管:0.45×5+0.45×6+0.45×3+0.45×2×5=10.8
4	De50UPVC 管	m	1.19	P/2 水平管:0.74+垂直管 0.45=1.19(一层)

续表

编号	项目名称	单位	工程量	计算式
	三、消防管道			
1	DN100埋地球墨铸铁管	m	18.66	①、③轴线:水平管(5+0.2+0.073+0.02)×2+垂直管1.1×2=12.79 Ⓓ/③与Ⓓ/⑪轴线:水平管(1.5+0.24+0.073+0.02)×2+垂直管1.1×2=5.87
	DN100弯头	个	4	
2	DN100热浸镀锌钢管	m	131.77	⑪~③轴:水平管6.6×2+垂直管2.8×2=18.8 一层Ⓓ轴:水平管42.9−0.24−0.02×2+垂直2.8×2=48.22 蝶阀处:(0.88+0.22×2)×2=2.64 6层水平:0.44×2+3.6×6+3.45=25.93 XL1:19.3−2.8=16.5 XL2:22.48−2.8=19.68
3	DN65热浸镀锌钢管	m	7.38	消火栓:水平管0.24×12+垂直管(2.8−1.1)×2+1.1=7.38
	四、水表及阀门			
1	DN100蝶阀	个	8	
2	DN65蝶阀	个	3	消防1+给水2
3	DN65止回阀	个	2	给水引入管2个
4	DN32截止阀	个	6	给水
5	DN25截止阀	个	12	给水
6	自动排气阀	个	1	消防
7	DN100止回阀	个	2	消防2个
8	DN65消火栓	个	13	
9	灭火器	具	24	
10	水泵接合器	套	2	
	五、支架与套管			
1	消防支架	kg	50.73	14×理论质量(1.98+1.41)+3×理论质量1.09=50.73
2	给水支架	kg	6.26	4×1.09+2×0.82+1×0.26=6.26
3	消防套管DN125	m	3.06	0.24×4+0.05×4+(0.12+0.02+0.05)×10=3.06
4	消防套管DN80	m	0.21	0.12+0.04+0.05=0.21
5	给水套管DN70	m	0.837	0.24+0.177+0.14+0.14×2=0.837
6	给水套管DN50	m	2.008	0.14+0.14+0.288×6=2.008
	六、管道消毒冲洗			
1	DN100消防管	m	157.9	18.66+131.77+7.38=157.9
2	DN50给水管	m	125.76	74.94+40.92+3.3+6.6=125.76
3	DN100给水管	m	16.89	16.89

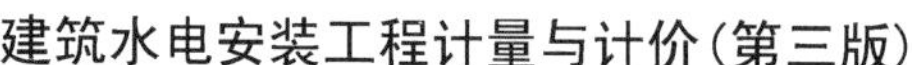

续表

编号	项目名称	单位	工程量	计算式
	七、卫生器具			
1	DN75 地漏	个	11	6+5=11
2	DN50 地漏	个	1	1
3	水龙头	个	113	19×6−1=113
4	排水栓	个	14	2×6+2=14
5	检查口	个	6	6
6	大便槽	套	12	2×6=12
7	自动冲洗水箱	个	12	2×6=12
	八、消防管道刷油			
1	DN100 铸铁管刷冷底子油	m^2	6.91	$\pi\times D\times L=3.14\times18.65\times0.118=6.91$
2	DN100 铸铁管刷石油沥青	m^2	6.91	$\pi\times D\times L=3.14\times18.65\times0.118=6.91$
3	DN100 铸铁管保护层	m^2	7.39	$\pi\times(D+0.0082)\times L=3.14\times(0.118+0.0082)\times18.65=7.39$
4	DN100 铸铁管保护层刷沥青漆	m^2	7.39	7.39
5	镀锌钢管刷调和漆2道	m^2	49.08	$\pi\times D\times L=$DN100 管 3.14×131.77×0.114+DN65 管 3.14×7.38×0.0755=49.08
6	支架刷油	kg	55.80	制作安装量×(1.05～1.1)=(47.46+3.27)×1.1=55.80
	九、给水管道刷油			
1	DN65 管刷银粉漆	m^2	4	$\pi\times D\times L=3.14\times0.0755\times16.89=4$
2	DN50 管刷银粉漆	m^2	1.24	$\pi\times D\times L=3.14\times0.06\times6.6=1.24$
3	DN40 管刷银粉漆	m^2	0.5	$\pi\times D\times L=3.14\times0.048\times3.3=0.5$
4	DN32 管刷银粉漆	m^2	5.43	$\pi\times D\times L=3.14\times0.04225\times40.92=5.43$
5	DN25 管刷银粉漆	m^2	7.88	$\pi\times D\times L=3.14\times0.0335\times74.94=7.88$
6	支架刷油	kg	6.89	6.26×1.1=6.89
	十、土方开挖			
1	铸铁消防管	m^3	20.28	$h\times(b+k\times h)\times L=1.2\times(0.7+0.5\times1.2)\times(5+1.5)\times2=20.28$
2	给水管	m^3	3.6	$h\times(b+k\times h)\times L=1.2\times(0.6+0.5\times1.2)\times2.5=3.6$
3	排水管	m^3	4.68	$h\times(b+k\times h)\times L=1.2\times(0.7+0.5\times1.2)\times1.5\times2=4.68$
	十一、压力试验			
	消防管压力试验	m	157.9	同消防管道消毒冲洗 18.66+131.77+7.38=157.9

单位工程招标控制价汇总表

工程名称：室内给排水及消防　　　　标段：学生宿舍楼　　　　第 1 页 共 2 页

序号	汇总内容	金额（元）	其中：暂估价（元）
1	分部分项工程	65995.34	
2	措施项目	3794.57	
2.1	其中：安全文明施工费	2010.01	
2.2	其他措施费（费率类）	942.04	
2.3	单价措施费	842.52	
3	其他项目		—
3.1	其中：1）暂列金额		—
3.2	2）专业工程暂估价		—
3.3	3）计日工		—
3.4	4）总承包服务费		—
3.5	5）其他		
4	规费	2538.73	—
4.1	定额规费	2538.73	—
4.2	工程排污费		—
4.3	其他		
5	不含税工程造价合计	72323.64	
6	增值税	6509.13	—
7	含税工程造价合计	78837.77	

注：本表适用于单位工程招标控制价或投标报价的汇总，如无单位工程划分，单项工程也使用本表汇总。

单位工程招标控制价汇总表

工程名称：室内给排水及消防　标段：学生宿舍楼　　第 2 页 共 2 页

招标控制价合计=1+2+3+4+6	78837.77	0

注：本表适用于单位工程招标控制价或投标报价的汇总，如无单位工程划分，单项工程也使用本表汇总。

分部分项工程和单价措施项目清单与计价表

工程名称：室内给排水及消防　　　　标段：　　　　第 1 页 共 4 页

序号	项目编码	项目名称	项目特征描述	计量单位	工程量	金额（元）		
						综合单价	合价	其中：暂估价
		整个项目					65995.34	
1	040101002001	挖沟槽土方	1. 土壤类别：一、二类土 2. 挖土深度：2m 内	m^3	28.56	42.32	1208.66	
2	031001001001	镀锌钢管	1. 安装部位：室内 2. 介质：水 3. 规格、压力等级：DN65 4. 连接形式：螺纹连接 5. 压力试验及吹、洗设计要求：水压试验、消毒冲洗	m	16.89	84.54	1427.88	
3	031001001002	镀锌钢管	1. 安装部位：室内 2. 介质：水 3. 规格、压力等级：DN50 4. 连接形式：螺纹连接 5. 压力试验及吹、洗设计要求：水压试验、消毒冲洗	m	6.6	71.93	474.74	
4	031001001003	镀锌钢管	1. 安装部位：室内 2. 介质：水 3. 规格、压力等级：DN40 4. 连接形式：螺纹连接 5. 压力试验及吹、洗设计要求：水压试验、消毒冲洗	m	3.3	62.39	205.89	
5	031001001005	镀锌钢管	1. 安装部位：室内 2. 介质：水 3. 规格、压力等级：DN32 4. 连接形式：螺纹连接 5. 压力试验及吹、洗设计要求：水压试验、消毒冲洗	m	40.92	57.91	2369.68	
6	031001001004	镀锌钢管	1. 安装部位：室内 2. 介质：水 3. 规格、压力等级：DN25 4. 连接形式：螺纹连接 5. 压力试验及吹、洗设计要求：水压试验、消毒冲洗	m	74.94	49.34	3697.54	
本页小计							9384.39	

注：为计取规费等的使用，可在表中增设其中：定额人工费。

分部分项工程和单价措施项目清单与计价表

工程名称：室内给排水及消防　　　　标段：单项工程　　　　第 2 页 共 4 页

序号	项目编码	项目名称	项目特征描述	计量单位	工程量	金额（元）		
						综合单价	合价	其中 暂估价
7	031001006001	塑料管	1. 安装部位：室内 2. 介质：污水 3. 材质、规格：UPVC、De160 4. 连接形式：粘接	m	30.34	88.33	2679.93	
8	031001006002	塑料管	1. 安装部位：室内 2. 介质：污水 3. 材质、规格：UPVC、De110 4. 连接形式：粘接	m	41.24	58.88	2428.21	
9	031001006003	塑料管	1. 安装部位：室内 2. 介质：污水 3. 材质、规格：UPVC、De75 4. 连接形式：粘接	m	89	40.6	3613.4	
10	031001006004	塑料管	1. 安装部位：室内 2. 介质：污水 3. 材质、规格：UPVC、De50 4. 连接形式：粘接	m	1.19	29.11	34.64	
11	030901002001	消火栓钢管	1. 安装部位：室内消防 2. 材质、规格：球墨铸铁管 DN100 3. 连接形式：承插膨胀水 4. 压力试验及冲洗设计要求：消毒冲洗	m	18.66	162.74	3036.73	
12	030901002002	消火栓钢管	1. 安装部位：室内消防 2. 材质、规格：热浸镀锌钢管 DN100 3. 连接形式：螺纹连接 4. 压力试验及冲洗设计要求：水压试验、消毒冲洗	m	131.77	105.9	13954.44	
13	030901002003	消火栓钢管	1. 安装部位：室内消防 2. 材质、规格：热浸镀锌钢管 DN65 3. 连接形式：螺纹连接 4. 压力试验及冲洗设计要求：水压试验、消毒冲洗	m	7.38	74.5	549.81	
本页小计							26297.16	

注：为计取规费等的使用，可在表中增设其中：定额人工费。

分部分项工程和单价措施项目清单与计价表

工程名称：室内给排水及消防　　　　标段：单项工程　　　　第 3 页 共 4 页

序号	项目编码	项目名称	项目特征描述	计量单位	工程量	金额（元）		
						综合单价	合价	其中 暂估价
14	031003001001	螺纹阀门	1. 名称：蝶阀 2. 规格：DN100	个	8	180.99	1447.92	
15	031003001002	螺纹阀门	1. 名称：蝶阀 2. 规格：DN65	个	3	110.26	330.78	
16	031003001003	螺纹阀门	1. 名称：止回阀 2. 规格：DN65	个	2	200.66	401.32	
17	031003001004	螺纹阀门	1. 名称：截止阀 2. 规格：DN32	个	6	295.11	1770.66	
18	031003001005	螺纹阀门	1. 名称：截止阀 2. 规格：DN25	个	12	53.17	638.04	
19	031003001006	螺纹阀门	1. 名称：自动排气阀 2. 规格：DN25	个	1	54.04	54.04	
20	031003001007	螺纹阀门	1. 名称：止回阀 2. 规格：DN100	个	2	375.36	750.72	
21	030901010001	室内消火栓	1. 安装方式：暗装 2. 型号、规格：DN65	套	13	705.98	9177.74	
22	030901013001	灭火器	1. 形式：灭火器箱暗装 2. 规格、型号：手提灭火器	具	24	44.54	1068.96	
23	030901012001	消防水泵接合器	1. 安装部位：地下 2. 型号、规格：DN100	套	2	1056.81	2113.62	
24	031002001001	消防管道支架	1. 材质：型钢	kg	1	10.79	10.79	
25	031002001002	管道支架	1. 材质：型钢	kg	1	10.79	10.79	
26	031002003001	套管	1. 名称、类型：消防套管 2. 材质：钢套管 3. 规格：DN125	个	14	111.64	1562.96	
27	031002003002	套管	1. 名称、类型：消防套管 2. 材质：钢套管 3. 规格：DN80	个	1	71.2	71.2	
28	031002003003	套管	1. 名称、类型：给水套管 2. 材质：钢套管 3. 规格：DN80	个	5	71.2	356	
29	031002003004	套管	1. 名称、类型：给水套管 2. 材质：钢套管 3. 规格：DN50	个	8	37.11	296.88	
本页小计							20062.42	

注：为计取规费等的使用，可在表中增设其中：定额人工费。

分部分项工程和单价措施项目清单与计价表

工程名称：室内给排水及消防　　标段：单项工程　　第 4 页 共 4 页

序号	项目编码	项目名称	项目特征描述	计量单位	工程量	金额（元）		
						综合单价	合价	其中 暂估价
30	031004014001	给、排水附(配)件	1. 材质：塑料 2. 型号、规格：De75	个	11	184.82	2033.02	
31	031004014002	给、排水附(配)件	1. 材质：塑料 2. 型号、规格：	个	1	92.39	92.39	
32	031004014003	给、排水附(配)件	1. 材质：铜水龙头 2. 型号、规格：DN15	组	113	12.01	1357.13	
33	031004014004	给、排水附(配)件	1. 材质：排水栓 2. 型号、规格：DN50	个	14	66.48	930.72	
34	031004006001	大便器	1. 材质：塑料 2. 规格、类型：高水箱	组	12	253.23	3038.76	
35	031201001001	给水管道刷油	1. 油漆品种：银粉漆 2. 涂刷遍数、漆膜厚度：2	m^2	18.9	7.55	142.7	
36	031201001002	消防热浸镀锌管道刷油	1. 油漆品种：调和漆 2. 涂刷遍数、漆膜厚度：2	m^2	48.93	8.23	402.69	
37	031201001003	消防球墨铸铁管道刷油	1. 除锈级别：轻锈 2. 油漆品种：调和漆 3. 涂刷遍数、漆膜厚度：2	m^2	18.66	45.97	857.8	
38	031208002001	消防球墨铸铁管道绝热	1. 绝热材料品种：纤维类制品 2. 绝热厚度：100mm	m^3	68.2	8.09	551.74	
39	031201003001	金属结构刷油	1. 油漆品种： 2. 结构类型： 3. 涂刷遍数、漆膜厚度：二遍	kg	2	0.95	1.9	
40	031301017001	脚手架搭拆		项	1	704.08	704.08	
41	031301017002	脚手架搭拆		项	1	71.63	71.63	
42	031301017003	脚手架搭拆		项	1	44.52	44.52	
43	031301017004	脚手架搭拆		项	1	22.29	22.29	
		措施项目						
本页小计							10251.37	
合　计							65995.34	

注：为计取规费等的使用，可在表中增设其中：定额人工费。

综合单价分析表

工程名称：室内给排水及消防　　　　标段：单项工程　　　　第 1 页　共 43 页

项目编码		040101002001		项目名称		挖沟槽土方		计量单位	m³	工程量	1
清单综合单价组成明细											
定额编号	定额项目名称	定额单位	数量	单价（元）				合价（元）			
				人工费	材料费	机械费	管理费和利润	人工费	材料费	机械费	管理费和利润
借 1-1-10	人工挖沟、槽土方 一、二类土深度 2m 以内	100m3	0.01	3272.44			959.98	32.72			9.6
人工单价		小计						32.72			9.6
普通技工 87.1 元/工日		未计价材料费									
清单项目综合单价								24.97			
材料费明细	主要材料名称、规格、型号					单位	数量	单价（元）	合价（元）	暂估单价（元）	暂估合价（元）

注：1. 如不使用省级或行业建设主管部门发布的计价依据，可不填定额编号、名称等。

2. 招标文件提供了暂估单价的材料，按暂估的单价填入表内“暂估单价”栏及“暂估合价”栏。

综合单价分析表

工程名称：室内给排水及消防　　　　标段：单项工程　　　　第 2 页　共 43 页

项目编码		031001001001		项目名称		镀锌钢管		计量单位	m	工程量	1
清单综合单价组成明细											
定额编号	定额项目名称	定额单位	数量	单价（元）				合价（元）			
				人工费	材料费	机械费	管理费和利润	人工费	材料费	机械费	管理费和利润
10-1-18	给排水管道 室内镀锌钢管（螺纹连接）公称直径 65mm 以内	10m	0.1	282.35	13.58	12.82	105.06	28.24	1.36	1.28	10.51
10-11-142	管道消毒、冲洗 公称直径 65mm 以内	100m	0.01	66.2	10.05		24.37	0.66	0.1		0.24
人工单价		小计						28.9	1.46	1.28	10.75
普工 87.1 元/工日；一般技工 134 元/工日；高级技工 201 元/工日		未计价材料费						42.15			
清单项目综合单价								84.54			
材料费明细	主要材料名称、规格、型号					单位	数量	单价（元）	合价（元）	暂估单价（元）	暂估合价（元）
	镀锌钢管 DN65					m	1.002	32.05	32.11		
	给水室内镀锌钢管螺纹管件 DN65					个	0.526	19.08	10.04		
	其他材料费							—	1.46	—	
	材料费小计							—	43.65	—	

注：1. 如不使用省级或行业建设主管部门发布的计价依据，可不填定额编号、名称等。

2. 招标文件提供了暂估单价的材料，按暂估的单价填入表内“暂估单价”栏及“暂估合价”栏。

综合单价分析表

工程名称：室内给排水及消防　　　　标段：单项工程　　　　第 3 页　共 43 页

<table>
<tr><td colspan="2">项目编码</td><td colspan="2">031001001002</td><td colspan="2">项目名称</td><td colspan="2">镀锌钢管</td><td>计量单位</td><td>m</td><td>工程量</td><td>1</td></tr>
<tr><td colspan="12">清单综合单价组成明细</td></tr>
<tr><td rowspan="2">定额编号</td><td rowspan="2">定额项目名称</td><td rowspan="2">定额单位</td><td rowspan="2">数量</td><td colspan="4">单价（元）</td><td colspan="4">合价（元）</td></tr>
<tr><td>人工费</td><td>材料费</td><td>机械费</td><td>管理费和利润</td><td>人工费</td><td>材料费</td><td>机械费</td><td>管理费和利润</td></tr>
<tr><td>10-1-17</td><td>给排水管道 室内镀锌钢管（螺纹连接）公称直径 50mm 以内</td><td>10m</td><td>0.1</td><td>267.92</td><td>13.11</td><td>11.47</td><td>99.47</td><td>26.79</td><td>1.31</td><td>1.15</td><td>9.95</td></tr>
<tr><td>10-11-141</td><td>管道消毒、冲洗 公称直径 50mm 以内</td><td>100m</td><td>0.01</td><td>56.19</td><td>6.17</td><td></td><td>20.77</td><td>0.56</td><td>0.06</td><td></td><td>0.21</td></tr>
<tr><td colspan="2">人工单价</td><td colspan="6">小计</td><td>27.35</td><td>1.37</td><td>1.15</td><td>10.16</td></tr>
<tr><td colspan="2">普工 87.1 元/工日；一般技工 134 元/工日；高级技工 201 元/工日</td><td colspan="6">未计价材料费</td><td colspan="4">31.9</td></tr>
<tr><td colspan="8">清单项目综合单价</td><td colspan="4">71.93</td></tr>
<tr><td rowspan="5">材料费明细</td><td colspan="5">主要材料名称、规格、型号</td><td>单位</td><td>数量</td><td>单价（元）</td><td>合价（元）</td><td>暂估单价（元）</td><td>暂估合价（元）</td></tr>
<tr><td colspan="5">镀锌钢管 DN50</td><td>m</td><td>1.002</td><td>24.12</td><td>24.17</td><td></td><td></td></tr>
<tr><td colspan="5">给水室内镀锌钢管螺纹管件 DN50</td><td>个</td><td>0.661</td><td>11.7</td><td>7.73</td><td></td><td></td></tr>
<tr><td colspan="7">其他材料费</td><td>—</td><td>1.37</td><td>—</td><td></td></tr>
<tr><td colspan="7">材料费小计</td><td>—</td><td>33.27</td><td>—</td><td></td></tr>
</table>

注：1. 如不使用省级或行业建设主管部门发布的计价依据，可不填定额编号、名称等。
2. 招标文件提供了暂估单价的材料，按暂估的单价填入表内“暂估单价”栏及“暂估合价”栏。

综合单价分析表

工程名称：室内给排水及消防　　标段：单项工程　　第 4 页　共 43 页

项目编码		031001001003		项目名称		镀锌钢管		计量单位	m	工程量	1
清单综合单价组成明细											
定额编号	定额项目名称	定额单位	数量	单价（元）				合价（元）			
				人工费	材料费	机械费	管理费和利润	人工费	材料费	机械费	管理费和利润
10-1-16	给排水管道 室内镀锌钢管（螺纹连接）公称直径40mm以内	10m	0.1	249.52	12.41	9.01	92.69	24.95	1.24	0.9	9.27
10-11-140	管道消毒、冲洗公称直径40mm以内	100m	0.01	53.04	3.81		19.57	0.53	0.04		0.2
人工单价		小计						25.48	1.28	0.9	9.47
普工 87.1 元/工日；一般技工 134 元/工日；高级技工 201 元/工日		未计价材料费						25.27			
清单项目综合单价								37.88			
材料费明细	主要材料名称、规格、型号					单位	数量	单价（元）	合价（元）	暂估单价（元）	暂估合价（元）
	镀锌钢管 DN40					m	1.002	19.12	19.16		
	给水室内镀锌钢管螺纹管件 DN40					个	0.786	7.77	6.11		
	其他材料费							—	1.28	—	
	材料费小计							—	26.55	—	

注：1. 如不使用省级或行业建设主管部门发布的计价依据，可不填定额编号、名称等。

2. 招标文件提供了暂估单价的材料，按暂估的单价填入表内“暂估单价”栏及“暂估合价”栏。

综合单价分析表

工程名称：室内给排水及消防　　　　标段：单项工程　　　　第 5 页　共 43 页

项目编码		031001001005		项目名称		镀锌钢管		计量单位	m	工程量	1
清单综合单价组成明细											
定额编号	定额项目名称	定额单位	数量	单价（元）				合价（元）			
				人工费	材料费	机械费	管理费和利润	人工费	材料费	机械费	管理费和利润
10-1-15	给排水管道 室内镀锌钢管（螺纹连接）公称直径32mm以内	10m	0.1	244.33	12.04	7.98	90.68	24.43	1.2	0.8	9.07
10-11-139	管道消毒、冲洗 公称直径 32mm以内	100m	0.01	49.71	2.89		18.37	0.5	0.03		0.18
人工单价		小计						24.93	1.23	0.8	9.25
普工87.1元/工日；一般技工134元/工日；高级技工201元/工日		未计价材料费						21.7			
清单项目综合单价								57.91			
材料费明细	主要材料名称、规格、型号					单位	数量	单价（元）	合价（元）	暂估单价（元）	暂估合价（元）
	镀锌钢管 DN32					m	0.991	15.46	15.32		
	给水室内镀锌钢管螺纹管件 DN32					个	0.983	6.49	6.38		
	其他材料费							—	1.23	—	
	材料费小计							—	22.93	—	

注：1. 如不使用省级或行业建设主管部门发布的计价依据，可不填定额编号、名称等。

2. 招标文件提供了暂估单价的材料，按暂估的单价填入表内“暂估单价”栏及“暂估合价”栏。

综合单价分析表

工程名称：室内给排水及消防　　　　标段：单项工程　　　　第 6 页　共 43 页

<table>
<tr><th colspan="2">项目编码</th><th colspan="2">031001001004</th><th>项目名称</th><th colspan="2">镀锌钢管</th><th>计量单位</th><th>m</th><th>工程量</th><th>1</th></tr>
<tr><th colspan="12">清单综合单价组成明细</th></tr>
<tr><th rowspan="2">定额编号</th><th rowspan="2">定额项目名称</th><th rowspan="2">定额单位</th><th rowspan="2">数量</th><th colspan="4">单价（元）</th><th colspan="4">合价（元）</th></tr>
<tr><th>人工费</th><th>材料费</th><th>机械费</th><th>管理费和利润</th><th>人工费</th><th>材料费</th><th>机械费</th><th>管理费和利润</th></tr>
<tr><td>10-1-14</td><td>给排水管道 室内镀锌钢管（螺纹连接）公称直径25mm以内</td><td>10m</td><td>0.1</td><td>225.94</td><td>11.28</td><td>6.08</td><td>83.89</td><td>22.59</td><td>1.13</td><td>0.61</td><td>8.39</td></tr>
<tr><td>10-11-138</td><td>管道消毒、冲洗 公称直径 25mm以内</td><td>100m</td><td>0.01</td><td>46.26</td><td>1.65</td><td></td><td>17.18</td><td>0.46</td><td>0.02</td><td></td><td>0.17</td></tr>
<tr><td colspan="2">人工单价</td><td colspan="6">小计</td><td>23.05</td><td>1.15</td><td>0.61</td><td>8.56</td></tr>
<tr><td colspan="2">普工 87.1 元/工日；一般技工 134 元/工日；高级技工 201 元/工日</td><td colspan="6">未计价材料费</td><td colspan="4">15.97</td></tr>
<tr><td colspan="8">清单项目综合单价</td><td colspan="4">49.34</td></tr>
<tr><td rowspan="5">材料费明细</td><td colspan="3">主要材料名称、规格、型号</td><td colspan="3">单位</td><td>数量</td><td>单价（元）</td><td>合价（元）</td><td>暂估单价（元）</td><td>暂估合价（元）</td></tr>
<tr><td colspan="3">镀锌钢管 DN25</td><td colspan="3">m</td><td>0.991</td><td>11.82</td><td>11.71</td><td></td><td></td></tr>
<tr><td colspan="3">给水室内镀锌钢管螺纹管件 DN25</td><td colspan="3">个</td><td>1.14</td><td>3.73</td><td>4.25</td><td></td><td></td></tr>
<tr><td colspan="7">其他材料费</td><td>—</td><td>1.15</td><td>—</td><td></td></tr>
<tr><td colspan="7">材料费小计</td><td>—</td><td>17.11</td><td>—</td><td></td></tr>
<tr><td></td><td colspan="3"></td><td colspan="3"></td><td></td><td></td><td></td><td></td><td></td></tr>
<tr><td></td><td colspan="3"></td><td colspan="3"></td><td></td><td></td><td></td><td></td><td></td></tr>
<tr><td></td><td colspan="3"></td><td colspan="3"></td><td></td><td></td><td></td><td></td><td></td></tr>
<tr><td></td><td colspan="3"></td><td colspan="3"></td><td></td><td></td><td></td><td></td><td></td></tr>
<tr><td></td><td colspan="3"></td><td colspan="3"></td><td></td><td></td><td></td><td></td><td></td></tr>
</table>

注：1. 如不使用省级或行业建设主管部门发布的计价依据，可不填定额编号、名称等。

2. 招标文件提供了暂估单价的材料，按暂估的单价填入表内“暂估单价”栏及“暂估合价”栏。

综合单价分析表

工程名称：室内给排水及消防　　标段：单项工程　　第 7 页　共 43 页

项目编码		031001006001		项目名称		塑料管		计量单位	m	工程量	1
清单综合单价组成明细											
定额编号	定额项目名称	定额单位	数量	单价（元）				合价（元）			
				人工费	材料费	机械费	管理费和利润	人工费	材料费	机械费	管理费和利润
10-1-368	室内塑料排水管（粘接）公称外径160mm以内	10m	0.1	284.98	10.56	10.64	106.26	28.5	1.06	1.06	10.63
人工单价		小计						28.5	1.06	1.06	10.63
普工87.1元/工日；一般技工134元/工日；高级技工201元/工日		未计价材料费						47.08			
清单项目综合单价								89.7			

材料费明细	主要材料名称、规格、型号	单位	数量	单价（元）	合价（元）	暂估单价（元）	暂估合价（元）
	UPVC塑料排水管 de160	m	0.95	38.98	37.03		
	室内塑料排水管粘接管件 De160	个	0.595	16.89	10.05		
	其他材料费			—	1.06	—	
	材料费小计			—	48.14	—	

注：1. 如不使用省级或行业建设主管部门发布的计价依据，可不填定额编号、名称等。
2. 招标文件提供了暂估单价的材料，按暂估的单价填入表内“暂估单价”栏及“暂估合价”栏。

综合单价分析表

工程名称：室内给排水及消防　　　　标段：单项工程　　　　第 8 页　共 43 页

项目编码		031001006002		项目名称		塑料管		计量单位	m	工程量	1
清单综合单价组成明细											
定额编号	定额项目名称	定额单位	数量	单价（元）				合价（元）			
				人工费	材料费	机械费	管理费和利润	人工费	材料费	机械费	管理费和利润
10-1-367	室内塑料排水管（粘接）公称外径 110mm 以内	10m	0.1	202.09	9.14	0.07	74.71	20.21	0.91	0.01	7.47
人工单价		小计						20.21	0.91	0.01	7.47
普工 87.1 元/工日；一般技工 134 元/工日；高级技工 201 元/工日		未计价材料费						30.28			
清单项目综合单价								58.88			

材料费明细	主要材料名称、规格、型号	单位	数量	单价（元）	合价（元）	暂估单价（元）	暂估合价（元）
	UPVC 塑料排水管 de110	m	0.95	20.95	19.9		
	室内塑料排水管粘接管件 De110	个	1.156	8.98	10.38		
	其他材料费			—	0.91	—	
	材料费小计			—	31.19	—	

注：1. 如不使用省级或行业建设主管部门发布的计价依据，可不填定额编号、名称等。

2. 招标文件提供了暂估单价的材料，按暂估的单价填入表内“暂估单价”栏及“暂估合价”栏。

综合单价分析表

工程名称：室内给排水及消防　　标段：单项工程　　

项目编码		031001006003	项目名称		塑料管			计量单位	m	工程量	1
清单综合单价组成明细											
定额编号	定额项目名称	定额单位	数量	单价（元）				合价（元）			
				人工费	材料费	机械费	管理费和利润	人工费	材料费	机械费	管理费和利润
10-1-366	室内塑料排水管（粘接）公称外径75mm 以内	10m	0.1	181.36	5.81	0.03	67.12	18.14	0.58		6.71
人工单价		小计						18.14	0.58		6.71
普工 87.1 元/工日；一般技工 134 元/工日；高级技工 201 元/工日		未计价材料费						15.17			
清单项目综合单价								40.6			

材料费明细	主要材料名称、规格、型号	单位	数量	单价（元）	合价（元）	暂估单价（元）	暂估合价（元）
	UPVC 塑料排水管 de75	m	0.98	11.3	11.07		
	室内塑料排水管粘接管件 De75	个	0.885	4.63	4.1		
	其他材料费			—	0.58	—	
	材料费小计			—	15.75	—	

注：1. 如不使用省级或行业建设主管部门发布的计价依据，可不填定额编号、名称等。
　　2. 招标文件提供了暂估单价的材料，按暂估的单价填入表内“暂估单价”栏及“暂估合价”栏。

综合单价分析表

工程名称：室内给排水及消防　　标段：单项工程　　第 10 页　共 43 页

<table>
<tr><td colspan="2">项目编码</td><td>031001006004</td><td>项目名称</td><td colspan="2">塑料管</td><td>计量单位</td><td>m</td><td>工程量</td><td>1</td></tr>
<tr><td colspan="10">清单综合单价组成明细</td></tr>
<tr><td rowspan="2">定额编号</td><td rowspan="2">定额项目名称</td><td rowspan="2">定额单位</td><td rowspan="2">数量</td><td colspan="4">单价（元）</td><td colspan="4">合价（元）</td></tr>
<tr><td>人工费</td><td>材料费</td><td>机械费</td><td>管理费和利润</td><td>人工费</td><td>材料费</td><td>机械费</td><td>管理费和利润</td></tr>
<tr><td>10-1-365</td><td>室内塑料排水管(粘接)，公称外径50mm以内</td><td>10m</td><td>0.1</td><td>135.35</td><td>3.15</td><td>0.03</td><td>49.94</td><td>13.54</td><td>0.32</td><td></td><td>4.99</td></tr>
<tr><td colspan="2">人工单价</td><td colspan="6">小计</td><td>13.54</td><td>0.32</td><td></td><td>4.99</td></tr>
<tr><td colspan="2">普工 87.1 元/工日；一般技工 134 元/工日；高级技工 201 元/工日</td><td colspan="6">未计价材料费</td><td colspan="4">10.27</td></tr>
<tr><td colspan="8">清单项目综合单价</td><td colspan="4">29.11</td></tr>
</table>

<table>
<tr><td rowspan="5">材料费明细</td><td colspan="2">主要材料名称、规格、型号</td><td>单位</td><td>数量</td><td>单价（元）</td><td>合价（元）</td><td>暂估单价（元）</td><td>暂估合价（元）</td></tr>
<tr><td colspan="2">UPVC 塑料排水管 de50</td><td>m</td><td>1.012</td><td>7.6</td><td>7.69</td><td></td><td></td></tr>
<tr><td colspan="2">室内塑料排水管粘接管件 De50</td><td>个</td><td>0.69</td><td>3.74</td><td>2.58</td><td></td><td></td></tr>
<tr><td colspan="4">其他材料费</td><td>—</td><td>0.31</td><td>—</td><td></td></tr>
<tr><td colspan="4">材料费小计</td><td>—</td><td>10.58</td><td>—</td><td></td></tr>
</table>

注：1. 如不使用省级或行业建设主管部门发布的计价依据，可不填定额编号、名称等。

2. 招标文件提供了暂估单价的材料，按暂估的单价填入表内“暂估单价”栏及“暂估合价”栏。

综合单价分析表

工程名称：室内给排水及消防　　　　标段：单项工程　　　　第 11 页　共 43 页

<table>
<tr><td colspan="2">项目编码</td><td>030901002001</td><td>项目名称</td><td colspan="2">消火栓钢管</td><td>计量单位</td><td>m</td><td>工程量</td><td>1</td></tr>
<tr><td colspan="12">清单综合单价组成明细</td></tr>
<tr><td rowspan="2">定额编号</td><td rowspan="2">定额项目名称</td><td rowspan="2">定额单位</td><td rowspan="2">数量</td><td colspan="4">单价（元）</td><td colspan="4">合价（元）</td></tr>
<tr><td>人工费</td><td>材料费</td><td>机械费</td><td>管理费和利润</td><td>人工费</td><td>材料费</td><td>机械费</td><td>管理费和利润</td></tr>
<tr><td>10-1-195</td><td>室内铸铁给水管（膨胀水泥接口）公称直径 100mm 以内</td><td>10m</td><td>0.1</td><td>195.79</td><td>13.82</td><td>48.93</td><td>77.5</td><td>19.58</td><td>1.38</td><td>4.89</td><td>7.75</td></tr>
<tr><td>10-11-144</td><td>管道消毒、冲洗公称直径 100mm 以内</td><td>100m</td><td>0.01</td><td>73.48</td><td>23.69</td><td></td><td>27.17</td><td>0.73</td><td>0.24</td><td></td><td>0.27</td></tr>
<tr><td colspan="2">人工单价</td><td colspan="6">小计</td><td>20.31</td><td>1.62</td><td>4.89</td><td>8.02</td></tr>
<tr><td colspan="2">普工 87.1 元/工日；一般技工 134 元/工日；高级技工 201 元/工日</td><td colspan="6">未计价材料费</td><td colspan="4">127.9</td></tr>
<tr><td colspan="8">清单项目综合单价</td><td colspan="4">162.74</td></tr>
<tr><td rowspan="5">材料费明细</td><td colspan="4">主要材料名称、规格、型号</td><td>单位</td><td colspan="2">数量</td><td>单价（元）</td><td>合价（元）</td><td>暂估单价（元）</td><td>暂估合价（元）</td></tr>
<tr><td colspan="4">室内承插铸铁给水管件公称直径 100mm 以内</td><td>个</td><td colspan="2">0.36</td><td></td><td></td><td></td><td></td></tr>
<tr><td colspan="4">承插铸铁给水管 DN150</td><td>m</td><td colspan="2">0.99</td><td>129.19</td><td>127.9</td><td></td><td></td></tr>
<tr><td colspan="7">其他材料费</td><td>—</td><td>1.62</td><td>—</td><td></td></tr>
<tr><td colspan="7">材料费小计</td><td>—</td><td>129.52</td><td>—</td><td></td></tr>
</table>

注：1. 如不使用省级或行业建设主管部门发布的计价依据，可不填定额编号、名称等。
2. 招标文件提供了暂估单价的材料，按暂估的单价填入表内“暂估单价”栏及“暂估合价”栏。

综合单价分析表

工程名称：室内给排水及消防　　　　标段：单项工程　　　　第 12 页　共 43 页

项目编码		030901002001		项目名称		消火栓钢管		计量单位	m	工程量	1
清单综合单价组成明细											
定额编号	定额项目名称	定额单位	数量	单价（元）				合价（元）			
				人工费	材料费	机械费	管理费和利润	人工费	材料费	机械费	管理费和利润
10-1-20	给排水管道室内镀锌钢管（螺纹连接）公称直径 100mm 以内	10m	0.1	337.84	16.48	49.28	129.84	33.78	1.65	4.93	12.98
10-11-144	管道消毒、冲洗公称直径 100mm 以内	100m	0.01	73.48	23.69		27.17	0.73	0.24		0.27
人工单价		小计						34.51	1.89	4.93	13.25
普工 87.1 元/工日；一般技工 134 元/工日；高级技工 201 元/工日		未计价材料费						51.32			
清单项目综合单价								29.11			
材料费明细	主要材料名称、规格、型号					单位	数量	单价（元）	合价（元）	暂估单价（元）	暂估合价（元）
	给水室内镀锌钢管螺纹管件公称直径 100mm 以内					个	0.415				
	镀锌钢管 DN100					m	1.002	51.22	51.32		
	其他材料费							—	1.88	—	
	材料费小计							—	53.2	—	

注：1. 如不使用省级或行业建设主管部门发布的计价依据，可不填定额编号、名称等。

2. 招标文件提供了暂估单价的材料，按暂估的单价填入表内“暂估单价”栏及“暂估合价”栏。

综合单价分析表

工程名称：室内给排水及消防　　　　　　标段：单项工程　　　　　　第 13 页　共 43 页

项目编码		030901002001		项目名称		消火栓钢管	计量单位	m	工程量	1
清单综合单价组成明细										
定额编号	定额项目名称	定额单位	数量	单价（元）				合价（元）		
				人工费	材料费	机械费	管理费和利润	人工费	材料费	机械费	管理费和利润
10-1-18	给排水管道室内镀锌钢管（螺纹连接）公称直径65mm以内	10m	0.1	282.35	13.58	12.82	105.06	28.24	1.36	1.28	10.51
10-11-142	管道消毒、冲洗公称直径65mm以内	100m	0.01	66.2	10.05		24.37	0.66	0.1		0.24
人工单价		小计						28.9	1.46	1.28	10.75
普工87.1元/工日；一般技工134元/工日；高级技工201元/工日		未计价材料费						32.11			
清单项目综合单价								74.5			
材料费明细	主要材料名称、规格、型号			单位		数量		单价（元）	合价（元）	暂估单价（元）	暂估合价（元）
	给水室内镀锌钢管螺纹管件公称直径65mm以内			个		0.526					
	镀锌钢管 DN65			m		1.002		32.05	32.11		
	其他材料费							—	1.46	—	
	材料费小计							—	33.57	—	

注：1. 如不使用省级或行业建设主管部门发布的计价依据，可不填定额编号、名称等。

2. 招标文件提供了暂估单价的材料，按暂估的单价填入表内“暂估单价”栏及“暂估合价”栏。

综合单价分析表

工程名称：室内给排水及消防　　　　标段：单项工程　　　　第 14 页　共 43 页

<table>
<tr><td colspan="2">项目编码</td><td colspan="2">031003001001</td><td colspan="2">项目名称</td><td colspan="2">螺纹阀门</td><td>计量单位</td><td>个</td><td>工程量</td><td>1</td></tr>
<tr><td colspan="12">清单综合单价组成明细</td></tr>
<tr><td rowspan="2">定额编号</td><td rowspan="2">定额项目名称</td><td rowspan="2">定额单位</td><td rowspan="2">数量</td><td colspan="4">单价（元）</td><td colspan="4">合价（元）</td></tr>
<tr><td>人工费</td><td>材料费</td><td>机械费</td><td>管理费和利润</td><td>人工费</td><td>材料费</td><td>机械费</td><td>管理费和利润</td></tr>
<tr><td>10-5-70</td><td>对夹式蝶阀安装公称直径 100mm 以内</td><td>个</td><td>1</td><td>59.45</td><td>34.21</td><td>2.64</td><td>21.97</td><td>59.45</td><td>34.21</td><td>2.64</td><td>21.97</td></tr>
<tr><td colspan="2">人工单价</td><td colspan="6">小计</td><td>59.45</td><td>34.21</td><td>2.64</td><td>21.97</td></tr>
<tr><td colspan="2">普工 87.1 元/工日；一般技工 134 元/工日；高级技工 201 元/工日</td><td colspan="6">未计价材料费</td><td colspan="4">62.72</td></tr>
<tr><td colspan="8">清单项目综合单价</td><td colspan="4">180.99</td></tr>
<tr><td rowspan="4">材料费明细</td><td colspan="5">主要材料名称、规格、型号</td><td>单位</td><td>数量</td><td>单价（元）</td><td>合价（元）</td><td>暂估单价（元）</td><td>暂估合价（元）</td></tr>
<tr><td colspan="5">对夹式蝶阀传动方式：手动；公称压力 PN（MPa）：1；公称直径 DN（mm）：100；型号：D71X-10；密封面材料：橡胶；连接方式：对夹式；阀体材质：灰铸铁</td><td>个</td><td>1</td><td>62.72</td><td>62.72</td><td></td><td></td></tr>
<tr><td colspan="7">其他材料费</td><td>—</td><td>34.21</td><td>—</td><td></td></tr>
<tr><td colspan="7">材料费小计</td><td>—</td><td>96.93</td><td>—</td><td></td></tr>
<tr><td></td><td colspan="2"></td><td colspan="4"></td><td></td><td></td><td></td><td></td><td></td></tr>
<tr><td></td><td colspan="2"></td><td colspan="4"></td><td></td><td></td><td></td><td></td><td></td></tr>
<tr><td></td><td colspan="2"></td><td colspan="4"></td><td></td><td></td><td></td><td></td><td></td></tr>
<tr><td></td><td colspan="2"></td><td colspan="4"></td><td></td><td></td><td></td><td></td><td></td></tr>
<tr><td></td><td colspan="2"></td><td colspan="4"></td><td></td><td></td><td></td><td></td><td></td></tr>
<tr><td></td><td colspan="2"></td><td colspan="4"></td><td></td><td></td><td></td><td></td><td></td></tr>
</table>

注：1. 如不使用省级或行业建设主管部门发布的计价依据，可不填定额编号、名称等。

2. 招标文件提供了暂估单价的材料，按暂估的单价填入表内“暂估单价”栏及“暂估合价”栏。

综合单价分析表

工程名称：室内给排水及消防　　标段：单项工程　　第 15 页　共 43 页

<table>
<tr><td colspan="2">项目编码</td><td colspan="2">031001006002</td><td>项目名称</td><td colspan="2">螺纹阀门</td><td>计量单位</td><td>个</td><td>工程量</td><td>1</td></tr>
<tr><td colspan="12">清单综合单价组成明细</td></tr>
<tr><td rowspan="2">定额编号</td><td rowspan="2">定额项目名称</td><td rowspan="2">定额单位</td><td rowspan="2">数量</td><td colspan="4">单价（元）</td><td colspan="4">合价（元）</td></tr>
<tr><td>人工费</td><td>材料费</td><td>机械费</td><td>管理费和利润</td><td>人工费</td><td>材料费</td><td>机械费</td><td>管理费和利润</td></tr>
<tr><td>10-5-68</td><td>对夹式蝶阀安装 公称直径 65mm 以内</td><td>个</td><td>1</td><td>28.09</td><td>17.9</td><td>1.89</td><td>10.39</td><td>28.09</td><td>17.9</td><td>1.89</td><td>10.39</td></tr>
<tr><td colspan="2">人工单价</td><td colspan="6">小计</td><td>28.09</td><td>17.9</td><td>1.89</td><td>10.39</td></tr>
<tr><td colspan="2">普工 87.1 元/工日；一般技工 134 元/工日；高级技工 201 元/工日</td><td colspan="6">未计价材料费</td><td colspan="4">51.99</td></tr>
<tr><td colspan="8">清单项目综合单价</td><td colspan="4">110.26</td></tr>
<tr><td rowspan="4">材料费明细</td><td colspan="4">主要材料名称、规格、型号</td><td>单位</td><td>数量</td><td>单价（元）</td><td>合价（元）</td><td>暂估单价（元）</td><td>暂估合价（元）</td></tr>
<tr><td colspan="4">对夹式蝶阀传动方式：手动；公称压力 PN（MPa）：1.6；公称直径 DN（mm）：65；型号：D71X-16；密封面材料：橡胶；连接方式：对夹式；阀体材质：灰铸铁</td><td>个</td><td>1</td><td>51.99</td><td>51.99</td><td></td><td></td></tr>
<tr><td colspan="6">其他材料费</td><td>—</td><td>17.9</td><td>—</td><td></td></tr>
<tr><td colspan="6">材料费小计</td><td>—</td><td>69.99</td><td>—</td><td></td></tr>
<tr><td></td><td colspan="2"></td><td colspan="3"></td><td></td><td></td><td></td><td></td><td></td></tr>
<tr><td></td><td colspan="2"></td><td colspan="3"></td><td></td><td></td><td></td><td></td><td></td></tr>
<tr><td></td><td colspan="2"></td><td colspan="3"></td><td></td><td></td><td></td><td></td><td></td></tr>
<tr><td></td><td colspan="2"></td><td colspan="3"></td><td></td><td></td><td></td><td></td><td></td></tr>
<tr><td></td><td colspan="2"></td><td colspan="3"></td><td></td><td></td><td></td><td></td><td></td></tr>
<tr><td></td><td colspan="2"></td><td colspan="3"></td><td></td><td></td><td></td><td></td><td></td></tr>
</table>

注：1. 如不使用省级或行业建设主管部门发布的计价依据，可不填定额编号、名称等。

2. 招标文件提供了暂估单价的材料，按暂估的单价填入表内“暂估单价”栏及“暂估合价”栏。

综合单价分析表

工程名称：室内给排水及消防　　　　标段：单项工程　　　　第 16 页　共 43 页

项目编码		031001006003		项目名称		螺纹阀门		计量单位	个	工程量	1
清单综合单价组成明细											
定额编号	定额项目名称	定额单位	数量	单价（元）				合价（元）			
				人工费	材料费	机械费	管理费和利润	人工费	材料费	机械费	管理费和利润
10－5－7	螺纹阀门安装公称直径 65mm 以内	个	1	36.74	34.03	3.12	13.58	36.74	34.03	3.12	13.58
人工单价		小计						36.74	34.03	3.12	13.58
普工 87.1 元/工日；一般技工 134 元/工日；高级技工 201 元/工日		未计价材料费						113.19			
清单项目综合单价								200.66			

材料费明细	主要材料名称、规格、型号	单位	数量	单价（元）	合价（元）	暂估单价（元）	暂估合价（元）
	中压铸铁法兰止回阀 DN65	个	1.01	112.07	113.19		
	其他材料费			—	34.06	—	
	材料费小计			—	147.25	—	

注：1. 如不使用省级或行业建设主管部门发布的计价依据，可不填定额编号、名称等。
2. 招标文件提供了暂估单价的材料，按暂估的单价填入表内“暂估单价”栏及“暂估合价”栏。

综合单价分析表

工程名称：室内给排水及消防　　　　标段：单项工程　　　　第 17 页　共 43 页

<table>
<tr><td colspan="2">项目编码</td><td>031001006004</td><td>项目名称</td><td>螺纹阀门</td><td>计量单位</td><td>个</td><td>工程量</td><td>1</td></tr>
<tr><td colspan="12">清单综合单价组成明细</td></tr>
<tr><td rowspan="2">定额编号</td><td rowspan="2">定额项目名称</td><td rowspan="2">定额单位</td><td rowspan="2">数量</td><td colspan="4">单价（元）</td><td colspan="4">合价（元）</td></tr>
<tr><td>人工费</td><td>材料费</td><td>机械费</td><td>管理费和利润</td><td>人工费</td><td>材料费</td><td>机械费</td><td>管理费和利润</td></tr>
<tr><td>10-5-4</td><td>螺纹阀门安装公称直径 32mm 以内</td><td>个</td><td>1</td><td>15.13</td><td>7.37</td><td>1.54</td><td>5.59</td><td>15.13</td><td>7.37</td><td>1.54</td><td>5.59</td></tr>
<tr><td colspan="2">人工单价</td><td colspan="6">小计</td><td>15.13</td><td>7.37</td><td>1.54</td><td>5.59</td></tr>
<tr><td colspan="2">普工 87.1 元/工日；一般技工 134 元/工日；高级技工 201 元/工日</td><td colspan="6">未计价材料费</td><td colspan="4">265.48</td></tr>
<tr><td colspan="8">清单项目综合单价</td><td colspan="4">295.11</td></tr>
<tr><td rowspan="4">材料费明细</td><td colspan="3">主要材料名称、规格、型号</td><td colspan="2">单位</td><td colspan="2">数量</td><td>单价（元）</td><td>合价（元）</td><td>暂估单价（元）</td><td>暂估合价（元）</td></tr>
<tr><td colspan="3">碳钢法兰截止阀 J41H-25CDN32</td><td colspan="2">个</td><td colspan="2">1.01</td><td>262.85</td><td>265.48</td><td></td><td></td></tr>
<tr><td colspan="7">其他材料费</td><td>—</td><td>7.37</td><td>—</td><td></td></tr>
<tr><td colspan="7">材料费小计</td><td>—</td><td>272.85</td><td>—</td><td></td></tr>
</table>

注：1. 如不使用省级或行业建设主管部门发布的计价依据，可不填定额编号、名称等。

2. 招标文件提供了暂估单价的材料，按暂估的单价填入表内“暂估单价”栏及“暂估合价”栏。

综合单价分析表

工程名称：室内给排水及消防　　标段：单项工程　　第 18 页　共 43 页

项目编码		031001006005		项目名称		螺纹阀门		计量单位	个	工程量	1
清单综合单价组成明细											
定额编号	定额项目名称	定额单位	数量	单价（元）				合价（元）			
				人工费	材料费	机械费	管理费和利润	人工费	材料费	机械费	管理费和利润
10-5-3	螺纹阀门安装公称直径 25mm 以内	个	1	11.91	5.24	1.16	4.39	11.91	5.24	1.16	4.39
人工单价		小计						11.91	5.24	1.16	4.39
普工 87.1 元/工日；一般技工 134 元/工日；高级技工 201 元/工日		未计价材料费						30.47			
清单项目综合单价								53.17			
材料费明细	主要材料名称、规格、型号				单位	数量		单价（元）	合价（元）	暂估单价（元）	暂估合价（元）
	灰铸铁法兰截止阀 J41T-16DN25				个	1.01		30.17	30.47		
	其他材料费							—	5.24	—	
	材料费小计							—	35.71	—	

注：1. 如不使用省级或行业建设主管部门发布的计价依据，可不填定额编号、名称等。

2. 招标文件提供了暂估单价的材料，按暂估的单价填入表内“暂估单价”栏及“暂估合价”栏。

综合单价分析表

工程名称：室内给排水及消防　　　　标段：单项工程　　　　第 19 页　共 43 页

项目编码		031001006006		项目名称		螺纹阀门		计量单位	个	工程量	1
清单综合单价组成明细											
定额编号	定额项目名称		定额单位	数量	单价（元）				合价（元）		
					人工费	材料费	机械费	管理费和利润	人工费	材料费	机械费	管理费和利润
10-5-3	螺纹阀门安装公称直径 25mm 以内		个	1	11.91	5.24	1.16	4.39	11.91	5.24	1.16	4.39
人工单价			小计						11.91	5.24	1.16	4.39
高级技工 201 元/工日；普工 87.1 元/工日；一般技工 134 元/工日			未计价材料费						31.34			
清单项目综合单价									54.04			
材料费明细	主要材料名称、规格、型号			单位		数量		单价（元）	合价（元）	暂估单价（元）	暂估合价（元）	
	自动排气阀 DN25			个		1.01		31.03	31.34			
	其他材料费							—	5.24	—		
	材料费小计							—	36.58	—		

注：1. 如不使用省级或行业建设主管部门发布的计价依据，可不填定额编号、名称等。

2. 招标文件提供了暂估单价的材料，按暂估的单价填入表内“暂估单价”栏及“暂估合价”栏。

综合单价分析表

工程名称：室内给排水及消防　　标段：单项工程　　第 20 页　共 43 页

<table>
<tr><td colspan="2">项目编码</td><td colspan="2">031001006007</td><td>项目名称</td><td colspan="2">螺纹阀门</td><td>计量单位</td><td>个</td><td>工程量</td><td>1</td></tr>
<tr><td colspan="12">清单综合单价组成明细</td></tr>
<tr><td rowspan="2">定额编号</td><td rowspan="2">定额项目名称</td><td rowspan="2">定额单位</td><td rowspan="2">数量</td><td colspan="4">单价（元）</td><td colspan="4">合价（元）</td></tr>
<tr><td>人工费</td><td>材料费</td><td>机械费</td><td>管理费和利润</td><td>人工费</td><td>材料费</td><td>机械费</td><td>管理费和利润</td></tr>
<tr><td>10-5-9</td><td>螺纹阀门安装公称直径 100mm 以内</td><td>个</td><td>1</td><td>101.58</td><td>51.16</td><td>10.14</td><td>38.35</td><td>101.58</td><td>51.16</td><td>10.14</td><td>38.35</td></tr>
<tr><td colspan="2">人工单价</td><td colspan="6">小计</td><td>101.58</td><td>51.16</td><td>10.14</td><td>38.35</td></tr>
<tr><td colspan="2">高级技工 201 元/工日；普工 87.1 元/工日；一般技工 134 元/工日</td><td colspan="6">未计价材料费</td><td colspan="4">174.13</td></tr>
<tr><td colspan="8">清单项目综合单价</td><td colspan="4">375.36</td></tr>
<tr><td rowspan="4">材料费明细</td><td colspan="4">主要材料名称、规格、型号</td><td colspan="2">单位</td><td>数量</td><td>单价（元）</td><td>合价（元）</td><td>暂估单价（元）</td><td>暂估合价（元）</td></tr>
<tr><td colspan="4">灰铸铁法兰止回阀 H41H-16DN100</td><td colspan="2">个</td><td>1.01</td><td>172.41</td><td>174.13</td><td></td><td></td></tr>
<tr><td colspan="7">其他材料费</td><td>—</td><td>51.16</td><td>—</td><td></td></tr>
<tr><td colspan="7">材料费小计</td><td>—</td><td>225.29</td><td>—</td><td></td></tr>
<tr><td></td><td></td><td colspan="5"></td><td></td><td></td><td></td><td></td><td></td></tr>
<tr><td></td><td></td><td colspan="5"></td><td></td><td></td><td></td><td></td><td></td></tr>
<tr><td></td><td></td><td colspan="5"></td><td></td><td></td><td></td><td></td><td></td></tr>
<tr><td></td><td></td><td colspan="5"></td><td></td><td></td><td></td><td></td><td></td></tr>
<tr><td></td><td></td><td colspan="5"></td><td></td><td></td><td></td><td></td><td></td></tr>
<tr><td></td><td></td><td colspan="5"></td><td></td><td></td><td></td><td></td><td></td></tr>
<tr><td></td><td></td><td colspan="5"></td><td></td><td></td><td></td><td></td><td></td></tr>
<tr><td></td><td></td><td colspan="5"></td><td></td><td></td><td></td><td></td><td></td></tr>
<tr><td></td><td></td><td colspan="5"></td><td></td><td></td><td></td><td></td><td></td></tr>
</table>

注：1. 如不使用省级或行业建设主管部门发布的计价依据，可不填定额编号、名称等。

2. 招标文件提供了暂估单价的材料，按暂估的单价填入表内“暂估单价”栏及“暂估合价”栏。

综合单价分析表

工程名称：室内给排水及消防　　标段：单项工程　　第 21 页　共 43 页

项目编码		030901010001		项目名称		室内消火栓		计量单位	套	工程量	1
清单综合单价组成明细											
定额编号	定额项目名称	定额单位	数量	单价（元）				合价（元）			
				人工费	材料费	机械费	管理费和利润	人工费	材料费	机械费	管理费和利润
9-1-81	室内消火栓（暗装）普通公称直径65mm以内单栓	套	1	103.62	3.36	0.27	38.35	103.62	3.36	0.27	38.35
人工单价		小计						103.62	3.36	0.27	38.35
普工 87.1 元/工日；一般技工 134 元/工日		未计价材料费；高级技工 201 元/工日						560.38			
清单项目综合单价								705.98			
材料费明细	主要材料名称、规格、型号				单位		数量	单价（元）	合价（元）	暂估单价（元）	暂估合价（元）
	室内消火栓 DN65				套		1	560.38	560.38		
	其他材料费							—	3.36	—	
	材料费小计							—	563.74	—	

注：1. 如不使用省级或行业建设主管部门发布的计价依据，可不填定额编号、名称等。

2. 招标文件提供了暂估单价的材料，按暂估的单价填入表内“暂估单价”栏及“暂估合价”栏。

综合单价分析表

工程名称：室内给排水及消防　　　　标段：单项工程　　　　第 22 页　共 43 页

项目编码		030901013001		项目名称		灭火器		计量单位	具	工程量	1
清单综合单价组成明细											
定额编号	定额项目名称	定额单位	数量	单价（元）				合价（元）			
				人工费	材料费	机械费	管理费和利润	人工费	材料费	机械费	管理费和利润
9-1-99	灭火器手提式	具	1	0.88	0.07	0.01	0.4	0.88	0.07	0.01	0.4
人工单价		小计						0.88	0.07	0.01	0.4
普工 87.1 元/工日		未计价材料费						43.18			
清单项目综合单价								44.54			
材料费明细	主要材料名称、规格、型号				单位		数量	单价（元）	合价（元）	暂估单价（元）	暂估合价（元）
	1kg 磷酸盐干粉灭火器 ABC				个		1	43.18	43.18		
	其他材料费							—	0.07	—	
	材料费小计							—	43.25	—	

注：1. 如不使用省级或行业建设主管部门发布的计价依据，可不填定额编号、名称等。

2. 招标文件提供了暂估单价的材料，按暂估的单价填入表内“暂估单价”栏及“暂估合价”栏。

综合单价分析表

工程名称：室内给排水及消防　　标段：单项工程　　第 23 页　共 43 页

项目编码		030901012001	项目名称		消防水泵接合器			计量单位	套	工程量	1
清单综合单价组成明细											
定额编号	定额项目名称	定额单位	数量	单价（元）				合价（元）			
				人工费	材料费	机械费	管理费和利润	人工费	材料费	机械费	管理费和利润
9-1-93	消防水泵接合器地下式 DN100	套	1	117.99	146.08	8.67	43.55	117.99	146.08	8.67	43.55
人工单价		小计						117.99	146.08	8.67	43.55
普工 87.1 元/工日；一般技工 134 元/工日；高级技工 201 元/工日		未计价材料费						740.52			
清单项目综合单价								1056.81			
材料费明细	主要材料名称、规格、型号				单位		数量	单价（元）	合价（元）	暂估单价（元）	暂估合价（元）
	地下消防水泵接合器 SQX100				套		1	740.52	740.52		
	其他材料费							—	146.08	—	
	材料费小计							—	886.6	—	

注：1. 如不使用省级或行业建设主管部门发布的计价依据，可不填定额编号、名称等。

2. 招标文件提供了暂估单价的材料，按暂估的单价填入表内“暂估单价”栏及“暂估合价”栏。

综合单价分析表

工程名称：室内给排水及消防　　　　标段：单项工程　　　　第 24 页　共 43 页

项目编码		031002001001		项目名称		消防管道支架		计量单位	kg	工程量	1
清单综合单价组成明细											
定额编号	定额项目名称	定额单位	数量	单价（元）				合价（元）			
				人工费	材料费	机械费	管理费和利润	人工费	材料费	机械费	管理费和利润
10-11-1	管道支架制作单件重量 5kg 以内	100kg	0.01	607.19	46.16	201.49	224.52	6.07	0.46	2.01	2.25
人工单价		小计						6.07	0.46	2.01	2.25
普工 87.1 元/工日；一般技工 134 元/工日；高级技工 201 元/工日		未计价材料费									
清单项目综合单价								10.79			
材料费明细	主要材料名称、规格、型号			单位		数量		单价（元）	合价（元）	暂估单价（元）	暂估合价（元）
	型钢综合			kg		1.05					
	其他材料费							—	0.46	—	
	材料费小计							—	0.46	—	

注：1. 如不使用省级或行业建设主管部门发布的计价依据，可不填定额编号、名称等。

2. 招标文件提供了暂估单价的材料，按暂估的单价填入表内“暂估单价”栏及“暂估合价”栏。

综合单价分析表

工程名称：室内给排水及消防　　标段：单项工程　　第 25 页　共 43 页

项目编码		031002001002	项目名称		管道支架		计量单位	kg	工程量		1
清单综合单价组成明细											
定额编号	定额项目名称	定额单位	数量	单价（元）				合价（元）			
				人工费	材料费	机械费	管理费和利润	人工费	材料费	机械费	管理费和利润
10-11-1	管道支架制作单件重量 5kg 以内	100kg	0.01	607.19	46.16	201.49	224.52	6.07	0.46	2.01	2.25
人工单价		小计						6.07	0.46	2.01	2.25
普工 87.1 元/工日；一般技工 134 元/工日；高级技工 201 元/工日		未计价材料费									
清单项目综合单价								10.79			
材料费明细	主要材料名称、规格、型号			单位		数量		单价（元）	合价（元）	暂估单价（元）	暂估合价（元）
	型钢综合			kg		1.05					
	其他材料费							—	0.46	—	
	材料费小计							—	0.46	—	

注：1. 如不使用省级或行业建设主管部门发布的计价依据，可不填定额编号、名称等。

2. 招标文件提供了暂估单价的材料，按暂估的单价填入表内“暂估单价”栏及“暂估合价”栏。

综合单价分析表

工程名称：室内给排水及消防　　　　标段：单项工程　　　　第 26 页　共 43 页

项目编码		031002003001		项目名称		套管		计量单位	个	工程量	1
清单综合单价组成明细											
定额编号	定额项目名称	定额单位	数量	单价（元）				合价（元）			
				人工费	材料费	机械费	管理费和利润	人工费	材料费	机械费	管理费和利润
10－11－31	一般钢套管制作安装介质管道公称直径 125mm 以内	个	1	49.41	21.18	1.46	18.37	49.41	21.18	1.46	18.37
人工单价		小计						49.41	21.18	1.46	18.37
普工 87.1 元/工日；一般技工 134 元/工日；高级技工 201 元/工日		未计价材料费						21.22			
清单项目综合单价								111.64			
材料费明细	主要材料名称、规格、型号			单位		数量		单价（元）	合价（元）	暂估单价（元）	暂估合价（元）
	焊接钢管 DN150			m		0.318		66.72	21.22		
	其他材料费							—	21.18	—	
	材料费小计							—	42.4	—	

注：1. 如不使用省级或行业建设主管部门发布的计价依据，可不填定额编号、名称等。
2. 招标文件提供了暂估单价的材料，按暂估的单价填入表内“暂估单价”栏及“暂估合价”栏。

综合单价分析表

工程名称：室内给排水及消防　　标段：单项工程　　第 27 页　共 43 页

<table>
<tr><td colspan="2">项目编码</td><td>031002003002</td><td>项目名称</td><td colspan="3">套管</td><td>计量单位</td><td>个</td><td>工程量</td><td>1</td></tr>
<tr><td colspan="12">清单综合单价组成明细</td></tr>
<tr><td rowspan="2">定额编号</td><td rowspan="2">定额项目名称</td><td rowspan="2">定额单位</td><td rowspan="2">数量</td><td colspan="4">单价（元）</td><td colspan="4">合价（元）</td></tr>
<tr><td>人工费</td><td>材料费</td><td>机械费</td><td>管理费和利润</td><td>人工费</td><td>材料费</td><td>机械费</td><td>管理费和利润</td></tr>
<tr><td>10-11-29</td><td>一般钢套管制作安装介质管道公称直径 80mm 以内</td><td>个</td><td>1</td><td>26.63</td><td>15.9</td><td>1.13</td><td>9.99</td><td>26.63</td><td>15.9</td><td>1.13</td><td>9.99</td></tr>
<tr><td colspan="2">人工单价</td><td colspan="6">小计</td><td>26.63</td><td>15.9</td><td>1.13</td><td>9.99</td></tr>
<tr><td colspan="2">普工 87.1 元/工日；一般技工 134 元/工日；高级技工 201 元/工日</td><td colspan="6">未计价材料费</td><td colspan="4">17.55</td></tr>
<tr><td colspan="8">清单项目综合单价</td><td colspan="4">71.2</td></tr>
<tr><td rowspan="4">材料费明细</td><td colspan="4">主要材料名称、规格、型号</td><td colspan="2">单位</td><td>数量</td><td>单价（元）</td><td>合价（元）</td><td>暂估单价（元）</td><td>暂估合价（元）</td></tr>
<tr><td colspan="4">焊接钢管 DN125</td><td colspan="2">m</td><td>0.318</td><td>55.2</td><td>17.55</td><td></td><td></td></tr>
<tr><td colspan="7">其他材料费</td><td>—</td><td>15.9</td><td>—</td><td></td></tr>
<tr><td colspan="7">材料费小计</td><td>—</td><td>33.45</td><td>—</td><td></td></tr>
</table>

注：1. 如不使用省级或行业建设主管部门发布的计价依据，可不填定额编号、名称等。

2. 招标文件提供了暂估单价的材料，按暂估的单价填入表内“暂估单价”栏及“暂估合价”栏。

综合单价分析表

工程名称：室内给排水及消防　　标段：单项工程　　第 28 页　共 43 页

<table>
<tr><td colspan="2">项目编码</td><td>031002003003</td><td>项目名称</td><td colspan="2">套管</td><td>计量单位</td><td>个</td><td>工程量</td><td>1</td><td></td><td></td></tr>
<tr><td colspan="12">清单综合单价组成明细</td></tr>
<tr><td rowspan="2">定额编号</td><td rowspan="2">定额项目名称</td><td rowspan="2">定额单位</td><td rowspan="2">数量</td><td colspan="4">单价（元）</td><td colspan="4">合价（元）</td></tr>
<tr><td>人工费</td><td>材料费</td><td>机械费</td><td>管理费和利润</td><td>人工费</td><td>材料费</td><td>机械费</td><td>管理费和利润</td></tr>
<tr><td>10-11-29</td><td>一般钢套管制作安装介质管道公称直径 80mm 以内</td><td>个</td><td>1</td><td>26.63</td><td>15.9</td><td>1.13</td><td>9.99</td><td>26.63</td><td>15.9</td><td>1.13</td><td>9.99</td></tr>
<tr><td colspan="2">人工单价</td><td colspan="6">小计</td><td>26.63</td><td>15.9</td><td>1.13</td><td>9.99</td></tr>
<tr><td colspan="2">普工 87.1 元/工日；一般技工 134 元/工日；高级技工 201 元/工日</td><td colspan="6">未计价材料费</td><td colspan="4">17.55</td></tr>
<tr><td colspan="8">清单项目综合单价</td><td colspan="4">71.2</td></tr>
<tr><td rowspan="4">材料费明细</td><td colspan="3">主要材料名称、规格、型号</td><td colspan="2">单位</td><td colspan="2">数量</td><td>单价（元）</td><td>合价（元）</td><td>暂估单价（元）</td><td>暂估合价（元）</td></tr>
<tr><td colspan="3">焊接钢管 DN125</td><td colspan="2">m</td><td colspan="2">0.318</td><td>55.2</td><td>17.55</td><td></td><td></td></tr>
<tr><td colspan="7">其他材料费</td><td>—</td><td>15.9</td><td>—</td><td></td></tr>
<tr><td colspan="7">材料费小计</td><td>—</td><td>33.45</td><td>—</td><td></td></tr>
</table>

注：1. 如不使用省级或行业建设主管部门发布的计价依据，可不填定额编号、名称等。

2. 招标文件提供了暂估单价的材料，按暂估的单价填入表内“暂估单价”栏及“暂估合价”栏。

综合单价分析表

工程名称：室内给排水及消防　　　　标段：单项工程　　　　第 29 页　共 43 页

<table>
<tr><td colspan="2">项目编码</td><td colspan="2">031002003004</td><td colspan="2">项目名称</td><td>套管</td><td>计量单位</td><td>个</td><td>工程量</td><td colspan="2">1</td></tr>
<tr><td colspan="13">清单综合单价组成明细</td></tr>
<tr><td rowspan="2">定额编号</td><td rowspan="2">定额项目名称</td><td rowspan="2">定额单位</td><td rowspan="2">数量</td><td colspan="4">单价（元）</td><td colspan="4">合价（元）</td></tr>
<tr><td>人工费</td><td>材料费</td><td>机械费</td><td>管理费和利润</td><td>人工费</td><td>材料费</td><td>机械费</td><td>管理费和利润</td></tr>
<tr><td>10-11-27</td><td>一般钢套管制作安装介质管道公称直径 50mm 以内</td><td>个</td><td>1</td><td>14.95</td><td>6.08</td><td>0.87</td><td>5.59</td><td>14.95</td><td>6.08</td><td>0.87</td><td>5.59</td></tr>
<tr><td colspan="2">人工单价</td><td colspan="6">小计</td><td>14.95</td><td>6.08</td><td>0.87</td><td>5.59</td></tr>
<tr><td colspan="2">普工 87.1 元/工日；一般技工 134 元/工日；高级技工 201 元/工日</td><td colspan="6">未计价材料费</td><td colspan="4">9.62</td></tr>
<tr><td colspan="8">清单项目综合单价</td><td colspan="4">237.11</td></tr>
<tr><td rowspan="4">材料费明细</td><td colspan="3">主要材料名称、规格、型号</td><td colspan="2">单位</td><td colspan="2">数量</td><td>单价（元）</td><td>合价（元）</td><td>暂估单价（元）</td><td>暂估合价（元）</td></tr>
<tr><td colspan="3">焊接钢管 DN80</td><td colspan="2">m</td><td colspan="2">0.318</td><td>30.25</td><td>9.62</td><td></td><td></td></tr>
<tr><td colspan="7">其他材料费</td><td>—</td><td>6.08</td><td>—</td><td></td></tr>
<tr><td colspan="7">材料费小计</td><td>—</td><td>15.7</td><td>—</td><td></td></tr>
</table>

注：1. 如不使用省级或行业建设主管部门发布的计价依据，可不填定额编号、名称等。
2. 招标文件提供了暂估单价的材料，按暂估的单价填入表内“暂估单价”栏及“暂估合价”栏。

综合单价分析表

工程名称：室内给排水及消防　　　　标段：单项工程　　　　第 30 页　共 43 页

项目编码		031004014001		项目名称		给、排水附（配）件	计量单位	个	工程量	1
清单综合单价组成明细										
定额编号	定额项目名称	定额单位	数量	单价（元）				合价（元）		
				人工费	材料费	机械费	管理费和利润	人工费	材料费	机械费	管理费和利润
10－6－91	地漏安装公称直径 80mm 以内	10 个	0.1	315.54	3.13		116.66	31.55	0.31		11.67
人工单价		小计						31.55	0.31		11.67
普工 87.1 元/工日；一般技工 134 元/工日；高级技工 201 元/工日		未计价材料费						141.3			
清单项目综合单价								184.82			
材料费明细	主要材料名称、规格、型号			单位		数量		单价（元）	合价（元）	暂估单价（元）	暂估合价（元）
	防返溢地漏 DN75			个		1.01		139.9	141.3		
	其他材料费							—	0.31	—	
	材料费小计							—	141.61	—	

注：1. 如不使用省级或行业建设主管部门发布的计价依据，可不填定额编号、名称等。

2. 招标文件提供了暂估单价的材料，按暂估的单价填入表内“暂估单价”栏及“暂估合价”栏。

综合单价分析表

工程名称：室内给排水及消防　　标段：单项工程　　第 31 页　共 43 页

项目编码		031004014002	项目名称		给、排水附（配）件		计量单位	个	工程量	1
清单综合单价组成明细										
定额编号	定额项目名称	定额单位	数量	单价（元）				合价（元）		
				人工费	材料费	机械费	管理费和利润	人工费	材料费	机械费	管理费和利润
10-6-90	地漏安装公称直径 50mm 以内	10 个	0.1	163.19	1.81		60.33	16.32	0.18		6.03
人工单价		小计						16.32	0.18		6.03
普工 87.1 元/工日；一般技工 134 元/工日；高级技工 201 元/工日		未计价材料费						69.86			
清单项目综合单价								92.39			
材料费明细	主要材料名称、规格、型号				单位		数量	单价（元）	合价（元）	暂估单价（元）	暂估合价（元）
	防返溢地漏 DN50				个		1.01	69.17	69.86		
	其他材料费							—	0.18	—	
	材料费小计							—	70.04	—	

注：1. 如不使用省级或行业建设主管部门发布的计价依据，可不填定额编号、名称等。

2. 招标文件提供了暂估单价的材料，按暂估的单价填入表内“暂估单价”栏及“暂估合价”栏。

综合单价分析表

工程名称：室内给排水及消防　　标段：单项工程　　第 32 页　共 43 页

项目编码		031004014003		项目名称		给、排水附(配)件		计量单位	组	工程量	1
清单综合单价组成明细											
定额编号	定额项目名称	定额单位	数量	单价(元)				合价(元)			
				人工费	材料费	机械费	管理费和利润	人工费	材料费	机械费	管理费和利润
10－6－81	水龙头安装公称直径 15mm	10 个	0.1	28.09	1.4		10.39	2.81	0.14		1.04
人工单价		小计						2.81	0.14		1.04
普工 87.1 元/工日；一般技工 134 元/工日；高级技工 201 元/工日		未计价材料费						8.02			
清单项目综合单价								8.02			
材料费明细	主要材料名称、规格、型号			单位			数量	单价(元)	合价(元)	暂估单价(元)	暂估合价(元)
	铜水龙头 DN15			个			1.01	7.94	8.02		
	其他材料费							—	0.14	—	
	材料费小计							—	8.16	—	

注：1. 如不使用省级或行业建设主管部门发布的计价依据，可不填定额编号、名称等。
2. 招标文件提供了暂估单价的材料，按暂估的单价填入表内“暂估单价”栏及“暂估合价”栏。

综合单价分析表

工程名称：室内给排水及消防　　　　标段：单项工程　　　　第 33 页　共 43 页

项目编码		031004014004		项目名称		给、排水附（配）件		计量单位	个	工程量	1
清单综合单价组成明细											
定额编号	定额项目名称	定额单位	数量	单价（元）				合价（元）			
				人工费	材料费	机械费	管理费和利润	人工费	材料费	机械费	管理费和利润
10-6-86	排水栓安装公称直径50mm以内带存水弯	10组	0.1	192.35	244.51		71.11	19.24	24.45		7.11
人工单价		小计						19.24	24.45		7.11
普工87.1元/工日；一般技工134元/工日；高级技工201元/工日		未计价材料费						15.68			
清单项目综合单价								66.48			
材料费明细	主要材料名称、规格、型号			单位		数量		单价（元）	合价（元）	暂估单价（元）	暂估合价（元）
	排水栓 DN50 带堵链			套		1.01		15.52	15.68		
	其他材料费							—	24.45	—	
	材料费小计							—	40.13	—	

注：1. 如不使用省级或行业建设主管部门发布的计价依据，可不填定额编号、名称等。

2. 招标文件提供了暂估单价的材料，按暂估的单价填入表内“暂估单价”栏及“暂估合价”栏。

综合单价分析表

工程名称：室内给排水及消防　　标段：单项工程　　第 34 页　共 43 页

项目编码		031004006001		项目名称		大便器		计量单位	组	工程量	1
清单综合单价组成明细											
定额编号	定额项目名称	定额单位	数量	单价（元）				合价（元）			
				人工费	材料费	机械费	管理费和利润	人工费	材料费	机械费	管理费和利润
10－6－67	大便槽自动冲洗水箱安装容积 40L	10 套	0.1	502.5	55.22		185.77	50.25	5.52		18.58
人工单价		小计						50.25	5.52		18.58
普工 87.1 元/工日；一般技工 134 元/工日；高级技工 201 元/工日		未计价材料费						178.88			
清单项目综合单价								253.23			

	主要材料名称、规格、型号	单位	数量	单价（元）	合价（元）	暂估单价（元）	暂估合价（元）
材料费明细	转换接头 DN40	个	1.01				
	大便槽自动冲洗水箱托架 40L	个	1	9.765	9.77		
	大便槽自动冲洗水箱托架 40L	副	1	19.53	19.53		
	低压碳钢螺纹连接管件 DN15	个	1.01	4.66	4.71		
	水箱进水龙头 DN15	个	1.01	14.09	14.23		
	水箱自动冲洗阀 DN40	个	1.01	86.3	87.16		
	耐酸塑料管 DN50	m	2.2	15.47	34.03		
	塑料弯头 45°DN50	个	2.02	4.68	9.45		
	其他材料费			—	5.52	—	
	材料费小计			—	184.4	—	

注：1. 如不使用省级或行业建设主管部门发布的计价依据，可不填定额编号、名称等。

2. 招标文件提供了暂估单价的材料，按暂估的单价填入表内“暂估单价”栏及“暂估合价”栏。

综合单价分析表

工程名称：室内给排水及消防　　　　标段：单项工程　　　　第 35 页　共 43 页

项目编码		03120100100		项目名称		给水管道刷油		计量单位	m²	工程量	1
清单综合单价组成明细											
定额编号	定额项目名称		定额单位	数量	单价（元）				合价（元）		
					人工费	材料费	机械费	管理费和利润	人工费	材料费	机械费	管理费和利润
12-2-22	管道刷油银粉漆第一遍		10m2	0.1	19.9	1.22		8.39	1.99	0.12		0.84
12-2-23	管道刷油银粉漆增一遍		10m2	0.1	19.19	0.81		7.99	1.92	0.08		0.8
人工单价			小计						3.91	0.2		1.64
普工 87.1 元/工日；一般技工 134 元/工日；高级技工 201 元/工日			未计价材料费						1.8			
清单项目综合单价									54.04			
材料费明细	主要材料名称、规格、型号				单位		数量		单价（元）	合价（元）	暂估单价（元）	暂估合价（元）
	银粉漆				kg		0.13		13.86	1.8		
	其他材料费								—	0.2	—	
	材料费小计								—	2	—	

注：1. 如不使用省级或行业建设主管部门发布的计价依据，可不填定额编号、名称等。
2. 招标文件提供了暂估单价的材料，按暂估的单价填入表内“暂估单价”栏及“暂估合价”栏。

综合单价分析表

工程名称：室内给排水及消防　　　　标段：单项工程　　　　第 36 页　共 43 页

项目编码		031201001002		项目名称		消防热浸镀锌管道刷油		计量单位	m²	工程量	1
清单综合单价组成明细											
定额编号	定额项目名称	定额单位	数量	单价（元）				合价（元）			
				人工费	材料费	机械费	管理费和利润	人工费	材料费	机械费	管理费和利润
12-2-8	管道刷油调和漆第一遍	10m²	0.1	21.36	0.25		8.79	2.14	0.03		0.88
12-2-9	管道刷油调和漆增一遍	10m²	0.1	20.69	0.25		8.79	2.07	0.03		0.88
人工单价		小计						4.21	0.06		1.76
普工 87.1 元/工日；一般技工 134 元/工日；高级技工 201 元/工日		未计价材料费						2.22			
清单项目综合单价								8.23			
材料费明细	主要材料名称、规格、型号			单位			数量	单价（元）	合价（元）	暂估单价（元）	暂估合价（元）
	酚醛底漆各色			kg			0.198	11.23	2.22		
	其他材料费							—	0.05	—	
	材料费小计							—	2.27	—	

注：1. 如不使用省级或行业建设主管部门发布的计价依据，可不填定额编号、名称等。

2. 招标文件提供了暂估单价的材料，按暂估的单价填入表内“暂估单价”栏及“暂估合价”栏。

综合单价分析表

工程名称：室内给排水及消防　　　　标段：单项工程　　　　第 37 页　共 43 页

项目编码		031201001003		项目名称		消防球墨铸铁管道刷油	计量单位	m²	工程量	1
清单综合单价组成明细										
定额编号	定额项目名称	定额单位	数量	单价（元）				合价（元）			
				人工费	材料费	机械费	管理费和利润	人工费	材料费	机械费	管理费和利润
12-1-11	动力工具除锈管道轻锈	10m²	0.1	23.84	6.03		9.99	2.38	0.6		1
12-2-118	铸铁管、暖气片刷油防锈漆一遍	10m²	0.1	28.18	0.92		11.98	2.82	0.09		1.2
12-2-124	铸铁管、暖气片刷油热沥青第一遍	10m²	0.1	92.71	120.19		38.75	9.27	12.02		3.88
12-2-125	铸铁管、暖气片刷油热沥青增一遍	10m²	0.1	44.27	54.55		18.37	4.43	5.46		1.84
人工单价		小计						18.9	18.17		7.92
普工 87.1 元/工日；一般技工 134 元/工日；高级技工 201 元/工日		未计价材料费						0.99			
清单项目综合单价								45.97			

材料费明细	主要材料名称、规格、型号	单位	数量	单价（元）	合价（元）	暂估单价（元）	暂估合价（元）
	酚醛防锈漆	kg	0.105	9.47	0.99		
	其他材料费			—	18.17	—	
	材料费小计			—	19.16	—	

注：1. 如不使用省级或行业建设主管部门发布的计价依据，可不填定额编号、名称等。

2. 招标文件提供了暂估单价的材料，按暂估的单价填入表内“暂估单价”栏及“暂估合价”栏。

综合单价分析表

工程名称：室内给排水及消防　　标段：单项工程　　第 38 页　共 43 页

<table>
<tr><td colspan="2">项目编码</td><td colspan="2">031208002001</td><td>项目名称</td><td colspan="2">消防球墨铸铁管道绝热</td><td>计量单位</td><td>m³</td><td>工程量</td><td>1</td></tr>
<tr><td colspan="12">清单综合单价组成明细</td></tr>
<tr><td rowspan="2">定额编号</td><td rowspan="2">定额项目名称</td><td rowspan="2">定额单位</td><td rowspan="2">数量</td><td colspan="4">单价（元）</td><td colspan="4">合价（元）</td></tr>
<tr><td>人工费</td><td>材料费</td><td>机械费</td><td>管理费和利润</td><td>人工费</td><td>材料费</td><td>机械费</td><td>管理费和利润</td></tr>
<tr><td>12-4-380</td><td>防潮层、保护层安装玻璃丝布管道</td><td>10m2</td><td>0.1</td><td>35.82</td><td>0.16</td><td></td><td>13.58</td><td>3.58</td><td>0.02</td><td></td><td>1.36</td></tr>
<tr><td colspan="2">人工单价</td><td colspan="6">小计</td><td>3.58</td><td>0.02</td><td></td><td>1.36</td></tr>
<tr><td colspan="2">普工 87.1 元/工日；一般技工 134 元/工日；高级技工 201 元/工日</td><td colspan="6">未计价材料费</td><td colspan="4">3.14</td></tr>
<tr><td colspan="8">清单项目综合单价</td><td colspan="4">8.09</td></tr>
<tr><td rowspan="4">材料费明细</td><td colspan="5">主要材料名称、规格、型号</td><td>单位</td><td>数量</td><td>单价（元）</td><td>合价（元）</td><td>暂估单价（元）</td><td>暂估合价（元）</td></tr>
<tr><td colspan="5">玻璃丝布 0.5mm</td><td>m2</td><td>1.4</td><td>2.24</td><td>3.14</td><td></td><td></td></tr>
<tr><td colspan="7">其他材料费</td><td>—</td><td>0.02</td><td>—</td><td></td></tr>
<tr><td colspan="7">材料费小计</td><td>—</td><td>3.16</td><td>—</td><td></td></tr>
</table>

注：1. 如不使用省级或行业建设主管部门发布的计价依据，可不填定额编号、名称等。

2. 招标文件提供了暂估单价的材料，按暂估的单价填入表内“暂估单价”栏及“暂估合价”栏。

综合单价分析表

工程名称：室内给排水及消防　　　　标段：单项工程　　　　第 39 页　共 43 页

<table>
<tr><td colspan="2">项目编码</td><td colspan="2">031201003001</td><td>项目名称</td><td colspan="3">金属结构刷油</td><td>计量单位</td><td>kg</td><td>工程量</td><td>1</td></tr>
<tr><td colspan="12">清单综合单价组成明细</td></tr>
<tr><td rowspan="2">定额编号</td><td rowspan="2">定额项目名称</td><td rowspan="2">定额单位</td><td rowspan="2">数量</td><td colspan="4">单价（元）</td><td colspan="4">合价（元）</td></tr>
<tr><td>人工费</td><td>材料费</td><td>机械费</td><td>管理费和利润</td><td>人工费</td><td>材料费</td><td>机械费</td><td>管理费和利润</td></tr>
<tr><td>12-2-49</td><td>金属结构刷油一般钢结构红丹防锈漆第一遍</td><td>100kg</td><td>0.01</td><td>19.53</td><td>0.07</td><td>4.56</td><td>8.79</td><td>0.2</td><td></td><td>0.05</td><td>0.09</td></tr>
<tr><td>12-2-50</td><td>金属结构刷油一般钢结构红丹防锈漆增一遍</td><td>100kg</td><td>0.01</td><td>18.78</td><td>0.59</td><td>4.56</td><td>8.39</td><td>0.19</td><td>0.01</td><td>0.05</td><td>0.08</td></tr>
<tr><td colspan="2">人工单价</td><td colspan="6">小计</td><td>0.39</td><td>0.01</td><td>0.1</td><td>0.17</td></tr>
<tr><td colspan="2">普工 87.1 元/工日；一般技工 134 元/工日；高级技工 201 元/工日</td><td colspan="6">未计价材料费</td><td colspan="4">0.27</td></tr>
<tr><td colspan="8">清单项目综合单价</td><td colspan="4">0.95</td></tr>
<tr><td rowspan="4">材料费明细</td><td colspan="4">主要材料名称、规格、型号</td><td colspan="2">单位</td><td>数量</td><td>单价（元）</td><td>合价（元）</td><td>暂估单价（元）</td><td>暂估合价（元）</td></tr>
<tr><td colspan="4">醇酸防锈漆</td><td colspan="2">kg</td><td>0.0211</td><td>12.9</td><td>0.27</td><td></td><td></td></tr>
<tr><td colspan="7">其他材料费</td><td>—</td><td>0.01</td><td>—</td><td></td></tr>
<tr><td colspan="7">材料费小计</td><td>—</td><td>0.28</td><td>—</td><td></td></tr>
<tr><td></td><td colspan="2"></td><td colspan="4"></td><td></td><td></td><td></td><td></td><td></td></tr>
<tr><td></td><td colspan="2"></td><td colspan="4"></td><td></td><td></td><td></td><td></td><td></td></tr>
<tr><td></td><td colspan="2"></td><td colspan="4"></td><td></td><td></td><td></td><td></td><td></td></tr>
<tr><td></td><td colspan="2"></td><td colspan="4"></td><td></td><td></td><td></td><td></td><td></td></tr>
<tr><td></td><td colspan="2"></td><td colspan="4"></td><td></td><td></td><td></td><td></td><td></td></tr>
<tr><td></td><td colspan="2"></td><td colspan="4"></td><td></td><td></td><td></td><td></td><td></td></tr>
</table>

注：1. 如不使用省级或行业建设主管部门发布的计价依据，可不填定额编号、名称等。

2. 招标文件提供了暂估单价的材料，按暂估的单价填入表内“暂估单价”栏及“暂估合价”栏。

综合单价分析表

工程名称：室内给排水及消防　　　　　　标段：单项工程　　　　　　第 40 页　共 43 页

项目编码		031301017001		项目名称		脚手架搭拆		计量单位	项	工程量	1
清单综合单价组成明细											
定额编号	定额项目名称	定额单位	数量	单价（元）				合价（元）			
				人工费	材料费	机械费	管理费和利润	人工费	材料费	机械费	管理费和利润
9-7-HA1	脚手架搭拆费	100 工日	1.4647	127.71	283.07		69.91	187.06	414.62		102.4
人工单价		小计						187.06	414.62		102.4
普工 87.1 元/工日		未计价材料费									
清单项目综合单价								704.08			
材料费明细	主要材料名称、规格、型号					单位	数量	单价（元）	合价（元）	暂估单价（元）	暂估合价（元）
	周转性材料费（占人工费）					元	414.6306	1	414.63		
	材料费小计							—	414.63	—	

注：1. 如不使用省级或行业建设主管部门发布的计价依据，可不填定额编号、名称等。

2. 招标文件提供了暂估单价的材料，按暂估的单价填入表内“暂估单价”栏及“暂估合价”栏。

综合单价分析表

工程名称：室内给排水及消防　　　　标段：单项工程　　　　

项目编码		031301017002		项目名称		脚手架搭拆		计量单位	项	工程量	1
清单综合单价组成明细											
定额编号	定额项目名称	定额单位	数量	单价（元）				合价（元）			
				人工费	材料费	机械费	管理费和利润	人工费	材料费	机械费	管理费和利润
10-13-HA1	脚手架搭拆费	100工日	0.149	127.71	283.07		69.91	19.03	42.18		10.42
人工单价		小计						19.03	42.18		10.42
普工87.1元/工日		未计价材料费									
清单项目综合单价								71.63			

材料费明细	主要材料名称、规格、型号	单位	数量	单价（元）	合价（元）	暂估单价（元）	暂估合价（元）
	周转性材料费（占人工费）	元	42.1781	1	42.18		
	材料费小计			—	42.18	—	

注：1. 如不使用省级或行业建设主管部门发布的计价依据，可不填定额编号、名称等。

2. 招标文件提供了暂估单价的材料，按暂估的单价填入表内“暂估单价”栏及“暂估合价”栏。

综合单价分析表

工程名称：室内给排水及消防　　标段：单项工程　　第 42 页　共 43 页

项目编码		031301017003		项目名称		脚手架搭拆		计量单位	项	工程量	1
清单综合单价组成明细											
定额编号	定额项目名称	定额单位	数量	单价（元）				合价（元）			
				人工费	材料费	机械费	管理费和利润	人工费	材料费	机械费	管理费和利润
12-14-HA1	刷油、防腐蚀工程脚手架搭拆费	100 工日	0.0662	178.79	396.3		97.87	11.83	26.22		6.47
人工单价		小计						11.83	26.22		6.47
普工 87.1 元/工日		未计价材料费									
清单项目综合单价								44.52			
材料费明细	主要材料名称、规格、型号				单位		数量	单价（元）	合价（元）	暂估单价（元）	暂估合价（元）
	周转性材料费（占人工费）				元		26.2155	1	26.22		
	材料费小计							—	26.22	—	

注：1. 如不使用省级或行业建设主管部门发布的计价依据，可不填定额编号、名称等。

2. 招标文件提供了暂估单价的材料，按暂估的单价填入表内“暂估单价”栏及“暂估合价”栏。

综合单价分析表

工程名称：室内给排水及消防　　　　标段：单项工程　　　　第 43 页　共 43 页

项目编码		031301017004		项目名称		脚手架搭拆		计量单位	项	工程量	1
清单综合单价组成明细											
定额编号	定额项目名称	定额单位	数量	单价（元）				合价（元）			
				人工费	材料费	机械费	管理费和利润	人工费	材料费	机械费	管理费和利润
12-14-HA2	绝热工程脚手架搭拆费	100 工日	0.0232	255.41	566.15		139.83	5.92	13.13		3.24
人工单价		小计						5.92	13.13		3.24
普工 87.1 元/工日		未计价材料费									
清单项目综合单价								22.29			
材料费明细	主要材料名称、规格、型号			单位		数量		单价（元）	合价（元）	暂估单价（元）	暂估合价（元）
	周转性材料费（占人工费）			元		13.129		1	13.13		
	材料费小计							—	13.13	—	

注：1. 如不使用省级或行业建设主管部门发布的计价依据，可不填定额编号、名称等。

2. 招标文件提供了暂估单价的材料，按暂估的单价填入表内“暂估单价”栏及“暂估合价”栏。

总价措施项目清单与计价表

工程名称：室内给排水及消防　　　　标段：学生宿舍楼　　　　第 1 页 共 1 页

序号	项目编码	项目名称	计算基础	费率（%）	金额（元）	调整费率（%）	调整后金额（元）	备注
1	031302001001	安全文明施工费	分部分项安全文明施工费＋单价措施安全文明施工费		1663.26			
2		其他措施费（费率类）			795.43			
2.1	031302002001	夜间施工增加费	分部分项其他措施费＋单价措施其他措施费	25	198.86			
2.2	031302004001	二次搬运费	分部分项其他措施费＋单价措施其他措施费	50	397.71			
2.3	031302005001	冬雨季施工增加费	分部分项其他措施费＋单价措施其他措施费	25	198.86			
3		其他（费率类）						
合　计					2458.69			

编制人（造价人员）：　　　　复核人（造价工程师）：

注：1.“计算基础”中安全文明施工费可为“定额基价”“定额人工费”“定额人工费＋定额机械费”，其他项目可为“定额人工费”或“定额人工费＋定额机械费”。

2. 按施工方案计算的措施费，若无“计算基础”和“费率”的数值，也可只填“金额”数值，但应在备注栏说明施工方案出处或计算方法。

其他项目清单与计价汇总表

工程名称：室内给排水及消防　　　　标段：学生宿舍楼　　　　第 1 页 共 1 页

序号	项目名称	金额（元）	结算金额（元）	备注
1	暂列金额	0		明细详见暂列金额明细表
2	暂估价	0		
2.1	材料（工程设备）暂估价	—		明细详见材料（工程设备）暂估单价及调整表
2.2	专业工程暂估价	0		明细详见专业工程暂估价及结算价表
3	计日工	0		明细详见计日工表
4	总承包服务费	0		明细详见总承包服务费计价表
合计		0		—

注：材料（工程设备）暂估价进入清单项目综合单价，此处不汇总。

暂列金额明细表

工程名称：室内给排水及消防　　　　标段：学生宿舍楼　　　　第 1 页 共 1 页

序　　号	项 目 名 称	计量单位	暂定金额（元）	备　　注
合　　计				—

注：此表由招标人填写，如不能详列，也可只列“暂定金额”总额，投标人应将上述暂列金额计入投标总价中。

材料（工程设备）暂估单价及调整表

工程名称：室内给排水及消防　　　　标段：学生宿舍楼　　　　第 1 页 共 1 页

序号	材料（工程设备）名称、规格、型号	计量单位	数量		暂估（元）		确认（元）		差额（元）		备注
			暂估	确认	单价	合价	单价	合价	单价	合价	
合计											

注：此表由招标人填写“暂估单价”，并在备注栏说明暂估价的材料、工程设备拟用在哪些清单项目上，投标人应将上述材料、工程设备暂估单价计入工程量清单综合单价报价中。

专业工程暂估价及结算价表

工程名称：室内给排水及消防　　　　标段：学生宿舍楼　　　　第 1 页 共 1 页

序号	工程名称	工程内容	暂估金额（元）	结算金额（元）	差额（元）	备注
合　计						—

注：此表“暂估金额”由招标人填写，投标人应将“暂估金额”计入投标总价中。结算时按合同约定结算金额填写。

计 日 工 表

工程名称：室内给排水及消防　　　　标段：学生宿舍楼　　　　第 1 页 共 1 页

编号	项 目 名 称	单位	暂定数量	实际数量	综合单价（元）	合价（元）	
						暂定	实际
一	人工						
1							
人工小计							
二	材料						
1							
材料小计							
三	施工机械						
1							
施工机械小计							
四、企业管理费和利润							
总　计							

注：此表“项目名称”“暂定数量”由招标人填写，编制招标控制价时，单价由招标人按有关计价规定确定；投标时，单价由投标人自主报价，按暂定数量计算合价计入投标总价中。结算时，按发承包双方确认的实际数量计算合价。

总承包服务费计价表

工程名称：室内给排水及消防　　　　标段：学生宿舍楼　　　　第 1 页 共 1 页

序号	项 目 名 称	项目价值(元)	服务内容	计算基础	费率(%)	金额(元)
	合　　计	—	—		—	

注：此表“项目名称”“服务内容”由招标人填写，编制招标控制价时，费率及金额由招标人按有关计价规定确定；投标时，费率及金额由投标人自主报价，计入投标总价中。

规费、税金项目计价表

工程名称：室内给排水及消防　　　　　标段：学生宿舍楼　　　　　第 1 页 共 1 页

序号	项目名称	计算基础	计算基数	计算费率（%）	金额（元）
1	规费	定额规费＋工程排污费＋其他	2143.68		2143.68
1.1	定额规费	分部分项规费＋单价措施规费	2143.68		2143.68
1.2	工程排污费				
1.3	其他				
2	增值税	不含税工程造价合计	62565.84	11	6882.24
合计					9025.92

编制人（造价人员）：　　　　　　复核人（造价工程师）：

主要材料价格表

工程名称：室内给排水及消防　　　　第 1 页 共 1 页

序号	材料编码	材料名称	规格、型号等特殊要求	单位	数量	单价	合价
1	QTCLF1	周转性材料费（占人工费）		元	496.153281	1	496.15
2	03070151@1	铜水龙头	DN15	个	114.13	7.94	906.19
3	03070301@1	防返溢地漏	DN75	个	11.11	139.9	1554.29
4	03071707@1	水箱自动冲洗阀	DN40	个	12.12	86.3	1045.96
5	17030103@1	镀锌钢管	DN65	m	24.31854	32.05	779.41
6	17030103@4	镀锌钢管	DN32	m	40.55172	15.46	626.93
7	17030103@5	镀锌钢管	DN25	m	74.26554	11.82	877.82
8	17030103@8	镀锌钢管	DN100	m	132.03354	51.22	6762.76
9	17110103@1	承插铸铁给水管	DN150	m	18.4734	129.19	2386.58
10	17250265@1	耐酸塑料管	DN50	m	26.4	15.47	408.41
11	17250299@1	UPVC 塑料排水管	de160	m	28.823	38.98	1123.52
12	17250299@2	UPVC 塑料排水管	de110	m	39.178	20.95	820.78
13	17250299@3	UPVC 塑料排水管	de75	m	87.22	11.3	985.59
14	18090232@2	室内塑料排水管粘接管件	De110	个	47.67344	8.98	428.11
15	19000316@2	碳钢法兰截止阀	J41H－25CDN32	个	6.06	262.85	1592.87
16	19000316@3	灰铸铁法兰截止阀	J41T－16DN25	个	12.12	30.17	365.66
17	19070111@1	对夹式蝶阀	传动方式：手动；公称压力 PN（MPa）：1；公称直径 DN（mm）：100；型号：D71X－10；密封面材料：橡胶；连接方式：对夹式；阀体材质：灰铸铁	个	8	62.72	501.76
18	23010101@1	1kg 磷酸盐干粉灭火器	ABC	个	24	43.18	1036.32
19	23030121@1	室内消火栓	DN65	套	13	560.38	7284.94
20	23050101@1	地下消防水泵接合器	SQX100	套	2	740.52	1481.04

学习情境三

安装工程计量与计价软件的学习

以某办公大楼电气照明工程为例，介绍广联达算量与计价软件的学习。通过本次任务学习，掌握以下内容。

了解软件算量的原理和特点；软件算量的流程。

掌握软件算量基础功能；能独立操作软件，完成工程计量与计价。

模块11 广联达BIM安装计量GQI2018

教学目标

本部分主要介绍广联达BIM安装计量GQI2018软件算量的原理和特点；软件算量的流程。

算量基础功能学习；通过本模块的介绍，达到以下目的。

① 了解软件算量的基本原理和特点；软件算量的基本流程。

② 掌握软件算量基本功能应用；能独立操作软件，完成工程计量与计价。

教学要求

知识要点	能力要求	相关知识
轴线定位，CAD图的导入，算量流程、计价，软件的操作	掌握轴线定位方法，CAD图的导入；掌握算量的流程；熟悉软件，能独立操作软件	1. 熟悉安装工程量计算规则； 2. 熟悉GB 50500—2013

11.1 安装算量软件基础理论

11.1.1 广联达 BIM 安装计量 GQI2018 软件算量的原理和特点

1. 对比手工算量和软件算量原理

手工算量流程（包括设备、管道）为：审阅图纸→梳理计算顺序→①统计设备数量；②测量管道长度→Excel 统计汇总。

软件算量流程（包括设备、管道）为：审阅图纸→导入图纸→识别设备、管道→自动汇总报表。

手工算量的流程，通过比例尺和计算器计算工程量，Excel 表格进行统计。

软件通过有 CAD 图纸的情况下导入图纸—识别数量—识别长度—自动统计报表等方式进行快速算量和呈现工程量。

所以不管是手工算量还是软件算量原理都是一样的。

但由于安装算量平时都是使用比例尺来计算管道长度的，误差肯定是有的，每个人的工程量都有可能是不一样的，软件算量是统一设置一个比例进行计算，准确性相对手工算量较高；而且工程面积越大手工算量耗时越长，不如软件算量效率高。所以作为造价从业人员来讲，掌握现代化算量的技能势在必行。

2. 了解影响安装算量结果的因素

影响安装算量结果的因素如图 11.1 所示。

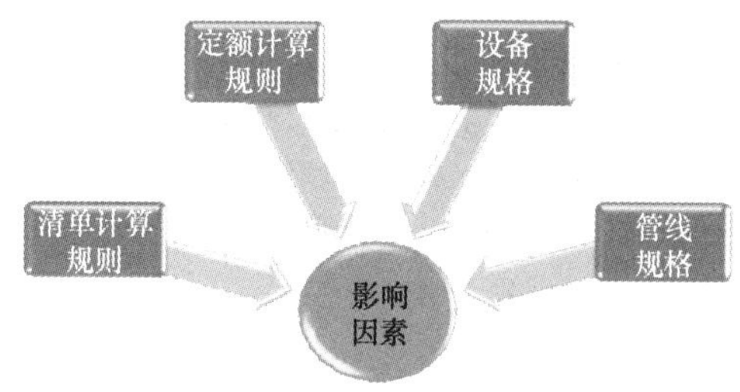

图 11.1　影响安装算量结果的因素

3. 对算量人员的要求

清楚影响计算结果的因素及算量的难点之后，便可以提出对算量人员的能力要求，如图 11.2 所示。

4. 软件算量的实质（图 11.3）

广联达 BIM 安装计量 GQI2018 是针对民用建筑工程中安装专业所研发的一款工程量计算软件，可一键导入多种模型（BIM、天正 CAD、CAD、PDF），集成 CAD 图算量、

PDF 图纸算量、天正实体算量、表格算量、描图算量等多种算量模式，通过设备一键全楼统计、管线一键全楼计算等。

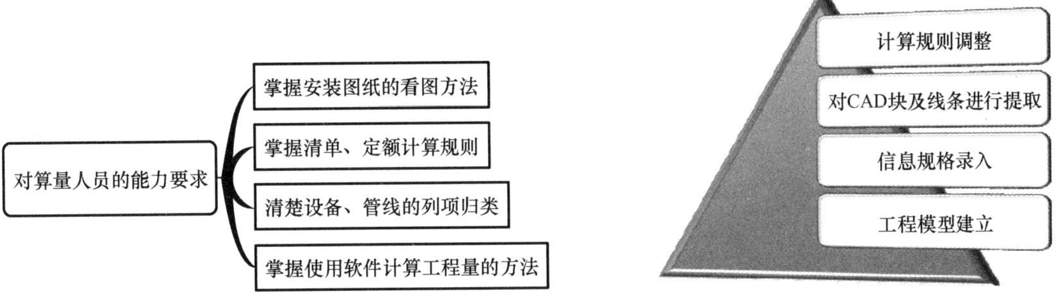

图 11.2 对算量人员的能力要求　　图 11.3 软件算量的实质

11.1.2 广联达 BIM 安装计量 GQI2018 软件算量的流程

在进行实际工程的绘制和计算时，软件的基本操作流程如图 11.4 所示。

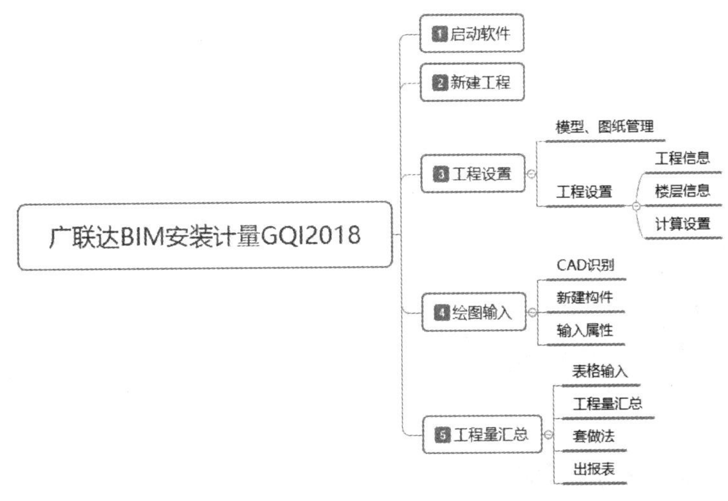

图 11.4 基本操作流程

11.2 节也将采用这种顺序，通过××办公楼来介绍软件的使用。

“绘图输入”部分，通过 CAD 识别建模算量是软件主要的算量方式，一般按照下列顺序进行：识别图纸—建立构件—产生图元—查量。

对于电气专业，要把握 3 个识别原则。

① 先个数，后长度；

② 先复杂，后简单（同类型规格）；

③ 先标识型构件，后图例型构件（标识指两个 CAD 块组成的图元，图例指一个 CAD 块组成的图元）。

“先个数，后长度”是因为如果不识别线路的起点配电柜和终点的开关、插座、灯具等，就找不到线路的起点和终点，线路就识别不完整。

“先复杂，后简单；先标识型构件，后图例型构件”是因为如果先简单或先图例识别，就会把复杂图元中的部分CAD块提取出来，影响CAD识别的准确性。

下面将通过××办公楼CAD识别方式的计算来演示软件的使用。

11.2 基础功能学习

本部分以××办公楼为例介绍软件的操作应用，本工程所用GQI2018版本号为7.1.0.2520。

11.2.1 新建工程

1. 任务说明

建立工程。

2. 任务分析

了解要计算的安装专业是什么专业。

3. 任务实施

(1) 启动软件新建工程界面

了解到工程的基本概况之后，启动软件，选择新建工程，进入如图11.5所示的新建工程界面。

【新建工程】

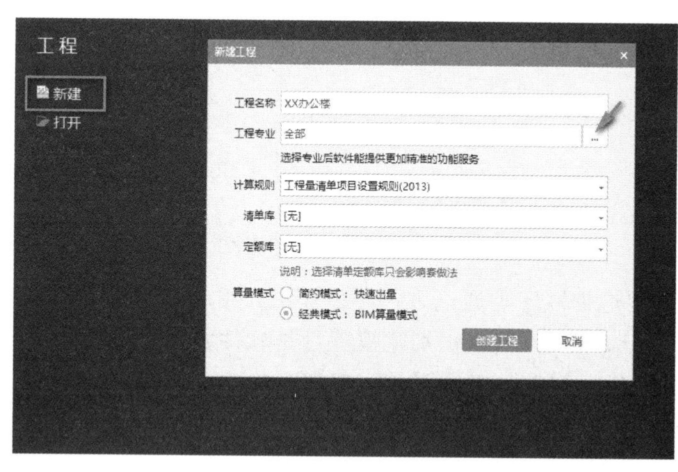

图11.5 新建工程界面

① 工程名称：按工程图纸名称输入，保存时会作为默认的文件名。

本工程名称输入为“××办公楼”。

② 工程专业：软件默认为全部专业，包括给排水、电气、采暖燃气、消防、通风空调、智控弱电等不同安装专业。本工程以“电气”专业为例讲解软件的使用方法。

③ 计算规则：包括工程量清单项目设置规则（2008）和工程量清单项目设置规则（2013）两种选择，选择好计算规则后，软件会采用选定的规则进行计算。

本工程以“工程量清单项目设置规则（2013）”为例。

④ 清单库和定额库选择：2013 清单规则对应 2013 清单库，定额库每个地区不同，这里不再针对地区特性进行讲解。

⑤ 算量模式：分为快速出量与 BIM 算量模式两种，区别在于快速出量模式中没有 BIM 相关导入应用等功能，界面清晰简单，BIM 算量模式功能相对全面。本工程暂时按默认设置，即 BIM 算量模式进行设置。

【算量主界面】

（2）单击“创建工程”，进入算量主界面

完成新建工程，算量主界面功能分区如图 11.6 所示。

图 11.6 算量主界面功能分区

11.2.2 工程设置

1. 工程设置

（1）任务说明

根据图纸信息完成工程信息填写。

（2）任务分析

根据图纸设计说明，可知本工程地上 7 层，没有地下室。

（3）任务实施

在工程设置区域打开工程信息界面，录入相关工程信息，完成工程信息录入，如图 11.7 所示。

2. 楼层设置

（1）任务说明

根据图纸进行楼层的建立。

【工程信息录入】

图 11.7 工程信息录入

(2) 任务分析

如何判断楼层的层高和各层标高，这里有 3 种方式。

① 通过设计说明的工程概况。

② 通过各层平面图标高判断。

③ 根据系统图查看（给排水专业比较常见）。

本工程通过第 2 种方式可以判断出地上 7 层，各层层高 3.3m，没有地下室。

(3) 任务实施

在工程设置区域打开楼层设置界面，根据结构图纸进行楼层的建立，如图 11.8 所示。

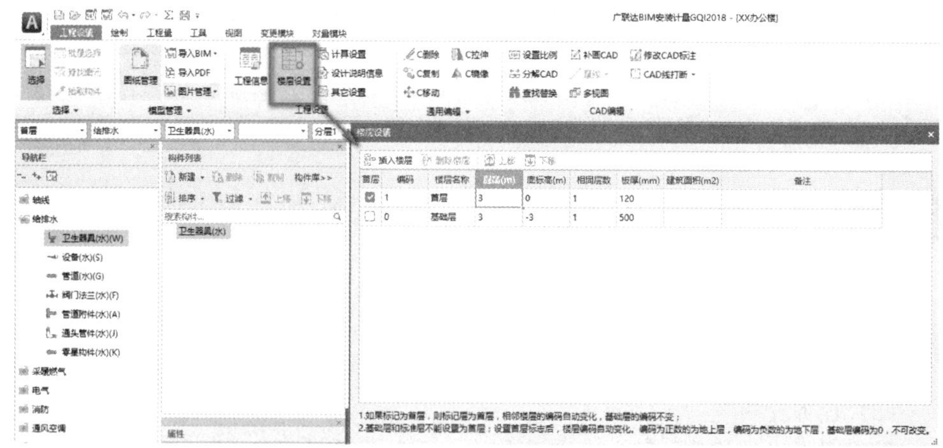

【楼层设置】

图 11.8 楼层设置

建立楼层操作方式如下。

① 单击首层插入楼层是往地上插入楼层，单击基础层插入楼层是往地下插入楼层。

② 楼层表中只有首层底标高可以修改，其他楼层的底标高需通过修改层高的方式修改。

(4) 任务结果

各层建立后，输入的结果如图 11.9 所示。

楼层设置

插入楼层 删除楼层 上移 下移

首层	编码	楼层名称	层高(m)	底标高(m)	相同层数	板厚(mm)	建筑面积(m2)	备注
☐	7	第7层	3.3	19.8	1	120		
☐	6	第6层	3.3	16.5	1	120		
☐	5	第5层	3.3	13.2	1	120		
☐	4	第4层	3.3	9.9	1	120		
☐	3	第3层	3.3	6.6	1	120		
☐	2	第2层	3.3	3.3	1	120		
☑	1	首层	3.3	0	1	120		
☐	0	基础层	3	-3	1	500		

1.如果标记为首层，则标记层为首层，相邻楼层的编码自动变化，基础层的编码不变；
2.基础层和标准层不能设置为首层；设置首层标志后，楼层编码自动变化。编码为正数的为地上层，编码为负数的为地下层，基础层编码为0，不可改变。

图 11.9　建立楼层

说明：

(1) 首层标记：在楼层列表中的“首层”单元列，可以选择某一层作为首层。勾选后，该层作为首层，相邻楼层的编码自动变化，负数为地下层，正数为地上层，基础层的编码为0，不可改变；基础层和标准层不能作为首层。

(2) 首层底标高是指首层的建筑底标高。

3. 计算设置

如工程涉及特殊计量要求，有别于常用计量规则时，可在计算设置中进行调整，如图11.10所示。

本工程暂时没有计算设置调整内容，暂时按默认设置。

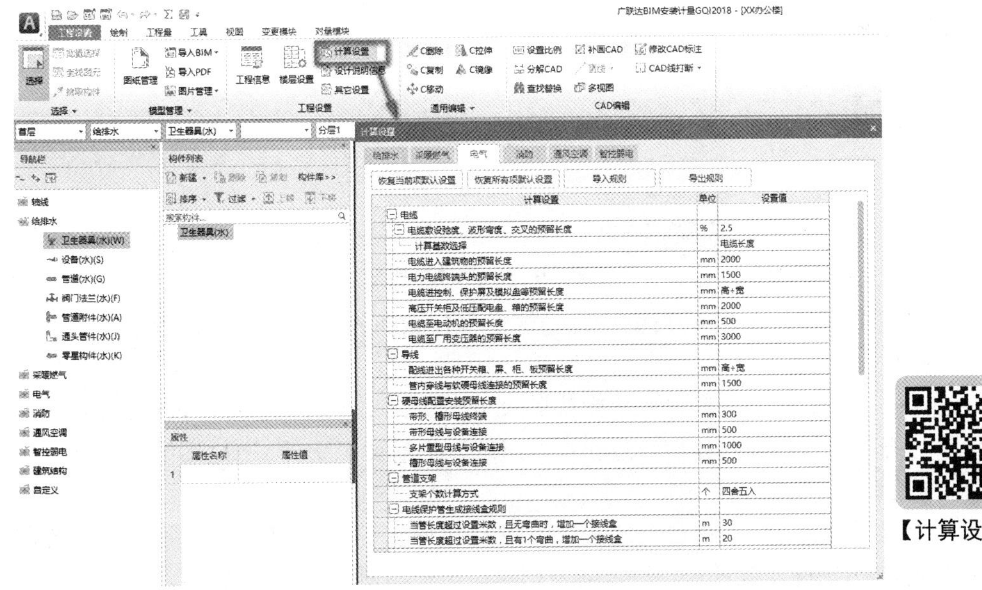

图 11.10　计算设置

【计算设置】

11.2.3 图纸管理

1. 任务说明

对图纸进行逐层分割，把每个楼层的图纸对应到相应的楼层里。

2. 任务分析

安装工程CAD图纸识别过程中，图元是进行逐层识别的，为了使图元识别得更准确，需要对图纸按楼层进行管理。

3. 任务实施

楼层建立完毕后，打开“图纸管理”界面，下面就要进行建模和计算部分的操作。

首先，需要建立轴网。本案例直接利用CAD图纸的轴线作为轴网，直接在CAD图纸上确定定位基准点，具体操作见下面说明。

① 在导航栏中展开轴线构件，选择轴网构件，新建正交轴网，如图11.11所示。

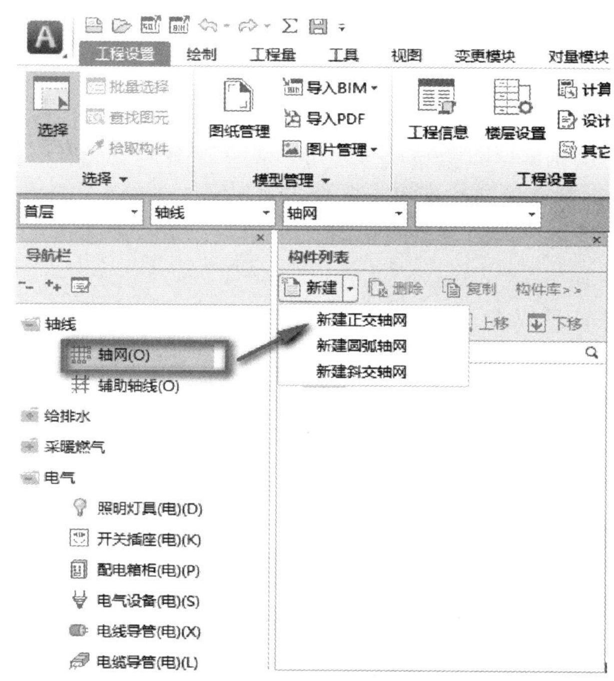

【新建及生成轴网】

图11.11 新建轴网

② 在定义界面，在“下开间”“左进深”中任意插入一个常用值作为轴距，形成正交轴网，如图11.12所示。

③ 在右上角关掉定义窗口，按默认插入角度0°，完成轴网绘制，如图11.13所示。

④ 打开“图纸管理”界面，选择添加图纸，把需要识别的CAD图纸导入软件中，如图11.14所示。

⑤ 导入图纸后，会看到电气图纸中有设计说明、各层照明平面图及配电系统图，因为需要分层对CAD进行识别，所以需要把每层平面图对应其所在楼层。

操作：这里我们选择分割定位图纸，按下列状态提示完成分割图纸。

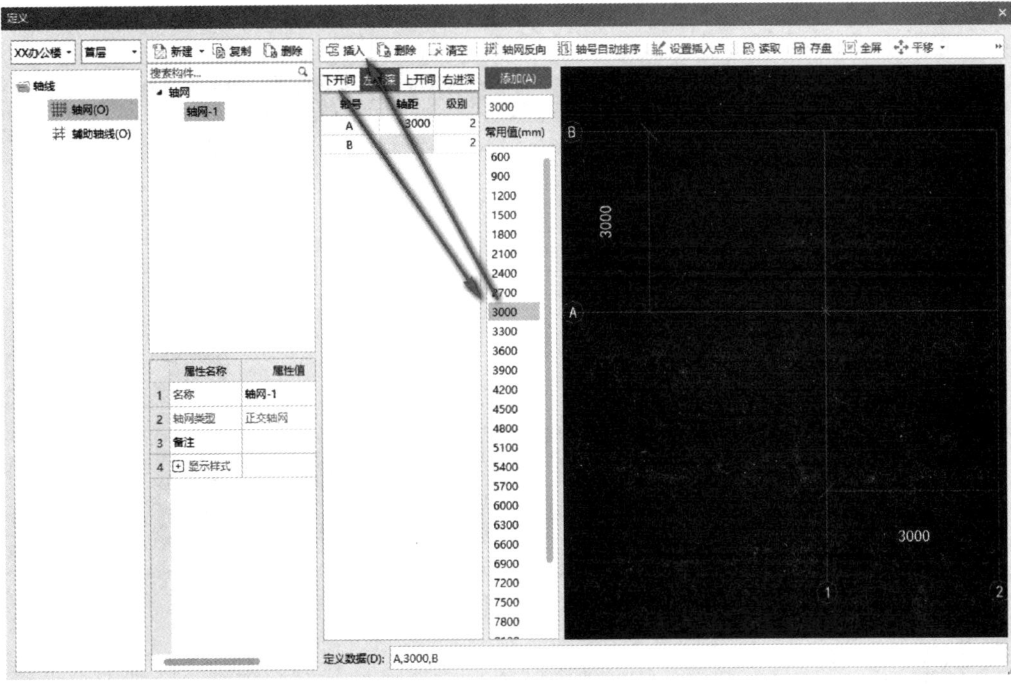

图 11.12 建立轴网

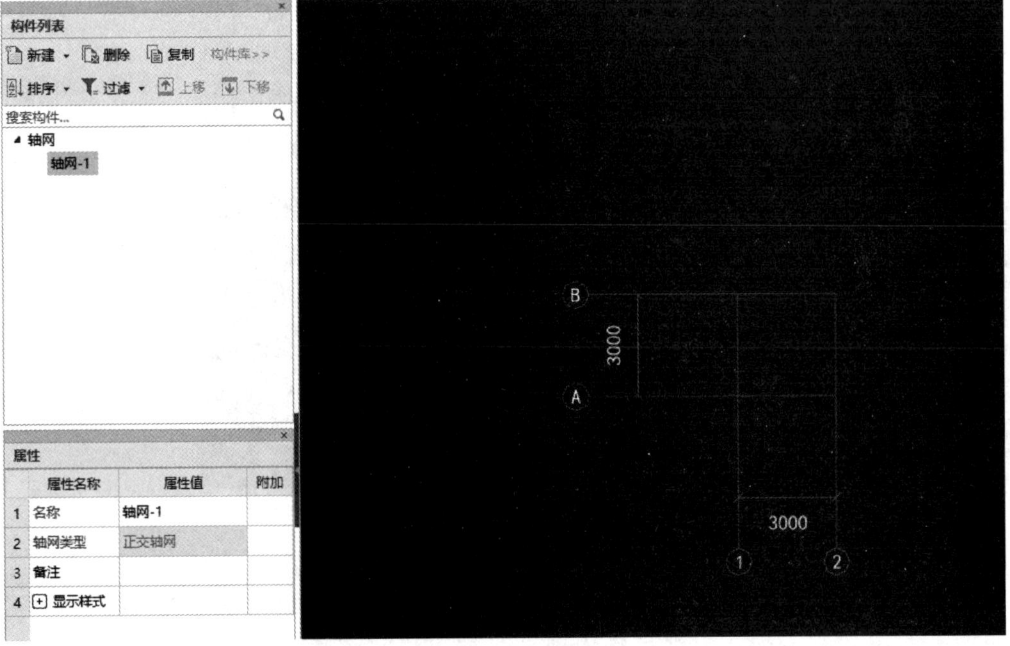

图 11.13 生成轴网

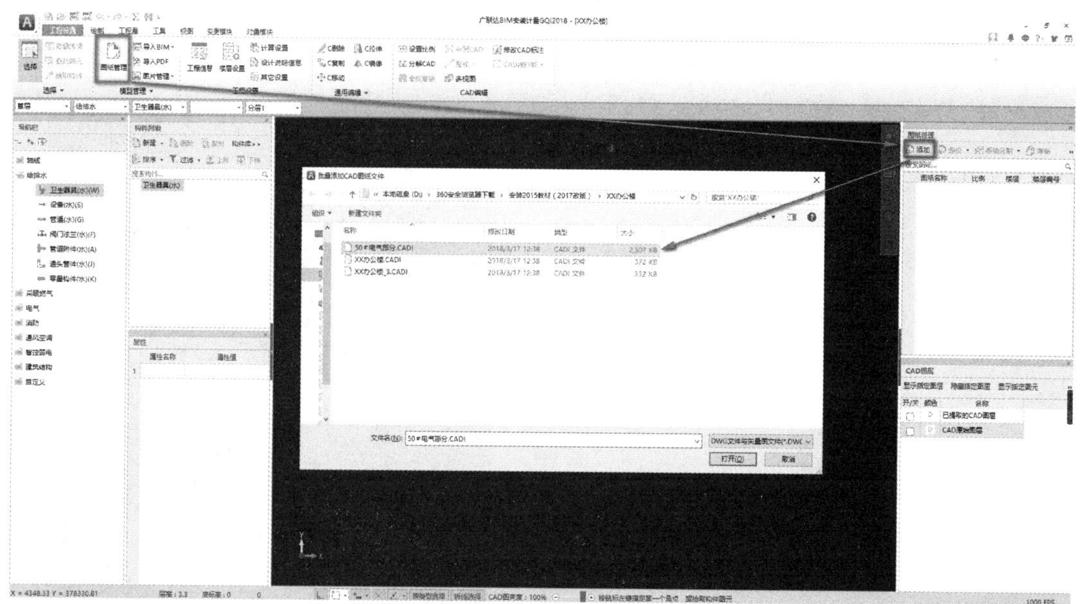

图 11.14　图纸管理

【图纸管理】

a. 自动分割。在管理图纸窗口，选择自动分割图纸，图纸会根据图纸范围及图纸名称自动分割开每层图纸及系统图、设计说明等，完成图纸分割，如图 11.15 所示。

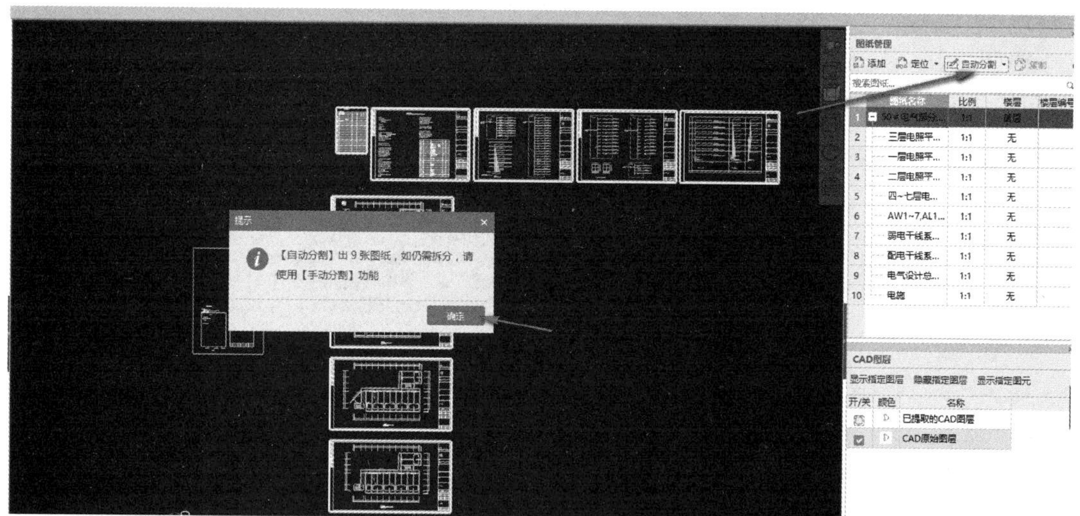

图 11.15　图纸自动分割

b. 手动分割。如自动分割不能准确时，可通过手动分割图纸。拉框选择二层电气照明平面图，右击确认，弹出输入图纸名称窗口，选择图纸名称右击确认，选择对应楼层→第 2 层确认，完成分割图纸操作。其他楼层也用相同方式完成即可，完成后，如图 11.16 所示。

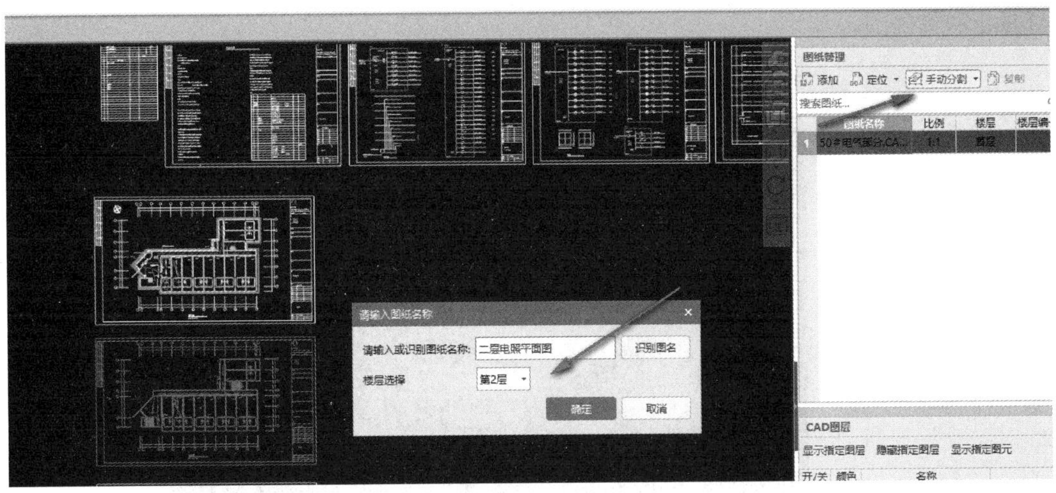

图 11.16　图纸手动分割

【对应楼层】

⑥ 对应楼层。在图纸管理窗口，每张拆分图纸均可选择对应楼层，依次把各层平面图对应至每层，完成楼层对应，双击单层图纸进入对应楼层，并显示对应楼层平面图，如图 11.17 所示。

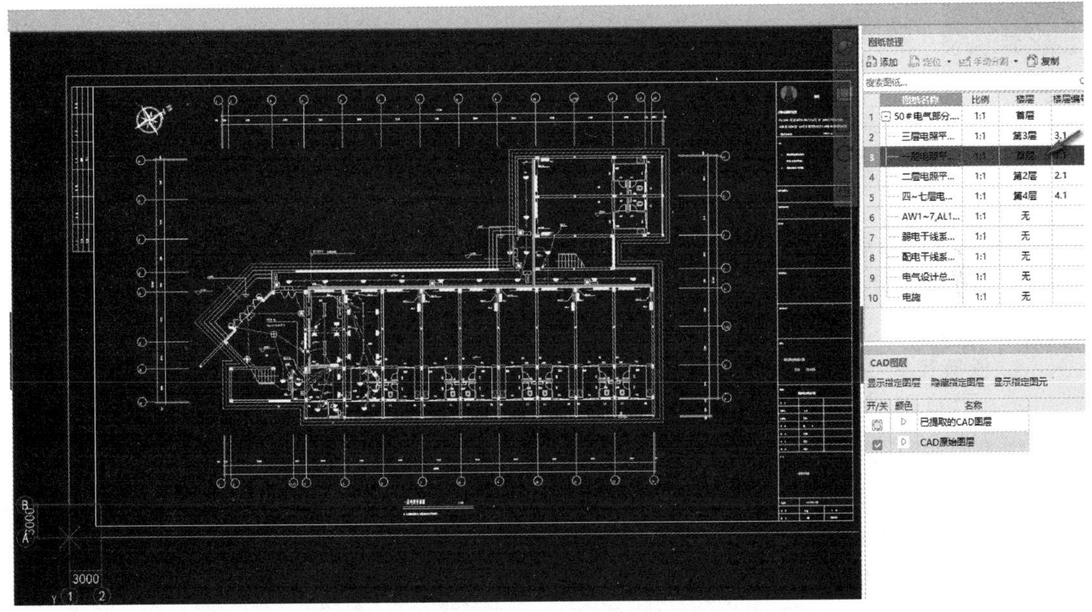

图 11.17　对应楼层平面图

⑦ 定位图纸。为模型每层的空间纵向位置吻合，需在每层把要识别的图纸定位在一个相同的基准点上。在 CAD 图通用编辑界面，选择“C 移动”，框选要移动 CAD 图，右击确认选中图纸，打开对象捕捉交点，单击Ⓐ轴线及①轴线右键选中交点，单击轴网相同交点位置，完成定位。2～7 层采用相同方式完成图纸定位，如图 11.18 所示。

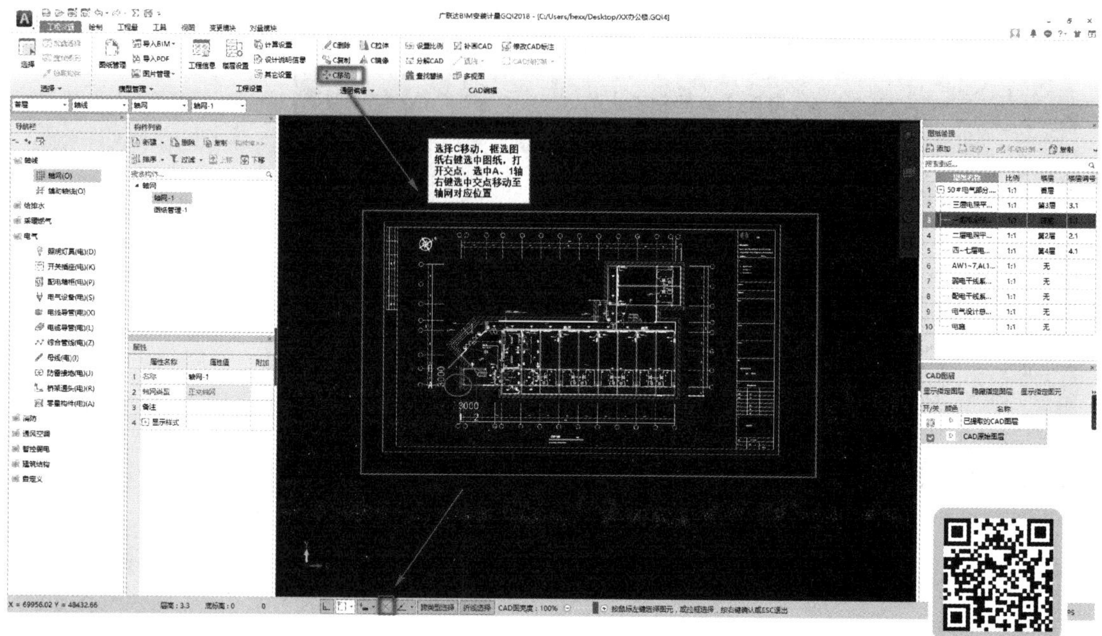

图 11.18　图纸定位

【图纸定位】

11.2.4　绘图输入——CAD操作设置

1. 任务说明

对 CAD 图纸进行图层管理及筛选。

2. 任务分析

安装 CAD 识别过程中，管线标识穿插杂乱，为使图元识别更准确、查看图纸更清晰，需要对图纸进行管理，有特殊需要时需要进行筛选（如在识别设备时要把和设备无关的 CAD 图隐藏）。

3. 任务实施

如何只显示电气设备及其标识或只显示管线及管线标识？如何恢复显示完整 CAD 图？如何把需用的设备构件快速建立完成？

① 只显示选中 CAD 图元所在图层（说明：设计人员制图时，是把同类 CAD 块设置在同一图层下绘制的）。

操作 1：在 CAD 图层窗口选择显示指定图层，如图 11.19 所示。

操作 2：单击选择 CAD 图元，右击确认。在计算设备个数时，可以把灯具、配电箱及其标识选中进行提取，如图 11.20 所示。

操作 3：完成后，图中所有 CAD 块都被隔离出来，如图 11.21 所示。

② 重新恢复完整 CAD 图（说明：当做完设备后，需要查看完整 CAD 图，进行后续管线工程量的计算）。

操作：在右方 CAD 图层显示窗口勾选两次 CAD 原始图层，完整的 CAD 图纸就会重新完全显示，如图 11.22 所示。

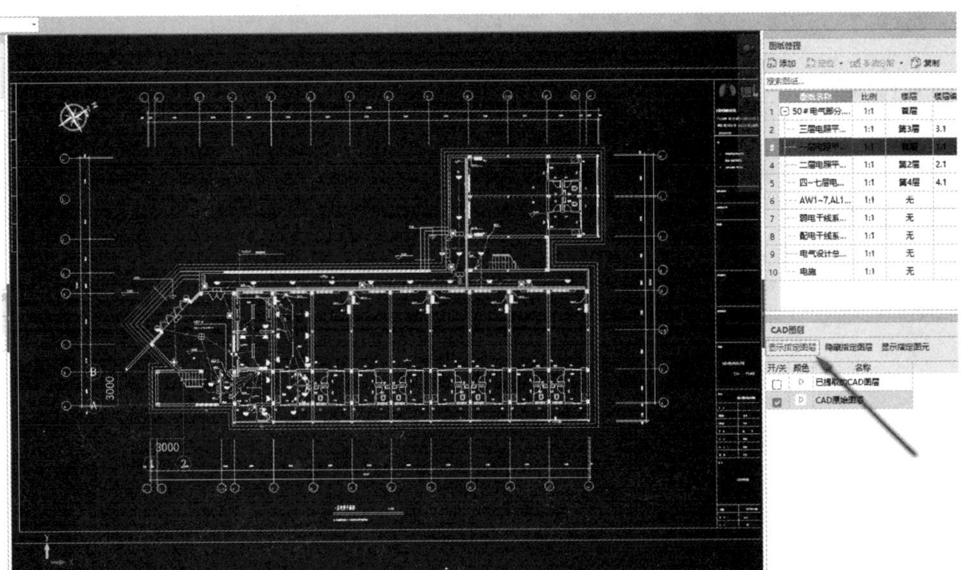

图 11.19 显示指定图层

【CAD操作设置】

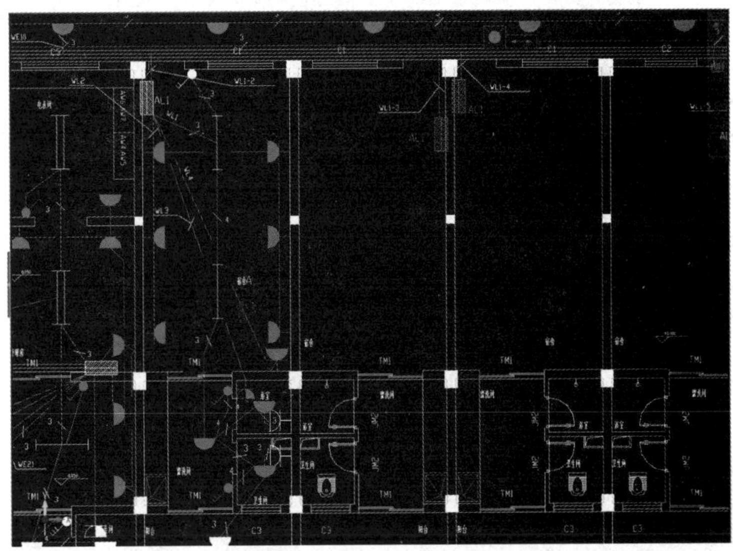

图 11.20 选择 CAD 图元

③ 材料表识别。由于安装图纸中设备多种多样、更新换代速度快且不同图纸中表示的图例也不同，所以识别设备个数时，需要结合图纸设计说明中材料表进行查看，设备的名称及规格在识别时进行填写。这里我们可以通过材料表的识别，把需要识别的设备种类和规格在软件中建立起来。

操作 1：由于现在我们只能看到照明平面图，材料表在设计说明中，如想选中要重新显示全部图纸，左边列表单击 CAD 草图，然后双击电气部分完整图纸，就可以重新显示全部 CAD 图，如图 11.23 所示。

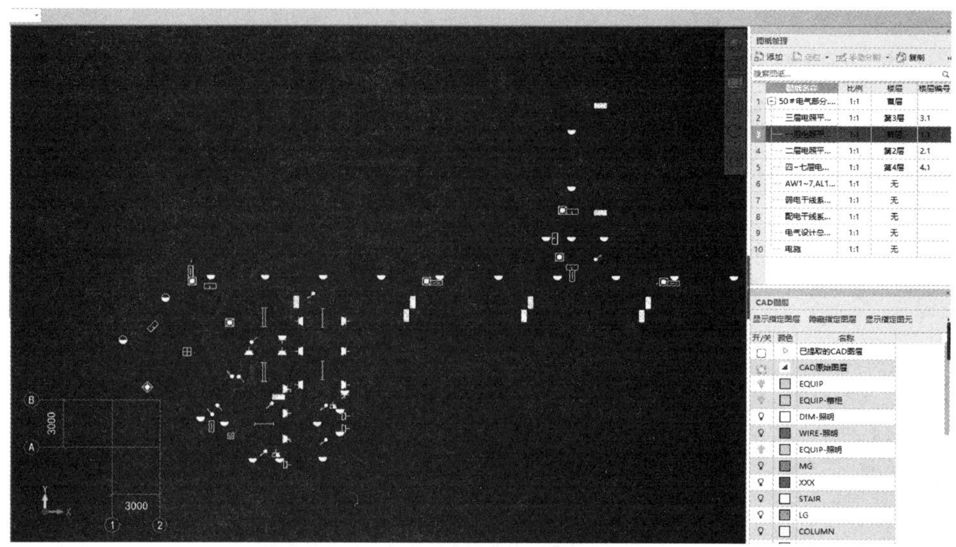

图 11.21　CAD 完成显示指定图层

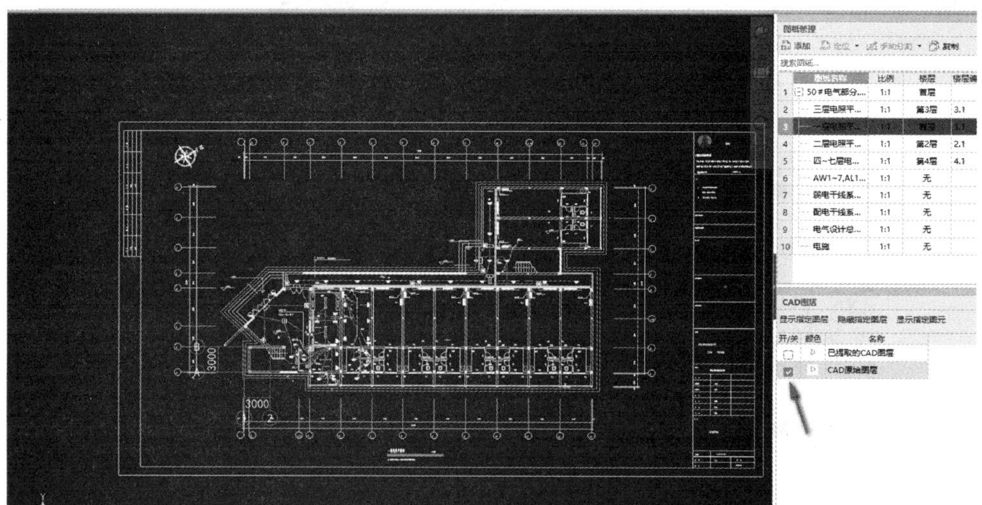

图 11.22　恢复完整 CAD 图

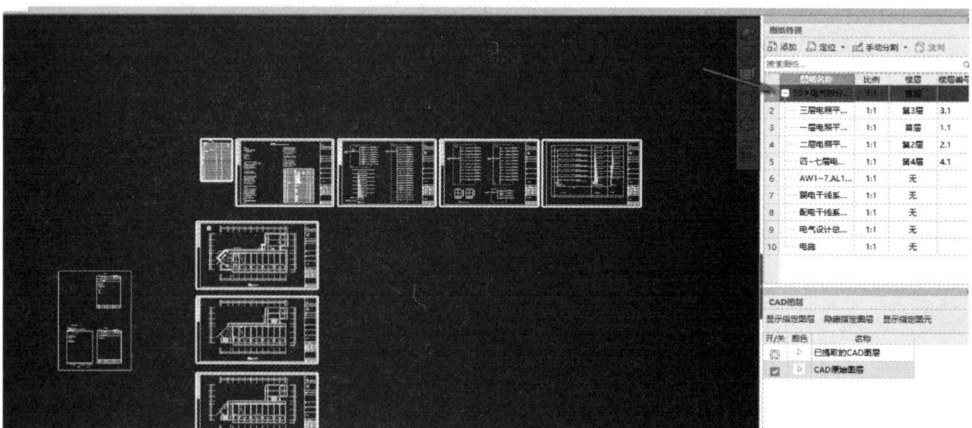

图 11.23　显示全部 CAD 图

操作 2：在绘制界面，选择功能材料表识别，如图 11.24 所示。

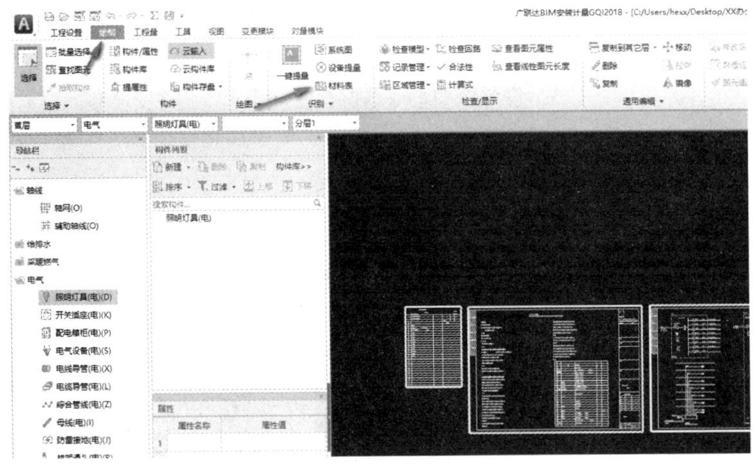

【材料表识别】

图 11.24 材料表识别

操作 3：操作方法按下方状态栏提示完成，左键拉框选择需要识别内容（注意：按住左键不要松），右击确认。弹出识别材料表窗口，如图 11.25 所示。

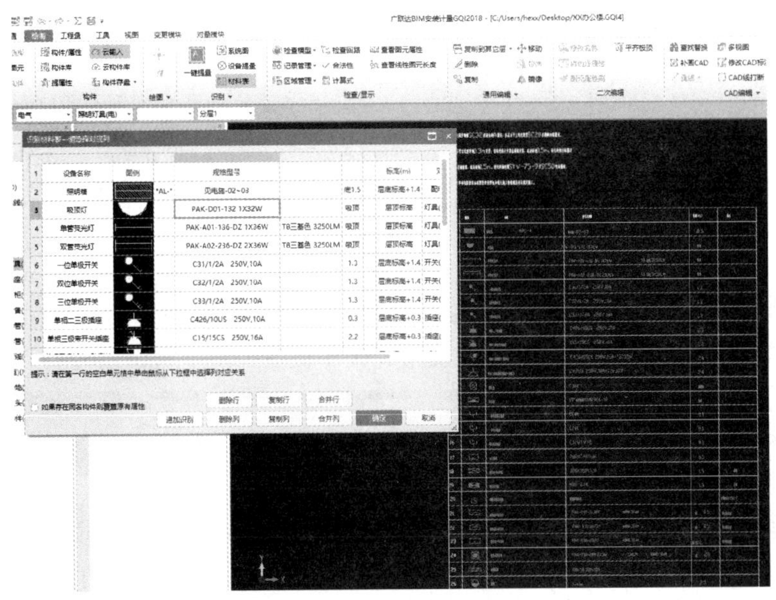

图 11.25 材料表识别窗口

操作 4：对应校对材料表信息，对多余行和列进行删除，完成后单击“确定”，弹出“存在没有设置属性，生成构件时将取默认值，是否继续”，单击“是”，完成材料表识别。完成后，单击 F2，进入定义界面，在左边构件窗口中可以看到根据材料表建立的所有构件。在后面提取完 CAD 块进行识别时，就可以对应相同图例的构件进行选择，如图 11.26 所示。

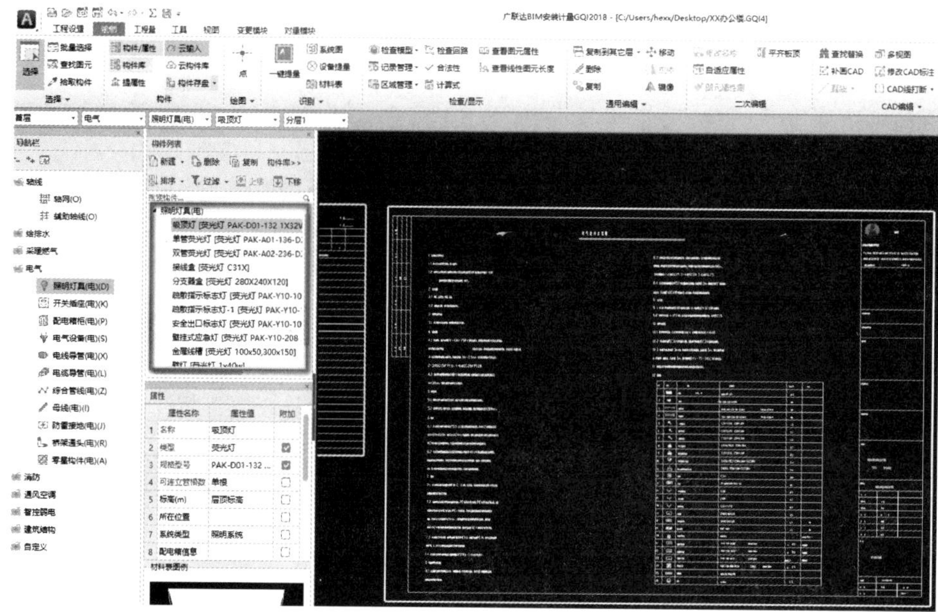

图 11.26　按材料表生成构件

11.2.5　绘图输入——识别

1. 任务说明

CAD 识别是把 CAD 图纸中的 CAD 块和 CAD 线通过识别的方式转化为软件中的图元，进行模型计量。此部分是安装算量中工作量最大的部分。

2. 任务分析

电气专业中有 3 部分需要进行计算。

① 电气设备个数（识别方式：一键提量、设备提量、配电箱识别）。

② 桥架及管线长度识别（识别桥架、设备连线、设备连管；设置起点、选择起点、检查回路；系统图、单回路、多回路、一键识别）。

识别原则，参照电气专业 3 个识别原则进行识别即可。

3. 任务实施

(1) 电气设备识别

① 设备提量（提示：本图纸全部设备都可按设备提量完成）。

操作 1：重新生成分配图纸，把图纸对应在相应楼层中，通过只显示指定图层，把配电柜及灯具标识提取出来，左边构件列表中选择照明灯具，在绘图区上方选择识别功能：图例识别，按下方状态提示完成操作，单击选择图例和文字（可选择 2 个 CAD 块组成的图元；也可选择 1 个 CAD 块组成的图元。按识别顺序优先选择 2 个 CAD 块组成的图元），右击确认，弹出选择要识别的构件窗口，对应图例进行选择识别即可，如图 11.27 所示。

操作 2：单击“确认”识别完成后会提示识别个数，如图 11.28 所示。

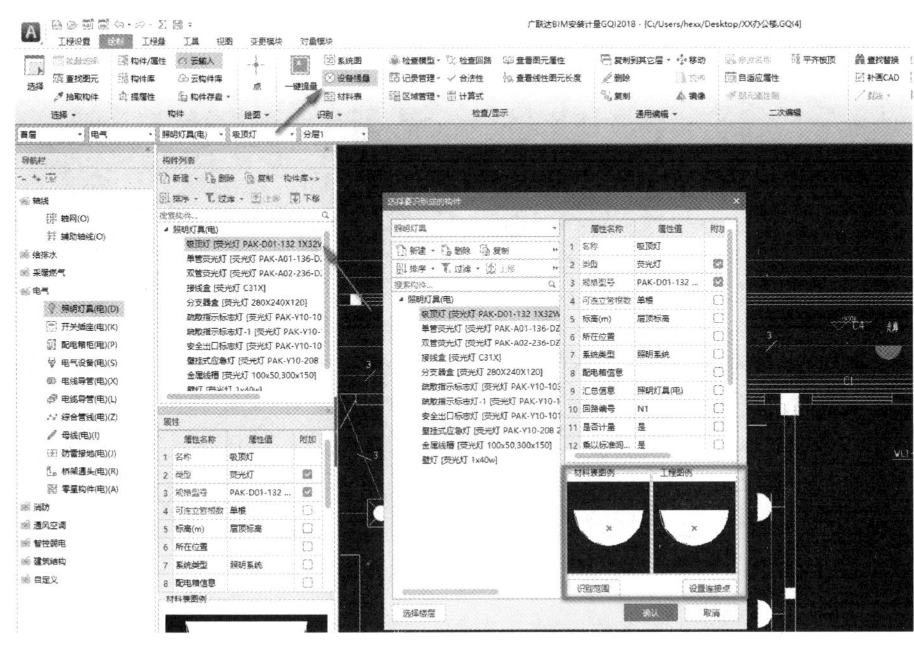

图 11.27 CAD 识别——设备提量

【设备提量及完成】

图 11.28 CAD 识别——设备提量完成

② 一键提量。

说明：一键提量是一次识别图纸中的 CAD 块图元。如果是有标识的 CAD 块图元，用一键识别会只提取其中的 CAD 块，不会提取 CAD 块附注的标识。如果遇到这样的图纸会影响识别精度。

操作 1：选择绘图区上方一键提量功能，如图 11.29 所示。

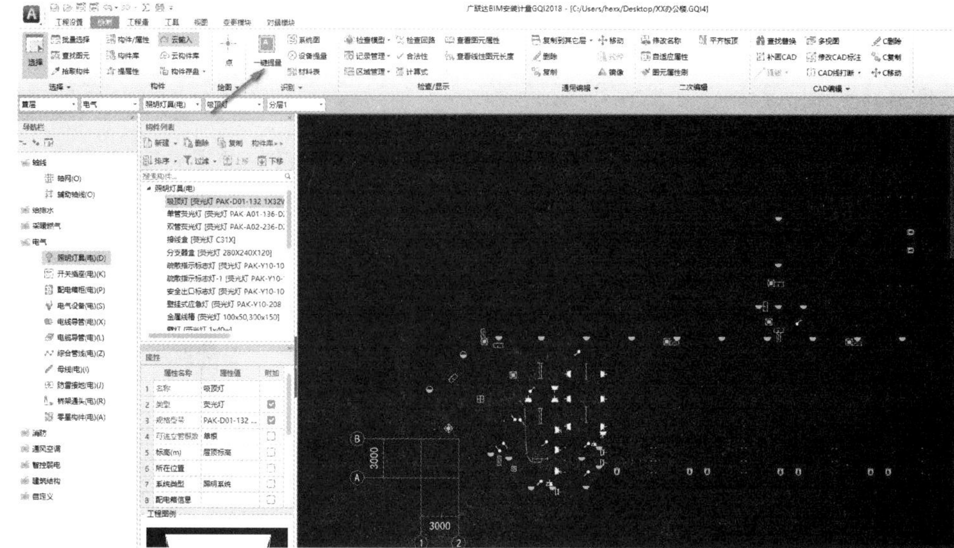

【一键提量】

图 11.29 CAD 识别——一键提量

操作 2：随即弹出构件属性定义窗口，对其中构件进行核对后删除增减，单击“确定”。如图 11.30 所示，完成一键提量。

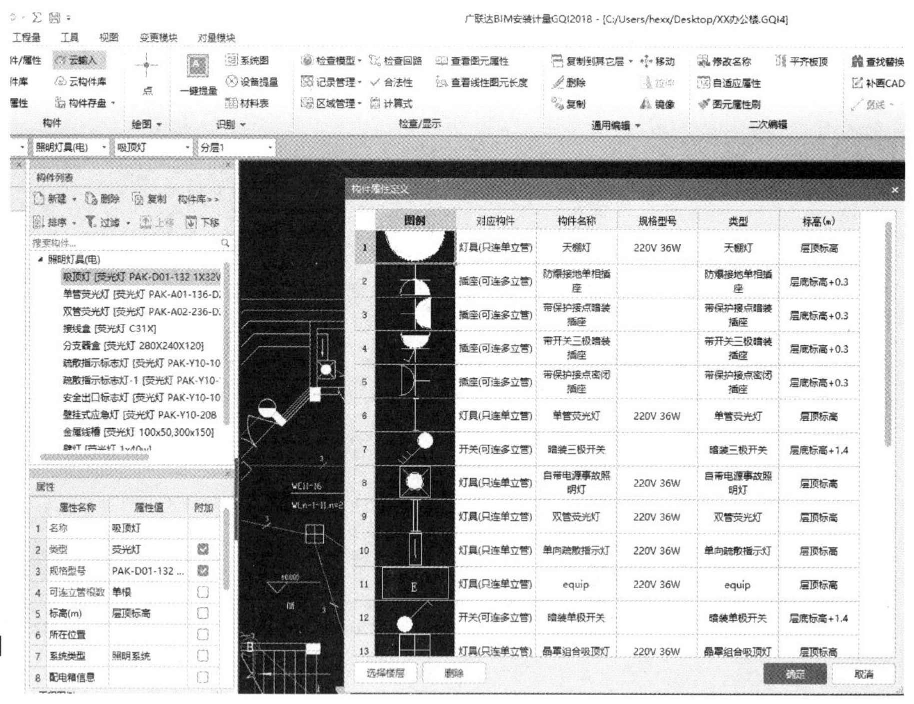

【构件属性定义】

图 11.30 CAD 识别——构件属性定义

(2) 配电箱识别

说明：配电箱识别只能在识别配电柜时使用，操作方法和图例识别相同，单击选择 CAD 块及其标识，右击确认。可以一次性识别 CAD 块相同，标识序号按顺序排列的 CAD 图元。

例如，CAD图都是配电箱，标识为AW2、AW3、AW4、AW5此类配电箱。

操作：左边构件列表中切换到配电箱柜，绘图区上方选择自动识别功能，如图11.31所示。单击选择CAD块及其标识，右击确认，构件列表中就会自动识别出CAD块相同，编号按顺序排列的图元。

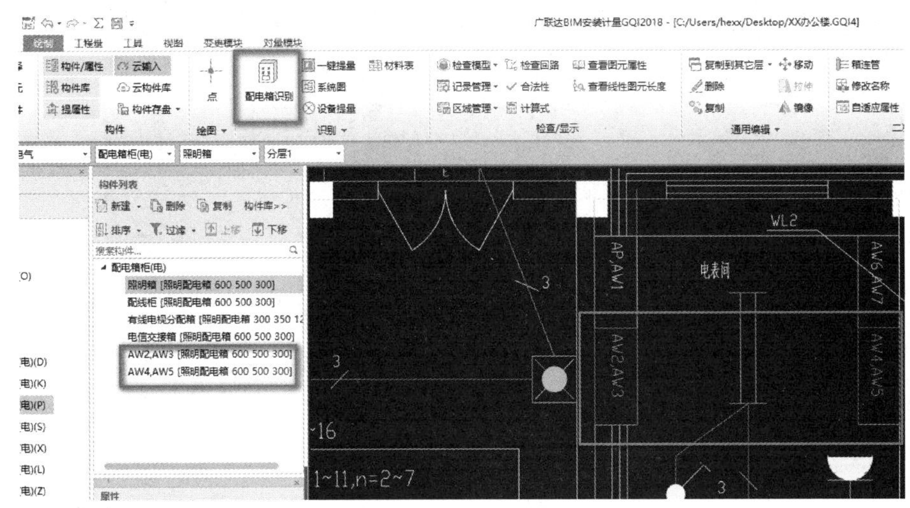

【配电箱识别】

图 11.31 CAD识别——配电箱识别

(3) 桥架及管线识别

① 识别桥架。

操作1：当设备个数全部识别后，重新显示完整CAD图纸，左边构件列表中切换到电缆导管选项，在绘图区上方选择识别桥架功能，按下方状态栏提示完成操作，如图11.32所示。

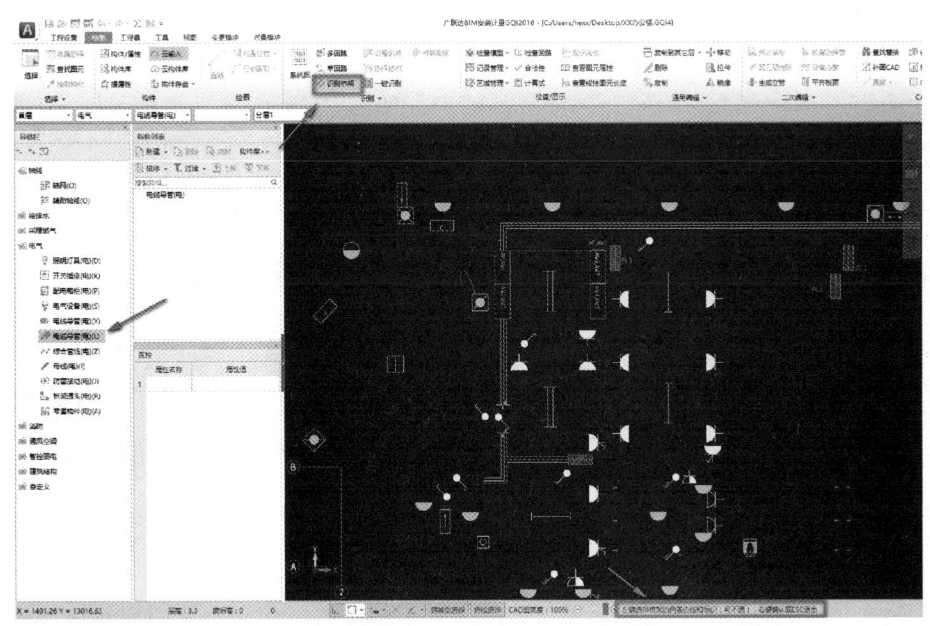

【识别桥架】

图 11.32 CAD识别——识别桥架1

操作 2：单击选择桥架两条边线，右击确认，完成识别桥架，如图 11.33 所示。

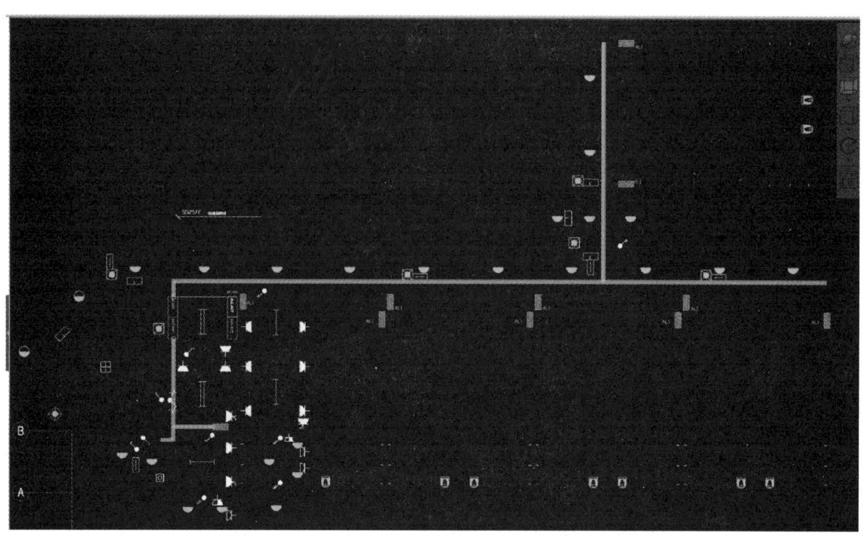

图 11.33　CAD 识别——识别桥架 2

② 设备连线。

说明：设备连线指两个设备间用管道进行连接。

操作：选择绘图区上方设备连线功能，单击选择两个设备，两个设备间就会生成选择的管道。如图 11.34 所示（说明：本图纸不需要设备连管，此处作为演示讲解，做完后在绘图区上方选择选择功能，切换到选择状态，选中识别出的这段桥架右击删除）。

广联达BIM安装计量GQI2018 - [C:/Users/hexx/Desktop/XX办公楼.GQI4]

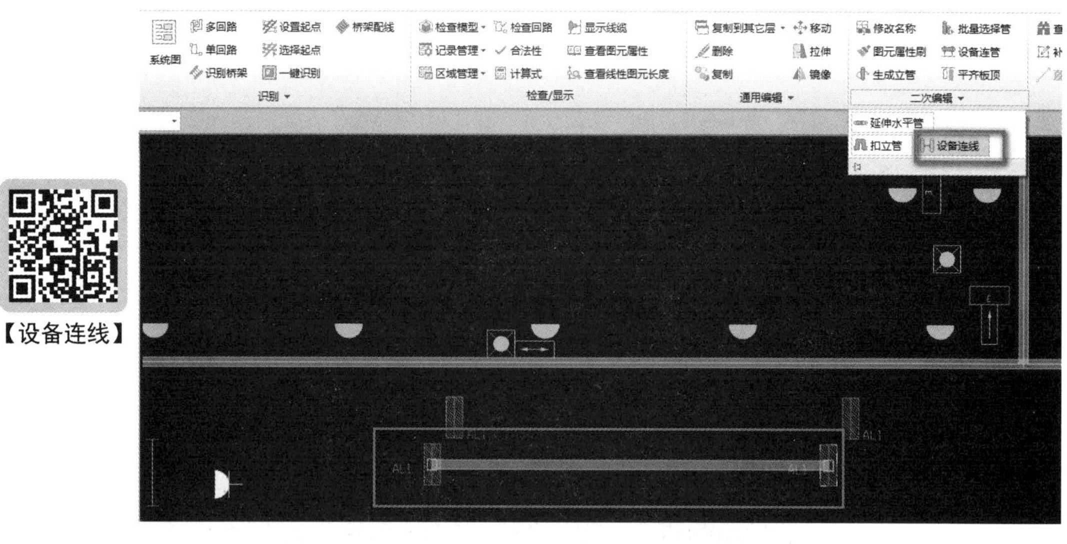

图 11.34　CAD 识别——设备连线

③ 设备连管。

说明：设备连管指设备与管道间用管道进行连接。常用于配电柜和桥架间用管道连接或配电柜和桥架间用桥架连接。

操作1：左边列表中选中桥架或管线，在绘图区上方选择设备连管功能，单击选择配电柜，如图11.35所示。

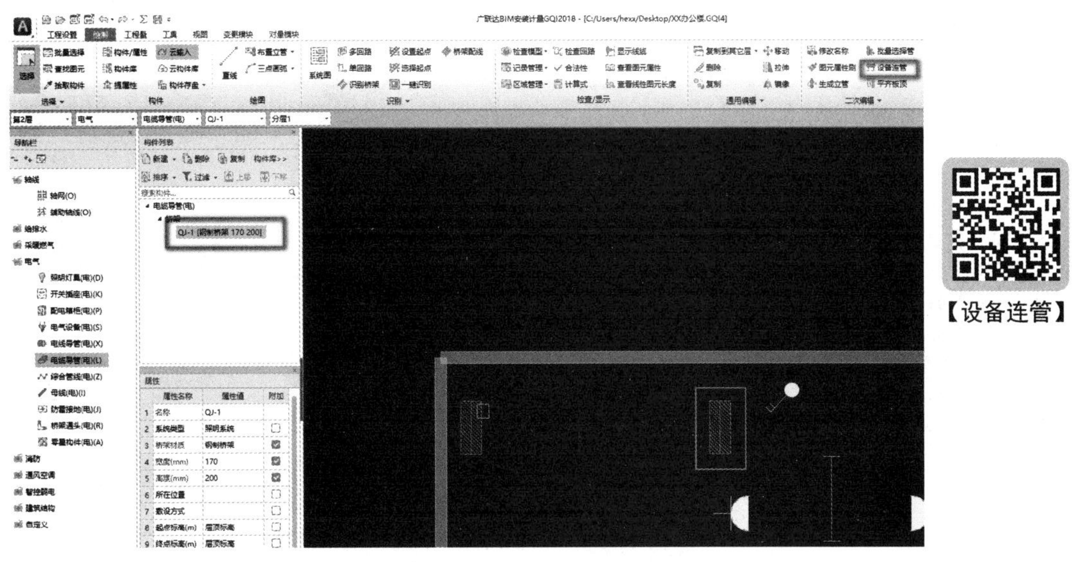

图 11.35 CAD识别——设备连管1

【设备连管】

操作2：单击选择配电柜，右击确认，左键选择要连接的桥架/管线。生成桥架/管线，如图11.36所示。可根据图纸系统图要求，对其他配电箱和桥架进行设备连管完成后续识别。

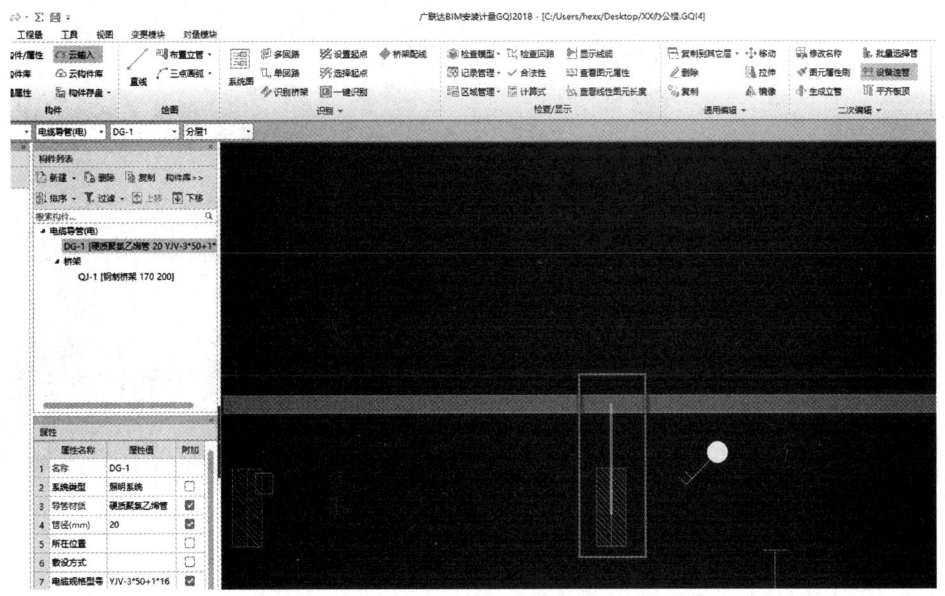

图 11.36 CAD识别——设备连管2

④ 配电系统设置

说明：此功能可以把配电系统图中的管线规格提取到软件中生成构件，可以提高建立构件的效率。

操作1：重新显示全部CAD图纸（见前面CAD操作设置讲解），在左边选择电线导管，绘图区上方选择配电系统设置功能，随即弹出配电系统设置窗口，如图11.37所示。

【配电系统图设置】

图11.37　CAD识别——配电系统设置1

操作2：选择读系统图，框选要读取的CAD块，如图11.38所示。

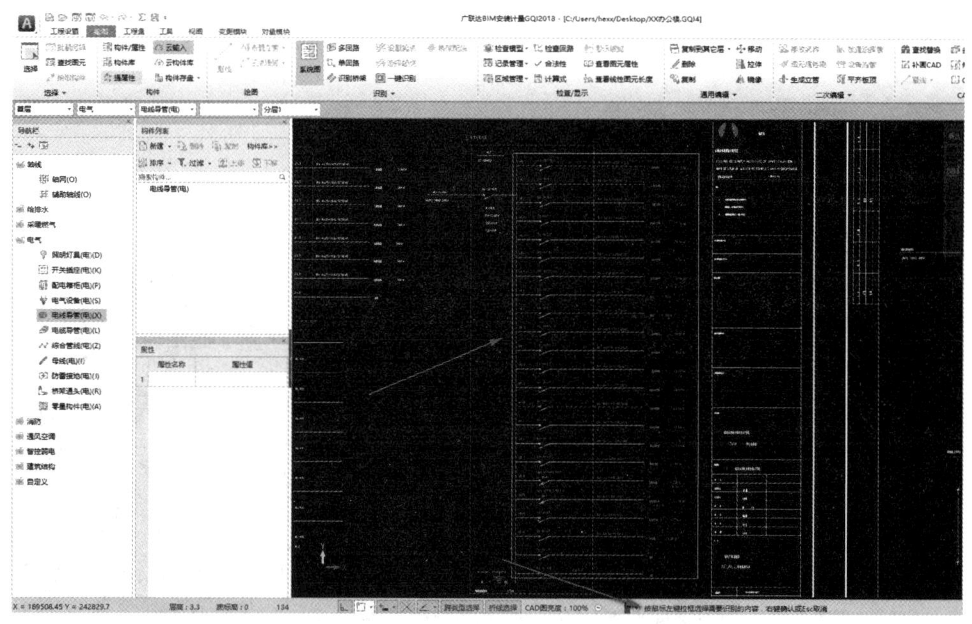

图11.38　CAD识别——配电系统设置2

操作3：右击确认，把框选内容读取到配电系统设置窗中，对内容和图纸进行校对修改，如图11.39所示。

操作4：单击“确定”，完成配管构件建立，在电线导管中，可以看到根据系统图读取建立的所有配管，如图11.40所示（本图纸其他配管可用相同方式进行建立）。

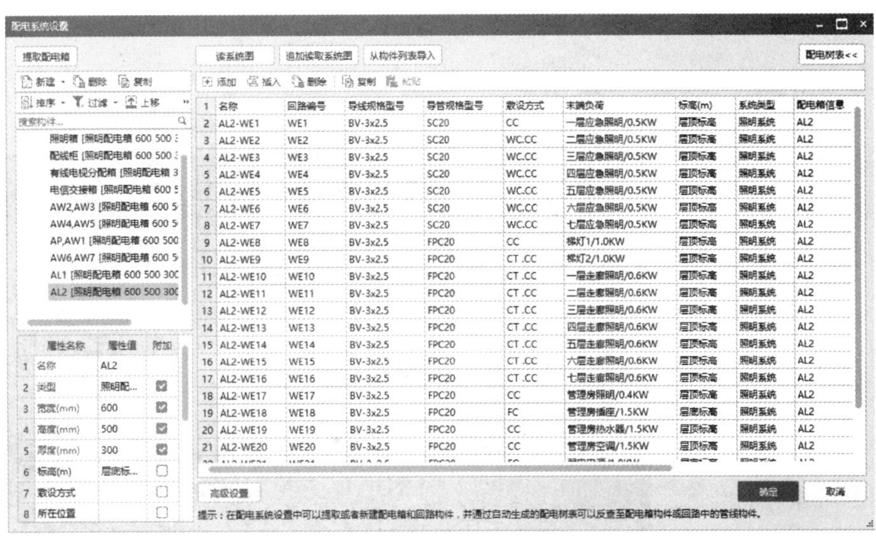

	名称	回路编号	导线规格型号	导管规格型号	敷设方式	末端负荷	标高(m)	系统类型	配电箱信息
2	AL2-WE1	WE1	BV-3x2.5	SC20	CC	一层应急照明/0.5KW	层顶标高	照明系统	AL2
3	AL2-WE2	WE2	BV-3x2.5	SC20	WC.CC	二层应急照明/0.5KW	层顶标高	照明系统	AL2
4	AL2-WE3	WE3	BV-3x2.5	SC20	WC.CC	三层应急照明/0.5KW	层顶标高	照明系统	AL2
5	AL2-WE4	WE4	BV-3x2.5	SC20	WC.CC	四层应急照明/0.5KW	层顶标高	照明系统	AL2
6	AL2-WE5	WE5	BV-3x2.5	SC20	WC.CC	五层应急照明/0.5KW	层顶标高	照明系统	AL2
7	AL2-WE6	WE6	BV-3x2.5	SC20	WC.CC	六层应急照明/0.5KW	层顶标高	照明系统	AL2
8	AL2-WE7	WE7	BV-3x2.5	SC20	WC.CC	七层应急照明/0.5KW	层顶标高	照明系统	AL2
9	AL2-WE8	WE8	BV-3x2.5	FPC20	CC	梯灯1/1.0KW	层顶标高	照明系统	AL2
10	AL2-WE9	WE9	BV-3x2.5	FPC20	CT .CC	梯灯2/1.0KW	层顶标高	照明系统	AL2
11	AL2-WE10	WE10	BV-3x2.5	FPC20	CT .CC	一层走廊照明/0.6KW	层顶标高	照明系统	AL2
12	AL2-WE11	WE11	BV-3x2.5	FPC20	CT .CC	二层走廊照明/0.6KW	层顶标高	照明系统	AL2
13	AL2-WE12	WE12	BV-3x2.5	FPC20	CT .CC	三层走廊照明/0.6KW	层顶标高	照明系统	AL2
14	AL2-WE13	WE13	BV-3x2.5	FPC20	CT .CC	四层走廊照明/0.6KW	层顶标高	照明系统	AL2
15	AL2-WE14	WE14	BV-3x2.5	FPC20	CT .CC	五层走廊照明/0.6KW	层顶标高	照明系统	AL2
16	AL2-WE15	WE15	BV-3x2.5	FPC20	CT .CC	六层走廊照明/0.6KW	层顶标高	照明系统	AL2
17	AL2-WE16	WE16	BV-3x2.5	FPC20	CT .CC	七层走廊照明/0.6KW	层顶标高	照明系统	AL2
18	AL2-WE17	WE17	BV-3x2.5	FPC20	CC	管理房照明/0.4KW	层顶标高	照明系统	AL2
19	AL2-WE18	WE18	BV-3x2.5	FPC20	FC	管理房插座/1.5KW	层底标高	照明系统	AL2
20	AL2-WE19	WE19	BV-3x2.5	FPC20	CC	管理房热水器/1.5KW	层顶标高	照明系统	AL2
21	AL2-WE20	WE20	BV-3x2.5	FPC20	CC	管理房空调/1.5KW	层顶标高	照明系统	AL2

图 11.39　CAD 识别——配电系统设置 3

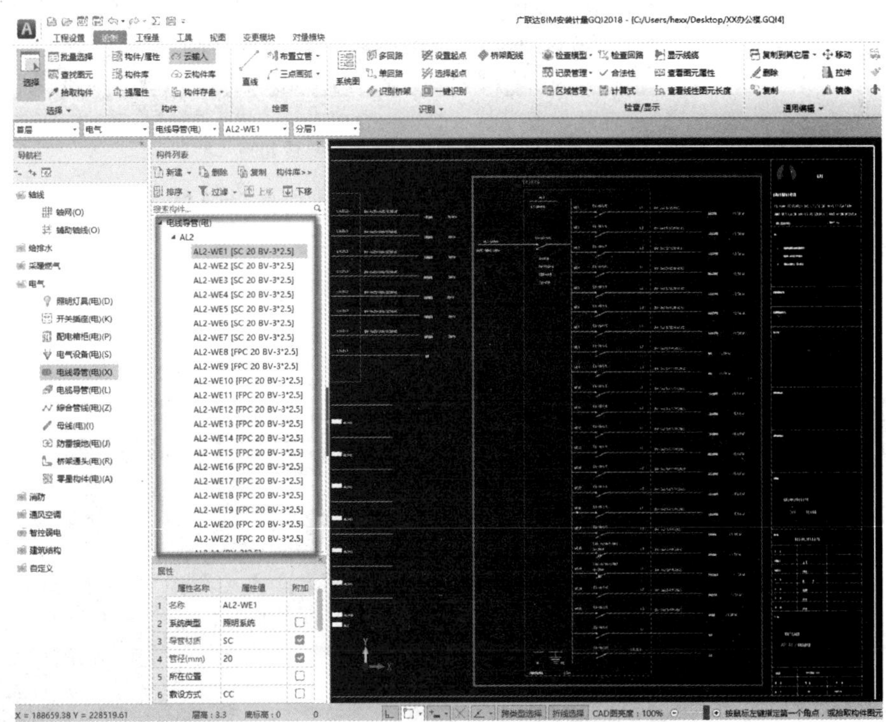

图 11.40　CAD 识别——配电系统设置 4

⑤ 设置起点、选择起点、检查电缆计算路径。

说明：由于要把电缆从低压配电柜中引出，通过桥架连接到每个照明配电箱上，所以需要把总低压配电柜作为起点，把每个照明配电箱作为终点，连接起点和终点进行管线计算。这里就需要使用设置起点、选择起点来完成。检查电缆计算路径是查看起点和终点的计算范围。

操作 1：使用设备连管将 WL1－1～WL1－11 全部和桥架相连，然后在左边构件列表中选择电线导管，在绘图区上方选择设置起点功能，按下方状态提示操作，如图 11.41 所示。

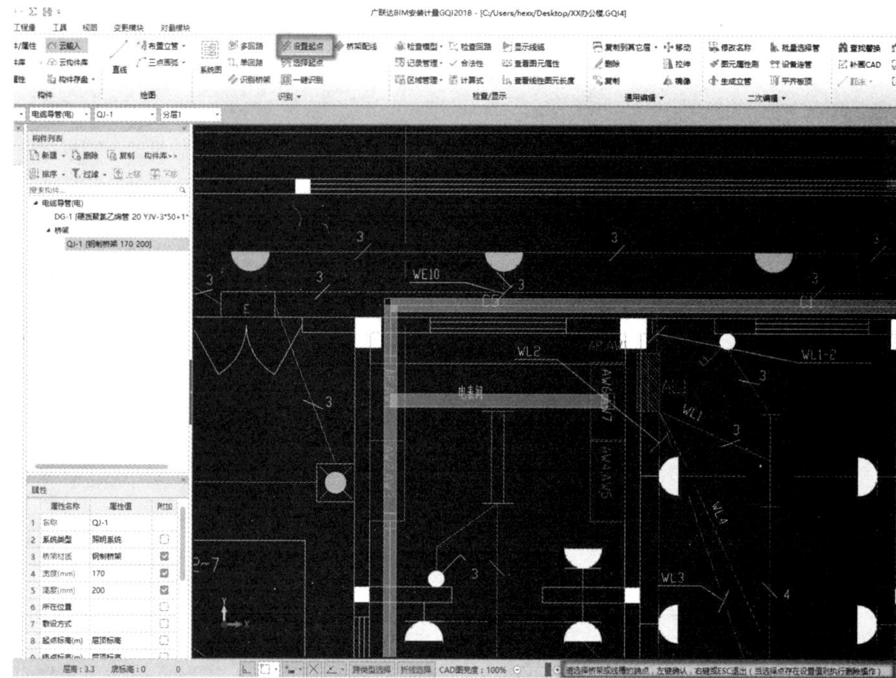

【设置起点】

图 11.41　CAD 识别——设置起点 1

操作 2：单击选择低压配电柜和纵向桥架连接的点，选择立管起点标高作为线路起点，此处设置 AP/AW1/2/3 和 AW4/5/6/7 作为起点，如图 11.42 所示。

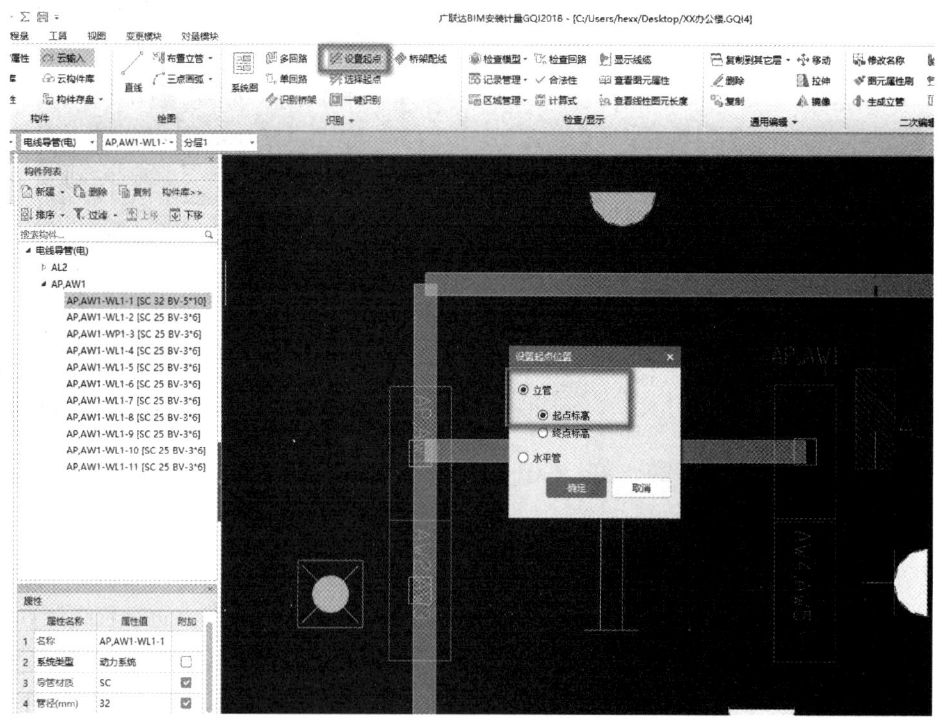

图 11.42　CAD 识别——设置起点 2

操作3：选择起点，如图11.43所示。

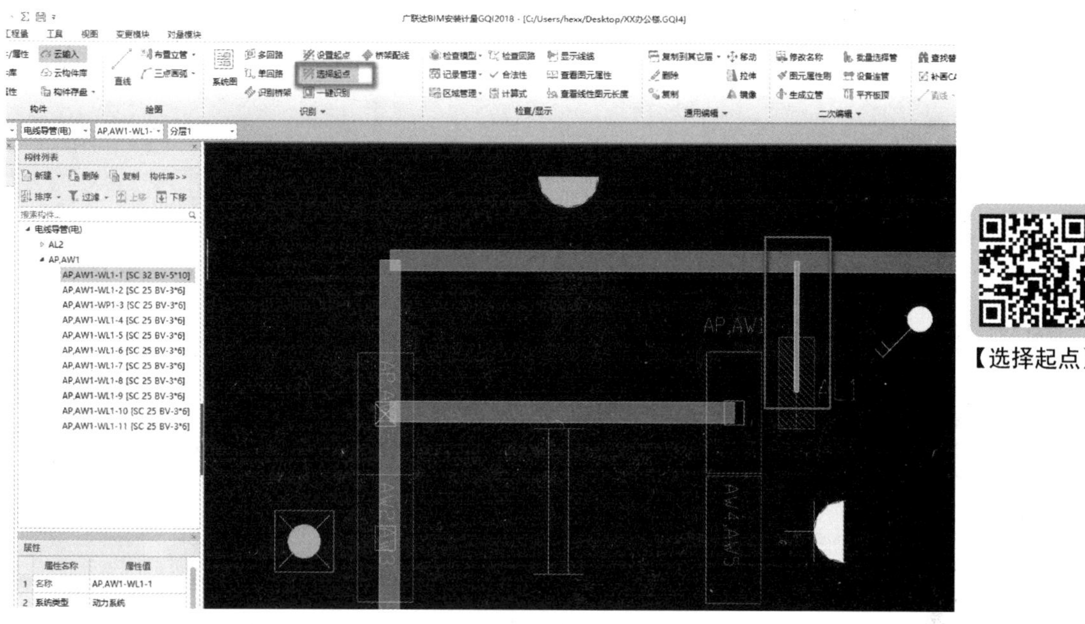

【选择起点】

图11.43　CAD识别——选择起点1

操作4：按下方状态提示操作，单击选择和桥架相连的配管，右击确认，如图11.44所示，弹出选择起点窗口，单击选择对应起点，单击“确定”，完成选择起点操作。其他和桥架相连配管可用相同方式完成。

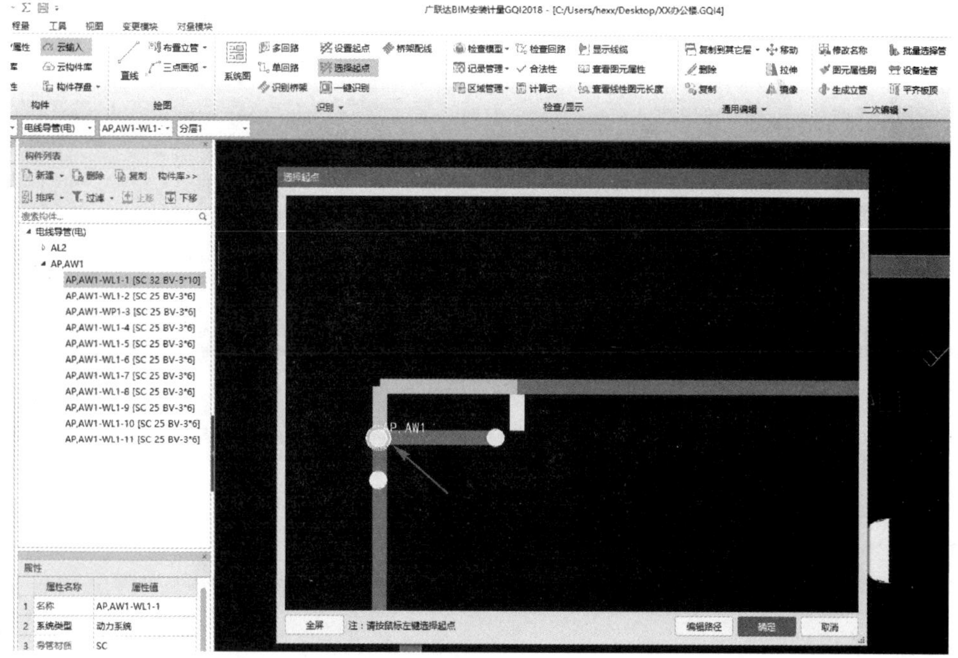

图11.44　CAD识别——选择起点2

操作5：检查电缆计算路径。设置起点和选择起点完成后，检查电缆计算路径，如图11.45所示。

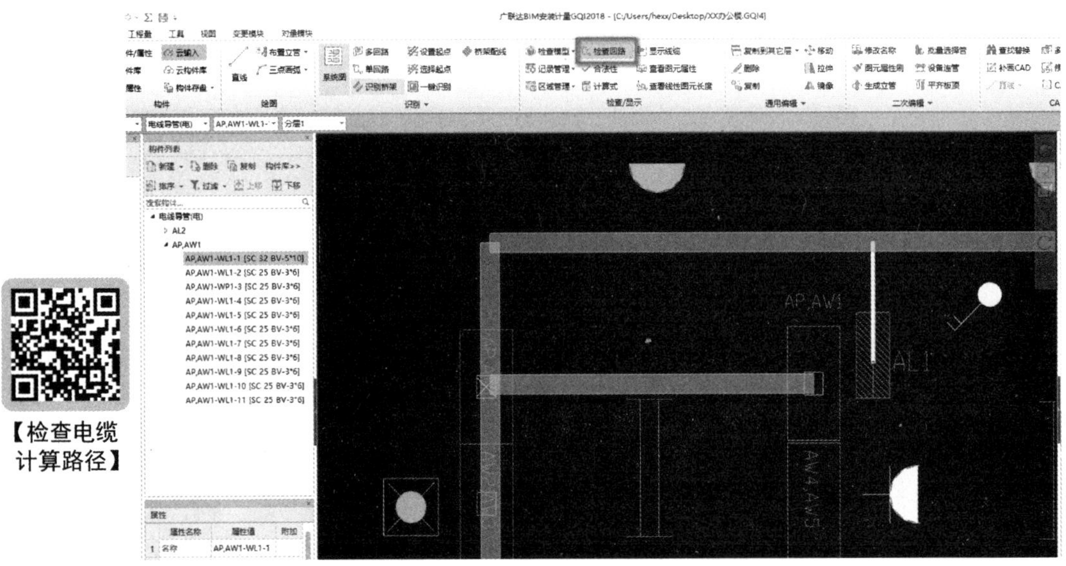

【检查电缆计算路径】

图11.45　CAD识别——检查电缆计算路径1

操作6：单击选择和桥架相连的配管，随即会用绿色显示这条线缆起点和终点的计算范围，单击三维视图，如图11.46所示。

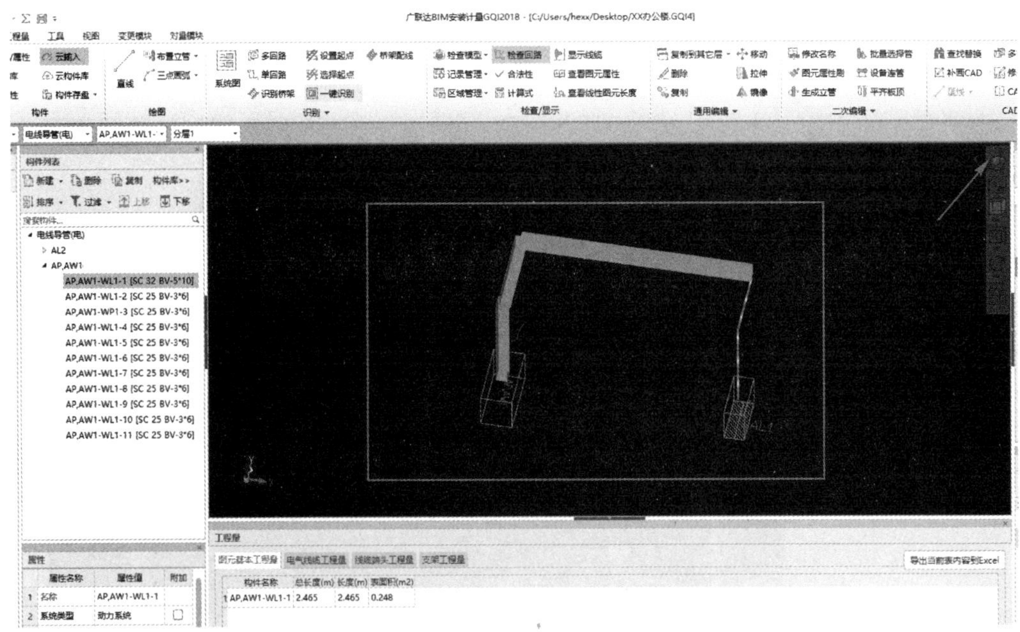

图11.46　CAD识别——检查电缆计算路径2

⑥ 单回路识别。

说明：识别同条回路配管中穿线根数相同情况下，可用此功能完成识别。如AL1中WL2管线没有标注不同穿线根数，可用回路识别。

操作1：电线导管界面，在绘图区上方选择回路识别功能，按下方状态提示完成操作，单击选中回路中的一条CAD线，右击确认，选中整条回路，如图11.47所示。

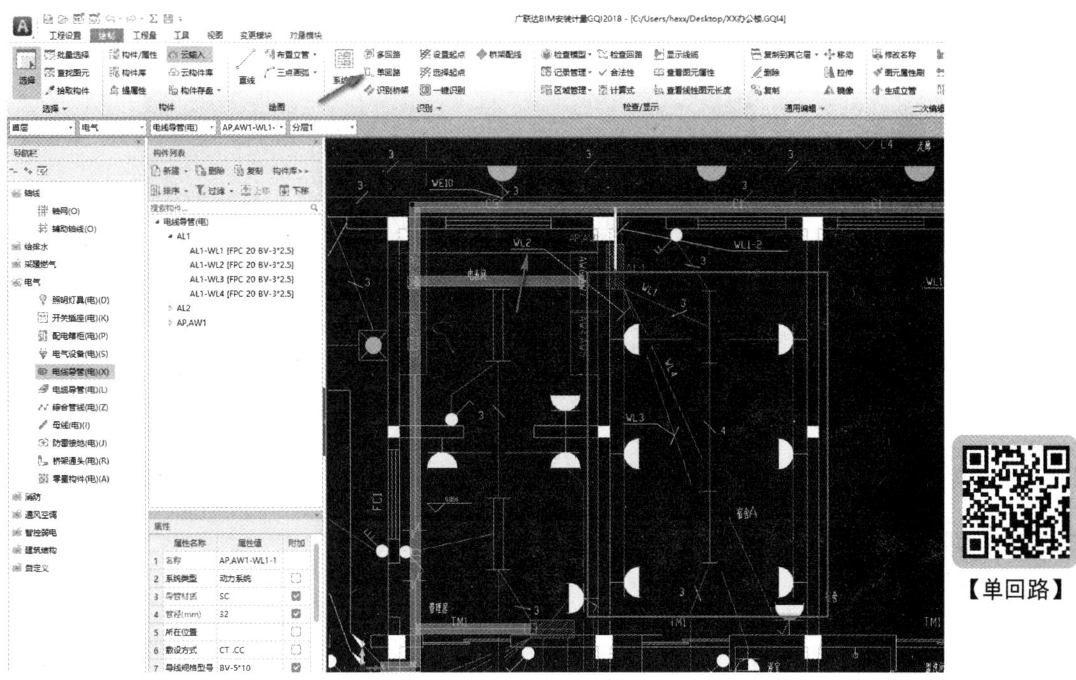

【单回路】

图11.47 CAD识别——单回路1

操作2：再次右击，弹出“选择要识别成的构件”窗口，选择对应的管线，如图11.48所示。

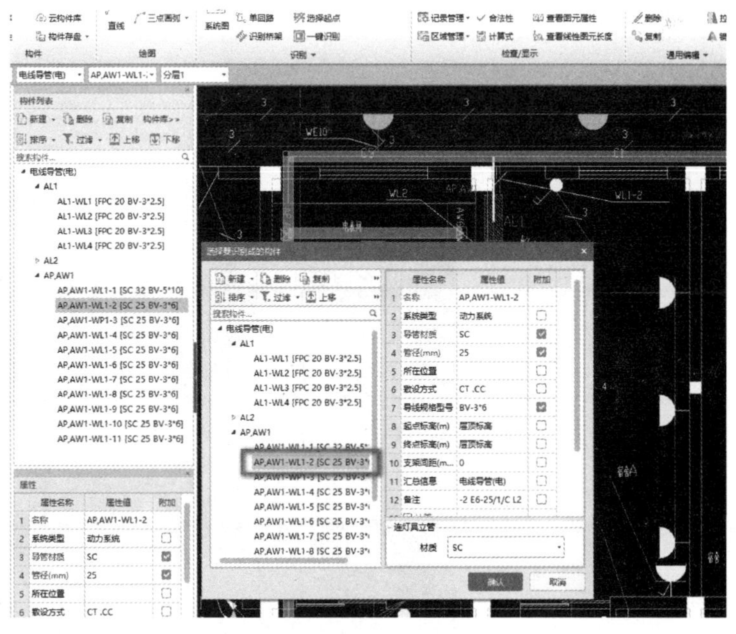

图11.48 CAD识别——单回路2

操作 3：单击“确认”，完成回路识别，生成 WL2 管线，如图 11.49 所示。

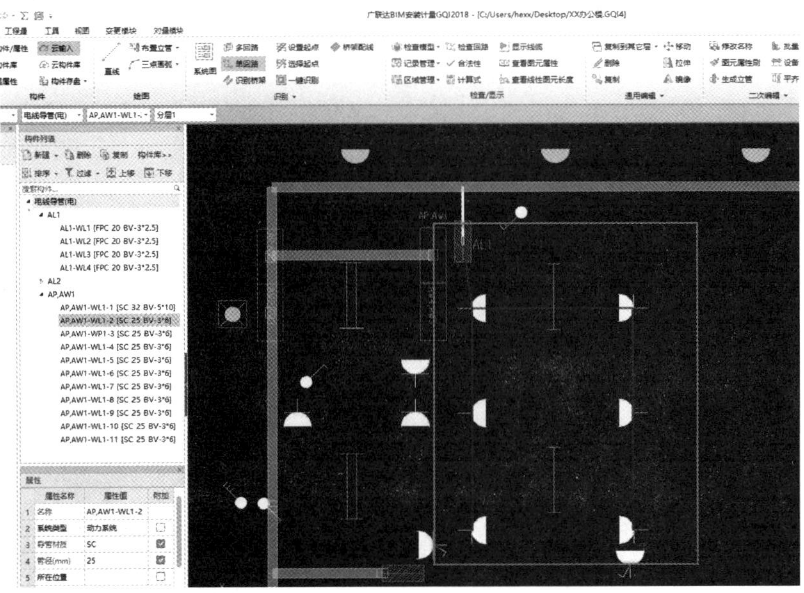

图 11.49　CAD 识别——单回路 3

⑦ 多回路识别。

说明：一次性识别多条回路，且判断标识中标注不同穿线根数。回路标识识别可以一次识别多条。

操作 1：电线导管界面，在绘图区上方选择回路自动识别功能，按下方状态提示完成操作，单击选中回路中的一条 CAD 线及其对应的回路编号，即 WL1、WL4，右击确认整条回路；再选择下一条回路中的 CAD 线和对应的回路编号，右击确认整条回路，如图 11.50 所示。

【多回路】

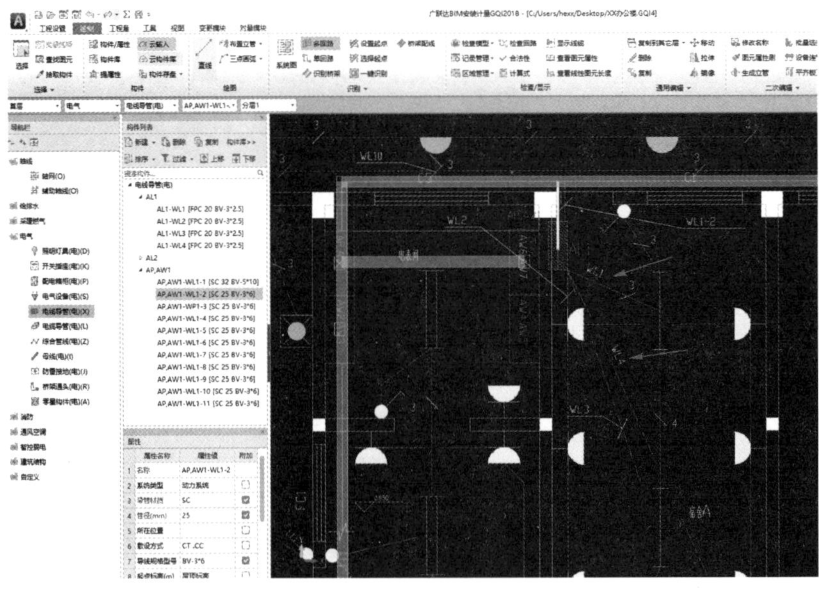

图 11.50　CAD 识别——多回路 1

操作 2：再次右击，弹出对应信息窗口，如图 11.51 所示。

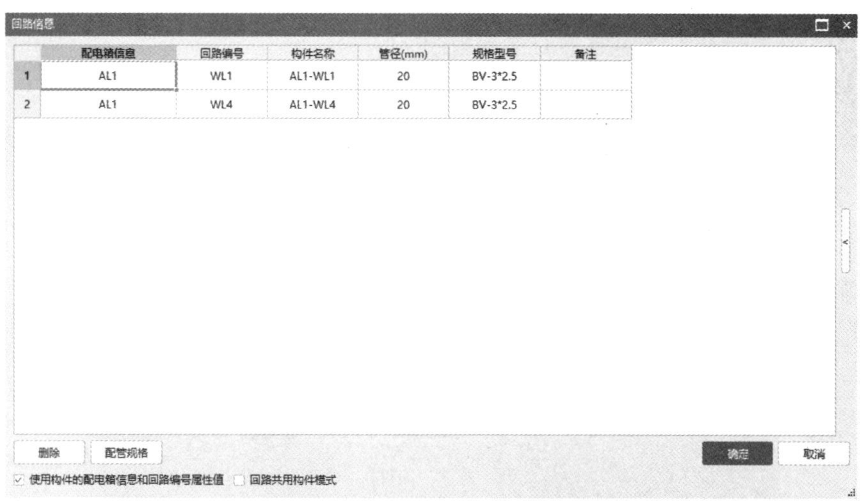

图 11.51　CAD 识别——多回路 2

操作 3：单击“确定”，生成 WL1 及 WL4 完整回路。完成回路自动识别。至此 AL1 的 WL1、WL2、WL4 全部识别完成，如图 11.52 所示。

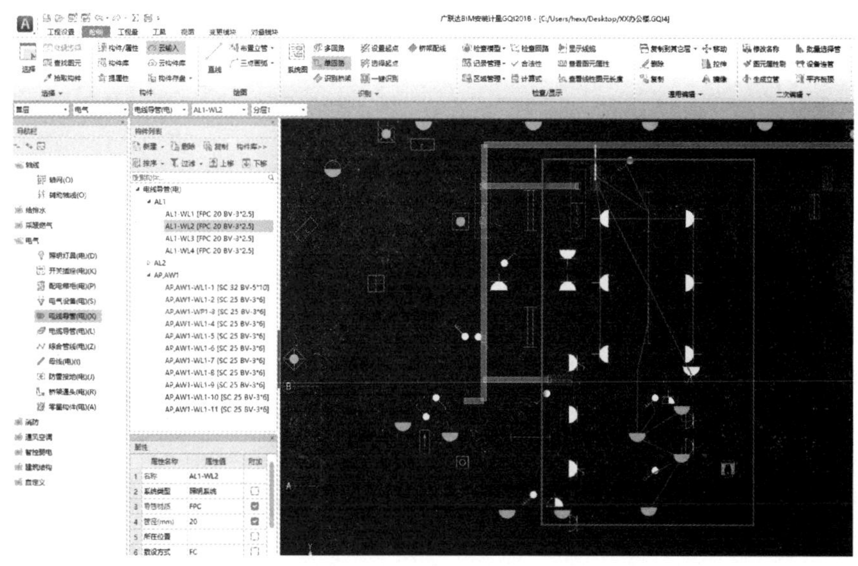

图 11.52　CAD 识别——多回路 3

11.2.6　工程量汇总——表格输入

1. 任务说明

表格输入是把在绘图输入界面不方便用 CAD 识别或通过绘图处理的工程量，通过手工计算的方式添加在完整的工程计算当中。

2. 任务分析

【工程量汇总表格输入】

此处我们将演示讲解表格输入，添加一个电气专业中的照明灯具，把工程量汇总在完整的工程当中。

3. 任务实施

操作1：在工程量界面，选择表格输入，出现表格输入窗口。需要在导航栏选中对应类型才可以建立对应构件，如图11.53所示。

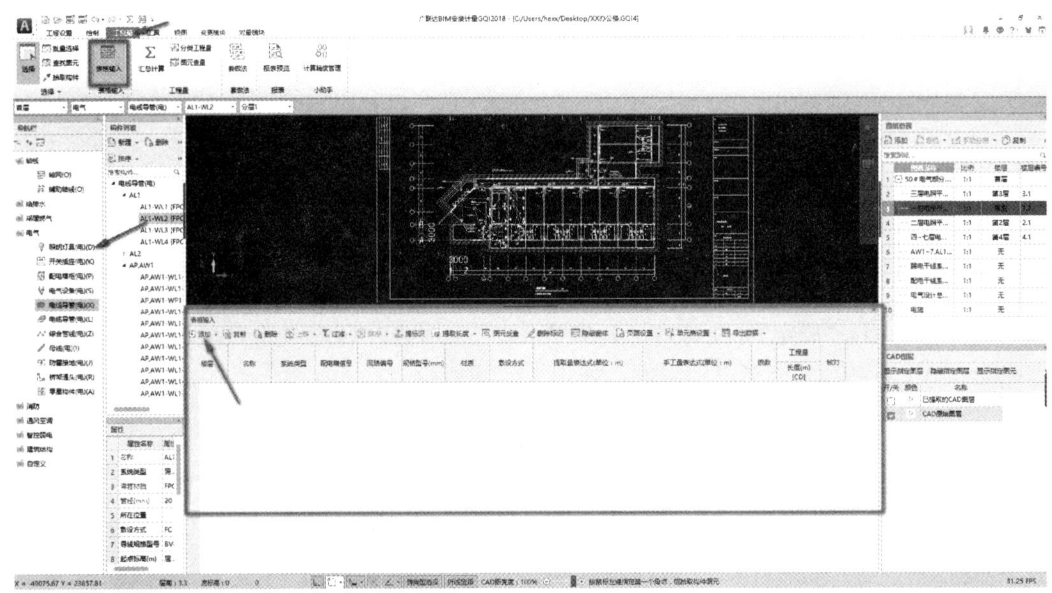

图11.53 工程量汇总——表格输入1

操作2：单击添加照明灯具，如图11.54所示。

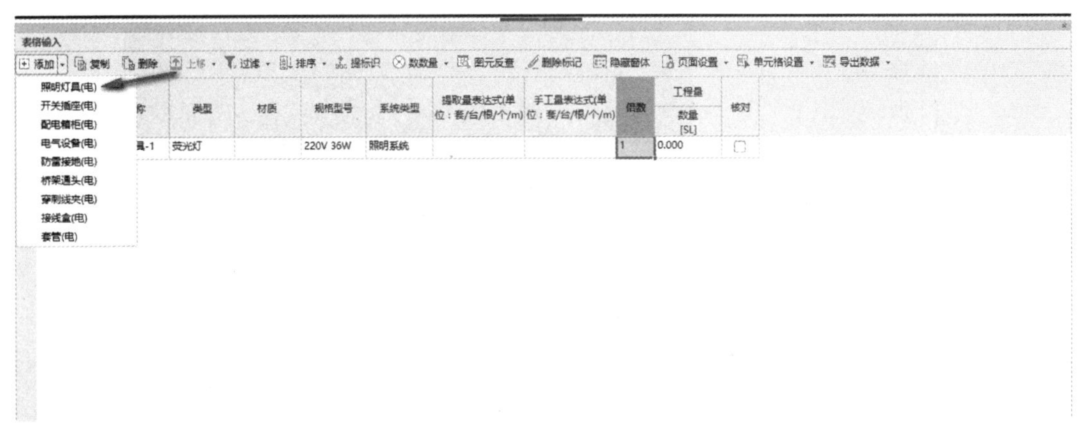

图11.54 工程量汇总——表格输入2

操作3：选择对应楼层，输入对应名称；选择对应类型，输入材质规格；选择系统类型，输入工程量表达式，完成表格工程量的添加和计算。至此表格输入完成，如图11.55所示。

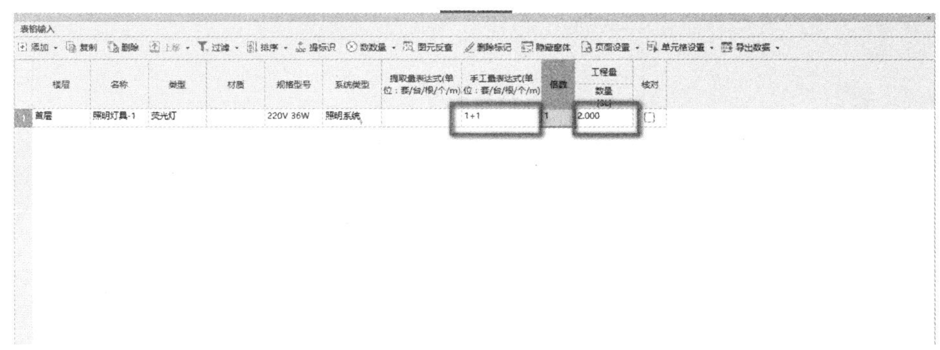

图 11.55　工程量汇总——表格输入 3

11.2.7　工程量汇总——集中套用做法

1. 任务说明

集中套用做法是把绘图输入和表格输入中所有计算项计算的工程量全部汇总在一起，进行清单和定额的套取。

2. 任务分析

集中套用做法：需要把需要计算的构件进行清单、定额套取；清单进行特征描述；如有需要可以反查定位图元，进行工程量核对。

3. 任务实施

（1）自动套用清单、手动选择清单

说明：自动套用清单会使清单和构件进行匹配，选择符合构件的清单项进行自动套取。

手动选择清单，在自动套用清单中某些清单套取不准确或未套取清单时，需要手动从清单库中选择添加或修改原有清单项。

操作 1：选择汇总计算，弹出“汇总计算”窗口，勾选要计算的楼层，如图 11.56 所示。

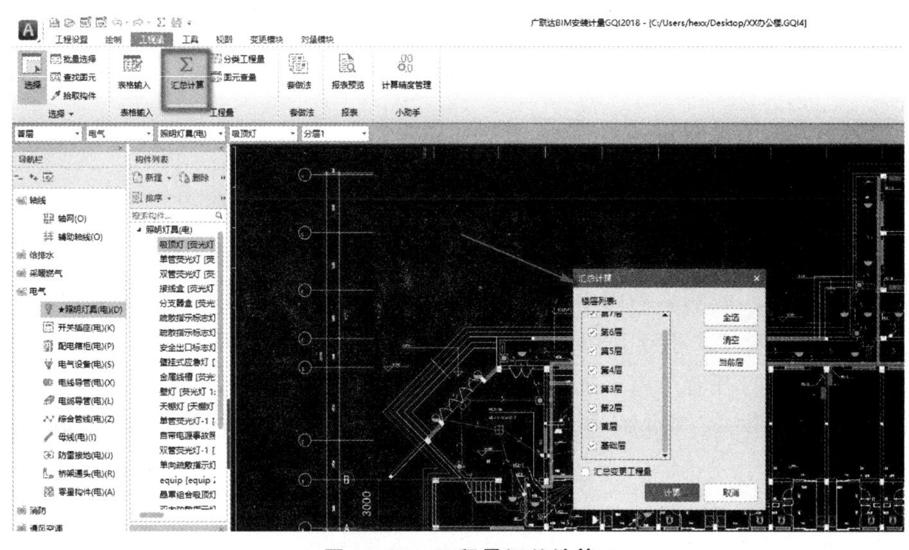

图 11.56　工程量汇总计算 1

【工程量汇总计算】

操作 2：单击“计算”，计算完成，选择套用做法，如图 11.57 所示。

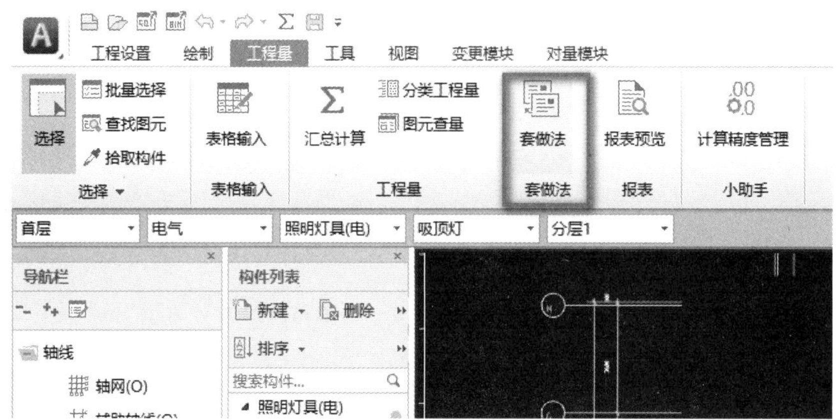

图 11.57　工程量汇总计算 2

操作 3：在做法套用界面，单击上方自动套用清单功能，如图 11.58 所示。

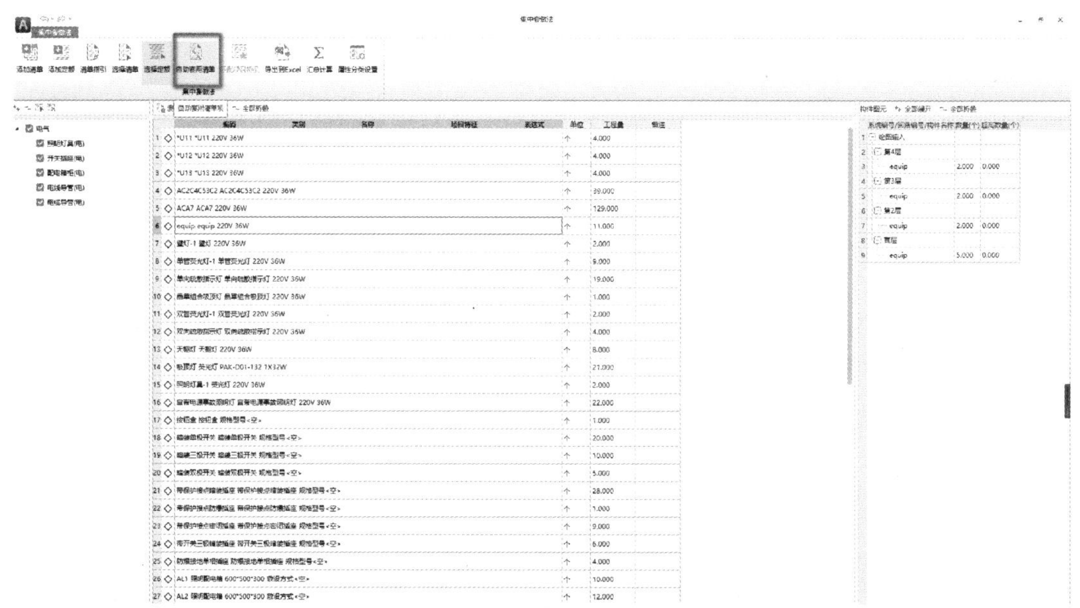

图 11.58　工程量汇总——自动套用清单 1

【自动套用清单】

操作 4：生成后，一些可以和构件直接匹配的清单项会自动匹配到清单库中的清单，如图 11.59 所示。

操作 5：手动套用清单，上方选择添加清单，再选择清单，打开清单库，选择对应清单，如图 11.60 所示。

操作 6：双击对应清单，所选清单进行添加，至此完成手动清单套取，如图 11.61 所示。

(2) 匹配项目特征

说明：安装专业中，清单的特征一般是对设备或管线的规格进行描述。在软件识别构

图 11.59　工程量汇总——自动套用清单 2

图 11.60　工程量汇总——手动套用清单 1

件过程中会输入构件属性（规格），所以可以直接把属性中的规格匹配到清单特征中去。前面构件属性填写越准确，清单匹配的描述也就越规范。

操作：选择“匹配项目特征”功能，直接完成清单特征匹配，如图 11.62 所示。未完成的需要自己打开特征项进行特征手动填写。

（3）反查定位图元

说明：在工程量核对过程中，需要快速准确地查找到需要核对的图元，反查定位就可以快速实现。

【手动套用清单】

图 11.61 工程量汇总——手动套用清单 2

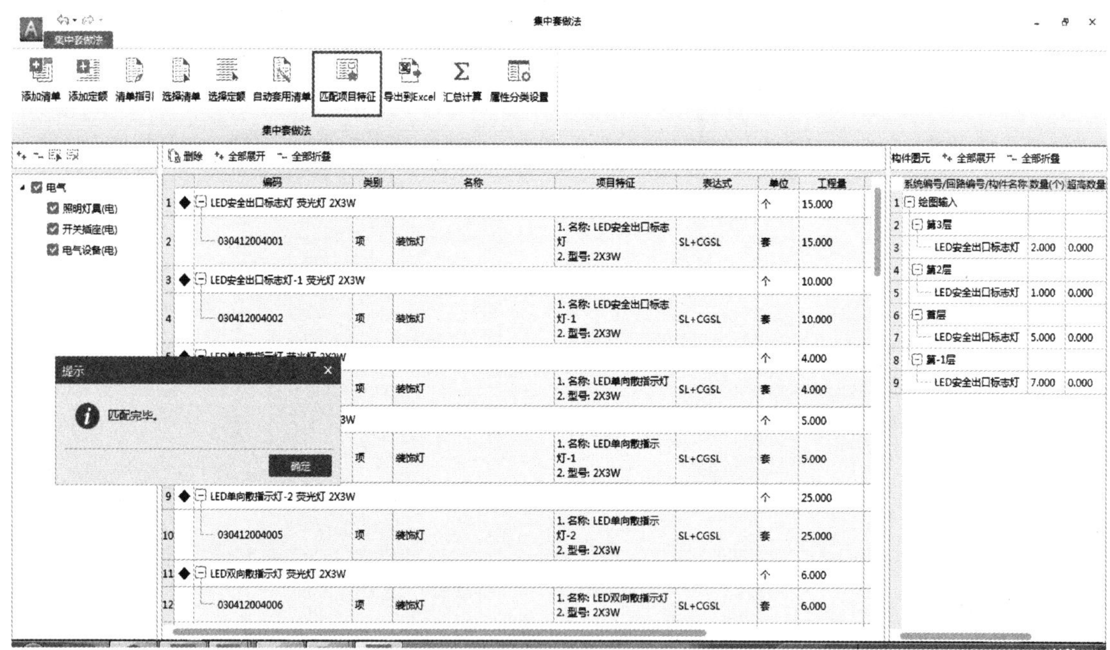

图 11.62 工程量汇总——匹配项目特征

【匹配项目特征】

择要查找的构件，双击此图元，如图 11.63 所示。

操作 2：定位回前面绘图输入界面的图元具体位置，可选择具体某个图元，单独定位，如图 11.64 所示。至此完成图元反查。

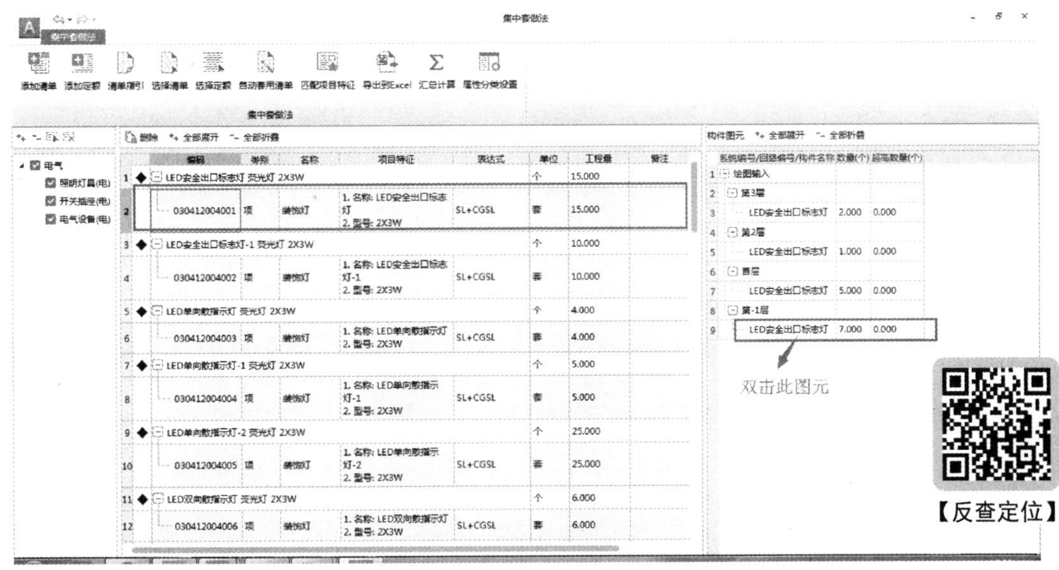

图 11.63 工程量汇总——反查定位 1

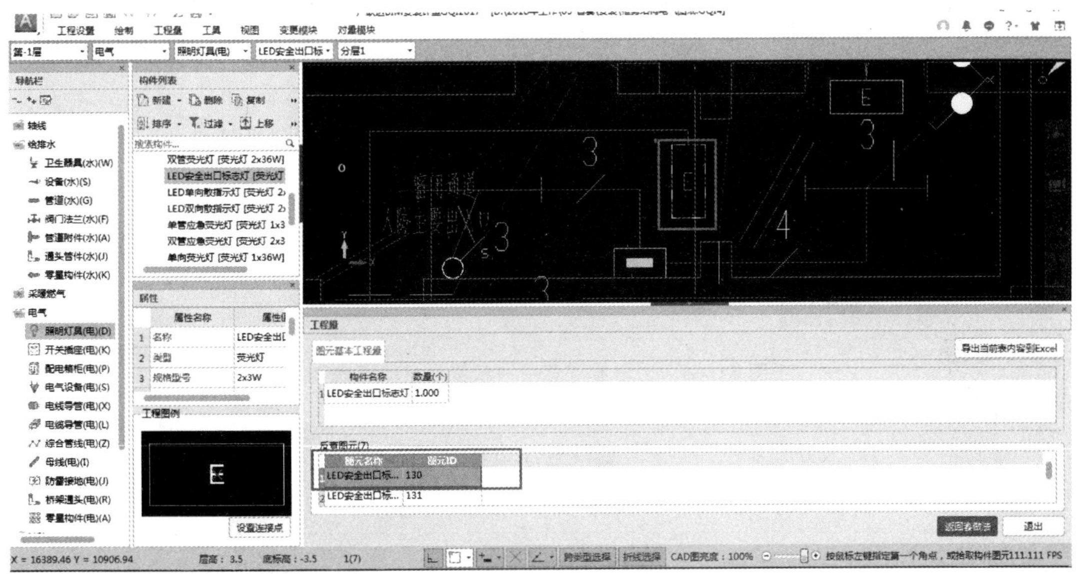

图 11.64 工程量汇总——反查定位 2

11.2.8 工程量汇总——查看、打印报表

1. 任务说明及分析

在工程完成后，需要对工程量进行分类查看，或打印出纸质文件，需要进行报表的查看和打印。

2. 任务实施

操作：选择报表预览，如图 11.65 所示。

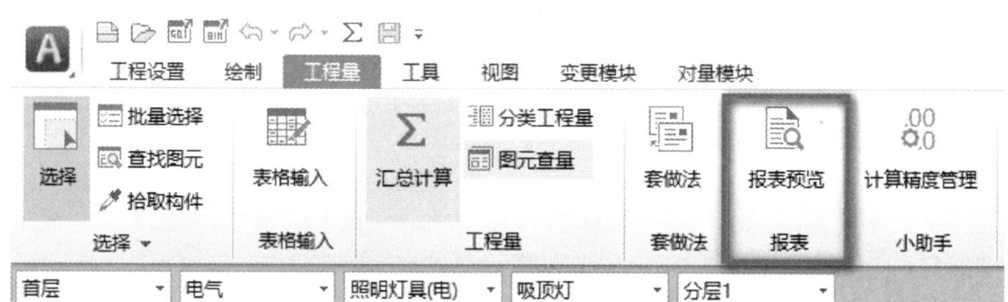

【打印报表】

图 11.65　工程量汇总——预览、打印报表 1

此时界面切换到报表预览界面，此处可分系统、分类型查看设备及管线工程量；也可查看工程量明细表，查看计算式。上方选择“打印”按钮，可直接进行报表打印，如图 11.66 所示。

电气设备工程量汇总表

工程名称：框剪结构电气图纸　　　　第1页　共1页

项目名称	工程量名称	单位	工程量
灯具			
LED安全出口标志灯-2X3W	数量(个)	个	15.000
LED安全出口标志灯-1-2X3W	数量(个)	个	10.000
LED单向散指示灯-2X3W	数量(个)	个	4.000
LED单向散指示灯-1-2X3W	数量(个)	个	5.000
LED单向散指示灯-2-2X3W	数量(个)	个	25.000
LED双向散指示灯-2X3W	数量(个)	个	6.000
单管荧光灯-1X36W	数量(个)	个	103.000
单管应急荧光灯-1X36W	数量(个)	个	11.000
单向荧光灯-1X36W	数量(个)	个	5.000
单向应急荧光灯-1X36W	数量(个)	个	16.000
防水防尘灯-1X18W	数量(个)	个	24.000
裸灯口-1*18W	数量(个)	个	32.000
三管荧光灯-3X36W	数量(个)	个	83.000
双管荧光灯-2X36W	数量(个)	个	27.000
双管应急荧光灯-2X36W	数量(个)	个	2.000
双头自带蓄电池应急灯-2X5W	数量(个)	个	24.000
吸顶灯1-1X13W	数量(个)	个	208.000
吸顶灯2-1X18W	数量(个)	个	24.000
开关插座			
暗装插座-安全型,250V/10A	数量(个)	个	300.000
车库卷帘插座-安全型,250V/16A	数量(个)	个	8.000
单联开关-250V/10A	数量(个)	个	71.000
电视插座-250V/10A	数量(个)	个	24.000

图 11.66　工程量汇总——预览、打印报表 2

模块小结

讲述了广联达 BIM 安装计量 GQI2018 的操作应用，主要讲述以下方面内容。

(1) 新建工程。

(2) 绘图管理：定义轴网、导入 CAD、图纸分割、识别。

(3) 表格输入。

(4) 清单套用。

复习思考题

自己找一套给排水施工图进行软件操作练习。

参 考 文 献

河南省建筑工程标准定额站，2016. 河南省通用安装工程预算定额：HA 02—31—2016［S］. 北京：中国建材工业出版社.

靳慧征，李斌，2014. 建筑设备基础知识与识图［M］. 2 版. 北京：北京大学出版社.

陆文华，2008. 建筑电气识图教材［M］. 2 版. 上海：上海科学技术出版社.

唐连珏，2000. 工程造价编制实务［M］. 北京：中国建筑工业出版社.

王东萍，王维红，2009. 建筑设备工程［M］. 哈尔滨：哈尔滨工业大学出版社.

于业伟，张孟同，2009. 安装工程计量与计价［M］. 武汉：武汉理工大学出版社.

张雪莲，相跃进，2013. 建筑水电安装工程计量与计价［M］. 2 版. 武汉：武汉理工大学出版社.

张玉萍，2011. 建筑设备工程［M］. 修订版. 北京：中国建材工业出版社.

某学校宿舍楼工程室内电气照明、给排水及消防工程施工图

设计说明

一、设计依据

1. 建设方的设计任务书。
2. 国家现行的有关规范规程。
   《建筑设计防火规范》(GB 50016—2014)。
   《低压配电设计规范》(GB 50054—2011)。
   《民用建筑电气设计规范》(JGJ 16—2008)。
   《综合布线系统工程设计规范》(GB 50311—2016)。
   《宿舍建筑设计规范》(JGJ 36—2016)。
3. 各专业提供的工作图。

二、工作概况

本工程为砖混学生宿舍楼，共六层，建筑面积3965.5m^2，建筑高度20.35m配电室设在一层，每宿舍安装容量为1.5kW。

三、电源

供电电压380V/220V，供电等级为三级。采用电力电缆YJV$_{22}$-1kV直埋引入。楼内供电线路在桥架中敷设，出桥架穿SC管暗敷设。

四、照明线路敷设

除图中注明者外，均采用BV-500V-2.5mm^{2}型导线穿PVC管(SGZM15)暗敷。穿管管径：2根管PC16，3～5根管PC20，应急照明线路均穿SC15管暗敷设。

五、弱电

1. 电话：电话进线选HYA20型电缆穿钢管暗敷，电话支线路用RVB-2×0.5在线槽中敷设，出线槽穿PC管暗敷，1～3对PC20。
2. 有线电视：按甲方要求仅在值班室设有线电视，前端箱等设备可以和其他楼共用。本工程仅预留进线管。
3. 宽带网：光纤入楼，干线选用6芯室内光纤，支线线缆选用超五类双绞线沿桥架和线槽敷设，由专业公司做深化设计。线缆出桥架穿PC管保护，1～2U穿PC20，3～4U穿PC25。

六、防雷与接地

1. 本工程为三类防雷建筑物，屋顶上设有避雷带，利用柱内钢筋做引下线，利用基础做接地装置，引下线上端与避雷带焊接，下端与基础钢筋焊接，凡突出屋面的所有金属构件均与避雷带可靠焊接。
2. 本楼接地系统采用TN-S系统，电源入户处PEN线重复接地，正常不带电的配电设备和管路等金属外壳接PE线保护。
3. 进行总线电位连接,采用-40×4镀锌扁钢将电源PEN、PE干线，电气装置接地极的接地干线，进线电缆的保护钢管铠甲，进入建筑物的各类金属管道等与接地体可靠联结，做法见国标图集02D501-2有关页次。
4. 电气保护接地，防雷接地，弱电接地共用基础做接地装置。接地电阻不大于1Ω。

七、电气与给排水和暖通专业的管线、设备在施工期间协调处理空间的位置。

八、未尽事宜，请按国家、地方有关现行规程、规范施工。

图纸目录

序号	图名	图纸规格
1	设计说明、图例表、图纸目录	2#加长
2	系统图	2#加长
3	一层照明平面图	2#
4	二～六层照明平面图	2#
5	一层弱电平面图	2#
6	二～六层弱电平面图	2#
7	接地平面图	2#
8	屋面防雷及楼梯间屋顶平面图	2#

图例表

符号	名称	型号规格	安装高度(m)	备注
	配电柜	见系统图	落地安装	
	电度表箱	见系统图	1.5	明装
	照明配电箱	见系统图	1.60	暗装
	吸顶灯	PAK-D03-122C	吸顶	
	双管荧光灯	PAK-B01-236-JV	吸顶	
	双管荧光灯(带蓄电池)	PAK-B01-236-JV	吸顶	
	应急照明灯	DS-F102A	2.5	
	壁灯	1×40W	2.5	
	暗装单联单控开关	R86K11-16-1	1.30	
	暗装双联单控开关	R86K21-10-1	1.30	
	声光控开关	MR8.0-50		
	单相二孔+三孔插座	V86Z223A10	0.30	安全型
	空调插座	～220V、15A	1.80	
FX	电话分线箱	300对、50对	2.0	暗装
TP	电话插座	R86ZDTN6-4-1	1.30	
TV	电视插座	T86ZTVIN	0.3	
	阻燃塑料线槽	TE120×50		
	电缆桥架	金属、槽形、喷塑		
	网络配线架	甲方自定		
TO	单孔信息插座	R86ZDTN8G-1	0.3	

审定			某学校宿舍楼		项目编号	
审核					专业	电气
项目负责人					阶段	施工图
专业负责人			项目名称	某学校宿舍楼	图号	01
校对					共 8 张	
设计			图名	设计说明、图纸目录、图例表	日期	

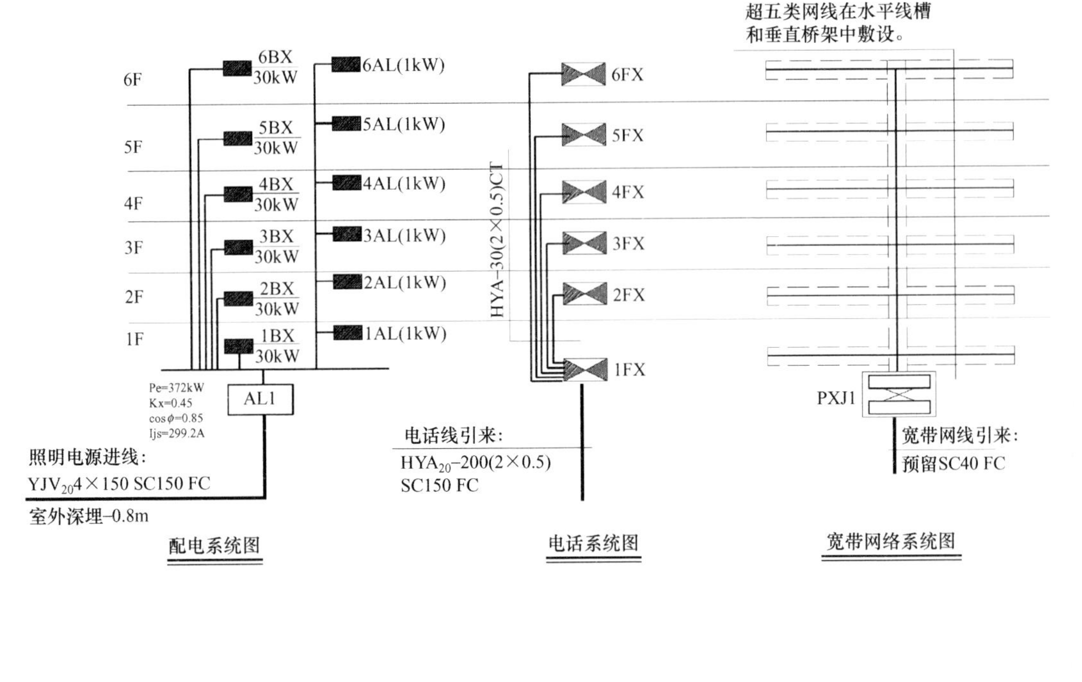

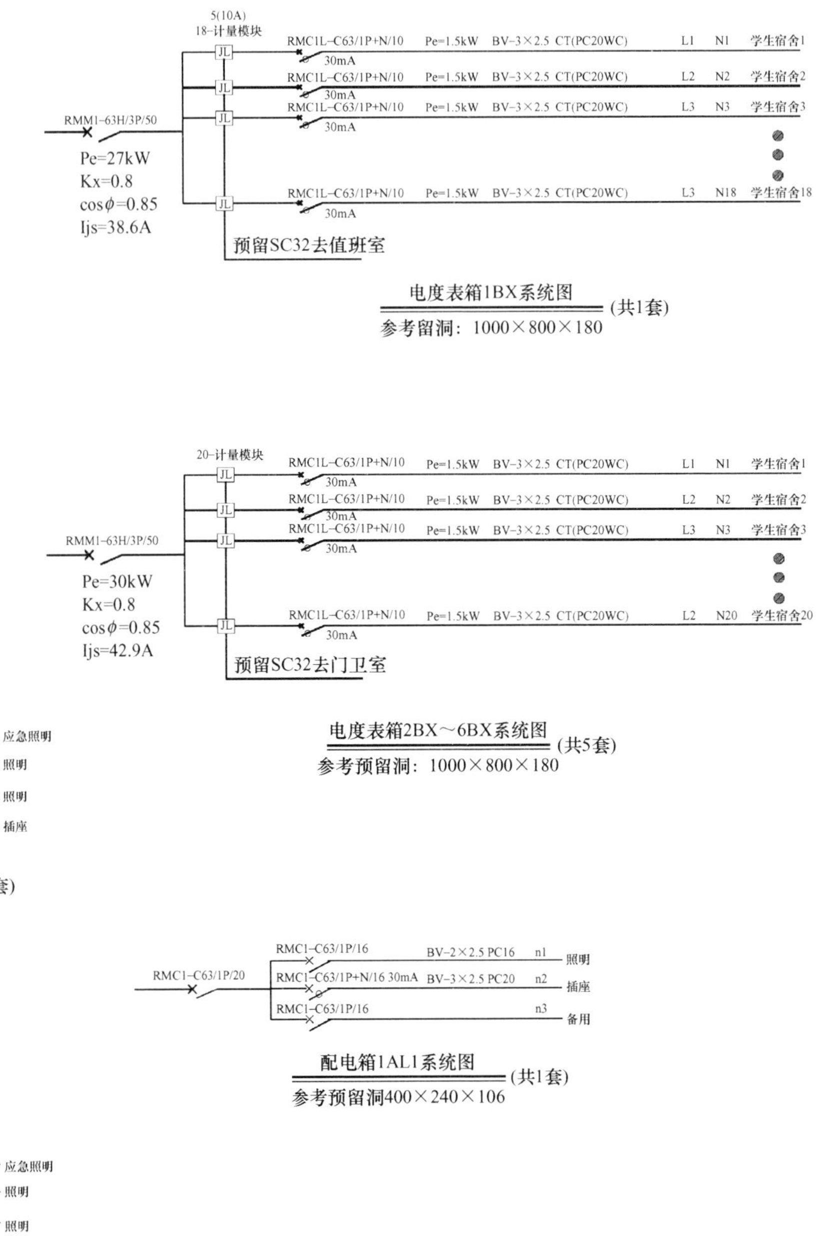

RMC1-C63/3P/25

开关	线路	回路	用途
RMC1-C63/1P/16	BV-3×2.5 SC15	n1	应急照明
RMC1-C63/1P/16	BV-2×2.5 PC16	n2	照明
PL10-C63/1P/16	BV-2×2.5PC16	n3	照明
RMC1L-C63/1P+N/20	BV-3×4 PC20	n4	插座

配电箱1AL系统图 (共1套)

参考预留洞400×240×106

RMC1-C63/1P/20

开关	线路	回路	用途
RMC1-C63/1P/16	BV-2×2.5 PC16	n1	照明
RMC1-C63/1P+N/16 30mA	BV-3×2.5 PC20	n2	插座
RMC1-C63/1P/16		n3	备用

配电箱1AL1系统图 (共1套)

参考预留洞400×240×106

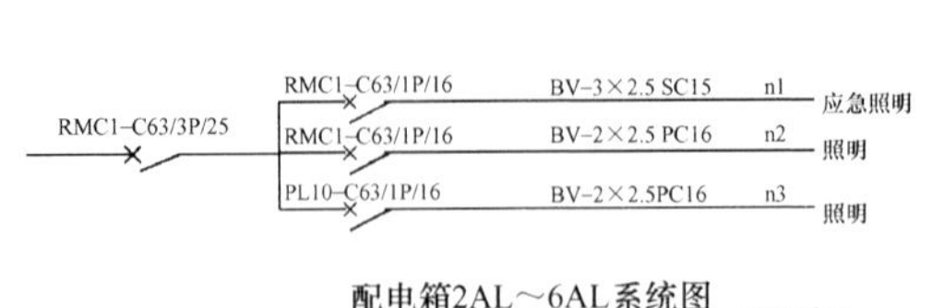

配电箱2AL～6AL系统图 (共5套)

参考预留洞400×240×106

审　定			某学校宿舍楼		项目编号	
审　核					专　业	电　气
项目负责人					阶　段	施工图
专业负责人			项目名称	某学校宿舍楼	图　号	02
校　对					共 8 张	
设　计			图　名	系统图	日　期	

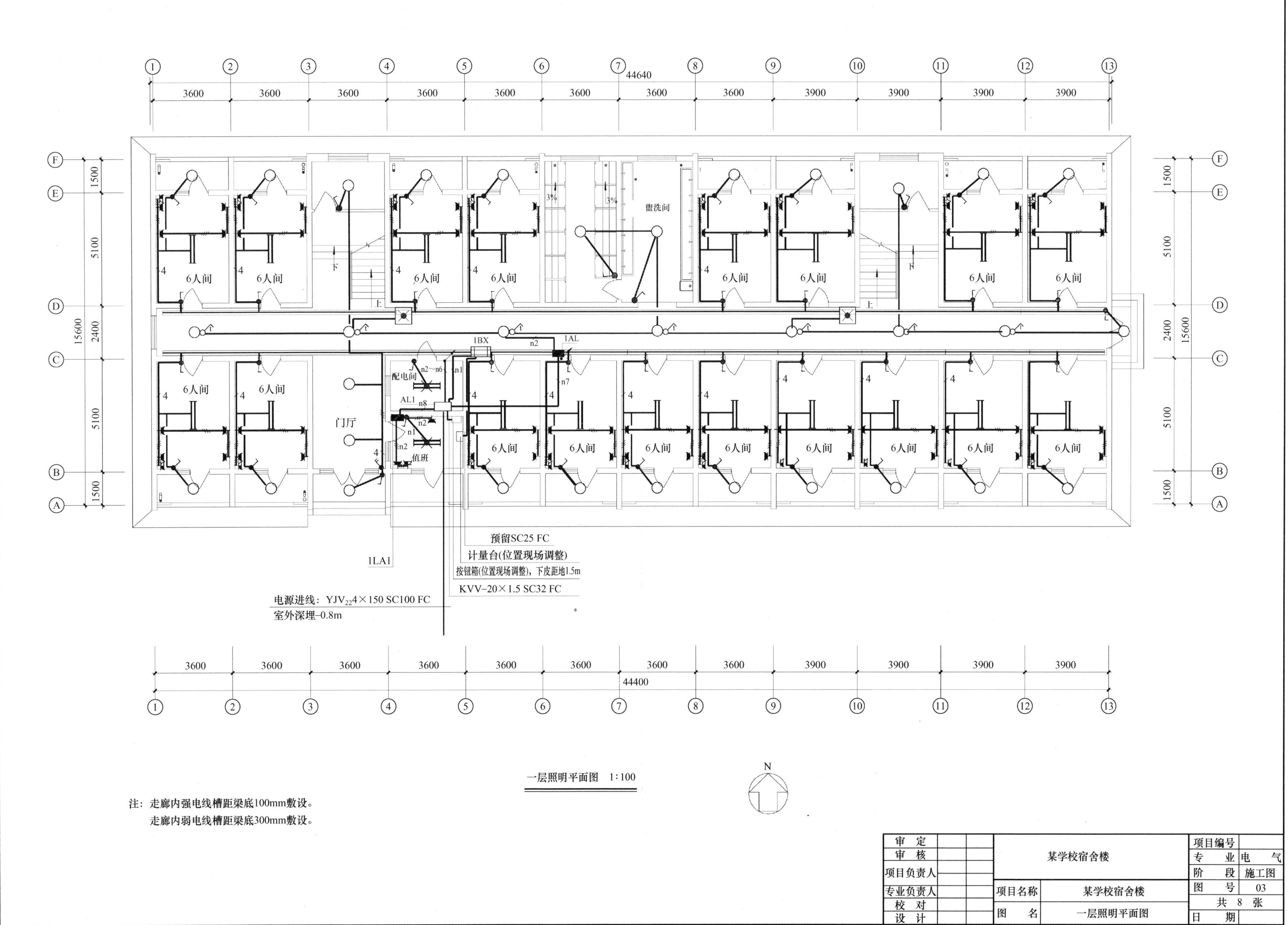

44640
3600
3900
1500
5100
2400
15600
6人间
盥洗间
门厅
配电间
值班
1BX
1AL
AL1
1LA1
预留SC25 FC
计量台(位置现场调整)
按钮箱(位置现场调整)，下皮距地1.5m
KVV-20×1.5 SC32 FC
电源进线：YJV22 4×150 SC100 FC
室外深埋-0.8m
44400
N
一层照明平面图 1:100
注：走廊内强电线槽距梁底100mm敷设。
走廊内弱电线槽距梁底300mm敷设。
审定
审核
项目负责人
专业负责人
校对
设计
某学校宿舍楼
项目名称 某学校宿舍楼
图名 一层照明平面图
项目编号
专业 电气
阶段 施工图
图号 03
共 8 张
日期

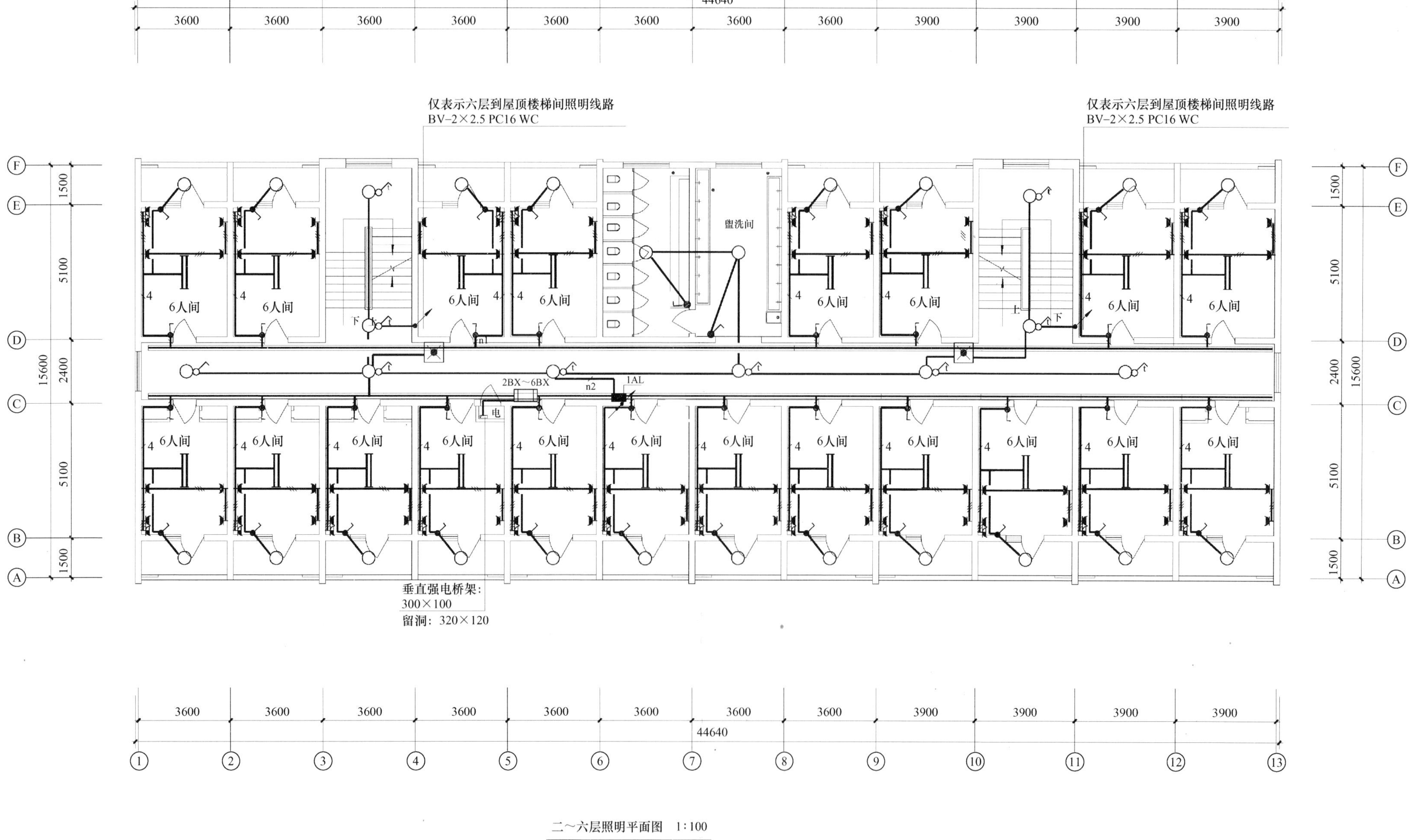

二～六层照明平面图 1∶100

注：走廊内强电线槽距梁底100mm敷设。

走廊内弱电线槽距梁底300mm敷设。

审 定			某学校宿舍楼		项目编号	
审 核					专 业	电 气
项目负责人					阶 段	施工图
专业负责人			项目名称	某学校宿舍楼	图 号	04
校 对					共 8 张	
设 计			图 名	二～六层照明平面图	日 期	

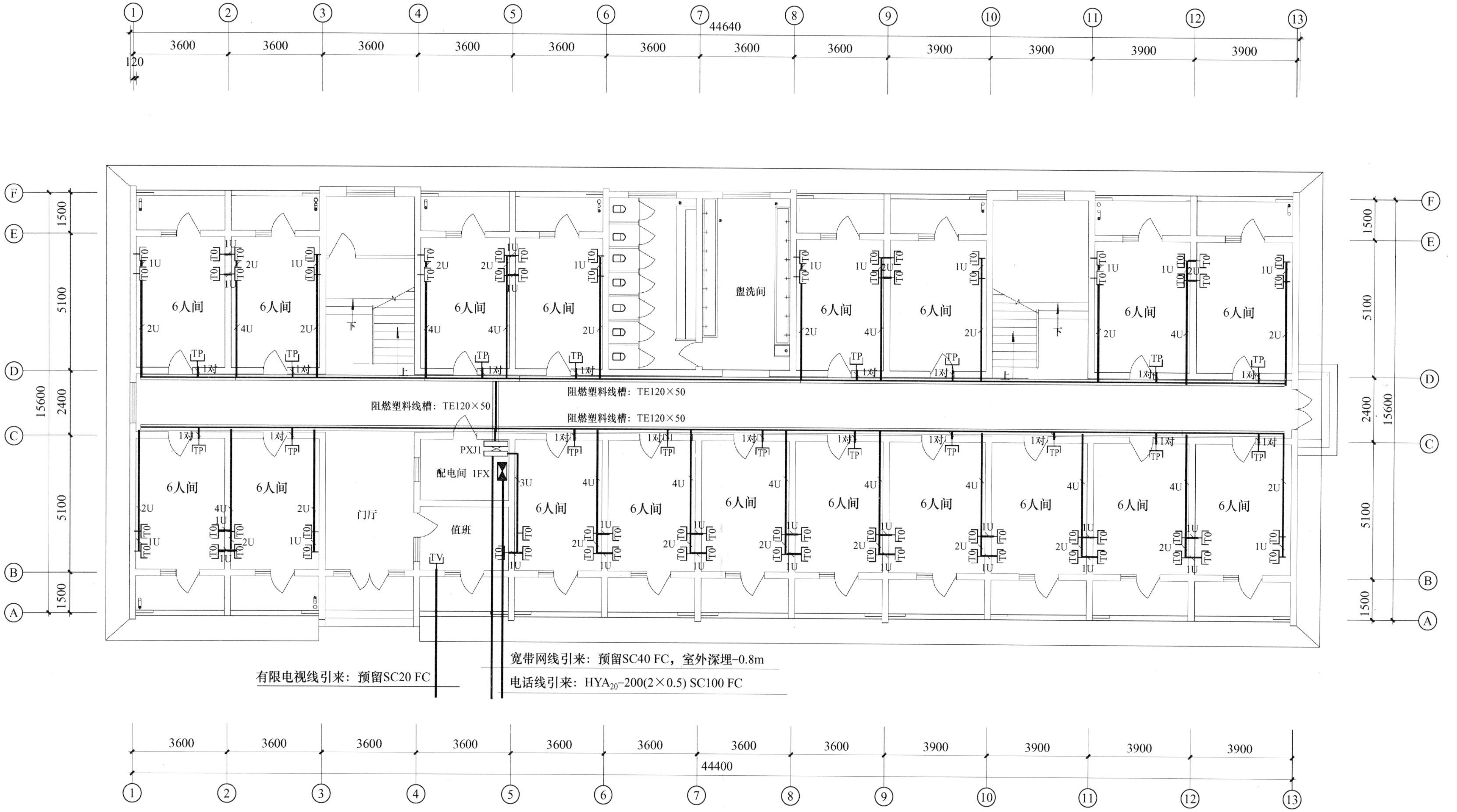

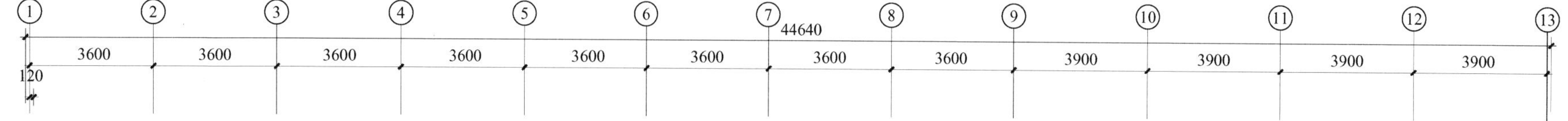

6人间 6人间 6人间 6人间 6人间 6人间 6人间 6人间

盥洗间

阻燃塑料线槽：TE120×50

阻燃塑料线槽：TE120×50

阻燃塑料线槽：TE120×50

PXJ1

配电间 1FX

门厅

值班

TV

6人间 6人间 6人间 6人间 6人间 6人间 6人间 6人间 6人间 6人间 6人间 6人间

宽带网线引来：预留SC40 FC，室外深埋-0.8m

有限电视线引来：预留SC20 FC

电话线引来：HYA$_{20}$-200(2×0.5) SC100 FC

3600 3600 3600 3600 3600 3600 3600 3600 3900 3900 3900 3900

44400

1 2 3 4 5 6 7 8 9 10 11 12 13

一层弱电平面图 1:100

注：走廊内强电线槽距梁底100mm敷设。

走廊内弱电线槽距梁底300mm敷设。

N

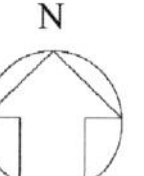

审　定			某学校宿舍楼		项目编号	
审　核					专　业	电　气
项目负责人					阶　段	施工图
专业负责人			项目名称	某学校宿舍楼	图　号	05
校　对					共 8 张	
设　计			图　名	一层弱电平面图	日　期	

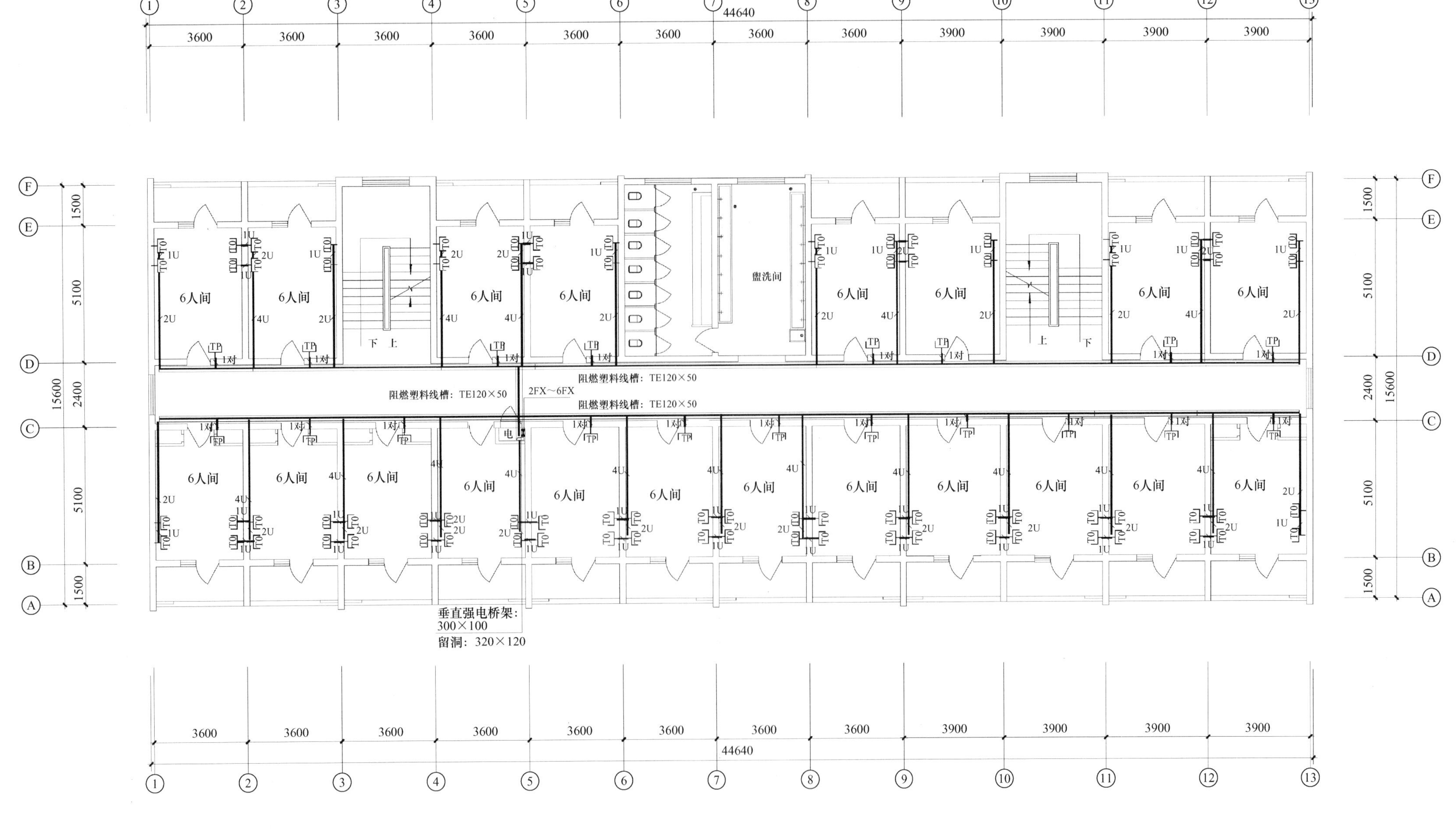

二～六层弱电平面图 1:100

注：走廊内强电线槽距梁底100mm敷设。
走廊内弱电线槽距梁底300mm敷设。

审定			某学校宿舍楼	项目编号	
审核				专业	电气
项目负责人				阶段	施工图
专业负责人			项目名称 某学校宿舍楼	图号	06
校对				共 8 张	
设计			图名 二～六层弱电平面图	日期	

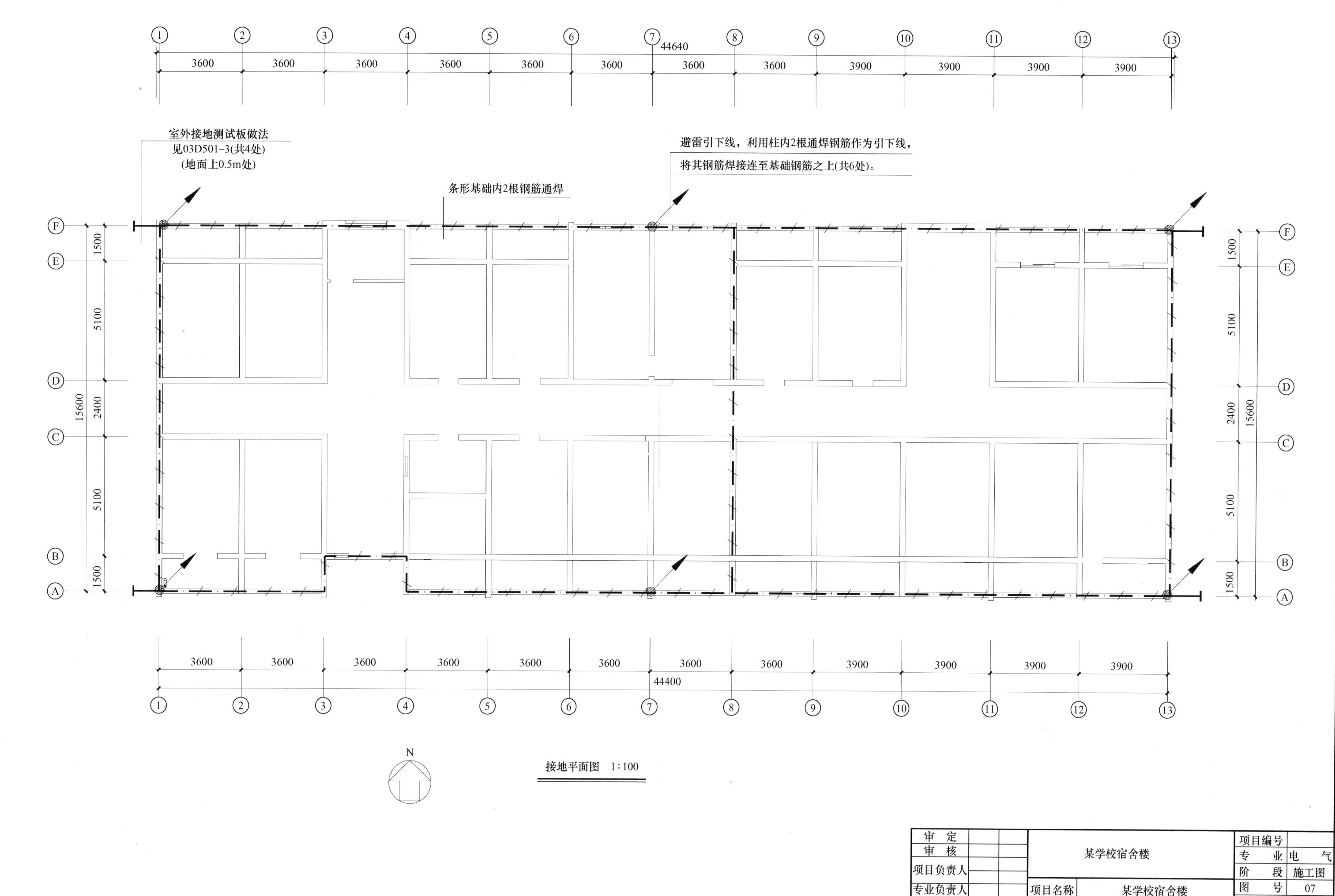

接地平面图 1:100

审 定			某学校宿舍楼	项目编号	
审 核				专 业	电 气
项目负责人				阶 段	施工图
专业负责人			项目名称 某学校宿舍楼	图 号	07
校 对				共 8 张	
设 计			图 名 接地平面图	日 期	

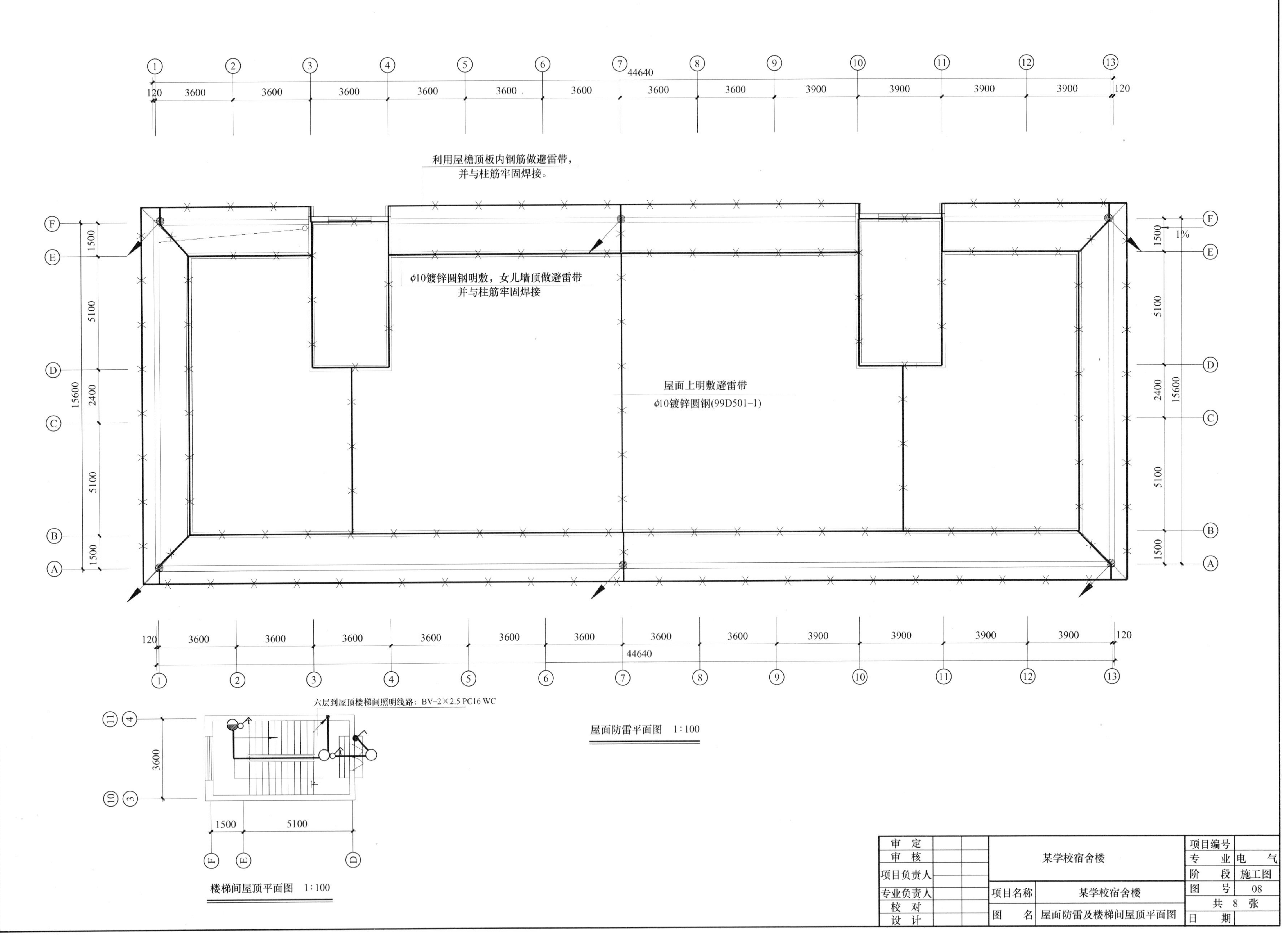

利用屋檐顶板内钢筋做避雷带，
并与柱筋牢固焊接。
φ10镀锌圆钢明敷，女儿墙顶做避雷带
并与柱筋牢固焊接
屋面上明敷避雷带
φ10镀锌圆钢(99D501-1)
44640
1%
15600
六层到屋顶楼梯间照明线路：BV-2×2.5 PC16 WC
屋面防雷平面图 1:100
楼梯间屋顶平面图 1:100
审定
审核
项目负责人
专业负责人
校对
设计
某学校宿舍楼
项目名称 某学校宿舍楼
图名 屋面防雷及楼梯间屋顶平面图
项目编号
专业 电气
阶段 施工图
图号 08
共 8 张
日期

一、设计说明

(一)设计依据

1. 建设单位提供的本工程有关资料和设计任务书;

2. 建筑和有关工种提供的作业图和有关资料;

3. 本工程根据《建筑给排水设计规范》(GB 50015—2019)、《建筑灭火器配置设计规范》(GB 50140—2005)、《建筑设计防火规范》(GB 50016—2014)、《宿舍建筑设计规范》(JGJ 36—2016)。

(二)设计范围

本设计范围包括建筑内的给水排水管道、消火栓管道及灭火器配置。

(三)管道系统

本工程为河南省建筑职工大学5#宿舍楼,地上六层,屋面为上人屋面。总建筑面积为3965.5m^2,建筑高度20.350m。本工程设有生活给水系统、生活污水系统、消火栓给水系统及灭火器配置。

1. 生活给水系统。

(1)本工程日用水定额及用水量。

本工程设计人数为728人,用水定额60L/(人•日),其最高日用水量43.68m^3,使用时间24h,时变化系数3.0,最大时用水量5.46m^3。

(2)室内生活给水由校区管网直接供给。

2. 生活污水系统。

(1)本工程污、废水采用合流制;

(2)本工程最高日污水量为39.3m^3/d;

(3)污水先经化粪池处理后,排入校区污水管;

(4)卫生间排水管设环形通气管及副通气立管,盥洗间排水管仅设伸顶通气管。

3. 消火栓给水系统。

(1)校区采用区域临时高压消火栓消防给水系统,计划在校区内最高建筑物图书馆(同期建设)屋顶建12m^{3}消防水箱(大致设置高度距地面35m)保证火灾初期用水量;图书馆附近建容积400m^{3}消防水池,提供室内外消防用水量;火灾时所需室内消火栓消防水量和水压由校区集中不再另设消防泵房和屋顶水箱。本建筑消火栓管道系统由校区专用消防给水管网引入,供室内消火栓灭火系统用水。

(2)室内消火栓用水量15L/s,火灾延续时间:2h,室外消防用水量为20L/S。消防用水总量为35L/s。

(3)水平干管与竖向立管构成环状,上干管设在顶层梁下,下干管设在一层梁下。

(4)室外设一套地下式水泵结合器。

(5)消火栓栓口距所在地面均高1.10m,消防管道上的阀门应经常开启,并有明显的开启标志,或开启后铅封。

4. 移动式灭火器。

每层每点配置2具,为2A级磷酸铵盐干粉灭火器3kg,位置详见平面02,危险等级:中危险级。

二、施工说明

(一)管材

1.生活给水管。

(1)采用内筋衬塑镀锌钢管;

(2)涂塑钢管不得与阀门直接连接,应采用黄铜质内衬塑内外螺纹专用过渡管接头;

(3)涂塑钢管不得与给水栓直接连接,应采用黄铜质专用内螺纹管接头。

2. 排水管道。

采用U-PVC塑料管,粘接。

3. 消防给水管道。

(1)消火栓系统给水管,架空时应采用内外壁热浸镀锌钢管;埋地时应采用球墨铸铁管;

(2)消火栓管连接方式:管径≤80mm采用螺纹连接,其余采用卡箍连接。埋地铸铁管的连接方式:采用高压给水铸铁管,水泥砂浆衬里,橡胶圈柔性连接。

(二)阀门及附件

1. 阀门。

(1)生活给水管上采用截止阀、闸阀和止回阀;

(2)消防给水管道采用蝶阀。

2. 附件。

(1)采用UPVC防返溢地漏,地漏安装应使篦子顶面低于地面5~10mm,地漏水封高度不小于50mm;

(2)地面清扫口采用UPVC制品,清扫口表面与地面平;

(3)全部给水配件均采用节水型产品,不得采用淘汰产品;

(4)管道软接采用不锈钢金属软接。

(三)卫生洁具

1. 本工程所用卫生洁具均采用陶瓷制品,颜色由业主和装修设计确定;

2. 卫生洁具给水及排水五金配件应采用与卫生洁具配套的节水型。

(四)管道敷设

1. 管道均明设。

2. 给水立管穿楼板时,应设套管。安装在卫生间内的套管,其顶部高出装饰地面50mm,底部应与楼板底面相平;套管与管道之间缝隙应用阻燃密实材料和防水油膏填实,端面光滑。

3. 排水管穿楼板应预留孔洞,管道安装完后将孔洞严密捣实,立管周围应设高出楼板面设计标高10~20mm的阻水圈。

4. 管道穿钢筋混凝土墙和楼板、梁时,应根据图中所注管道标高、位置配合土建工种预留孔洞或预埋套管,管道穿屋面设置刚性防水套管,管道穿外墙设置钢性防水套管。

5. 管道坡度。

排水管道除图中注明者外,均按下列坡度安装:

管径(mm)	De50	De75	De110	De160	De200
污水、废水管标准坡度	0.025	0.015	0.012	0.010	0.007

6. 管道支架。

(1)管道支架或管卡应固定在楼板上或承重结构上;

(2)钢管水平安装支架间距按《建筑给水排水及采暖工程施工质量验收规范》(GB 50242—2002)之规定施工;

(3)立管每层装一管卡,安装高度为距地面1.5m。

(4)排水塑料管道支吊架最大间距:

管径(mm)	40	50	75	90	110	125	160
立管(m)	—	1.2	1.5	2.0	2.0	2.0	2.0
横管(m)	0.40	0.50	0.75	0.90	1.10	1.25	1.60

7. 排水立管检查口距地面或楼板面1.00m。消火栓栓口安装处距地面或楼板面1.10m。

8. 管道连接。

(1)污水横管与横管的连接,不得采用正三通和正四通;

(2)污水立管偏置时,应采用乙字管或2个45°弯头;

(3)污水立管与横管及排出管连接时采用2个45°弯头,且立管底部弯管处应设支墩。

9. 阀门安装时应将手柄留在易于操作处。

10. 所有穿外墙的管道均设刚性防水套管,套管与管壁之间应采用不燃烧材料将其周围的空隙填塞密实。

(五)防腐及油漆

1. 在涂刷底漆前,应清除表面的灰尘、污垢、锈斑、焊渣等物。涂刷油漆厚度应均匀,不得出现蜕皮、起泡,流淌和漏涂现象。

2. 明装镀锌钢管安装后刷银粉两道(卫生间)或调和漆两道,埋地铸铁管宜在外壁刷冷底子油一遍,石油沥青两道,保护层,玻璃布。

3. 管道支架除锈后刷樟丹二道,灰色调和漆二道。

(六)管道试压

1. 生活给水试验压力为0.6MPa,调压方法应按《建筑给水排水及采暖工程施工质量验收规范》(GB 50242—2002)的规定执行。

2. 消火栓给水管道的试验压力为0.6MPa,试压方法应按《建筑给水排水及采暖工程施工质量验收规范》(GB 50242—2002)的规定执行。

3. 污水及雨水的立管,横干管,还应按《建筑给水排水及采暖工程施工质量验收规范》(GB 50242—2002)的要求做通球试验。

4. 水压试验的试验压力表应位于系统或试验部分的最低部位。

5. 消防系统安装完毕后,应对管网进行强度试验,严密性试验和冲洗,排水管做灌水试验。

(七)管道冲洗

1. 给水管道在系统运行前须用水冲洗和消毒,符合《建筑给水排水及采暖工程施工质量验收规范》(GB 50242—2002)中4.2.3条的规定。

2. 排水管冲洗以管道通畅为合格。

3.消防给水管道冲洗。

(1)室内消火栓给水系统在与室外给水管连接前,必须将室外给水管冲洗干净,其冲洗强度应达到消防时最大设计流量;

(2)室内消火栓系统在交付使用前,必须冲洗干净,其冲洗强度应达到消防时最大设计流量。

(八)其他

1. 图中所注尺寸除标高以m计外,其余以mm计。

2. 本图所注管道标高:给水消防等压力管指管中心,污水、废水等重力流管道指管内底。

3. 各用水点标高:各用水点标高图中已标注的,按图施工,图中没有标注的按国标图施标图施工,国标图不详的,按施工及验收规范执行。

4. 本设计施工说明与图纸具有同等效力,二者有矛盾时,业主及施工单位应及时提出,并以设计单位解释为准。

5. 施工中应与土建公司和其他专业公司密切合作,合理安排施工进度,及时预留孔洞及预埋套管,以防碰撞和返工。

6. 除本设计说明外,施工中还应遵守《建筑给水排水及采暖工程施工及质量验收规范》(GB 50242—2002)及《给水排水构筑物施工及验收规范》(GB 50141—2008)、《建筑给水钢塑复合管管道工程技术规程》(CECS 125:2001)进行施工。

水施图纸目录

序号	图号	图纸名称	图纸规格	备注
1	水施-1	设计说明 水施图纸目录	A2L	
2	水施-2	图例说明,设备和主要器材表及使用标准图纸目录	A2L	
3	水施-3	一层给排水及消防平面图	A2	
4	水施-4	二~六层给排水及消防平面图	A2	
5	水施-5	屋顶给排水及消防平面图	A2	
6	水施-6	给排水及消防系统图 卫生间大样图	A2	

审定			某学校宿舍楼		项目编号	
审核					专业	给排水
项目负责人					阶段	施工图
专业负责人			项目名称	某学校宿舍楼	图号	01
校对					共 6 张	
设计			图名	设计说明 水施图纸目录	日期	

图例说明

名称	图例	名称	图例
浅水井给水管		拖布池	
深水井给水管		蹲便器	
消火栓管		坐便器	
排水管		挂式小便器	
浅水井给水引入管		立柱式洗脸盆	
深水井给水引入管		台式洗脸盆	
污水出户管		水泵	
浅水井给水立管		水表	
深水井给水立管		压力表	
排水立管		单栓室内消火栓	
消火栓立管		屋顶试验消火栓	
止回阀		水泵结合器	
截止阀		室外消火栓	
蝶阀		地漏	
闸阀		清扫口	
自动排气阀		通气帽	
自闭式冲洗阀		检查口	
角阀		存水弯	
水龙头		灭火器	
波纹伸缩器			
可曲挠橡胶接头			

设备和主要器材表

序号	设备器材名称	规格型号	单位	数量	备注
	生活给水系统				
	截止阀		只		
	截止阀		只		
	蝶阀		只		
	蝶阀		只		
	消防给水系统				
	室内消火栓	消火栓箱	套		
		箱内配DN65消火栓一个			
		DN65, L25m衬胶水带一条			
		DN19水枪一支			
	地下消防水泵结合器		套		
	自动排气阀		只		
	灭火器		具		
三	卫生洁具				
	污水池		套		包括配套五金
	蹲式大便器		套		包括配套五金
	坐便器		套		包括配套五金
	台式洗脸盆		套		包括配套五金
	小便器		套		包括配套五金
	盥洗槽		套		包括配套五金
	小便槽		套		包括配套五金

注：材料表仅供参考，具体数量以图纸为准。

使用标准图纸目录

序号	标准图编号	标准图名称	页次	备注
1	03S402	室内管道支架及吊架	全册	
2	92S220	排水设备附件制造及安装	全册	
3	02S403	钢制管件	全册	
4	96S406	建筑排水用硬聚氯乙烯U-PVC管道安装	全册	
5	96S341	地漏安装图	22	
6	96S341	清扫口安装图	21	
7	99S304	立柱式洗脸盆	31	
8	99S304	污水池安装图(乙型)	16	
9	S143	圆形阀门井	全册	
10	04S202	室内消火栓安装	11	
11	04S202	屋顶试验用消火栓	16	
12	99S203	消防水泵结合器安装	17	
13	02S404	防水套管	全册	
14	99S304	蹲式大便器安装图	81	
15	92S220	通气管穿屋面安装图	56	
16	01R409	管道穿墙、屋面防水管套	全册	
17	01S305	小型潜水排污泵选用及安装	全册	供参考
18	01SS105	压力表选型及安装	19～24	
19	01SS105	排气阀	33～36	
20				
21				
22				
23				
24				
		标准图自购		

审　定			某学校宿舍楼		项目编号	
审　核					专　业	给排水
项目负责人					阶　段	施工图
专业负责人			项目名称	某学校宿舍楼	图　号	02
校　对					共 6 张	
设　计			图　名	图例说明，设备和主要器材表及使用标准图纸目录	日　期	

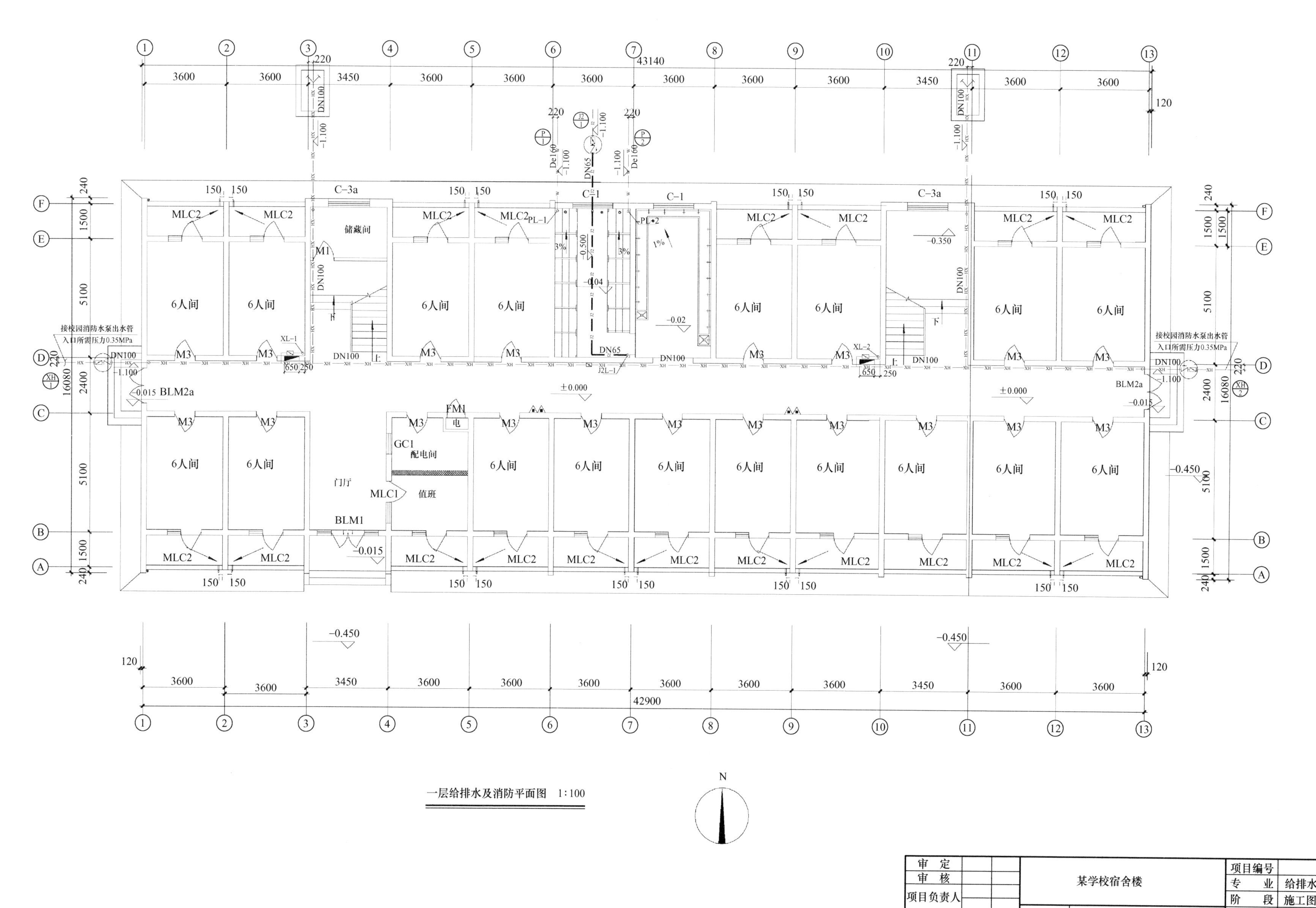

一层给排水及消防平面图 1:100

审 定			某学校宿舍楼		项目编号	
审 核					专 业	给排水
项目负责人					阶 段	施工图
专业负责人			项目名称	某学校宿舍楼	图 号	03
校 对					共 6 张	
设 计			图 名	一层给排水及消防平面图	日 期	

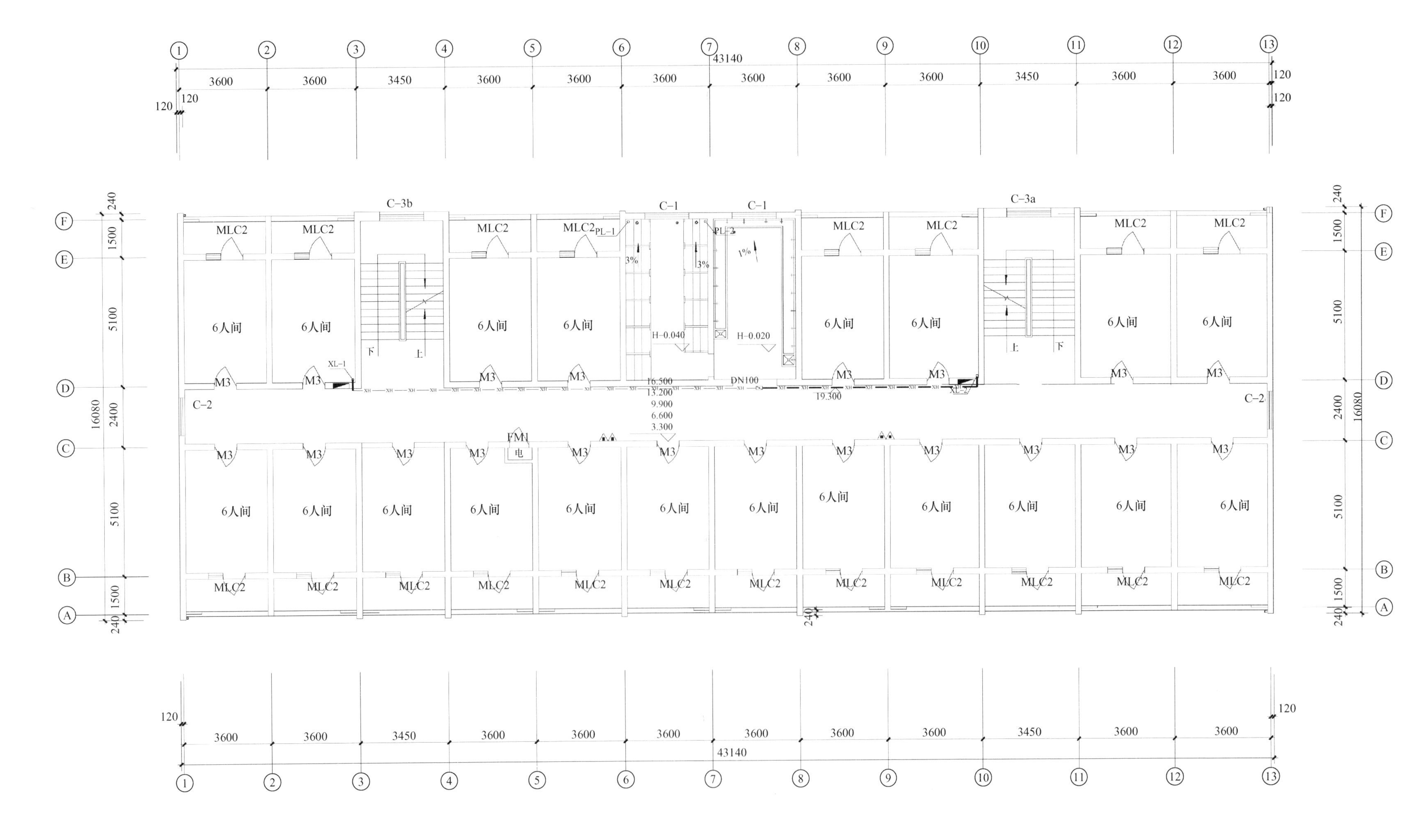

二～六层给排水及消防平面图　1:100

审　定			某学校宿舍楼		项目编号	
审　核					专　业	给排水
项目负责人					阶　段	施工图
专业负责人			项目名称	某学校宿舍楼	图　号	04
校　对					共 6 张	
设　计			图　名	二～六层给排水及消防平面图	日　期	

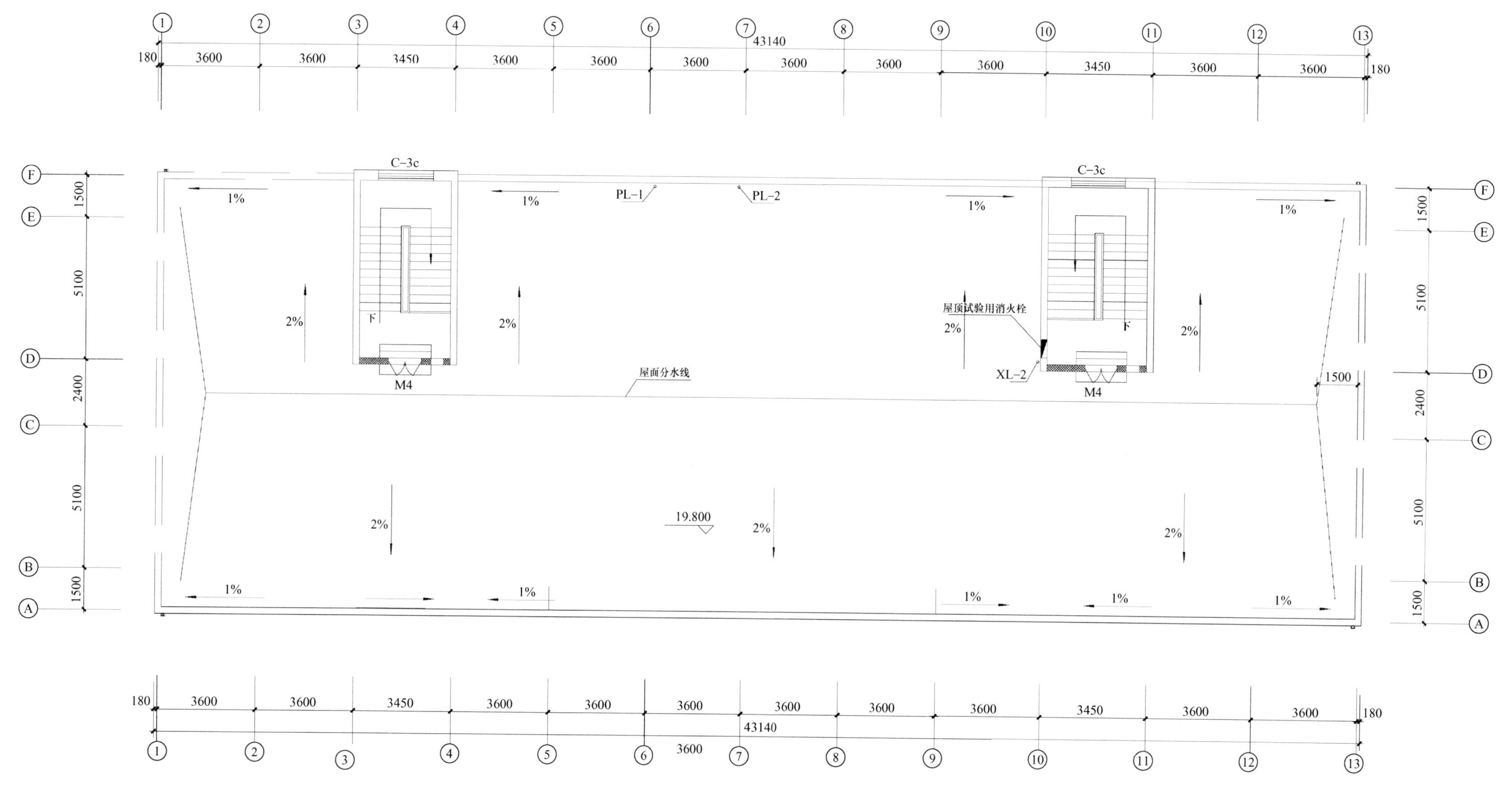

屋顶给排水及消防平面图 1:100

审定			某学校宿舍楼	项目编号	
审核				专业	给排水
项目负责人				阶段	施工图
专业负责人		项目名称	某学校宿舍楼	图号	05
校对				共 6 张	
设计		图名	屋顶给排水及消防平面图	日期	

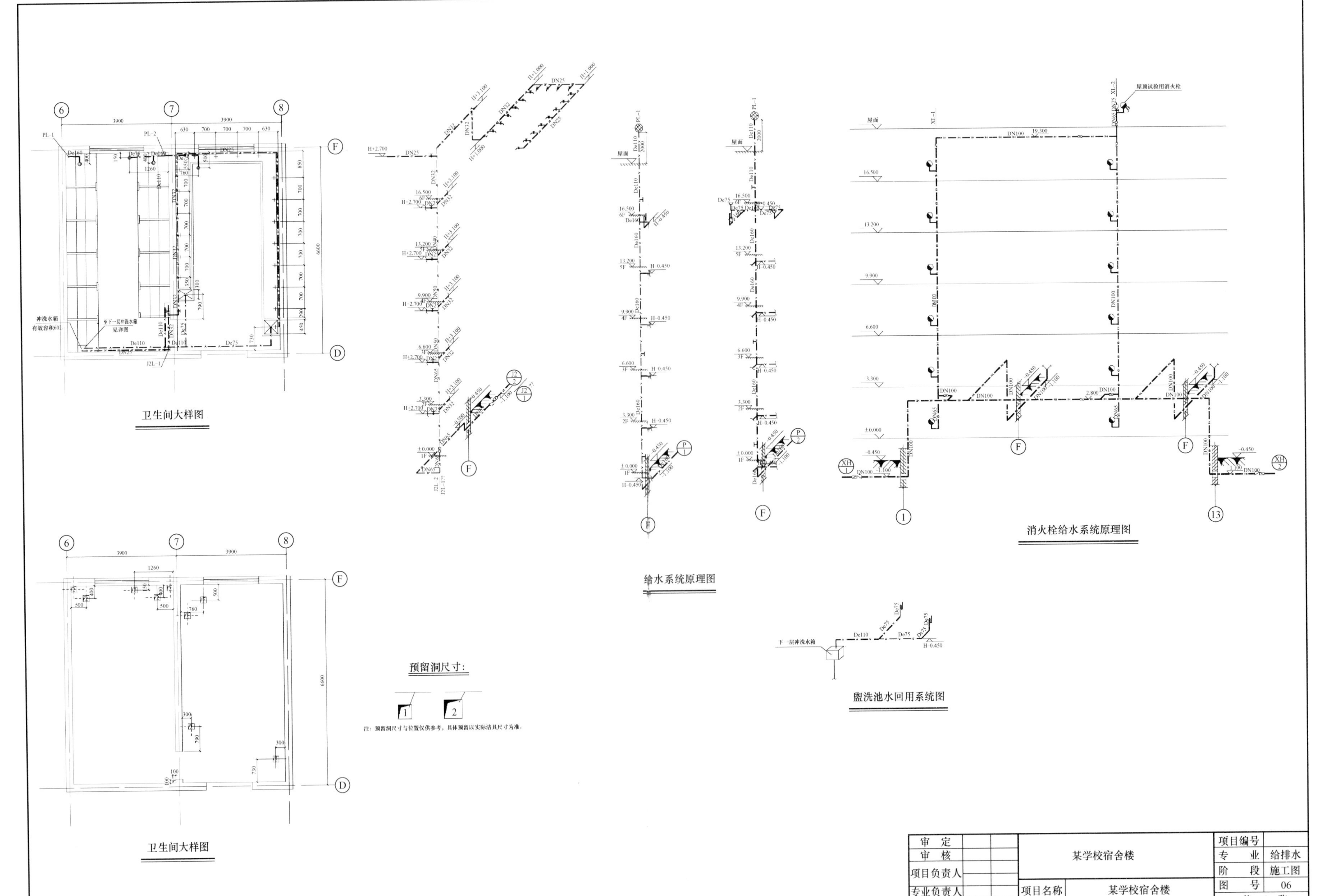

卫生间大样图
卫生间大样图
给水系统原理图
消火栓给水系统原理图
盥洗池水回用系统图
预留洞尺寸:
注：预留洞尺寸与位置仅供参考，具体预留以实际洁具尺寸为准。
冲洗水箱
有效容积60L
至下一层冲洗水箱
见详图
下一层冲洗水箱
屋顶试验用消火栓
屋面
审定
审核
项目负责人
专业负责人
校对
设计
某学校宿舍楼
项目名称 某学校宿舍楼
图名 给排水及消火栓给水系统原理图 卫生间大样图
项目编号
专业 给排水
阶段 施工图
图号 06
共 6 张
日期